Lineare Regression und Varianzanalyse

Von

Prof. Dr. Fritz Pokropp

Universität der Bundeswehr Hamburg

R. Oldenbourg Verlag München Wien

Für

Jessica **und** ***Martin***

Die Deutsche Bibliothek – CIP-Einheitsaufnahme

Pokropp, Fritz:
Lineare Regression und Varianzanalyse / von Fritz Pokropp. –
München ; Wien : Oldenbourg, 1994
(Lehr- und Handbücher der Statistik)
ISBN 3-486-22997-4

Gesamtherstellung: R. Oldenbourg Graphische Betriebe GmbH, München

ISBN 3-486-22997-4

Vorwort

Der weiten Verbreitung von *Linearen Modellen* in Theorien und in Anwendungen entspricht nicht eine ebenso weite Verbreitung der theoretischen Grundlagen. Begünstigt wird dieser Umstand auch dadurch, daß reichlich vorhandene Software auf Groß– und Klein–Rechnern dazu einlädt, sich in mannigfacher Weise linearer Modelle zu bedienen, ohne die notwendigen theoretischen Details zur Kenntnis nehmen zu müssen.

Als Folge ergeben sich vor allem zwei Probleme:

— es entstehen Unsicherheiten bei der *Interpretation* von *Ergebnissen* (die ja in der Regel als voluminöse Computer–Ausdrucke vorliegen);

— es werden (naturgemäß) nur diejenigen *Fragestellungen* behandelt, deren Behandlung die benutzte *Software* vorsieht, nicht aber die Probleme, die der *Anwender* hat bzw. haben *sollte*, wenn er sich nicht von vornherein von den Möglichkeiten der Software einschränken läßt!

Nun gibt es gewiß eine Reihe von Monographien und Lehrbüchern, die sich mit der Theorie Linearer Modelle ausführlich befassen. Die Konzentration auf die *univariate multiple Regression* (mit *einer* zu erklärenden Größe und *mehreren* erklärenden Größen) verbunden mit der Spezifizierung hin zur *Varianz–Analyse* (mit *qualitativen* Größen als Erklärenden) scheint in der deutschsprachigen Literatur zu fehlen. Diese Lücke ein wenig zu füllen ist Absicht und Ehrgeiz des vorliegenden Buches.

Im Blick ist dabei als Leser vor allem der Anwender Linearer Modelle, dessen Kompetenz auch bei den theoretischen Grundlagen gefragt oder sogar unerläßlich ist. Dies mag z.B. dann der Fall sein, wenn der Anwender nicht nur Routine–Probleme zu lösen hat oder wenn er — in welchem Bereich auch immer — wissenschaftlich arbeitet. Insbesondere Nutzer von Software–Paketen zur Datenanalyse werden sich die Mächtigkeit solcher Pakete nur dann in gewünschtem Umfang und mit korrekter Interpretation von "Ergebnissen" erschließen können, wenn sie sich Zugang zu den theoretischen Grundlagen verschaffen (können). Im Blick ist aber auch der an Anwendungen interessierte Mathematiker, für den Anwendungen mehr als nur Beispiele zur Illustration der mathematischen Theorie sind, weil er die Herausforderung annimmt, die Mächtigkeit mathematischer Methoden für die (Formulierung (!) und) Lösung von realen, relevanten Problemen dienstbar zu machen.

Die *einfache* lineare Regression — mit den notwendigen Grundlagen in Wahrscheinlichkeitstheorie und schließender Statistik, insbesondere der Schätz- und Testtheorie — gehört vielfach zur (methodisch orientierten) Statistik-Grundausbildung an Wirtschafts- und Sozialwissenschaftlichen Fachbereichen deutscher Universitäten. Es scheint daher nicht unbillig, die Kenntnis dieses Stoffes beim Leser vorauszusetzen. (Wenn der Stoff nicht mehr ganz präsent ist, läßt er sich doch relativ schnell aus reichlich vorhandenen Lehrbüchern — etwa POKROPP(1990), S. 262 ff oder SCHLITTGEN(1993), S. 411 ff — erarbeiten. Überdies bietet in vorliegendem Buch das zweite Kapitel in Teilen eine Wiederholung an.)

Zum mathematischen Rüstzeug, über das der Leser im wesentlichen verfügen sollte, gehört außer den bereits in der Statistik- Grundausbildung geübten mathematischen Fertigkeiten der — eher elementare, zuweilen jedoch auch ein wenig "aufwendigere" — Umgang mit Matrizen. (Dieser "aufwendigere" Umgang beschränkt sich allerdings weitgehend auf Beweise — insbesondere im 4. Kapitel zur Verteilungstheorie.) Zwar werden die benötigten Begriffe, Notationen und Sachverhalte aus der *Linearen Algebra* jeweils an geeigneter Stelle eingeführt; doch ist dem mit Matrizen gänzlich unbekannten Leser eine einführende Lektüre — wie z. B. OBERHOFER(1993) (am ausführlichsten und in der Regel zum Nachlesen bei Hinweisen auf die "lineare Algebra" geeignet), OPITZ(1989), S. 159 ff oder STÖWE/HÄRTTER(1990), S. 159 ff — anzuraten. In einigen Büchern über Lineare Modelle (und Verwandtes) findet man *Anhänge*, in denen die (für das jeweilige Buch) wichtigsten Teile der Linearen Algebra zusammengestellt sind — etwa bei ARNOLD(1981), JOBSON[I](1991), SCHEFFÉ(1959). Ferner ist TOUTENBURG(1992) zu nennen, in dem der Leser eine Vertiefung der Theorie Linearer Modelle findet.

Im Hinblick auf die Varianz-Analyse, bei deren theoretischer Behandlung "singuläre" Matrizen eine wichtige Rolle spielen, wird von vornherein die Regressions-Analyse mit Hilfe von *generalisierten* Inversen (von Matrizen) durchgeführt. Der Leser dürfte sich schnell an diesen nicht ganz üblichen Weg gewöhnen und feststellen, daß auf ihm fortzuschreiten kaum zusätzliche Mühe erfordert — trotz der verschiedenen Ziele, zu denen man auf diesem Wege gelangen kann.

Die Theorie der linearen Regression ist Grundlage für viele weiterführende Gebiete und deren Anwendungen. Außer der in diesem Buch behandelten Varianz-Analyse sind vor allem die wichtigen Bereiche *Ökonometrie* und *Multivariate Datenanalyse* zu nennen. Zur Orientierung über Ökonometrie sei z. B. auf DHRYMES(1978),

JUDGE/GRIFFITHS/HILL/LEE(1980), SCHNEEWEISS(1978), SCHÖNFELD(1969) verwiesen; zur Orientierung über Multivariate Datenanalyse mag der Leser z. B. FAHRMEIR/HAMERLE(1984), HARTUNG/ELPELT(1984), JOBSON[II](1992), JOHNSON/WICHERN(1982) konsultieren. Die Literatur zu Fragestellungen, die im Zusammenhang mit im vorliegenden Buch behandelten Problemen stehen, ist nahezu unübersehbar reichhaltig. Detaillierte Angaben finden sich an Kapitelenden in JOBSON[I](1991).

Diesem Buch sind zwei Anhänge mitgegeben. In *Anhang 1* findet der Leser einige in der Programmiersprache (dyalog–)APL erstellte Programme, die gelegentlich zum Rechnen der Beispiele und Aufgaben (stets mit Lösungen) benutzt wurden; den mit APL (oder anderen Computersprachen) nicht vertrauten Leser wird dies jedoch nicht stören, da (nahezu) alle Berechnungen ohne Computer–Hilfe möglich oder zumindest nachvollziehbar sind. *Anhang 2* enthält die für die Durchführung von statistischen Tests benötigten Tabellen zur *F–Verteilung*, berechnet mit dem Programm CDFFC in der Sprache GAUSS.

Die acht Kapitel des Buches sind jeweils in mehrere Abschnitte unterteilt. Die 'markanten' Aussagen — nämlich Definitionen, Sätze, Bemerkungen, Gleichungen, Tabellen u. ä. — eines jeden Abschnitts sind fortlaufend 'numeriert', markiert — mit jeweiliger Kapitel- und Abschnitts–Markierung. So ist z. B. (3.1.9) die 9. 'Markierung' im 1. Abschnitt des 3. Kapitels. (3.1.9) markiert einen Satz, der kurz mit 'Satz (3.1.9)' oder auch nur mit '(3.1.9)' angesprochen wird. Definition (6.2.1) ist z. B. eine Definition, die die Markierung 1 im 2. Abschnitt des 6. Kapitels (also in Abschnitt 6.2) hat.

Ich danke Herrn Kollegen Prof. Dr. R. Schlittgen für kritische Ermunterungen und ihm und dem Oldenbourg–Verlag für die Aufnahme des Buches in die Reihe der 'Lehr- und Handbücher der Statistik'. Frau Dr. J. Arrenberg verdanke ich wertvolle - vor allem auch konzeptionelle - Hinweise. Frau Dr. R. Elsebach hat das Manuskript mit bewundernswerter Genauigkeit gelesen und mancherlei Fehler und Unzulänglichkeiten aufgedeckt. Herr stud. math. D. Mahnke hat mit beeindruckender Perfektion und Ausdauer das TEX–Manuskript erstellt. Ihnen allen gilt mein aufrichtiger Dank.

Schließlich danke ich herzlich meiner Frau und meinen beiden Kindern für Geduld und Rücksicht, mit denen sie toleriert haben, daß ich mich immer wieder der Familie entzog, um an dem Buch zu arbeiten. Ich widme dieses Buch meinen Kindern

Jessica und *Martin*.

Fritz Pokropp

Inhaltsverzeichnis

Kapitel 1

Einleitung

1.1 Grundstruktur linearer Modelle

Sowohl in der wissenschaftlichen Theorie als auch in der Praxis steht man oft vor dem Problem, gewisse (als wichtig erachtete) quantitative Größen — wie "Ertrag", "Lebensdauer" (eines Produktes), "Transport–Kapazität" — durch den Einfluß anderer Größen — wie "Düngemittelmenge", "Lieferant des Vorproduktes", "Warenmengen" — zu erklären. Wir beschränken uns auf nur *eine* zu erklärende Größe, die wir stets mit Y bezeichnen. Die für die "Erklärung" von Y herangezogenen Variablen werden mit $X_1, \ldots, X_k$ bezeichnet. In einem "linearen Modell" — und nur solche Modelle werden hier behandelt[1] — erfolgt die "Rückführung" (**Regression**) von Y auf $X_1, \ldots, X_k$ dadurch, daß — bis auf eine "unsystematische" **Stör–Größe** U — die Variable Y (der **Regressand**) als von den **Regressoren** $X_1, \ldots, X_k$ **linear abhängig** unterstellt wird. Wir haben also reelle Zahlen — die **Regressionskoeffizienten** — $\beta_1, \ldots, \beta_k$, so daß gilt:

(1.1.1) (1) $Y = \beta_1 X_1 + \cdots + \beta_k X_k + U$ (Modell–Gleichung) ;

(2) Y: zu erklärende quantitative Größe (Regressand; *endogen*: im Modell erklärt) ;

(3) $X_1, \ldots, X_k$: erklärende Größen (Regressoren; *exogen*: nicht innerhalb des Modells zu erklären, "von außen" gegeben) ;

(4) U: Stör–Term (auch *theoretisches Residuum*: theoretisch unerklärter Rest; *Fehler*–Term) .

[1] Erstens stellen lineare Beziehungen mathematisch "einfache" Relationen dar, die überdies für die Formalisierung von in realen Situationen vorhandenen Zusammenhängen oft sehr gute Dienste tun (wenn nicht sogar ausreichen!); zweitens ist die mathematische Behandlung linearer Modelle vergleichsweise problemlos möglich.

Natürlich sind die Koeffizienten β_i im allgemeinen unbekannt. Um das Modell (1.1.1) zu "verifizieren" — oder auch zu verwerfen —, muß man verschiedene "Messungen" der Größen Y, X_1, ..., X_k vornehmen, die dann die Grundlage der "empirischen" Nachprüfung bilden. Wir vereinfachen die Situation nun durch die Annahme, daß X_1, ..., X_k "kontrollierbar" sind, d. h. daß wir Werte für X_1, ..., X_k *fest vorgeben* können. Wir sprechen dann von **fixen Regressoren**. Man denke an folgendes

(1.1.2) Beispiel (Düngemittel)

X_1 = Saatgutmenge, X_2 = Menge von Düngemittel A, X_3 = Menge von Düngemittel B, Y = Ertrag (auf genormtem Versuchsfeld für eine bestimmte Feldfrucht). Auf (beispielsweise) 8 Versuchsfeldern könnte man nun z. B. folgende Mengen (in gewissen Einheiten) vorgeben (x_{ij} = i-te Vorgabe für X_j):

für X_1: $(x_{11}, \ldots, x_{81}) = (4, 5, 2, 2, 6, 5, 3, 5)$,
für X_2: $(x_{12}, \ldots, x_{82}) = (1, 0, 2, 0, 1, 2, 1, 1)$,
für X_3: $(x_{13}, \ldots, x_{83}) = (0, 2, 3, 4, 1, 1, 2, 3)$.

Die zugehörigen Y-Werte — wir bezeichnen sie mit Y_1, ..., Y_8 — werden bei der Ernte ermittelt. Es mögen dies z. B. die Werte

$$(Y_1, \ldots, Y_8) = (43, 55, 33, 32, 50, 57, 39, 75)$$

sein. Aus den X-Daten (Datenmatrix der x_{ij}) und den Y-Daten werden nun Informationen über β_1, β_2, β_3 (und in der Regel auch über den Stör-Term U, insbesondere dessen Varianz) in geeigneter Weise (mit statistischen Methoden) "errechnet". (Siehe (3.1.45), (5.4.3).) ■

Obiges Beispiel ist — wie nahezu alle in diesem Buch vorkommenden Beispiele — "fiktiv": um für Übersichtlichkeit und Erleichterung beim Nachrechnen zu sorgen, wurden nicht "reale"/"real ermittelte" Daten benutzt; denn "reale" Beispiele sind oft "unhandlich" und "groß", ohne daß ihr Wert als Demonstrationshilfe theoretischer Sachverhalte steigt. (In JOBSON[I] (1991) kann der interessierte Leser jedoch zahlreiche — und an Zahlen reiche — "reale" Beispiele nachschlagen.) Es werden im folgenden weitgehend immer dieselben Beispiele dazu dienen, verschiedene und jeweils neue theoretische Aspekte zu illustrieren. Um diese Beispiele leicht zu "identifizieren", erhalten sie Namen, die in der sogleich folgenden **Tabelle der Beispiele** angegeben werden.

Allgemein werden wir die Modellgleichung (1.1.1) — in Anlehnung an (1.1.2) — wie folgt "statistisch" behandeln: Es werden verschiedene Werte für $(X_1, \ldots, X_k)$ vorgegeben, und dann wird Y unter den vorgegebenen $(X_1, \ldots, X_k)$-Werten betrachtet. Es sei im folgenden

Tabelle der Beispiele

Name	zu erklärende Größe Y	erklärende Größen $X_1, \ldots, X_k$
Düngemittel	Ertrag	Düngemittelmengen und ggf. Saatgutmenge
Transport	Transportkapazität	Mengen von Waren(gruppen)
Agrar	Ertrag	Düngemittelmengen und Bodenart
Feldfrucht	Ertrag	Bodenart und ggf. Düngemittel*menge*
Boden/Düngersorte	Ertrag	Bodenart und Düngemittel*sorte*
Verarbeitung	Festigkeit	Herkunft des Vorproduktes und Zeitdauer der Härtungsbehandlung
Produktion	Lebensdauer	Herkunft des Vorproduktes und Produktionsbedingung

---

(1.1.3) (1) $x_{i1}, \ldots, x_{ik}$: i–te Wertvorgabe für $(X_1, \ldots, X_k)$,

(2) $Y_i = (Y \mid x_{i1}, \ldots, x_{ik})$:
Y unter der Bedingung $(X_1, \ldots, X_k) = (x_{i1}, \ldots, x_{ik})$,

(3) $U_i = (U \mid x_{i1}, \ldots, x_{ik})$:
U unter der Bedingung $(X_1, \ldots, X_k) = (x_{i1}, \ldots, x_{ik})$

für $i = 1, \ldots, n$.

Da — wie anhand von Beispiel (1.1.2) leicht einleuchtet — Y_i keineswegs *vollständig* durch $x_{i1}, \ldots, x_{ik}$ bestimmt wird, weil U_i noch als gleichsam "zufällige" Störung Einfluß nimmt, betrachten wir die U_i und damit die Y_i als *Zufallsvariable* auf einem (geeigneten, jedoch selbst nicht weiter interessierenden) Wahrscheinlichkeitsraum. U_i soll keine *systematisch* auf Y_i wirkenden Einflüsse mehr enthalten, sondern nur die gleichsam "unregelmäßigen", "rein zufälligen" Abweichungen der Größe Y_i von ihrem Erwartungswert darstellen. Es ist daher naheliegend zu unterstellen:

für den *Erwartungswert* der U_i $(i = 1, \ldots, n)$ gilt $\quad \mathrm{E}(U_i) = 0$.

Insgesamt haben wir nun mit (1.1.1) und (1.1.3) folgendes

(1.1.4) (vorläufiges) **statistisches lineares Regressionsmodell mit fixen Regressoren:**

(1) $Y_i = \beta_1 x_{i1} + \cdots + \beta_k x_{ik} + U_i$ mit $E(U_i) = 0$ oder

(2) $E(Y_i) = \beta_1 x_{i1} + \cdots + \beta_k x_{ik}$

für $i = 1, \ldots, n$.

In vielen Anwendungen sind die X–Daten allerdings nicht "kontrollierbar"/vorgebbar, weil sie — wie Y und zusammen mit Y — in einer gemeinsamen Stichprobe erhoben werden. Statt der x_{ij} hat man dann die

Zufallsvariablen: X_{ij} = *i–te Stichproben–Variable aus* X_j.

Ein solches Modell mit **stochastischen Regressoren** läßt sich — in Teilen und unter geeigneten stochastischen Annahmen über den Zusammenhang zwischen U_i und den X_{ij} — wie das Modell mit fixen Regressoren nutzen, wenn man zu *bedingten* Aussagen übergeht, d. h. (z. B.) als "neue" Modellgleichung

$$E(Y_i \mid X_1 = x_{i1}, \ldots, X_k = x_{ik}) = \beta_1 x_{i1} + \cdots + \beta_k x_{ik}$$

setzt. (Siehe etwa JOBSON[I](1991), S. 121 ff, S. 220 ff. Viele der zahlreichen und interessanten Anwendungen und Beispiele in JOBSON[I](1991) gehören zum Modell mit stochastischen Regressoren.)

(1.1.5) Beispiel (Transport)
Ein Transport–Unternehmen hat folgende Daten über die benötigte Transport-Kapazität Y und die transportierten Mengen X_i von Warengruppe i ($i = 1, \ldots, 5$) erhoben:

Y	:	47	48	42	46	60	71	85	75	84
X_1	:	38	37	37	48	71	88	117	157	164
X_2	:	45	51	52	69	89	110	102	118	130
X_3	:	66	76	105	140	183	214	247	310	309
X_4	:	26	30	41	51	68	92	98	102	108
X_5	:	29	34	33	33	43	52	61	60	64

In diesem Beispiel sind die X_j–Werte genauso wie die Y–Werte das Ergebnis einer Stichprobenerhebung. Eine angemessene theoretische Modellierung sollte also mit *stochastischen* Regressoren erfolgen. (Siehe auch (3.3.14), (3.3.19).) ■

Wir werden in vorliegendem Buch stets von *fixen* Regressoren ausgehen, weil

(1) tatsächlich in vielen Anwendungen die Größen $X_1, \ldots, X_k$ "kontrollierbar", also fest vorgebbar sind,

(2) die Ergebnisse auch für Modelle mit *stochastischen* Regressoren durch den Übergang zu "bedingten" Aussagen genutzt werden können,

(3) damit (erhebliche) Erleichterungen bei der Formulierung von Definitionen/Aussagen/Sätzen und in der Technik von Beweisführungen verbunden sind.

In der Modellgleichung (1.1.4) ist über *Varianzen* (Var) und *Covarianzen* (Cov) (auch *Kovarianzen*) der U_i (und damit der Y_i) noch nichts festgelegt. Die Covarianzen

$$\mathrm{Cov}(U_i, U_j) = \mathrm{E}(U_i \cdot U_j) - \mathrm{E}(U_i) \cdot \mathrm{E}(U_j) \quad (= \mathrm{E}(U_i U_j) \text{ wegen } \mathrm{E}(U_i) = 0)$$

drücken ja aus, in welchem Maße die Störungen sich gegenseitig (in *linearer Weise*) beeinflussen. Die Varianzen

$$\mathrm{Var}\ U_i = \mathrm{Cov}(U_i, U_i)$$

vermitteln ferner einen Eindruck von der Größe der "unsystematischen" Schwankungen, also der Stör–Variablen. Der weitaus wichtigste Fall ist die sogenannte

(1.1.6) homoskedastische Struktur:

(1) $\mathrm{Var}\, U_i = \sigma^2$ für alle $i = 1, \ldots, n$;

(2) $\mathrm{Cov}(U_i, U_j) = 0$ für $i \neq j$.

Bei solchen homoskedastischen Strukturen gibt es keine gegenseitige Beeinflussung der Störterme, und alle Störungen haben dieselbe "Bandbreite". Sie "repräsentieren" die für viele Anwendungen wichtige Situation des "klassischen" Experiments, das mehrfach unter denselben Ausgangsbedingungen durchgeführt werden kann, wobei die verschiedenen Wiederholungen voneinander unabhängig sind. (Allgemeinere Strukturen werden in Kapitel 6 kurz behandelt.)

1.2 Spezielle Typen linearer Modelle

Oft ist es zweckmäßig, die Modell–Spezifikation so vorzunehmen, daß ein Teil von Y als gleichsam autonom und von den erklärenden Regressoren "unabhängig" explizit ausgewiesen wird. Dies erreichen wir, indem wir X_1 zur "künstlichen", trivialen Variablen $X_1 \equiv 1$ machen. Wir haben dann in (1.1.1) (1) resp. (1.1.4) (1)

(1.2.1) (1) $Y = \beta_1 + \beta_2 X_2 + \cdots + \beta_k X_k + U$ resp.

(2) $Y_i = \beta_1 + \beta_2 x_{i2} + \cdots + \beta_k x_{ik} + U_i$, $\mathrm{E}(U_i) = 0$.

Wir reden von einem **inhomogenen** Modell, falls (1.2.1) vorliegt, also $X_1 \equiv 1$ ist. Für $X_2, \ldots, X_k$ wird stets unterstellt, daß sie nicht konstant sind, d. h. daß

$(x_{1j}, \ldots, x_{nj})$ mindestens zwei unterschiedliche Werte (für $j > 1$) aufweist. Der Fall $X_1 \equiv c$ ($\neq 1$) (siehe auch Beispiel (1.2.2)) ist durch geeignete "Skalierung" mit $X_1 \equiv 1$ "identisch": ersetze X_1 durch X_1/c und β_1 durch $\beta_1 c$. Das Modell heißt **homogen**, falls X_1 nicht konstant ist, also auch $x_{i1} \neq x_{r1}$ für wenigstens ein Paar (i, r) gilt.

(1.2.2) Beispiel (Düngemittel)
Beispiel (1.1.2) erfordert ein homogenes Modell. Ersetzt man jedoch X_1 durch die konstante Saatgutmenge $c \equiv 1$ (in einer geeigneten Maßeinheit), so hat man mit $X_1 \equiv 1$ ein inhomogenes Modell. ■

Im inhomogenen Fall mit $k = 2$ und $X_1 \equiv 1$ resp. im homogenen Fall mit $k = 1$ haben wir höchstens eine nicht–konstante Erklärende. Wir reden dann von **einfacher** Regression. Sie wird in **Kapitel 2** behandelt — gleichsam als Einstieg und Wiederholung des in der Statistik–Grundausbildung Gelernten.

Gelegentlich ist es üblich und zweckmäßig, im inhomogenen Fall die konstante Variable mit X_0 (statt mit X_1) zu bezeichnen. Statt (1.2.1) haben wir dann die Schreibweise

(1.2.3) (1) $Y = \beta_0 + \beta_1 X_1 + \cdots + \beta_p X_p + U$ resp.

(2) $Y_i = \beta_0 + \beta_1 x_{i1} + \cdots + \beta_p x_{ip} + U_i\ , \quad \mathrm{E}(U_i) = 0$

mit $p = k - 1$.

In den Kapiteln 7 und 8 werden wir Notation (1.2.3) benutzen, und zwar auch für den *homogenen* Fall $\beta_0 \equiv 0$.

(1.2.4) Bemerkung
Schreibweise (1.2.3) suggeriert eine Sonderrolle der Konstanten X_0, die außer den "eigentlichen" Erklärenden $X_1, \ldots, X_p$ durch den Koeffizienten β_0 stets präsent ist. Geometrisch betrachtet ist β_0 (auf der y–Achse) für jede der n "Flächen" $y = \beta_0 + \beta_1 x_{i1} + \cdots + \beta_p x_{ip}$ $(i = 1, \ldots, n)$ die "Schnittstelle" (in der englischsprachigen Literatur auch *intercept*) mit der y–Achse. Gängige Statistik–Programm–Pakete für Anwender fügen (fast) *immer* — wie REGRESSION in SPSS resp. in SAS — oder *manchmal* — wie OLS in GAUSS — ein β_0 hinzu — unabhängig von den eingegebenen Daten! Der Anwender kann dann gar keine *homogene* Regressionsanalyse durchführen! (Siehe auch (3.1.39).) ■

Im **multiplen Regressionsmodell** — mit Modellgleichung (1.1.1) (1) und (1.1.4) — sind beliebig viele (nämlich k, jedoch $k < n$) *quantitative* Variable $X_1, \ldots, X_k$

als Regressoren zugelassen — wie in **Beispiel (Düngemittel)** (1.1.2) mit $k = 3$. (Die Werte von *quantitativen* Variablen sind reelle Zahlen, die z. B. durch Messungen ermittelt werden.)

In manchen Situationen stehen allerdings auch oder nur *qualitative* Erklärende zur Verfügung oder das Interesse gilt auch oder nur qualitativen Erklärenden. (Die "Werte" von *qualitativen* Variablen sind diverse "Ausprägungen", "Kategorien", "Qualitäten", die durch "Befragungen" ermittelt werden.) In den Sozialwissenschaften kann z. B. die Größe "Zugehörigkeit zur sozialen Gruppe" eine wichtige Erklärende sein. In einem Betrieb (der Verarbeitungsindustrie) kann — wenn das Vorprodukt von mehreren Lieferanten kommt — die Herkunft des Vorproduktes eine wichtige Erklärende sein.

Da die "Werte" von qualitativen Variablen "Ausprägungen" sind, mit denen man nicht numerisch rechnen kann (die x_{ij} in (1.1.4) müssen natürlich reelle Zahlen sein), wird der Einfluß von qualitativen Größen im Kontext (1.1.1), (1.1.4) wie folgt bewerkstelligt: Für *jede* mögliche *Ausprägung* (einer qualitativen Variablen) und gegebenenfalls auch noch für *jede* mögliche *Kombination* von *Ausprägungen* (von mehreren qualitativen Variablen) wird eine "künstliche" **Indikator–Variable** (1–0–Variable, auch **Dummy–Variable**) eingeführt, die den Wert 1 annimmt, wenn die entsprechende Ausprägung (resp. Kombination von Ausprägungen) vorliegt; andernfalls erhält sie den Wert 0. Die möglichen Wertevorgaben x_{ij} in (1.1.4) sind also 0 oder 1.

(1.2.5) Beispiel (Agrar)
Sowohl Düngemittelmengen (mehrerer Düngemittelsorten) (wie in Beispiel Düngemittel (1.1.2)) als auch Bodenart (wie weiter unten in Beispiel Feldfrucht (1.2.6)) kommen als Erklärende für den Ertrag Y in Frage: $X_1 \equiv 1$ (konstante Saatgutmenge als Erklärende), X_2 resp. X_3 : Menge von Düngemittel A resp. B; des weiteren setzen wir (da nur leichter oder schwerer Boden vorkommen möge)

$X_4 = 1$ für 'leichten' Boden, $X_4 = 0$ andernfalls;

$X_5 = 1$ für 'schweren' Boden, $X_5 = 0$ andernfalls.

(Siehe auch (3.1.2), (3.1.4).) ■

Wird Y ausschließlich durch *eine* qualitative Variable erklärt, erhalten wir ein **Varianz–Analyse**–Modell der **Einfach–Klassifikation**; tritt noch *eine* quantitative Erklärende hinzu, ergibt sich ein **Covarianz–Analyse**–Modell.

(1.2.6) Beispiel (Feldfrucht)
Y: Ertrag auf genormtem Versuchsfeld. *Einzige* (qualitative) Erklärende sei "Bodenart" mit den Ausprägungen 'leicht', 'mittel', 'schwer'. Wir setzen:

$X_1 = 1$ für 'leichten' Boden, $X_1 = 0$ andernfalls;

$$X_2 = 1 \text{ für 'mittleren' Boden,} \quad X_2 = 0 \text{ andernfalls;}$$
$$X_3 = 1 \text{ für 'schweren' Boden,} \quad X_3 = 0 \text{ andernfalls.}$$

Es ist $X_1 + X_2 + X_3 = 1$, da jedes Versuchsfeld genau eine der drei Bodenarten hat. Es liegt ein Modell der Varianz–Analyse bei Einfach–Klassifikation vor. Wird zusätzlich die quantitative Größe

$$X_4 = \text{"Düngemittelmenge"}$$

als Regressor eingeführt, liegt ein Covarianz–Analyse–Modell der Einfach–Klassifikation vor. (Siehe (7.1.2), (7.1.10), (7.3.3).) ■

(1.2.7) Beispiel (Verarbeitung)
In einem Veredelungsbetrieb, der seine Vorprodukte von 6 Lieferanten ($L1, \ldots, L6$) bezieht, wird die "Festigkeit" Y des veredelten Endproduktes durch "Herkunft" (mit Ausprägungen $L1, \ldots, L6$) und "Zeitdauer der Härtebehandlung" erklärt. Es liegt also ein Covarianz–Analyse–Problem vor. Würde man Y nur durch die "Herkunft" erklären, hätte man eine Fragestellung der Varianz–Analyse. (Siehe hierzu (7.1.11) und (7.3.10), (7.3.12), (7.3.21).) ■

Der Ausdruck "Varianz–Analyse" rührt daher, daß die Datenanalyse in starkem Maße (im jeweils gegebenen Modell) auf diverse "Varianzen" der Stichprobenvariablen — z. B. Schwankungen der Daten, die zu *einer* Ausprägung der qualitativen Erklärenden gehören — zurückgreift.

Bei *zwei qualitativen* erklärenden Größen erhält man ein **Varianz–Analyse–Modell der Zweifach–Klassifikation.** Die qualitativen erklärenden Größen heißen dann auch **Faktoren**, die Ausprägungen **Niveaus.** Wird jedes Niveau des einen Faktors mit jedem Niveau des anderen Faktors kombiniert, spricht man von **vollständiger Kreuz–Klassifikation.** Wird hingegen jedes Niveau des einen Faktors nur mit genau einem Niveau des anderen Faktors kombiniert, liegt eine **hierarchische Klassifikation** vor.

(1.2.8) Beispiel (Boden/Düngersorte)
Wieder sei Y: Ertrag auf genormtem Versuchsfeld. Betrachtet man als Erklärende nur die beiden qualitativen Größen "Bodenart" (mit den drei Ausprägungen "leicht", "mittel", "schwer") und "Düngersorte" (mit den sieben Ausprägungen K1, K2: kalkhaltige Kunstdünger; N1, N2, N3: nitrathaltige Kunstdünger; B1, B2: Biodünger) (jeweils mit festen, nicht variierenden Quantitäten!), so erhält man ein Varianz–Analyse–Modell mit Zweifach–Klassifikation. Wird jede der 3 Bodenarten mit jeder der 7 Düngersorten kombiniert, liegt eine vollständige Kreuz–Klassifikation vor. Führen wir *nur* die drei 1–0–Variablen X_1, X_2, X_3 für die drei Bodenarten und die sieben 1–0–Variablen $X_4, \ldots X_{10}$ für die sieben Düngersorten ein, so haben wir ein Modell der vollständigen **Kreuz–Klassifikation**

ohne Wechselwirkung. Nehmen wir zusätzlich die 21 Indikator–Variablen X_{11}, ..., X_{32} für die 21 möglichen Kombinationen von Bodenart und Düngemittelsorte als Erklärende auf, liegt ein Modell der **vollständigen Kreuz–Klassifikation mit Wechselwirkung** vor. Wird hingegen z. B. leichter Boden nur mit N1, N2, N3 kombiniert, schwerer Boden nur mit K1, K2, mittlerer Boden nur mit B1, B2, ist eine **hierarchische Klassifikation** gegeben ("Düngersorte" ist "Bodenart" gleichsam untergeordnet). Außer den 1–0–Variablen X_1, X_2, X_3 für die drei Bodenarten hätten wir dann nur noch drei Indikator–Variablen für die Wechselwirkung von leichtem Boden mit N1, N2, N3 resp., ferner je zwei Indikator–Variablen für die Wechselwirkung von mittlerem Boden mit B1, B2 bzw. von schwerem Boden mit K1, K2. (Man beachte den Unterschied zu Beispiel **Agrar** (1.2.5), wo Düngemittel*mengen* betrachtet werden.) ■

(1.2.9) Beispiel (Produktion)
Y sei die Lebensdauer eines Produktes, das aus einem Vorprodukt hergestellt wird. Der produzierende Betrieb bezieht Vorprodukte von 4 Lieferanten ($L1, L2, L3, L4$). Die Produkte werden unter drei verschiedenen Bedingungen ($B1, B2, B3$) — z. B. unterschiedliche Teilbetriebe oder Fließbänder oder Temperaturen oder Lösungsmittel–Konzentrationen — hergestellt. Y soll durch die beiden qualitativen Größen

Herkunft mit Ausprägungen $L1, L2, L3, L4$

Produktionsbedingung mit Ausprägungen $B1, B2, B3$

"erklärt" werden. Jedes L_j kann offenbar mit jedem B_i kombiniert werden; es liegt ein Problem bei vollständiger Kreuz–Klassifikation vor. (Siehe hierzu (8.2.9), (8.2.11), (8.2.26), (8.2.30).) ■

1.3 Behandelte Probleme

Natürlich kommt es darauf an, aus den Daten über $Y_1, \ldots, Y_n$ mit vorgegebenen $x_{11}, \ldots, x_{n1}, \ldots, x_{1k}, \ldots, x_{nk}$ "brauchbare" Informationen über die Parameter $\beta_1, \ldots, \beta_k$ (1.1.4) und σ^2 (1.1.6) zu erhalten. Unser Bestreben wird daher sein, möglichst "gute" Schätzfunktionen $\widehat{\beta}_1, \ldots, \widehat{\beta}_k, \widehat{\sigma}^2$ sowie Tests über die Parameter $\sigma^2, \beta_1, \ldots, \beta_k$ zu finden. Dabei wird nahezu stets die (für Anwendungen besonders wichtige) **homoskedastische** Varianz–Struktur (1.1.6) unterstellt, die sich überdies auch mathematisch besonders "bequem" behandeln läßt.

Im **2. Kapitel** werden zunächst die Schätzprobleme bei der *einfachen* Regression behandelt, wobei Begriffsbildung und Notation schon im Hinblick auf die dann im **3. Kapitel** abgehandelte multiple Regression erfolgen. Dort werden dann **beste unverzerrte Schätzer** für die β_i resp. für **schätzbare Funktionen** der β_i vorgestellt (**Gauß–Markov–Theorem**). Diese Schätzer sind ihrerseits mit ebenfalls zu schätzenden Varianzen behaftet, die durch **unverzerrte Varianz-Schätzer** geschätzt werden. Schließlich werden die Ergebnisse für das **Prognose-Problem** nutzbar gemacht. Das **3. Kapitel** enthält den Kern der Theorie der besten linearen unverzerrten **(BLU) Schätzung** im multiplen Regressionsmodell.

(1.3.1) Beispiel (Transport)
Betrachte (1.1.5). Man schätzt — unter der Bedingung gegebener Mengen in den 5 Warengruppen — die Koeffizienten $\beta_1, \ldots, \beta_5$ durch $\widehat{\beta}_1, \ldots, \widehat{\beta}_5$. Für neue, geplante Mengen $x_{\text{neu},1}, \ldots, x_{\text{neu},5}$ der 5 Warengruppen läßt sich nun — wie wir sehen werden — der Bedarf an Transportkapazität durch $x_{\text{neu},1} \cdot \widehat{\beta}_1 + \cdots + x_{\text{neu},5} \cdot \widehat{\beta}_5$ prognostizieren. (Siehe hierzu (3.3.19).) ■

Die für die Ausführung von Tests (oder die Bildung von Konfidenzbereichen) notwendigen wahrscheinlichkeitstheoretischen Verteilungen — die **mehrdimensionale Normalverteilung** und davon abgeleitete Verteilungen — werden in **Kapitel 4** eingeführt. In **Kapitel 5** werden dann **Tests** zu recht allgemeinen **linearen Hypothesen** über die β_i — freilich schon im Hinblick auf besonders wichtige Anwendungen — vorgestellt.

Es wird sich zeigen, daß die Konstruktion von Tests und Schätzern für $\beta_1, \ldots, \beta_k$ nicht immer möglich ist, weil $\beta_1, \ldots, \beta_k$ möglicherweise gar nicht "schätzbar" bzw. "testbar" sind. Wir suchen dann nach geeigneten **testbaren Hypothesen** über (lineare) Transformationen der β_i, die Gegenstand unseres Interesses werden. Zum Beispiel kann man (in (1.2.3)) das wichtige

Testproblem H_0 (Nullhypothese): $\beta_1 = \beta_2 = \cdots = \beta_p$

transformieren in das

Testproblem H_0: $\beta_2 - \beta_1 = 0, \ldots, \beta_p - \beta_1 = 0$,

und in vielen Modellen sind zwar die β_i selbst nicht "testbar", jedoch die transformierten Parameter $\beta_i - \beta_1$, also H_0 .

(1.3.2) Beispiel (Düngemittel)
Wenn wir in (1.1.2) noch eine Variable X_4 = "Menge von Düngemittel C" einführen, und wenn wir überdies im Modell (1.1.4) stets $x_{i2} + x_{i3} = x_{i4}$ (also: A–Menge + B–Menge = C–Menge) vorgeben, sind die β_i (für $i > 1$) selbst nicht "schätzbar" oder "testbar", wie wir später sehen werden. Im Modell (1.1.4) kann man dann die auf A resp. B resp. C zurückzuführenden Ertrags–Effekte β_2, β_3, β_4 nicht "isolieren", "identifizieren", da ja die C–Mengen selbst als Summen von A– und B–Mengen gegeben sind. Die wichtige Frage jedoch, ob z. B. die Düngemittel A und B "gleich gut" sind, ob also die Null–Hypothese $H_0 : \beta_2 = \beta_3$ (gegen die Alternative H_1 : "H_0 gilt nicht") verworfen werden muß, läßt sich gleichwohl behandeln, da H_0 sich als "testbar" herausstellen wird (siehe (5.4.3)). ■

In **Kapitel 6** gehen wir kurz auf die Konstruktion von ("besten") Schätzern ein, wenn statt der homoskedastischen Struktur (1.1.6) eine allgemeine Varianz-Struktur vorliegt. Wichtige Sonderfälle sind **Heteroskedastizität** (6.1.6) und **Autokorrelation** (6.1.7).

Das **7. Kapitel** enthält Schätz- und Test-Probleme zur Varianz- und Covarianzanalyse bei **Einfach-Klassifikation** (wie etwa bei den Beispielen Verarbeitung (1.2.7) und Feldfrucht (1.2.6)), während in **Kapitel 8** die Varianz-Analyse der **Zweifach-Klassifikation** (wie etwa bei den Beispielen Produktion (1.2.9) und Boden/Düngersorte (1.2.8)) (sowohl mit vollständiger Kreuz-Klassifikation als auch mit hierarchischer Klassifikation) präsentiert wird. Vorrangig gilt dabei unser Interesse einigen Tests über die Gleichheit von Einflüssen verschiedener Faktor-Niveaus auf die zu erklärende Größe Y.

(1.3.3) Beispiel (Verarbeitung)
Betrachte (1.2.7). Von Interesse ist die Hypothese

H_0: die Herkunft des Vorproduktes ist irrelevant für die Festigkeit des Endproduktes;

oder

H_0: die Dauer der Härtebehandlung spielt für die Festigkeit des Endproduktes keine Rolle.

■

(1.3.4) Beispiel (Feldfrucht)
Der Ertrag Y werde nur durch "Bodenart" (leicht, mittel, schwer) erklärt (mit konstanter Saatgutmenge). Von Interesse ist z. B. die Nullhypothese

H_0: alle Bodenarten sind für die Erklärung des Ertrages "gleich gut".

■

(1.3.5) Beispiel (Produktion)
In (1.2.9) sind die Hypothesen

H_0: alle Lieferanten sind — bezüglich der Lebensdauer des Endproduktes — gleich gut

und

H_0: alle Produktionsbedingungen sind — bezüglich der Lebensdauer des Endproduktes — gleichwertig

interessant. ■

(1.3.6) Beispiel (Boden/Düngersorte)
Der Ertrag Y werde durch Bodenart und Düngersorte bestimmt, wobei schwerer Boden nur mit verschiedenen kalkhaltigen, leichter Boden nur mit verschiedenen

nitrathaltigen, mittlerer Boden nur mit verschiedenen biologischen Düngersorten gedüngt wird. Von Interesse ist die Hypothese

H_0: für jede Bodenart sind die jeweiligen Düngersorten gleich gut.

■

Bei der Behandlung der Schätz- und Testprobleme machen wir von **Matrix-Notationen** ausgiebig Gebrauch. Um auch für den Fall, daß — z. B. — die β_i selbst nicht "schätzbar" sind, gerüstet zu sein, führen wir von Anfang an die "generalisierte Inverse" einer Matrix ein. Dies geschieht je nach Bedarf im Verlauf der **Kapitel 2** und **3**. Zur Bewältigung von rechentechnischen Problemen — etwa bei der Berechnung der "Inversen" oder der "generalisierten Inversen" oder von Schätzern oder von Teststatistiken — wurden gelegentlich **Programme**, die in der Programmiersprache (Dyalog-)**APL** geschrieben sind, benutzt (siehe **Anhang 1**). Zahlreiche (numerisch leicht handhabbare fiktive) **Beispiele** im Text und **Aufgaben** mit **Lösungen** am Ende der Kapitel 2, 3, 5, 6, 7, 8 erleichtern das Verständnis der nicht immer ganz einfachen Theorie und fördern die Einübung in interessante und relevante Anwendungen.

Kapitel 2

Einfache lineare Regression

2.1 Regression mit vollem Rang

Das Modell

Wir betrachten das bekannte **einfache lineare Regressions–Modell** mit **fixen Regressoren** (man mag z. B. in POKROPP (1990), S. 262 ff, oder SCHLITTGEN (1993), S. 411 ff, nachlesen):

Gegeben seien reelle Zahlen $x_1, \ldots, x_n$, Konstante α, β und Zufallsvariable $Y_1, \ldots, Y_n$ sowie $U_1, \ldots, U_n$ mit

(2.1.1) (1) $Y_i = \alpha + \beta x_i + U_i \quad (i = 1, \ldots, n)$,

(2) $\mathrm{E}(U_i) = \mu_{U_i} = 0$,

(3) $\mathrm{E}(U_iU_j) = \mathrm{Cov}(U_i, U_j) = \begin{cases} \sigma^2 & \text{für } i = j \\ 0 & \text{für } i \neq j \end{cases}$,

wobei "E" und "Cov" die Bildung von **Erwartungswert** und **Covarianz/Varianz** bezeichnen. Wir schreiben für die Varianz einer Zufallsvariablen Z auch

$$\mathrm{Var}\, Z = \sigma_Z^2 = \sigma_{Z,Z} = \mathrm{Cov}(Z, Z).$$

Statt (2.1.1) kann man auch schreiben

(2.1.2) (1) $\mathrm{E}(Y_i) = \alpha + \beta x_i$ für $i = 1, \ldots, n$,

(2) $\mathrm{Cov}(Y_i, Y_j) = \begin{cases} \sigma^2 & \text{für } i = j \\ 0 & \text{für } i \neq j \end{cases}$.

Wir reden von einem **Modell mit vollem Rang**, falls nicht $x_1 = \cdots = x_n$ gilt:

$$(2.1.3) \quad s_x^2 = \frac{1}{n}\sum_i (x_i - \overline{x})^2 > 0 \quad \text{mit} \quad \overline{x} = \tfrac{1}{n}\sum_i x_i \,.$$

Man nennt (2.1.1), (2.1.2) das **Statistische univariate einfache Regressionsmodell.** Man kann (2.1.1)/(2.1.2) auffassen als **statistische Version** (mit "fixen Regressoren") des folgenden **Univariaten Regressionsmodells (Ein-Gleichungsmodells)** zwischen den Variablen X, Y, U mit X als **Regressor** (erklärende Variable), Y als **Regressand** (zu erklärende Variable), U als **Stör-Variable**:

(2.1.4) (1) $Y = \alpha + \beta X + U$ mit

(2) $\mathrm{E}(U \mid x) = 0$, also

(3) $\mathrm{E}(Y \mid x) = \alpha + \beta x$,

(4) $\mathrm{E}\,[(U^2 \mid x)] = \sigma^2$,

für jeden Wert x von X ,

wobei $\mathrm{E}(U \mid x)$ bzw. $\mathrm{E}(Y \mid x)$ der **bedingte Erwartungswert** von U bzw. Y bei gegebenem Wert x für X ist und $(U \mid x)$ die (durch x bedingte) Dichte- bzw. Wahrscheinlichkeitsfunktion

$$f_{(U|x)}(u) = \frac{f(u,x)}{f_X(x)} \quad (\text{mit } f = f_{U,X})$$

besitzt. Betrachtet man nun eine unabhängige Stichprobe $\{(X_i, Y_i, U_i) : i = 1, \ldots, n\}$ aus den Modell-Variablen (X, Y, U), so folgt aus (2.1.4) das Modell mit **stochastischen Regressoren** :

(2.1.5) (1) $Y_i = \alpha + \beta X_i + U_i$ mit

(2) $\mathrm{E}(U_i \mid X_i) = 0$, also

(3) $\mathrm{E}(Y_i \mid X_i) = \alpha + \beta X_i$,

(4) $\mathrm{E}(U_i^2 \mid X_i) = \sigma^2$,

(5) $\mathrm{E}(U_i \cdot U_j \mid X_i, X_j) = 0$ für $i \neq j$

für alle i und j.

(Man kann die Bedingung 'gegeben X_i' sogar durch die schärfere Bedingung 'gegeben $X_1, \ldots, X_n$' ersetzen.)

Betrachtet man weiter — wie wir das im folgenden stets tun werden — in (2.1.5) *feste* Werte $(x_1, \ldots, x_n)$ für $(X_1, \ldots, X_n)$, so erhält man das in (2.1.1) aufgestellte *lineare Regressionsmodell* mit **fixen Regressoren** mit $Y_i = (Y \mid x_i)$, $U_i = (U \mid x_i)$. (Statt X_i hätten wir eigentlich X_{2i} schreiben müssen. Im weiteren Verlauf wird die Notation X_i im Sinne von (2.1.5) nicht mehr auftreten.) Die Unkorreliertheit $\mathrm{E}(U_i U_j) = 0$ für $i \neq j$ in (2.1.1) (3) ermöglicht die Interpretation von Y_1, $\ldots$, Y_n als unkorreliertem Stichprobenvektor, dessen Komponenten sich gegenseitig nicht beeinflussen, da die zugehörigen Störungen U_i sich nicht gegenseitig "stören". (Dies ist die Situation des "klassischen" Experiments.) Zur Verdeutlichung von (2.1.1)/(2.1.2), (2.1.4) stelle man sich etwa vor:

(2.1.6) Beispiel (Düngemittel)
Betrachte (1.1.2) mit folgender Modifikation: $X_1 \equiv 1$ = "konstante Saatgutmenge" (in einer geeigneten Einheit), $X_2 = X$ = "Düngemittelmenge", Y = "Ertrag" pro Feld genormter Größe. Auf (genormten) Feldern 1, …, n werden die Düngemittelmengen x_1, …, x_n (resp.) aufgebracht. Y_i ist der Ertrag auf Feld i, U_i die "Abweichung" des Ertrags Y_i vom "erwarteten Ertrag" $\alpha + \beta x_i$. Die Erträge Y_i haben zwar identische Varianzen (da gleiche Bedingungen auf allen Versuchsfeldern herrschen), sind aber unkorreliert (da kein Versuchsfeld ein anderes irgendwie beeinflußt). α ist der auf "autonomem" Wachstum (ohne Düngung) beruhende Ertrag. β gibt an, um wieviel Einheiten der Erwartungswert von Y wächst, wenn X um eine Einheit erhöht wird. ■

OLS–Schätzer

Die Parameter α, β, σ^2 sind i. a. unbekannt und aufgrund von Werten für Y_1, $\ldots$, Y_n zu schätzen. Folgende Statistiken werden für die Konstruktion von Schätzverfahren wichtig sein:

(2.1.7) $$S_{xY} = S_{x,Y} = \frac{1}{n}\sum_i (x_i - \overline{x})(Y_i - \overline{Y}) = \frac{1}{n}\sum_i x_i Y_i - \overline{x}\,\overline{Y}\,,$$
$$\overline{Y} = \frac{1}{n}\sum_i Y_i\,, \quad S_Y^2 = \frac{1}{n}\sum_i (Y_i - \overline{Y})^2 = \frac{1}{n}\sum_i Y_i^2 - \overline{Y}^2\,.$$

Die **(gewöhnlichen) Kleinste–Quadrate–Schätzer (OLS–Schätzer** = **Ordinary Least Squares–Schätzer)** minimieren die Quadratsumme der Abweichungen **(SSE** = **Sum of Squares of Errors)**

(2.1.8) $\mathrm{SSE}(a,b) = \sum_i (Y_i - (a + bx_i))^2$

und lauten bekanntlich

(2.1.9) $\widehat{\alpha} = \overline{Y} - \widehat{\beta}\overline{x}\,, \quad \widehat{\beta} = \dfrac{S_{x,Y}}{s_x^2}\,.$

Wir haben also für alle reellen Zahlen a, b

(2.1.10) $\mathrm{SSE} \le \mathrm{SSE}(a,b)$ mit $\mathrm{SSE} = \mathrm{SSE}(\widehat{\alpha},\widehat{\beta})\,.$

Normalgleichungen

Zur Begründung von (2.1.9) aus (2.1.10), (2.1.8) wird folgende Notation eingeführt:

(2.1.11) (1) $Y_i = \widehat{\alpha} + \widehat{\beta}x_i + \widehat{U}_i = \widehat{Y}_i + \widehat{U}_i$ mit

(2) $\widehat{Y}_i = \widehat{\alpha} + \widehat{\beta}x_i\,, \quad \widehat{U}_i = Y_i - \widehat{Y}_i\,.$

Differenziert man (2.1.8) (partiell) nach a und b, so erhält man für die Nullstellen $\widehat{\alpha}$, $\widehat{\beta}$ dieser Ableitungen mit (2.1.11) die **Normalgleichungen** (des Problems $\mathrm{SSE}(a,b) = \min!$):

(2.1.12) (1) $\sum \widehat{U}_i = 0$ oder $\overline{\widehat{U}} = 0$ oder $\overline{Y} = \overline{\widehat{Y}}\,,$

(2) $\sum \widehat{U}_i x_i = 0$ oder $\sum Y_i x_i = \sum \widehat{Y}_i x_i\,.$

Aus (2.1.12) (1) folgt sofort $\widehat{\alpha}$ in (2.1.9); aus (2.1.12) (2) (mit (1) und (2.1.7)) folgt

$$S_{xY} = S_{x\widehat{Y}} = S_{x,\widehat{\alpha}+\widehat{\beta}x} = S_{x,\widehat{\beta}x} = \widehat{\beta}s_x^2$$

und damit $\widehat{\beta}$ in (2.1.9).

Varianz–Zerlegung

Aus (2.1.12) folgt sogleich mit (2.1.11)

(2.1.13) (1) $\sum \widehat{U}_i \widehat{Y}_i = 0$, also auch

(2) $\sum Y_i \widehat{U}_i = \sum \widehat{U}_i^2$, $\sum Y_i \widehat{Y}_i = \sum \widehat{Y}_i^2$.

Folgende Bezeichnungen für Quadrat–Summen sind zweckmäßig und üblich (mit (2.1.10), (2.1.11)):

(2.1.14) $\text{SST} = \sum Y_i^2$, $\text{SSR} = \sum \widehat{Y}_i^2$, $\text{SSE} = \sum \widehat{U}_i^2$,

wobei T für "Totale", R für "durch **R**egression bestimmte" Quadratsumme (SS = Sum of Squares) des Regressanden Y steht. (Leider wird in der Literatur — z.B. in JOBSON[I](1991) — manchmal SST für nS_Y^2, SSR für $nS_{\widehat{Y}}^2$, SSE für $nS_{\widehat{U}}^2$ geschrieben. Siehe auch (3.1.39).) Für die Ausdrücke in (2.1.14) beweisen wir

(2.1.15) Satz

(1) $\text{SST} = \text{SSR} + \text{SSE}$ *oder* $\text{SSE} = \text{SST} - \text{SSR}$;

(2) $S_Y^2 = S_{\widehat{Y}}^2 + S_{\widehat{U}}^2$ oder $S_{\widehat{U}}^2 = S_Y^2 - S_{\widehat{Y}}^2$;

(3) $S_{\widehat{Y}}^2 = \widehat{\beta} S_{x,Y} = \widehat{\beta}^2 s_x^2$;

(4) $\text{SSR} = n(S_{\widehat{Y}}^2 + \overline{Y}^2) = \widehat{\alpha} \sum Y_i + \widehat{\beta} \sum x_i Y_i$.

Beweis:

(1) $\text{SST} = \sum(\widehat{Y}_i + \widehat{U}_i)Y_i$; beachte (2.1.13) (2).

(2) folgt aus (1) mit (2.1.12) (1) und z. B. $S_Y^2 = \text{SST}/n - \overline{Y}^2$.

(3) Rechnen mit empirischen Varianzen: $S^2_{\widehat{\alpha}+\widehat{\beta}x} = \widehat{\beta}^2 s_x^2$. Beachte (2.1.9).

(4) $n(S_{\widehat{Y}}^2 + \overline{Y}^2) = \widehat{\beta} n S_{x,Y} + n\overline{Y}(\widehat{\alpha} + \widehat{\beta}\overline{x})$ (mit (3) und (2.1.9)) $= \widehat{\alpha} n \overline{Y} + \widehat{\beta} n (S_{xY} + \overline{x}\overline{Y})$. Beachte (2.1.7). ■

Unverzerrtheit/Erwartungstreue

Bekanntlich sind $\widehat{\alpha}$ resp. $\widehat{\beta}$ **unverzerrte (erwartungstreue) Schätzfunktionen** für α resp. β:

(2.1.16) $\text{E}(\widehat{\alpha}) = \alpha$, $\text{E}(\widehat{\beta}) = \beta$.

Eine **unverzerrte Schätzfunktion** für σ^2 findet man bekanntlich wie folgt:

(2.1.17) $\widehat{\sigma}^2 = \frac{\text{SSE}}{n-2} = \frac{n}{n-2} S^2_{\widehat{U}}$; $\text{E}(\widehat{\sigma}^2) = \sigma^2$.

Zur Erinnerung an die nötigen Rechenschritte betrachten wir folgendes

(2.1.18) Beispiel

x_i	1	3	5	4	7
Y_i	1	2	4	3	5

$\overline{x} = 4$, $s^2_x = 4$, $\overline{Y} = 3$, $S^2_Y = 2$, $S_{x,Y} = 2.8$,
SST $= 55$, $\widehat{\beta} = 2.8/4 = 0.7$, $\widehat{\alpha} = 3 - 0.7 \cdot 4 = 0.2$,
$S^2_{\widehat{Y}} = 0.7 \cdot 2.8 = 1.96$, $S^2_{\widehat{U}} = 0.04$, $\widehat{\sigma}^2 = \frac{0.2}{3} = 0.067$.

2.2 Einfache lineare Regression in Matrix–Notation

Matrizen

Man kann die Modell-Gleichungen (2.1.1) bequem schreiben, wenn man Vektoren und Matrizen von Zufallsvariablen einführt. (Grundlagen der Matrizenrechnung mag der weniger an Matrizen gewöhnte Leser bei OBERHOFER (1993), OPITZ (1989), S. 159 ff, STÖWE/HÄRTTER (1990), S. 159 ff nachschlagen.) Sind

A_{ij} $(i = 1, \ldots, p;\ j = 1, \ldots, q)$ **Zufallsvariablen**

(auf demselben Wahrscheinlichkeitsraum), so ist

(2.2.1) $\boldsymbol{A} := \boldsymbol{A}_{p\times q} := [[A_{ij}]] := \begin{bmatrix} A_{11} & \ldots & A_{1q} \\ \vdots & & \vdots \\ A_{p1} & \ldots & A_{pq} \end{bmatrix}$ $\quad$ $p =$ **Zeilen(an)zahl**, $q =$ **Spalten(an)zahl**

eine **Zufallsmatrix** (kurz auch **Matrix**) (der **Dimension** $p \times q$) mit Element $(\boldsymbol{A})_{ij} = A_{ij}$ in i–ter Zeile, j–ter Spalte von $\boldsymbol{A}$. (Die Doppelklammer in (2.2.1) unterscheidet die aus den Elementen A_{ij} bestehende Matrix $\boldsymbol{A}$ von der aus dem einen Element A_{ij} bestehenden Matrix $[A_{ij}] = [A_{ij}]_{1\times 1}$.)

Die *Werte* einer Zufallsmatrix sind natürlich **(numerische)**, **(reelle) Matrizen.** Die **Transponierte** der (Zufalls–) Matrix $\boldsymbol{A}$ ist

(2.2.2) $\boldsymbol{A}' := \boldsymbol{A}'_{q\times p} := \begin{bmatrix} A_{11} & \ldots & A_{p1} \\ \vdots & & \vdots \\ A_{1q} & \ldots & A_{pq} \end{bmatrix}$; $\quad (\boldsymbol{A}')_{ij} = (\boldsymbol{A})_{ji}$.

$\boldsymbol{A}$ ist **symmetrisch**, wenn $q = p$ und $\boldsymbol{A}' = \boldsymbol{A}$ ist.

Beispiel (mit reellen Matrizen)

$$\textbf{Transposition:}\quad \begin{bmatrix} 1 & 0 \\ 6 & 5 \\ 2 & 3 \end{bmatrix}' = \begin{bmatrix} 1 & 6 & 2 \\ 0 & 5 & 3 \end{bmatrix};$$

$$\textbf{Symmetrie:}\quad \begin{bmatrix} 1 & 0 & 3 \\ 0 & 4 & 2 \\ 3 & 2 & 5 \end{bmatrix}' = \begin{bmatrix} 1 & 0 & 3 \\ 0 & 4 & 2 \\ 3 & 2 & 5 \end{bmatrix}. \qquad \blacksquare$$

Besondere symmetrische Matrizen sind

(2.2.3) Diagonalmatrizen $\boldsymbol{D}$ mit $(\boldsymbol{D})_{ij} = 0$ für $i \neq j$:

$$\boldsymbol{D} := \operatorname{diag}(D_1, \ldots, D_n) := \begin{bmatrix} D_1 & & 0 \\ & \ddots & \\ 0 & & D_n \end{bmatrix},$$

$\boldsymbol{I} = \boldsymbol{I}_p = \operatorname{diag}(1, \ldots, 1)$ (p–mal) ist die p–dimensionale **Einheitsmatrix**.

Beispiel (mit reellen Matrizen)

$$\operatorname{diag}(2,3,0) = \begin{bmatrix} 2 & 0 & 0 \\ 0 & 3 & 0 \\ 0 & 0 & 0 \end{bmatrix}, \qquad \boldsymbol{I}_3 = \begin{bmatrix} 1 & 0 & 0 \\ 0 & 1 & 0 \\ 0 & 0 & 1 \end{bmatrix}. \qquad \blacksquare$$

$\boldsymbol{Z} = \boldsymbol{Z}_{p\times 1}$ heißt **(p–dimensionaler) (Spalten–)(Zufalls–)Vektor** , $\boldsymbol{Z}' = \boldsymbol{Z}'_{1\times p}$ heißt (p–dimensionaler) **(Zeilen–)(Zufalls–)Vektor**.

Bekanntlich wird mit Matrizen wie folgt gerechnet/operiert:

(2.2.4) Gegeben: $\boldsymbol{A} = \boldsymbol{A}_{p\times q} = [[a_{ij}]]$, $\boldsymbol{B} = \boldsymbol{B}_{r\times s} = [[b_{mk}]]$, $c \in \mathbb{R}$.

(1) **skalare Multiplikation**:

$$c \cdot \boldsymbol{A} = \boldsymbol{A} \cdot c = \boldsymbol{A}c = [[c \cdot a_{ij}]]$$

(2) **Addition**: nur für $p = r$, $q = s$

$$\boldsymbol{A} + \boldsymbol{B} = [[a_{ij} + b_{ij}]]$$

(3) **Matrix–Multiplikation**: nur für $q = r$

$$\boldsymbol{A} \cdot \boldsymbol{B} = \boldsymbol{AB} = [[c_{ik} = \sum_j a_{ij} \cdot b_{jk}]]$$

(4) **Skalarprodukt**:
nur für Vektoren $\boldsymbol{a}' = [a_1 \ \ldots \ a_q]$, $\boldsymbol{b}' = [b_1 \ \ldots \ b_q]$:

$$\boldsymbol{a}' \cdot \boldsymbol{b} = \boldsymbol{a}'\boldsymbol{b} = \sum_j a_j b_j$$

(2.2.5) Beispiel (mit reellen Matrizen)

(1) $3 \cdot \begin{bmatrix} 1 & 3 & 4 \\ -2 & 0 & 1 \end{bmatrix} = \begin{bmatrix} 3 & 9 & 12 \\ -6 & 0 & 3 \end{bmatrix};$

(2) $\begin{bmatrix} 1 & 3 & 4 \\ -2 & 0 & 1 \end{bmatrix} + \begin{bmatrix} 2 & 2 & 0 \\ 6 & -1 & -4 \end{bmatrix} = \begin{bmatrix} 3 & 5 & 4 \\ 4 & -1 & -3 \end{bmatrix};$

(3) $\begin{bmatrix} 1 & 3 & 4 \\ -2 & 0 & 1 \end{bmatrix} \begin{bmatrix} 3 & 1 & 1 & 0 \\ 0 & -1 & 1 & 4 \\ 1 & 1 & -2 & -2 \end{bmatrix} = \begin{bmatrix} 7 & 2 & -4 & 4 \\ -5 & -1 & -4 & -2 \end{bmatrix};$

(4) $[\, 1 \;\; 3 \;\; 4 \,] \begin{bmatrix} 3 \\ 0 \\ 1 \end{bmatrix} = 7\,.$ ∎

Die Einheitsmatrix $\boldsymbol{I}$ läßt jede Matrix $\boldsymbol{A}$ bei der Multiplikation unverändert:

$\boldsymbol{IA} = \boldsymbol{A}$ bzw. $\boldsymbol{AI} = \boldsymbol{A}$ (sofern das Produkt definiert ist).

Die nur aus Nullen bestehende **Nullmatrix 0** hat die Eigenschaft

$\boldsymbol{A} + \boldsymbol{0} = \boldsymbol{A}$ bzw. $\boldsymbol{0} + \boldsymbol{A} = \boldsymbol{A}$ und $\boldsymbol{A} \cdot \boldsymbol{0} = \boldsymbol{0}$ bzw. $\boldsymbol{0} \cdot \boldsymbol{A} = \boldsymbol{A}$

(für definierte Summen und Produkte). Die **Inverse** einer Matrix $\boldsymbol{A} = \boldsymbol{A}_{p \times p}$ (sofern sie existiert) wird mit $\boldsymbol{A}^{-1}$ bezeichnet und durch die Eigenschaft

(2.2.6) $\boldsymbol{A}^{-1}\boldsymbol{A} = \boldsymbol{I} = \boldsymbol{A}\boldsymbol{A}^{-1}$

erklärt. (Es gibt höchstens *eine* Inverse zu einer Matrix.)

Der **Erwartungswert** von $\boldsymbol{A}$ (2.2.1) ist definiert als (reelle) Matrix der Erwartungswerte:

(2.2.7) $\mathrm{E}(\boldsymbol{A}) := \mathrm{E}\,[[A_{ij}]] := [[\mathrm{E}(A_{ij})]]\,.$

Für einen Zufallsvektor $\boldsymbol{Z} = \boldsymbol{Z}_{p \times 1}$ resp. $\boldsymbol{Z}' = \boldsymbol{Z}'_{1 \times p} = (Z_1, \ldots, Z_p)$ ist auch seine **Covarianz–Matrix** erklärt als Matrix der Varianzen und Covarianzen:

(2.2.8) $\boldsymbol{\Sigma} := \boldsymbol{\Sigma}_{\boldsymbol{Z}} := \boldsymbol{\Sigma}_{\boldsymbol{Z}'} := [[\mathrm{Cov}(Z_i, Z_j)]] = \mathrm{E}([\boldsymbol{Z} - \mathrm{E}(\boldsymbol{Z})][\boldsymbol{Z} - \mathrm{E}(\boldsymbol{Z})]')\,.$

Wegen $\mathrm{Cov}(Z_i, Z_j) = \mathrm{Cov}(Z_j, Z_i)$ ist $\boldsymbol{\Sigma}$ symmetrisch.

$\Sigma_{\boldsymbol{Z}}$ entspricht der *Varianz*bildung von *eindimensionalen* Zufallsvektoren (=Zufallsvariablen). Analog zur *Covarianz* zwischen *zwei* (*eindimensionalen*) Zufallsvariablen kann man natürlich die *Covarianz*matrix für *zwei beliebig–dimensionale* Zufallsvektoren $\boldsymbol{Z}$ und $\boldsymbol{W}$ analog zu (2.2.8) erklären:

$$\Sigma_{\boldsymbol{Z},\boldsymbol{W}} = [[\mathrm{Cov}(Z_i, W_j)]] \ .$$

Statt der nun eigentlich angezeigten Notation $\Sigma_{\boldsymbol{Z},\boldsymbol{Z}}$ in (2.2.8) belassen wir es jedoch bei der einfacheren Bezeichnung $\Sigma_{\boldsymbol{Z}}$, da wir Covarianzmatrizen von *zwei* Vektoren nur an zwei Stellen — nämlich in (4.1.7) (3) und im Beweis von (4.2.7) — benutzen werden.

Modell in Matrix–Form

Für die in (2.1.1) vorkommenden Größen führen wir nun folgende Vektoren und Matrizen ein:

(2.2.9) $\boldsymbol{Y}' = [Y_1 \ \ldots \ Y_n]\,, \quad \boldsymbol{U}' = [U_1 \ \ldots \ U_n]\,, \quad \boldsymbol{\beta}' = [\alpha \ \beta]\,,$

$$\boldsymbol{X}' = \begin{bmatrix} 1 & 1 & \ldots & 1 \\ x_1 & x_2 & \ldots & x_n \end{bmatrix} \quad (\boldsymbol{X}' = \boldsymbol{X}'_{2\times n}\,, \text{ also } \boldsymbol{X} = \boldsymbol{X}_{n\times 2}).$$

Offenbar lautet das **einfache Regressionsmodell** (2.1.1) nun (mit Matrizen-Multiplikation!)

(2.2.10) (1) $\boldsymbol{Y} = \boldsymbol{X}\boldsymbol{\beta} + \boldsymbol{U}$ (oder transponiert: $\boldsymbol{Y}' = \boldsymbol{\beta}'\boldsymbol{X}' + \boldsymbol{U}'$) mit

(2) $\mathrm{E}(\boldsymbol{U}) = \boldsymbol{0}$ (oder $\mathrm{E}(\boldsymbol{Y}) = \boldsymbol{X}\boldsymbol{\beta}$) ,

(3) $\Sigma_{\boldsymbol{U}} = \Sigma_{\boldsymbol{Y}} = \sigma^2 \boldsymbol{I}$.

$\boldsymbol{X}$ heißt auch **Design–Matrix** oder **Versuchsplan**.

Mit

(2.2.11) $\widehat{\boldsymbol{Y}}' = [\widehat{Y}_1 \ \ldots \ \widehat{Y}_n]\,, \quad \widehat{\boldsymbol{U}}' = [\widehat{U}_1 \ \ldots \ \widehat{U}_n]$

erhalten wir aus (2.1.11)

(2.2.12) $\boldsymbol{Y} = \boldsymbol{X}\widehat{\boldsymbol{\beta}} + \widehat{\boldsymbol{U}}\,, \quad \widehat{\boldsymbol{Y}} = \boldsymbol{X}\widehat{\boldsymbol{\beta}}\,, \quad \boldsymbol{Y} = \widehat{\boldsymbol{Y}} + \widehat{\boldsymbol{U}}\ .$

Multiplikation mit $\boldsymbol{X}'$ von links in (2.2.12) führt zu $\boldsymbol{X}'\boldsymbol{Y} = \boldsymbol{X}'\boldsymbol{X}\widehat{\boldsymbol{\beta}} + \boldsymbol{X}'\widehat{\boldsymbol{U}}$. Ein Blick auf (2.1.12) lehrt, daß nun die **Normalgleichungen** wie folgt lauten:

(2.2.13) (1) $\boldsymbol{X}'\widehat{\boldsymbol{U}} = \boldsymbol{0}$ oder

(2) $(\boldsymbol{X}'\boldsymbol{X})\widehat{\boldsymbol{\beta}} = \boldsymbol{X}'\boldsymbol{Y}$.

$\boldsymbol{X}'\boldsymbol{X}$ ist eine 2×2–Matrix. Die Inversen solcher Matrizen sind leicht zu bestimmen (wie mühelos nachprüfbar ist):

(2.2.14) $$\boldsymbol{A} = \begin{bmatrix} a & b \\ c & d \end{bmatrix}, \quad \boldsymbol{A}^{-1} = \frac{1}{ad - cb} \begin{bmatrix} d & -b \\ -c & a \end{bmatrix} \quad \text{(sofern } ad - cb \neq 0\text{)}.$$

Aus (2.2.13) (2) und der Inversen von $\boldsymbol{X}'\boldsymbol{X}$ folgt sofort

(2.2.15) $$\widehat{\boldsymbol{\beta}} = \begin{bmatrix} \widehat{\alpha} \\ \widehat{\beta} \end{bmatrix} = (\boldsymbol{X}'\boldsymbol{X})^{-1}(\boldsymbol{X}'\boldsymbol{Y}) .$$

Mit — wie man aus (2.2.9) und (2.2.14) leicht folgert —

(2.2.16) (1) $$\boldsymbol{X}'\boldsymbol{X} = \begin{bmatrix} n & \sum x_i \\ \sum x_i & \sum x_i^2 \end{bmatrix} = n \begin{bmatrix} 1 & \overline{x} \\ \overline{x} & s_x^2 + \overline{x}^2 \end{bmatrix},$$

(2) $$\boldsymbol{X}'\boldsymbol{Y} = \begin{bmatrix} \sum Y_i \\ \sum x_i Y_i \end{bmatrix} = n \begin{bmatrix} \overline{Y} \\ S_{xY} + \overline{x}\overline{Y} \end{bmatrix},$$

(3) $$(\boldsymbol{X}'\boldsymbol{X})^{-1} = \frac{1}{n s_x^2} \begin{bmatrix} s_x^2 + \overline{x}^2 & -\overline{x} \\ -\overline{x} & 1 \end{bmatrix}$$

erhält man für (2.2.15) tatsächlich nach wenigen elementaren Umformungen Ergebnis (2.1.9):

$$\begin{bmatrix} \widehat{\alpha} \\ \widehat{\beta} \end{bmatrix} = \begin{bmatrix} \overline{Y} - \overline{x} \cdot S_{xY}/s_x^2 \\ S_{xY}/s_x^2 \end{bmatrix}.$$

(2.2.17) Beispiel
Betrachte (2.1.18). Dann ist

$$\boldsymbol{X} = \begin{bmatrix} 1 & 1 \\ 1 & 3 \\ 1 & 5 \\ 1 & 4 \\ 1 & 7 \end{bmatrix}, \quad \boldsymbol{Y} = \begin{bmatrix} 1 \\ 2 \\ 4 \\ 3 \\ 5 \end{bmatrix}, \quad \boldsymbol{X}' = \begin{bmatrix} 1 & 1 & 1 & 1 & 1 \\ 1 & 3 & 5 & 4 & 7 \end{bmatrix},$$

$$\boldsymbol{X}'\boldsymbol{X} = \begin{bmatrix} 5 & 20 \\ 20 & 100 \end{bmatrix} = 5 \begin{bmatrix} 1 & 4 \\ 4 & 20 \end{bmatrix}, \quad \boldsymbol{X}'\boldsymbol{Y} = \begin{bmatrix} 15 \\ 74 \end{bmatrix},$$

$$(X'X)^{-1} = \frac{1}{5 \cdot 4} \begin{bmatrix} 20 & -4 \\ -4 & 1 \end{bmatrix} = \begin{bmatrix} 1 & -0.20 \\ -0.20 & 0.05 \end{bmatrix} = \begin{bmatrix} 1 & -1/5 \\ -1/5 & 1/20 \end{bmatrix},$$

$$\widehat{\beta} = \begin{bmatrix} 1 & -1/5 \\ -1/5 & 1/20 \end{bmatrix} \begin{bmatrix} 15 \\ 74 \end{bmatrix} = \begin{bmatrix} 15 - 14.8 \\ -3 + 3.7 \end{bmatrix} = \begin{bmatrix} 0.2 \\ 0.7 \end{bmatrix}.$$

■

Für Ausdrücke in (2.1.11), (2.1.14) und Aussagen in (2.1.13), (2.1.15) notieren wir nun zusammenfassend (mit (2.2.11), (2.2.12))

(2.2.18) (1) $\widehat{Y} = X\widehat{\beta}$,

(2) $Y = X\widehat{\beta} + \widehat{U}$,

(3) $\mathrm{SSR} = \widehat{Y}'\widehat{Y} = \widehat{Y}'Y = \widehat{\beta}'(X'Y)$,

(4) $\mathrm{SST} = Y'Y$, $\mathrm{SSE} = \widehat{U}'\widehat{U}$,

(5) $\mathrm{SST} = \mathrm{SSR} + \mathrm{SSE}$ oder $\mathrm{SSE} = \mathrm{SST} - \mathrm{SSR}$,

(6) $\mathrm{SSE}(b) = (Y - Xb)'(Y - Xb) = \mathrm{SSE}(b')$ mit $b' = (a, b)$.

(2.2.19) Beispiel

Fortsetzung von (2.2.17). SST = 55, SSR = $[0.2 \;\; 0.7] \begin{bmatrix} 15 \\ 74 \end{bmatrix} = 54.8$, SSE = 0.20 .

■

Die in (2.2.10) (2), (3) gemachten Aussagen über $\mathrm{E}(U)$ und Σ_U werden wir erst in Kapitel 3 wieder aufnehmen, wenn wir $X_{n\times k}$ mit beliebigem k statt $X_{n\times 2}$ behandeln.

2.3 Regression mit nicht vollem Rang

Lineare Abhängigkeit. Nicht–Existenz der Inversen

Es ist denkbar, daß die x_i in (2.1.1) alle gleich sind, also $x_1 = \cdots = x_n = x$ ist. Für die Matrix X in (2.2.1) gilt dann:

$$\textbf{(2.3.1)}\quad \boldsymbol{X}' = \begin{bmatrix} 1 & \dots & 1 \\ x & \dots & x \end{bmatrix}, \quad \boldsymbol{X}'\boldsymbol{X} = \begin{bmatrix} n & nx \\ nx & nx^2 \end{bmatrix}.$$

Die zweite Zeile von $\boldsymbol{X}'$ ist nur das x–fache der ersten Zeile und liefert gleichsam keine neue, "unabhängige" Information. Man sagt: $\boldsymbol{X}$ hat **nicht** (den) **vollen Rang** (einer Matrix mit zwei "unabhängigen" Zeilen). Diese etwas "künstliche" Situation wird viel "natürlicher", wenn man statt der einen Erklärenden X mehrere Erklärende $X_1, X_2, \dots$ betrachtet — wie dies in Kapitel 3 geschehen wird — und Werte einer Erklärenden sich als Linearkombination von Werten anderer Erklärender ergeben können. (Siehe auch Beispiel Düngemittel (1.3.2).)

Als Folge des nicht vollen Ranges ist der in (2.2.16) (3) erklärte Ausdruck nicht definiert (wegen $s_x^2 = 0$):

(2.3.2) $(\boldsymbol{X}'\boldsymbol{X})^{-1}$ existiert im Fall (2.3.1) nicht.

Damit entfällt auch die Möglichkeit, $\widehat{\boldsymbol{\beta}}$ (2.2.15) zu definieren und zu berechnen.

Dennoch bleibt das Problem sinnvoll, in (2.1.8) nach Koeffizienten a, b zu suchen, für die SSE(a, b) minimal wird — um so $a + bx_i$ möglichst "optimal" an die Y_i "anzupassen". Man kann nun dieses Problem "Minimiere SSE$(\boldsymbol{b})$" ((2.1.8) resp. (2.2.18) (6)) lösen, indem man die Normalgleichungen (2.2.13) (2) löst — d. h. ein $\boldsymbol{\beta}^*$ findet, für das $\boldsymbol{X}'\boldsymbol{X}\boldsymbol{\beta}^* = \boldsymbol{X}'\boldsymbol{Y}$ gilt. (Daß Lösungen der Normalgleichungen SSE$(\boldsymbol{b})$ minimieren, wird in (3.1.9) gezeigt.) Allerdings sind nun Lösungen der Normalgleichungen nicht eindeutig. Wir geben sogleich in (2.3.6) zwei solche Lösungen an.

Generalisierte Inverse. Lösungen der Normalgleichungen

Wir betrachten zunächst die beiden folgenden Matrizen:

$$\textbf{(2.3.3)}\quad \boldsymbol{B}_1 = \begin{bmatrix} \frac{1}{n} & 0 \\ 0 & 0 \end{bmatrix}, \quad \boldsymbol{B}_2 = \begin{bmatrix} 0 & 0 \\ \frac{1}{nx} & 0 \end{bmatrix}.$$

Man prüft leicht nach, daß gilt (beachte (2.3.1)):

$$\textbf{(2.3.4)}\quad (\boldsymbol{X}'\boldsymbol{X})\boldsymbol{B}_1(\boldsymbol{X}'\boldsymbol{X}) = \boldsymbol{X}'\boldsymbol{X} = (\boldsymbol{X}'\boldsymbol{X})\boldsymbol{B}_2(\boldsymbol{X}'\boldsymbol{X}).$$

Sowohl $\boldsymbol{B}_1$ als auch $\boldsymbol{B}_2$ verhält sich in (2.3.4) gleichsam "wie eine Inverse" von $\boldsymbol{X}'\boldsymbol{X}$, da ja $\boldsymbol{A}\boldsymbol{A}^{-1}\boldsymbol{A} = \boldsymbol{A}$ für die Inverse $\boldsymbol{A}^{-1}$ einer Matrix $\boldsymbol{A}$ gilt. Dies führt zur folgenden Redeweise:

(2.3.5) Definition
Es sei $A = A_{p\times q}$ (nicht notwendig $q = p$). Eine Matrix A^- heißt ***generalisierte Inverse (g–Inverse)*** *der Matrix A, falls $AA^-A = A$ ist.*

Bemerkung
Natürlich ist die Inverse A^{-1} — sofern sie existiert — die einzige g–Inverse:
$A^- = IA^-I = A^{-1}(AA^-A)A^{-1} = A^{-1}AA^{-1} = A^{-1}$.

■

B_1 und B_2 (2.3.3) sind wegen (2.3.4) g–Inverse von $X'X$. Man setze nun

(2.3.6) $\beta_1^* = B_1X'Y = \begin{bmatrix} \overline{Y} \\ 0 \end{bmatrix}, \quad \beta_2^* = B_2X'Y = \begin{bmatrix} 0 \\ \overline{Y}/x \end{bmatrix}.$

Man prüft leicht nach: $X'X\beta_1^* = \begin{bmatrix} n\overline{Y} \\ nx\overline{Y} \end{bmatrix} = X'X\beta_2^*$.

Wegen $\overline{x} = x$ in (2.3.1) ist aber $S_{x,Y} = 0$ und daher $\begin{bmatrix} n\overline{Y} \\ nx\overline{Y} \end{bmatrix} = X'Y$ (2.2.16) (2).

Wir haben also das Ergebnis:

(2.3.7) β_1^* und β_2^* (2.3.6) sind Lösungen der Normalgleichungen (2.2.13) (2).

Identifizierbarkeit. Schätzbarkeit

Wozu dienen nun diese Lösungen der Normalgleichungen? Wollte man β_1^*, β_2^* (2.3.6) als Schätzer für $\beta' = (\alpha, \beta)$ im Modell (2.1.1) $Y_i = \alpha + \beta x + U_i$ auffassen, hätte man zwei völlig verschiedene Schätzer. Das nährt den Verdacht, daß (α, β) gar *nicht* sinnvoll *schätzbar* ist. In der Tat ist für *jedes* c ja

$$Y_i = \alpha + c + \left(\beta - \frac{c}{x}\right) x + U_i \,, \qquad \text{also}$$

(2.3.8) $Y_i = \alpha^{(c)} + \beta^{(c)}x + U_i \quad \text{mit} \quad \alpha^{(c)} := \alpha + c \,, \quad \beta^{(c)} := \beta - \dfrac{c}{x} \,.$

In den Daten $x, \ldots, x; Y_1, \ldots, Y_n$ ist schlechterdings nicht zu erkennen, welches $(\alpha^{(c)}, \beta^{(c)})$ in (2.3.8) zu schätzen ist. Der Parameter $(\alpha^{(c)}, \beta^{(c)})$ ist im Modell (2.3.8) *nicht identifizierbar*. Hingegen ist für *jedes* c offenbar

$$\text{(2.3.9)}\quad \theta := \alpha^{(c)} + \beta^{(c)}x = (\alpha + c) + \left(\beta - \frac{c}{x}\right)x = \alpha + \beta x \,,$$

und θ ist von c unabhängig. Um diesen von c unabhängigen Parameter $\theta = \alpha + \beta x$ nach der Methode der kleinsten Quadrate zu schätzen, müßten wir — wegen $Y_i = \theta + U_i$ (2.3.8) — den Ausdruck $\sum_i (Y_i - \theta)^2$ bezüglich θ minimieren. Man sieht in der Tat leicht (siehe Aufgabe (2.4.1)), daß die Lösung dieses Minimierungsproblems durch

$$\widehat{\theta} = \alpha_1^* + \beta_1^* x = \alpha_2^* + \beta_2^* x = \overline{Y}$$

gegeben wird, wobei wir (siehe (2.3.6))

$$\begin{bmatrix} \alpha_1^* \\ \beta_1^* \end{bmatrix} = \beta_1^* = \begin{bmatrix} \overline{Y} \\ 0 \end{bmatrix}, \quad \begin{bmatrix} \alpha_2^* \\ \beta_2^* \end{bmatrix} = \beta_2^* = \begin{bmatrix} 0 \\ \overline{Y}/x \end{bmatrix}$$

gesetzt haben. Obgleich die $\boldsymbol{\beta}_i^*$ (2.3.6) selbst *nicht* als Schätzer für "nicht-identifizierbare" Parameter in Frage kommen, dienen sie doch dazu, Schätzer für "identifizierbare" ("schätzbare") (Parameter–)Funktionen (wie z. B. $\theta = \theta(\alpha, \beta)$ (2.3.9)) zu gewinnen. In Kapitel 3 werden wir solche Schätzbarkeits–Probleme genauer und ausführlicher behandeln.

2.4 Aufgaben

(2.4.1) Aufgabe

Betrachte folgende Variante von Beispiel Düngemittel (1.2.2) : $X = X_1 \equiv 1 =$ "konstante Saatgutmenge" sei die einzige Erklärende. Bestimme jeweils allgemein und explizit mit den Daten

Y_i: 4, 6, 5, 5, 10

(∗) im Modell $Y_i = \theta + U_i \quad (i = 1, \ldots, n)$

(1) den OLS–Schätzer für θ als Minimalstelle von $\sum_i (Y_i - \theta)^2 =: Q(\theta)$,

(2) die Matrix–Version (2.2.10) (1) (transponiert),

(3) die Normalgleichungen (2.2.13),

(4) SST, SSR, SSE, SSR / SST (2.2.18).

Lösung

(1) $\frac{d}{d\theta}Q(\theta) = Q'(\theta) = -2\sum(Y_i - \theta)$;

$\frac{d}{d\theta}Q(\theta)|_{\hat{\theta}} = 0$ ergibt $\sum(Y_i - \hat{\theta}) = 0$ oder $\hat{\theta} = \overline{Y}$.

$\sum Y_i = 30, \quad n = 5; \quad \hat{\theta} = 6$.

(Warum ist $\hat{\theta}$ tatsächlich *Minimal*stelle von Q?)

(2) $\boldsymbol{X}' = [\,1 \ \ldots \ 1\,] = [\,1 \ 1 \ 1 \ 1 \ 1\,], \quad \boldsymbol{\beta}' = \theta$,

$\boldsymbol{Y}' = [\,4 \ 6 \ 5 \ 5 \ 10\,] = \theta\,[\,1 \ 1 \ 1 \ 1 \ 1\,] + \boldsymbol{U}'$.

(3) $\boldsymbol{X}'\boldsymbol{X} = n = 5, \quad \boldsymbol{X}'\boldsymbol{Y} = \sum Y_i = 30, \quad 5\hat{\theta} = 30.$

(4) $\mathrm{SST} = 202, \quad \mathrm{SSR} = \hat{\theta}\sum Y_i = 180, \quad \mathrm{SSE} = 22, \quad \mathrm{SSR}\,/\,\mathrm{SST} = 0.8911.$

(2.4.2) Aufgabe

Betrachte folgende Variante von Beispiel Düngemittel (1.1.2): $X \equiv X_1$ = "(variable) Saatgutmenge" ist einzige Erklärende mit den Wertevorgaben x_i . Löse jeweils explizit und mit den (neuen) Daten

(x_i, Y_i): (2, 4),(5, 6), (3, 5), (4, 5), (6, 10)

(**) im Modell $Y_i = \theta x_i + U_i \quad (i = 1, \ldots, n)$

die in (2.4.1) gestellten Aufgaben mit der Funktion $Q(\theta) := \sum_i(Y_i - \theta x_i)^2$.

Lösung

(1) $Q'(\theta) = -2\sum(Y_i - \theta x_i)x_i$;

$Q'(\hat{\theta}) = 0$ ergibt $\sum(Y_i - \hat{\theta}x_i)x_i = 0$ oder $\hat{\theta} = \sum x_iY_i / \sum x_i^2$.

$\sum x_iY_i = 133, \quad \sum x_i^2 = 90, \quad \hat{\theta} = 1.4778 = 133/90$.

(2) $\boldsymbol{X}' = [\,x_1 \ x_2 \ \ldots \ x_n\,] = [\,2 \ 5 \ 3 \ 4 \ 6\,]$,

$\boldsymbol{\beta}' = \theta, \quad \boldsymbol{Y}' = [\,4 \ 6 \ 5 \ 5 \ 10\,] = \theta\,[\,2 \ 5 \ 3 \ 4 \ 6\,] + \boldsymbol{U}'.$

(3) $\boldsymbol{X}'\boldsymbol{X} = \sum x_i^2 = 90, \quad \boldsymbol{X}'\boldsymbol{Y} = \sum x_iY_i = 133, \quad 90\hat{\theta} = 133.$

(4) $\mathrm{SST} = 202$,

$\mathrm{SSR} = 1.4778 \cdot 133 = 196.5474$;
genauer: $\mathrm{SSR} = (133/90) \cdot 133 = 196.5444$. (Man bemerke die Rundungsfehler !)

$\mathrm{SSE} = 5.4556, \quad \mathrm{SSR}\,/\,\mathrm{SST} = 0.9730$.

(2.4.3) Aufgabe
Bestimme explizit mit den Daten aus (2.4.2) im Modell

$$Y_i = \alpha + \beta x_i + U_i \quad (i = 1, \ldots, n)$$

(1) die Matrix–Version (2.2.10) (1) (transponiert),

(2) die Normalgleichungen (2.2.13),

(3) den OLS–Schätzer $\widehat{\boldsymbol{\beta}}' = (\widehat{\alpha}, \widehat{\beta})$ gemäß (2.2.15),

(4) SST, SSR, SSE, SSR / SST (2.2.18).

Lösung

(1) $\boldsymbol{X}' = \begin{bmatrix} 1 & 1 & 1 & 1 & 1 \\ 2 & 5 & 3 & 4 & 6 \end{bmatrix}$;

$$\begin{bmatrix} 4 & 6 & 5 & 5 & 10 \end{bmatrix} = \begin{bmatrix} 1 & 1 & 1 & 1 & 1 \\ 2 & 5 & 3 & 4 & 6 \end{bmatrix} \begin{bmatrix} \alpha \\ \beta \end{bmatrix} + \boldsymbol{U}';$$

(2) $\boldsymbol{X}'\boldsymbol{X} = \begin{bmatrix} 5 & 20 \\ 20 & 90 \end{bmatrix}, \quad \boldsymbol{X}'\boldsymbol{Y} = \begin{bmatrix} 30 \\ 133 \end{bmatrix}, \quad \begin{bmatrix} 5 & 20 \\ 20 & 90 \end{bmatrix} \widehat{\boldsymbol{\beta}} = \begin{bmatrix} 30 \\ 133 \end{bmatrix};$

(3) $(\boldsymbol{X}'\boldsymbol{X})^{-1} = \dfrac{1}{450 - 400} \begin{bmatrix} 90 & -20 \\ -20 & 5 \end{bmatrix} = \begin{bmatrix} 1.8 & -0.4 \\ -0.4 & 0.1 \end{bmatrix};$

$$\widehat{\boldsymbol{\beta}} = \begin{bmatrix} 1.8 & -0.4 \\ -0.4 & 0.1 \end{bmatrix} \begin{bmatrix} 30 \\ 133 \end{bmatrix} = \begin{bmatrix} 54 - 53.2 \\ -12 + 13.3 \end{bmatrix} = \begin{bmatrix} 0.8 \\ 1.3 \end{bmatrix};$$

$\widehat{\alpha} = 0.8, \quad \widehat{\beta} = 1.3$.

(4) $\text{SST} = 202, \quad \text{SSR} = \begin{bmatrix} 0.8 & 1.3 \end{bmatrix} \begin{bmatrix} 30 \\ 133 \end{bmatrix} = 196.9$,

$\text{SSE} = 5.1, \quad \text{SSR} / \text{SST} = 0.9748$.

Kapitel 3

Univariate Multiple Regression

3.1 Das Modell. OLS–Schätzer. Normalgleichungen und ihre Lösungen

Modellannahmen

Wir unterstellen nun, daß die (eine) zu erklärende Variable Y nicht nur auf *eine* erklärende Größe X und/oder die Konstante 1 (!) "zurückgeführt" wird (wie in (2.1.4) (1)), sondern daß *mehrere* Erklärende $X_1, \ldots, X_k$ zur Verfügung stehen. Mit der "Störung" U haben wir zunächst die *Modellgleichung*, die ausdrückt, daß "im wesentlichen" — nämlich bis auf die in der Variablen U zusammengefaßten unsystematischen Störungen — Y eine lineare Funktion von $X_1, \ldots, X_k$ ist:

(3.1.1) $Y = \beta_1 X_1 + \cdots + \beta_k X_k + U.$

(3.1.2) Beispiel (Agrar)
Betrachte (1.2.5). Y sei der Ertrag, $X_1 \equiv 1$ (konstante Saatgutmenge), $X_2 =$ aufgebrachte Menge von Dünger A, $X_3 =$ Menge von Dünger B, X_4 resp. X_5 zeigen an, ob "leichter" resp. "schwerer" Boden vorliegt ($X_4 = 1$ und $X_5 = 0$ bei "leichtem" Boden, $X_5 = 1$ und $X_4 = 0$ bei "schwerem" Boden, $X_4 + X_5 = 1$, da nur entweder "leichter" oder "schwerer" Boden bei einem Feld vorliegen möge!). In der Gleichung

$$Y = \beta_1 + \beta_2 X_2 + \beta_3 X_3 + \beta_4 X_4 + \beta_5 X_5 + U$$

könnte man β_1 als (erwarteten) "autonomen" Ertrag (ohne Düngung) interpretieren. β_2 resp. β_3 geben an, um wieviel sich der (erwartete) Ertrag bei einer

Änderung der jeweiligen Düngemittelmenge um eine Einheit verändern würde. X_4 und X_5 sind *zwei* "künstliche" *quantitative* Variablen, die dazu dienen, für die *eine qualitative* Variable "Bodenart" anzugeben, welche Ausprägung vorliegt; β_4 bzw. β_5 geben den auf die spezifische Bodenart zurückzuführenden (erwarteten) Ertrag an. ■

Es seien nun

(3.1.3) (1) $x_{1j}, \ldots, x_{nj}$: n (vorgegebene) Werte für X_j $(x_{ij} \in \mathbb{R})$;

(2) $\boldsymbol{X} = \boldsymbol{X}_{n \times k} = [[x_{ij}]] = \begin{bmatrix} x_{11} & \ldots & x_{1k} \\ \vdots & & \vdots \\ x_{n1} & \ldots & x_{nk} \end{bmatrix}$, $n \geq k$ $(\boldsymbol{X} \in \mathbb{R}^{n \times k})$:
(**Regressor**– resp.) **Design–Matrix** oder **Versuchsplan** (bekannt) ;

(3) $Y_i = (Y \mid x_{i1}, \ldots, x_{ik})$, $U_i = (U \mid x_{i1}, \ldots, x_{ik})$:
die Variable Y resp. U zur i–ten Wertevorgabe $x_{i1}, \ldots, x_{ik}$ für $X_1, \ldots, X_k$;

(4) $\boldsymbol{Y}' = [Y_1 \ \ldots \ Y_n]$: Datenvektor (erhoben, bekannt) ;

(5) $\boldsymbol{U}' = [U_1 \ \ldots \ U_n]$: Vektor der Restgrößen/Störungen (unbekannt) ;

(6) $\boldsymbol{\beta}' = [\beta_1 \ \ldots \ \beta_k]$ $(\boldsymbol{\beta} \in \mathbb{R}^k)$: **Parameter(vektor)**/(Vektor der) (**Regressions–)Koeffizienten** (unbekannt) .

(3.1.4) Beispiel (Agrar)
Betrachte Beispiel (3.1.2). Man hat nun 8 Versuchsfelder. Auf den ersten 3 Feldern ist leichter Boden, auf den übrigen 5 Feldern schwerer Boden. Die 8 Felder entsprechen den 8 Zeilen der Design–Matrix $\boldsymbol{X}$, die in Spalten 2 bzw. 3 die aufgebrachten Mengen von A bzw. B enthält:

$$\boldsymbol{X} = \begin{bmatrix} 1 & 0 & 0 & 1 & 0 \\ 1 & 1 & 4 & 1 & 0 \\ 1 & 2 & 3 & 1 & 0 \\ 1 & 3 & 1 & 0 & 1 \\ 1 & 4 & 0 & 0 & 1 \\ 1 & 0 & 0 & 0 & 1 \\ 1 & 3 & 2 & 0 & 1 \\ 1 & 1 & 1 & 0 & 1 \end{bmatrix}$$

Man erhielt auf den 8 Feldern folgende Erträge (resp.):

$$\boldsymbol{Y} = [19 \ 17 \ 31 \ 30 \ 16 \ 16 \ 22 \ 21] \ .$$

Aufgrund von (3.1.1) können wir nun einen im wesentlichen linearen Zusammenhang zwischen $\boldsymbol{Y}$ und $\boldsymbol{X}$ *voraussetzen*, bevor wir ihn dann auch quantitativ bestimmen. Wir unterstellen also stets — sofern nicht ausdrücklich anderes festgelegt wird — die Gültigkeit des folgenden Gleichungssystems:

(3.1.5) (1) $\boldsymbol{Y} = \boldsymbol{X\beta} + \boldsymbol{U}$ resp. $\boldsymbol{Y}' = \boldsymbol{\beta}'\boldsymbol{X}' + \boldsymbol{U}'$,

(2) $\mathrm{E}(\boldsymbol{U}) = \boldsymbol{0}$ resp. $\mathrm{E}(\boldsymbol{Y}) = \boldsymbol{X\beta}$ $(\boldsymbol{X} \in \mathbb{R}^{n \times k},\ \boldsymbol{\beta} \in \mathbb{R}^k)$,

(3) $\boldsymbol{\Sigma}_U = \sigma^2 \boldsymbol{I} = \boldsymbol{\Sigma}_Y$.

Das Gleichungssystem (3.1.5) heißt **univariates** (*eine* zu erklärende *endogene* Größe!) **multiples** (*mehrere* vorgegebene (*exogene*) Erklärende) **Regressionsmodell mit fixen Regressoren** und **homoskedastischen** (wegen (3.1.5) (3)) **Störtermen (Residualvariablen)**.

Normalgleichungen und OLS–Schätzer

Ziel ist zunächst, die unbekannten Parameter $\boldsymbol{\beta}$ und σ^2 möglichst "gut" zu schätzen, sofern dies möglich ist. Wir führen zunächst ein (siehe (2.1.8) und (2.2.18) (6)):

(3.1.6) (1) $\mathrm{SSE}(\boldsymbol{b}) = (\boldsymbol{Y} - \boldsymbol{Xb})'(\boldsymbol{Y} - \boldsymbol{Xb})$ für $\boldsymbol{b} \in \mathbb{R}^k$,

(2) $\mathrm{SSE}(\boldsymbol{b}) = \widehat{\boldsymbol{U}}_b' \widehat{\boldsymbol{U}}_b$ mit $\widehat{\boldsymbol{U}}_b = \widehat{\boldsymbol{U}}(\boldsymbol{b}) = \boldsymbol{Y} - \boldsymbol{Xb}$.

(3.1.7) Definition
*$\widehat{\boldsymbol{\beta}}$ heißt **OLS(= Kleinste–Quadrate)–Schätzer**, falls $\widehat{\boldsymbol{\beta}}$ den Ausdruck* SSE($\boldsymbol{b}$) *minimiert:*

(1) $\mathrm{SSE}(\widehat{\boldsymbol{\beta}}) \le \mathrm{SSE}(\boldsymbol{b})$ *für alle* $\boldsymbol{b} \in \mathbb{R}^k$.

Es kann durchaus mehrere OLS–Schätzer geben. Wie schon in Kapitel 2 (siehe (2.1.12), (2.1.9)) wird sich ein OLS–Schätzer $\widehat{\boldsymbol{\beta}}$ als Lösung eines geeigneten Gleichungssystems erweisen.

(3.1.8) Definition
Das Gleichungssystem

(1) $\boldsymbol{X}'\boldsymbol{X}\boldsymbol{\beta}^* = \boldsymbol{X}'\boldsymbol{Y}$

*heißt **Normalgleichungen** für $\boldsymbol{\beta}^*$. Äquivalent mit (1) ist offenbar*

(2) $\boldsymbol{X}'(\boldsymbol{Y} - \boldsymbol{X}\boldsymbol{\beta}^*) = \boldsymbol{0}$, *also* $\boldsymbol{X}'\widehat{\boldsymbol{U}}^* = \boldsymbol{0}$ *bzw.* $\widehat{\boldsymbol{U}}^{*\prime}\boldsymbol{X} = \boldsymbol{0}$

(mit $\widehat{\boldsymbol{U}}^* = \widehat{\boldsymbol{U}}(\boldsymbol{\beta}^*) = \boldsymbol{Y} - \boldsymbol{X}\boldsymbol{\beta}^*$ (3.1.6) (2)).

Der folgende Satz ist grundlegend für die Konstruktion von OLS–Schätzern:

(3.1.9) Satz
Folgende Aussagen sind äquivalent:

(1) $\widehat{\boldsymbol{\beta}}$ *ist OLS–Schätzer (siehe (3.1.7)).*

(2) $\widehat{\boldsymbol{\beta}}$ *ist Lösung der Normalgleichungen.*

(3) $\mathrm{SSE}(\boldsymbol{b}) - \mathrm{SSE}(\widehat{\boldsymbol{\beta}}) = (\boldsymbol{b} - \widehat{\boldsymbol{\beta}})'\boldsymbol{X}'\boldsymbol{X}(\boldsymbol{b} - \widehat{\boldsymbol{\beta}})$ *für jedes* $\boldsymbol{b} \in \mathbb{R}^k$.

Beweis: Zunächst gilt für beliebige $\boldsymbol{b}$, $\boldsymbol{b}^*$ (mit (3.1.6))

$$\mathrm{SSE}(\boldsymbol{b}) = \left[(\boldsymbol{Y} - \boldsymbol{X}\boldsymbol{b}^*) + \boldsymbol{X}(\boldsymbol{b}^* - \boldsymbol{b})\right]'\left[(\boldsymbol{Y} - \boldsymbol{X}\boldsymbol{b}^*) + \boldsymbol{X}(\boldsymbol{b}^* - \boldsymbol{b})\right] ,$$

und Ausmultiplizieren ergibt

(3.1.10) $\mathrm{SSE}(\boldsymbol{b}) = \mathrm{SSE}(\boldsymbol{b}^*) + (\boldsymbol{b} - \boldsymbol{b}^*)'\boldsymbol{X}'\boldsymbol{X}(\boldsymbol{b} - \boldsymbol{b}^*) + 2(\boldsymbol{b}^* - \boldsymbol{b})'\boldsymbol{X}'\widehat{\boldsymbol{U}}(\boldsymbol{b}^*)$.

Andererseits ergibt Ausmultiplizieren in (3.1.6) (1)

(3.1.11) $\mathrm{SSE}(\boldsymbol{b}) = \boldsymbol{b}'\boldsymbol{X}'\boldsymbol{X}\boldsymbol{b} - 2\boldsymbol{b}'\boldsymbol{X}'\boldsymbol{Y} + \boldsymbol{Y}'\boldsymbol{Y}$.

Aus (1) *folgt* (2): Man differenziere (3.1.11) partiell nach den b_j ($\boldsymbol{b}' = [b_1 \ \ldots \ b_k]$). Der Vektor der Ableitungen lautet (wie etwas aufwendiges, aber elementares Rechnen — komponentenweise(!) — zeigt):

(3.1.12) $\frac{\partial}{\partial \boldsymbol{b}} \mathrm{SSE}(\boldsymbol{b}) = 2\boldsymbol{X}'\boldsymbol{X}\boldsymbol{b} - 2\boldsymbol{X}'\boldsymbol{Y}$.

(Offenbar(!) kann man Matrix–Gleichungen in der "üblichen" Weise differenzieren!) Gilt nun (3.1.9) (1), also (3.1.7) (1), so muß bekanntlich (3.1.12) gleich $\mathbf{0}$ für $\boldsymbol{b} = \widehat{\boldsymbol{\beta}}$ sein, so daß $\widehat{\boldsymbol{\beta}}$ (3.1.8) (1) löst.

Aus (2) *folgt* (3): gilt wegen (3.1.8) (2) und (3.1.10) (mit $\boldsymbol{b}^* = \widehat{\boldsymbol{\beta}}$).

Aus (3) *folgt* (1): weil $0 \leq \boldsymbol{a}'\boldsymbol{X}'\boldsymbol{X}\boldsymbol{a}$ (= Summe der Quadrate der Komponenten von $\boldsymbol{X}\boldsymbol{a}$) für jedes $\boldsymbol{a}$ ist, folgt (3.1.7) (1) aus (3.1.9) (3). ■

Wie kann man nun OLS–Schätzer resp. Lösungen der Normalgleichungen finden? Die Antwort gibt der folgende fundamentale

(3.1.13) Satz (Konstruktion von OLS–Schätzern)
Sei $(\boldsymbol{X}'\boldsymbol{X})^-$ eine g–Inverse (2.3.5) von $\boldsymbol{X}'\boldsymbol{X}$. Dann ist

(1) $\widehat{\boldsymbol{\beta}} = (\boldsymbol{X}'\boldsymbol{X})^-\boldsymbol{X}'\boldsymbol{Y}$

eine Lösung der Normalgleichungen (3.1.8) (1) und damit ein OLS–Schätzer.

Beweis: Wir werden später (nämlich in (3.2.5)) sehen, daß das Gleichungssystem (3.1.8) (1) stets lösbar ist; es existiert also stets ein $\boldsymbol{b}$ mit $\boldsymbol{X}'\boldsymbol{X}\boldsymbol{b} = \boldsymbol{X}'\boldsymbol{Y}$. Dann ist

$$\boldsymbol{X}'\boldsymbol{X}\widehat{\boldsymbol{\beta}} = \boldsymbol{X}'\boldsymbol{X}(\boldsymbol{X}'\boldsymbol{X})^-\boldsymbol{X}'\boldsymbol{X}\boldsymbol{b} = \boldsymbol{X}'\boldsymbol{X}\boldsymbol{b} \text{ (wegen (2.3.5))} = \boldsymbol{X}'\boldsymbol{Y},$$

und $\widehat{\boldsymbol{\beta}}$ erfüllt (3.1.8) (1). ■

(3.1.14) Korollar
Falls $(\boldsymbol{X}'\boldsymbol{X})^{-1}$ existiert, ist

(1) $\widehat{\boldsymbol{\beta}} = (\boldsymbol{X}'\boldsymbol{X})^{-1}\boldsymbol{X}'\boldsymbol{Y}$

die eindeutig bestimmte Lösung der Normalgleichung und der eindeutige OLS–Schätzer für $\boldsymbol{\beta}$.

(3.1.15) Beispiel (Agrar)

(a) **Agrar (a)** Betrachte (3.1.4). Man errechnet

$$\boldsymbol{X}'\boldsymbol{X} = \begin{bmatrix} 8 & 14 & 11 & 3 & 5 \\ 14 & 40 & 20 & 3 & 11 \\ 11 & 20 & 31 & 7 & 4 \\ 3 & 3 & 7 & 3 & 0 \\ 5 & 11 & 4 & 0 & 5 \end{bmatrix}, \qquad \boldsymbol{X}'\boldsymbol{Y} = \begin{bmatrix} 172 \\ 320 \\ 256 \\ 67 \\ 105 \end{bmatrix}.$$

Die folgende, mit dem **APL–Programm**[1] GEIGINV (siehe Anhang 1) berechnete Matrix ist — wie man durch Nachrechnen gemäß (2.3.5) bestätigt (was

[1]Siehe hierzu (3.3.5). Mit anderen Programmen/Sprachen — z. B. GAUSS — können auch dann durch Rundungen bedingte numerische Abweichungen in den hinteren Stellen auftreten (hier z.B. bei GAUSS bereits ab der 6. Stelle!), wenn *dieselbe* g–Inverse (mit Hilfe von "Eigenwerten" und "Eigenvektoren" (siehe (3.3.2) und (3.3.5)) über verschiedene oder verschieden implementierte Algorithmen) berechnet wird. Solche numerischen Ungenauigkeiten können sich durch "Fehlerfortpflanzung" sogar in Endergebnissen bemerkbar machen. Wir gehen darauf im folgenden nicht näher ein. Aus Gründen der Übersichtlichkeit werden wir i.d.R. nur mit wenigen Nachkommastellen rechnen.

auch ohne Computer–Hilfe möglich, wenngleich mühsam ist) — eine g–Inverse von $\boldsymbol{X}'\boldsymbol{X}$: $(\boldsymbol{X}'\boldsymbol{X})^{-}_{(1)} =$

$$\begin{bmatrix} 0.1959501715 & -0.0607473845 & -0.0688342406 & 0.1365228813 & 0.0594272909 \\ -0.0607473845 & 0.0887976626 & -0.0325247943 & 0.0478400671 & -0.1085874497 \\ -0.0688342406 & -0.0325247943 & 0.0991220737 & -0.1299258606 & 0.0610916205 \\ 0.1365228813 & 0.0478400671 & -0.1299258606 & 0.3410199998 & -0.2044971185 \\ 0.0594272909 & -0.1085874497 & 0.0610916205 & -0.2044971185 & 0.2639244100 \end{bmatrix}$$

Für (3.1.13) findet man

$$\widehat{\boldsymbol{\beta}}_{(1)} = [12.0296 \quad 1.4440 \quad 0.8374 \quad 6.9059 \quad 5.1237]$$

(b) **Agrar (b)** Wir modifizieren nun (a) in folgender Weise: Da die Versuchsfelder ***entweder*** leichten ***oder*** schweren Boden aufweisen, genügt es anzugeben, daß die ersten 3 Felder leichten Boden und die übrigen nicht leichten Boden haben. Das Modell lautet dann

$$Y = \beta_1 + \beta_2 X_2 + \beta_3 X_3 + \beta_4 X_4 + U\,,$$

und die Design–Matrix (Versuchsplan) ist

$$\boldsymbol{X}' = \begin{bmatrix} 1 & 1 & 1 & 1 & 1 & 1 & 1 & 1 \\ 0 & 1 & 2 & 3 & 4 & 0 & 3 & 1 \\ 0 & 4 & 3 & 1 & 0 & 0 & 2 & 1 \\ 1 & 1 & 1 & 0 & 0 & 0 & 0 & 0 \end{bmatrix}.$$

Dann ist

$$(\boldsymbol{X}'\boldsymbol{X}) = \begin{bmatrix} 8 & 14 & 11 & 3 \\ 14 & 40 & 20 & 3 \\ 11 & 20 & 31 & 7 \\ 3 & 3 & 7 & 3 \end{bmatrix}, \qquad \boldsymbol{X}'\boldsymbol{Y} = \begin{bmatrix} 172 \\ 320 \\ 256 \\ 67 \end{bmatrix}.$$

$(\boldsymbol{X}'\boldsymbol{X})$ besitzt die Inverse (nachrechnen!)

$$(\boldsymbol{X}'\boldsymbol{X})^{-1} = \begin{bmatrix} 0.578730 & -0.169334 & -0.007744 & -0.391327 \\ -0.169334 & 0.088797 & -0.032525 & 0.156427 \\ -0.007744 & -0.032525 & 0.099122 & -0.191017 \\ -0.391327 & 0.156427 & -0.191017 & 1.013939 \end{bmatrix},$$

und der eindeutige OLS–Schätzer für $\boldsymbol{\beta}' = [\beta_1 \ \beta_2 \ \beta_3 \ \beta_4]$ ist (gerundet)

$$\widehat{\boldsymbol{\beta}}' = [17.1533 \quad 1.4440 \quad 0.8374 \quad 1.7821].$$

Exakte Berechnungen für $(\boldsymbol{X}'\boldsymbol{X})^{-1}$ und $\widehat{\boldsymbol{\beta}}$ ergeben

$$(\boldsymbol{X}'\boldsymbol{X})^{-1} = \frac{1}{1937}\begin{bmatrix} 1121 & -328 & -15 & -758 \\ -328 & 172 & -63 & 303 \\ -15 & -63 & 192 & -370 \\ -758 & 303 & -370 & 1964 \end{bmatrix},$$

$$\widehat{\boldsymbol{\beta}} = \frac{1}{1937}[33226 \quad 2797 \quad 1622 \quad 3452]\,.$$ ■

Wichtige Summen von Quadraten

Wenn $(\boldsymbol{X}'\boldsymbol{X})^{-1}$ nicht existiert — wie in (3.1.15) (a) — gibt es in der Regel mehrere g–Inverse von $(\boldsymbol{X}'\boldsymbol{X})$ und daher mehrere OLS–Schätzer für $\boldsymbol{\beta}$. Hat man zwei solche Schätzer $\widehat{\boldsymbol{\beta}}_{(1)}$ und $\widehat{\boldsymbol{\beta}}_{(2)}$ für $\boldsymbol{\beta}$, sollte man deren Werte *nicht* als Schätzwerte für $\boldsymbol{\beta}$ interpretieren; denn $\boldsymbol{\beta}$ ist dann — wie wir in (3.2.8) (4) genauer sehen werden — gar nicht "schätzbar" (siehe auch (2.3.8)). Die Tatsache, daß es mehrere OLS–Schätzer, also mehrere Lösungen der Normalgleichungen gibt, muß uns in gewisser Weise nicht stören, da — wie folgender Satz zeigt — es nicht darauf ankommt, *welche* Lösung wir für gewisse (relevante) weitere Berechungen benutzen:

(3.1.16) Satz
Es seien $\widehat{\boldsymbol{\beta}}_1$ und $\widehat{\boldsymbol{\beta}}_2$ Lösungen der Normalgleichungen. Für

(1) $\widehat{\boldsymbol{Y}}_i := \boldsymbol{X}\widehat{\boldsymbol{\beta}}_i, \quad \mathrm{SSR}(\widehat{\boldsymbol{\beta}}_i) := \widehat{\boldsymbol{Y}}_i'\widehat{\boldsymbol{Y}}_i$

gelten dann folgende Aussagen:

(2) $\mathrm{SSE}(\widehat{\boldsymbol{\beta}}_1) = \mathrm{SSE}(\widehat{\boldsymbol{\beta}}_2)$ *(cf. (3.1.6) (1))* ;

(3) $\mathrm{SSR}(\widehat{\boldsymbol{\beta}}_1) = \widehat{\boldsymbol{\beta}}_1'\boldsymbol{X}'\boldsymbol{Y} = \widehat{\boldsymbol{\beta}}_2'\boldsymbol{X}'\boldsymbol{Y} = \mathrm{SSR}(\widehat{\boldsymbol{\beta}}_2)$.

Beweis: Wegen (3.1.9), (3.1.7) ist $\mathrm{SSE}(\widehat{\boldsymbol{\beta}}_1) \leq \mathrm{SSE}(\widehat{\boldsymbol{\beta}}_2) \leq \mathrm{SSE}(\widehat{\boldsymbol{\beta}}_1)$. Also gilt (2).

Aus (3.1.9) (3) für $\boldsymbol{b} = \boldsymbol{0}$ und mit $\boldsymbol{Y}'\boldsymbol{Y} = \mathrm{SSE}(\boldsymbol{0}) = \mathrm{SST}$ erhält man zunächst sofort

(3.1.17) $\mathrm{SST} = \mathrm{SSR}(\widehat{\boldsymbol{\beta}}) + \mathrm{SSE}(\widehat{\boldsymbol{\beta}})$

für jeden OLS–Schätzer $\widehat{\boldsymbol{\beta}}$; wegen (3.1.16) (2) ist also $\mathrm{SSR}(\widehat{\boldsymbol{\beta}}_1) = \mathrm{SSR}(\widehat{\boldsymbol{\beta}}_2)$. Wegen $\boldsymbol{Y} = \widehat{\boldsymbol{Y}}_i + \widehat{\boldsymbol{U}}(\widehat{\boldsymbol{\beta}}_i)$ ((3.1.6) (2)) und $\boldsymbol{X}'\widehat{\boldsymbol{U}}(\widehat{\boldsymbol{\beta}}_i) = 0$ ((3.1.8) (2)) ist $\widehat{\boldsymbol{Y}}_i' \cdot \widehat{\boldsymbol{Y}}_i = (\widehat{\boldsymbol{\beta}}_i'\boldsymbol{X}') \cdot (\boldsymbol{Y} - \widehat{\boldsymbol{U}}(\widehat{\boldsymbol{\beta}}_i)) = \widehat{\boldsymbol{\beta}}_i'\boldsymbol{X}'\boldsymbol{Y}$, und (3.1.16) (3) ist bewiesen. ■

Im folgenden notieren wir aufgrund von (3.1.16), (3.1.17) in der Regel nicht mehr, welcher spezielle OLS–Schätzer (mit welcher speziellen g–Inversen) benutzt wurde. Wir haben kurz

(3.1.18) (1) $\widehat{\boldsymbol{Y}} = \boldsymbol{X}\widehat{\boldsymbol{\beta}}\ , \quad \widehat{\boldsymbol{U}} = \boldsymbol{Y} - \widehat{\boldsymbol{Y}}\ , \quad \boldsymbol{Y} = \boldsymbol{X}\widehat{\boldsymbol{\beta}} + \widehat{\boldsymbol{U}}\ ,$

(2) $\mathrm{SSR} = \widehat{\boldsymbol{Y}}'\widehat{\boldsymbol{Y}} = \widehat{\boldsymbol{\beta}}'\boldsymbol{X}'\boldsymbol{Y}\ , \quad \mathrm{SSE} = \widehat{\boldsymbol{U}}'\widehat{\boldsymbol{U}}\ ,$

(3) $\mathrm{SST} = \boldsymbol{Y}'\boldsymbol{Y} = \mathrm{SSR} + \mathrm{SSE}$ **(Quadratsummen–Zerlegung)**.

Schließlich können wir nun für (3.1.9) (3) mit beliebigem $\boldsymbol{b} \in \mathbb{R}^k$ schreiben:

(3.1.19) $(\boldsymbol{b} - \widehat{\boldsymbol{\beta}})'\boldsymbol{X}'\boldsymbol{X}(\boldsymbol{b} - \widehat{\boldsymbol{\beta}}) = \mathrm{SSE}(\boldsymbol{b}) - \mathrm{SSE}$ für $\mathrm{SSE}(\boldsymbol{b})$ (3.1.6) (1).

Konstruktion von g–Inversen

Bevor wir Beispiele und Aufgaben rechnen, müssen wir uns mit der Konstruktion von g–Inversen (2.3.5) befassen — in Anlehnung an die in (2.3.3) gegebenen Beispiele.

(3.1.20) Definition
Eine Matrix $\boldsymbol{A} = \boldsymbol{A}_{p\times q}$ heißt **Untermatrix** *von $\boldsymbol{B}$, falls $\boldsymbol{A}$ aus $\boldsymbol{B}$ durch Streichen von Zeilen und/oder Spalten hervorgeht. r heißt* **Rang von $\boldsymbol{B}$** *— kurz: $r = \operatorname{rg} \boldsymbol{B}$ —, falls eine Untermatrix $\boldsymbol{A} = \boldsymbol{A}_{r\times r}$ existiert, die eine Inverse $\boldsymbol{A}^{-1}$ besitzt, und falls für jede Untermatrix $\boldsymbol{C} = \boldsymbol{C}_{m\times m}$ mit $m > r$ gilt: $\boldsymbol{C}^{-1}$ existiert nicht. $\boldsymbol{A}$ hat* **vollen Rang,** *falls $\operatorname{rg} \boldsymbol{A} = \min(p, q)$ ist.*

Bemerkung
Wir reden vom (Regressions–)Modell mit **vollem** (resp. **nicht vollem**) **Rang,** falls die Regressormatrix $\boldsymbol{X}$ vollen (resp. nicht vollen) Rang hat.

Bemerkung
Das **APL-Programm** RG (Anhang 1) berechnet den Rang. Dabei wird allerdings das Programm JACOBI aus GRENANDER (1982) (siehe dort S.249 ff) benutzt. ■

Man weiß aus der linearen Algebra: Wenn $\boldsymbol{A} = \boldsymbol{A}_{p\times q}$ eine Inverse besitzt, ist $p = q$, und die Inverse ist eindeutig. Ferner sind genau dann sowohl die Zeilenvektoren als auch die Spaltenvektoren jeweils voneinander *linear unabhängig*: keine Zeile (Spalte) ist eine lineare Funktion der übrigen Zeilen (Spalten). Mit (3.1.20) ergibt sich also

(3.1.21) (1) $(\boldsymbol{A}_{p\times q})^{-1} = \boldsymbol{A}^{-1}$ existiert genau dann, wenn $p = q$ und $\operatorname{rg} \boldsymbol{A} = p$ ist.

(2) $(\boldsymbol{A}_{p\times p})^{-1} = \boldsymbol{A}^{-1}$ existiert genau dann, wenn keine Zeile (resp. Spalte) von $\boldsymbol{A}$ eine Linearkombination der übrigen Zeilen (resp. Spalten) von $\boldsymbol{A}$ ist.

(3.1.22) Beispiel

$$\boldsymbol{B} = \begin{bmatrix} 4 & 3 & 2 & 4 \\ 2 & 2 & 1 & 2 \\ 2 & 1 & 1 & 2 \end{bmatrix}, \quad \boldsymbol{A} = \begin{bmatrix} 4 & 3 \\ 2 & 2 \end{bmatrix}, \quad \boldsymbol{A}_1 = \begin{bmatrix} 3 & 4 \\ 1 & 2 \end{bmatrix},$$

$$\boldsymbol{A}^{-1} = \frac{1}{2}\begin{bmatrix} 2 & -3 \\ -2 & 4 \end{bmatrix}, \quad \boldsymbol{A}_1^{-1} = \frac{1}{2}\begin{bmatrix} 2 & -4 \\ -1 & 3 \end{bmatrix}, \quad \text{beide mit (2.2.14).}$$

rg $\boldsymbol{B} = 2$; denn in jeder 3×3–Untermatrix von $\boldsymbol{B}$ ist die erste Zeile die Summe der übrigen Zeilen. Solche Matrizen mit "linear abhängigen" Zeilen (oder Spalten) besitzen keine Inversen (siehe (3.1.21) (2)).

Bemerke, daß beispielsweise $\boldsymbol{A}_2 = \begin{bmatrix} 2 & 4 \\ 1 & 2 \end{bmatrix}$ keine Inverse besitzt. ■

(3.1.23) Beispiel (Agrar (a))
In (3.1.15) (a) ist (1. Zeile) = (4. Zeile) + (5. Zeile). Daher existiert dort die Inverse von $\boldsymbol{X}'\boldsymbol{X}$ nicht. ■

Der Rang einer Matrix ist die Dimension der "größten" Untermatrix, die eine Inverse besitzt. Wir unterstellen im folgenden, daß eine solche Untermatrix "links oben" in der betrachteten Matrix vorkommt. Dies ist für $\boldsymbol{X}'\boldsymbol{X}$ immer zu erreichen, wenn man gegebenenfalls die Reihenfolge der erklärenden Variablen ändert. Wir setzen also ohne Beschränkung der Allgemeinheit voraus:

$$\textbf{(3.1.24)}\quad \boldsymbol{A} = \begin{bmatrix} \boldsymbol{A}_{11} & \boldsymbol{A}_{12} \\ \boldsymbol{A}_{21} & \boldsymbol{A}_{22} \end{bmatrix}, \quad \text{rg}\,\boldsymbol{A} = \text{rg}\,\boldsymbol{A}_{11}\,, \quad \boldsymbol{A}_{11}^{-1} \text{ existiert.}$$

$\boldsymbol{A}$ hat **vollen Rang**, falls $\boldsymbol{A}_{22} = \emptyset$ (leere Matrix) ist, z. B. bei

$$\boldsymbol{A} = \begin{bmatrix} 4 & 3 & 2 & 4 \\ 2 & 2 & 1 & 2 \end{bmatrix}, \qquad \boldsymbol{A}_{11} = \begin{bmatrix} 4 & 3 \\ 2 & 2 \end{bmatrix}.$$

(3.1.25) Beispiel (Agrar)
Agrar (a): In (3.1.4) hat $\boldsymbol{X} = \boldsymbol{X}_{8\times 5}$ nur den Rang 4, da (1. Spalte) = (4. Spalte) + (5. Spalte) ist. In (3.1.15) (a) setze man $\boldsymbol{A}_{22} = [5]$; dann ist
$\boldsymbol{A}_{11}$ =[die aus den ersten 4 Zeilen und Spalten von $\boldsymbol{X}'\boldsymbol{X}$ bestehende Matrix].
Agrar (b): $\boldsymbol{X} = \boldsymbol{X}_{8\times 4}$ in (3.1.15) (b) hat den vollen Rang 4. $\boldsymbol{X}'\boldsymbol{X}$ ist mit $\boldsymbol{A}_{11}$ identisch. ■

Hinsichtlich Rang–Untersuchungen ist die Darstellung (3.1.24) keine Einschränkung der Allgemeinheit, da — ex definitione (3.1.20) und unter Beachtung von (3.1.21) — Umordnen von Zeilen und/oder Spalten den Rang unverändert läßt und (3.1.24) durch solches Umordnen bei jeder Matrix erreicht werden kann. Mit Matrizen der Darstellung (3.1.24) bereitet die Konstruktion von g–Inversen keine Probleme:

(3.1.26) Satz

Für $A = A_{p\times q}$ *(3.1.24) setze* $A^- = \begin{bmatrix} A_{11}^{-1} & 0 \\ 0 & 0 \end{bmatrix} = A^-_{q\times p}(!)$. *Dann gilt:*

(1) A^- *ist g–Inverse von* A *; i. e.* $AA^-A = A$.

(2) A *ist g–Inverse von* A^- *; i. e.* $A^-AA^- = A^-$.

(3) *Ist* A *symmetrisch, so ist* A^- *symmetrisch.*

Bemerkung

In Anhang 1 dient das **APL-Programm** GINV der Berechnung von A^- aus (3.1.26). Dabei wird für die Rangberechnung mit Hilfe von RG (Anhang 1) das Programm JACOBI aus GRENANDER (1982) (siehe dort S. 249 ff) benutzt. Das ebenfalls in Anhang 1 aufgeführte (langsamere und etwas umständlichere) Programm GGINV zur Berechnung von A^- kommt ohne fremde Programme aus. Das Programm REGBET berechnet $\widehat{\beta}$ (3.1.13) (1) mit $(X'X)^-$ gemäß (3.1.26). ∎

(3.1.27) Bemerkung

Wenn in (3.1.24) $\operatorname{rg} A_{22} = \operatorname{rg} A$ ist, kann man die folgende g-Inverse konstruieren:

$A_*^- = \begin{bmatrix} 0 & 0 \\ 0 & A_{22}^{-1} \end{bmatrix}$. Das **APL–Programm** NGINV resp. NGGINV (mit resp. ohne das GRENANDER–Programm JACOBI) berechnet A_*^-. ∎

Beweis (von (3.1.26)):

(1) Die Zeilen der Matrix $[\,A_{21} \quad A_{22}\,]$ sind Linearkombinationen von $[\,A_{11} \quad A_{12}\,]$ (andernfalls wäre nicht $\operatorname{rg} A = \operatorname{rg} A_{11}$ (!), wie aus (3.1.21) (2) folgt); es existiert also eine Matrix D mit

$$[\; A_{21} \quad A_{22} \;] = D[\; A_{11} \quad A_{12} \;],$$

also auch

$$A_{21} = DA_{11}\,, \quad A_{22} = DA_{12}\,.$$

Dann ist

$$D = A_{21}A_{11}^{-1}$$

und

$$A_{22} = A_{21}A_{11}^{-1}A_{12}\,.$$

Also ist

$$AA^-A = \begin{bmatrix} A_{11} & A_{12} \\ A_{21} & A_{22} \end{bmatrix} \begin{bmatrix} A_{11}^{-1} & 0 \\ 0 & 0 \end{bmatrix} \begin{bmatrix} A_{11} & A_{12} \\ A_{21} & A_{22} \end{bmatrix}$$

$$= \begin{bmatrix} I & 0 \\ A_{21}A_{11}^{-1} & 0 \end{bmatrix} \begin{bmatrix} A_{11} & A_{12} \\ A_{21} & A_{22} \end{bmatrix} = \begin{bmatrix} A_{11} & A_{12} \\ A_{21} & A_{21}A_{11}^{-1}A_{12} \end{bmatrix} = A.$$

(2) $A^-AA^- = A^- \begin{bmatrix} I & 0 \\ A_{21}A_{11}^{-1} & 0 \end{bmatrix} = \begin{bmatrix} A_{11}^{-1} & 0 \\ 0 & 0 \end{bmatrix} = A^-$.

(3) Mit A ist A_{11}, also A_{11}^{-1}, also A^- symmetrisch, da Inverse von symmetrischen Matrizen symmetrisch sind. ■

(3.1.28) Beispiel
Mit B, A, A^{-1} (3.1.22) setze

$$B^- = \begin{bmatrix} 1 & -1.5 & 0 \\ -1 & 2 & 0 \\ 0 & 0 & 0 \\ 0 & 0 & 0 \end{bmatrix}.$$

Man bestätigt leicht (z. B.) $BB^-B = B$ oder $B^-BB^- = B^-$. ■

Als Anwendung von (3.1.26) betrachten wir weiter folgendes Beispiel der Lösung von Normalgleichungen mit nicht vollem Rang für X. Zuvor bemerken wir noch, daß (wie man aus der linearen Algebra weiß) gilt:

(3.1.29) (1) $\operatorname{rg}(AB) \le \min\{\operatorname{rg} A, \operatorname{rg} B\}$,

(2) $\operatorname{rg} A_{p\times q} \le \min\{p, q\}$,

(3) $\operatorname{rg}(A'A) \le \operatorname{rg} A = \operatorname{rg} A'$ (siehe auch (3.2.4) (2)).

(3.1.30) Beispiel
mit *nicht vollem Rang* für X und folglich (gem. (3.1.29) (3)) auch für $X'X$:

$$X' = \begin{bmatrix} 1 & 1 & 1 & 1 & 1 & 1 \\ 0 & -1 & -1 & 0 & 1 & 1 \\ 1 & 0 & -1 & 2 & 0 & 1 \\ 2 & 0 & -1 & 3 & 2 & 3 \end{bmatrix} \quad \text{(Zeile 4 gleich Summe der übrigen Zeilen)},$$

$$Y' = \begin{bmatrix} 2 & 1 & 0 & 1 & 2 & 3 \end{bmatrix}, \quad \beta' = \begin{bmatrix} \beta_1 & \beta_2 & \beta_3 & \beta_4 \end{bmatrix},$$

$$X'X = \begin{bmatrix} 6 & 0 & 3 & 9 \\ 0 & 4 & 2 & 6 \\ 3 & 2 & 7 & 12 \\ 9 & 6 & 12 & 27 \end{bmatrix}, \quad A_{11} = \begin{bmatrix} 6 & 0 & 3 \\ 0 & 4 & 2 \\ 3 & 2 & 7 \end{bmatrix}, \quad A_{11}^{-1} = \frac{1}{36}\begin{bmatrix} 8 & 2 & -4 \\ 2 & 11 & -4 \\ -4 & -4 & 8 \end{bmatrix},$$

$$(X'X)^- = \frac{1}{36}\begin{bmatrix} 8 & 2 & -4 & 0 \\ 2 & 11 & -4 & 0 \\ -4 & -4 & 8 & 0 \\ 0 & 0 & 0 & 0 \end{bmatrix}, \quad X'Y = \begin{bmatrix} 9 \\ 4 \\ 7 \\ 20 \end{bmatrix}, \quad \widehat{\beta} = \frac{1}{36}\begin{bmatrix} 52 \\ 34 \\ 4 \\ 0 \end{bmatrix}.$$

$$\text{SSR} = \frac{1}{36}(52 \cdot 9 + 34 \cdot 4 + 4 \cdot 7 + 0) = \frac{632}{36} = 17.5556$$

SST = 19, SSE = 1.4444, SSR / SST = 0.9240 (Beachte (3.1.13), (3.1.18). Siehe hierzu auch (3.1.33)!) ■

(3.1.31) Beispiel (Agrar (a))

Betrachte (3.1.15) (a). Setze nun jedoch — mit Beachtung von (3.1.15) (b) —

$$(\boldsymbol{X}'\boldsymbol{X})^-_{(2)} = \frac{1}{1937}\begin{bmatrix} 1121 & -328 & -15 & -758 & 0 \\ -328 & 172 & -63 & 303 & 0 \\ -15 & -63 & 192 & -370 & 0 \\ -758 & 303 & -370 & 1964 & 0 \\ 0 & 0 & 0 & 0 & 0 \end{bmatrix}.$$

Dann ist $\widehat{\boldsymbol{\beta}}'_{(2)} = [17.1533 \quad 1.4440 \quad 0.8374 \quad 1.7821 \quad 0]$, SST = 3948, SSR = 3746.2199, SSE = 201.7801, SSR / SST = 0.9489 . ■

(3.1.32) Bemerkung

$\widehat{\boldsymbol{\beta}}_{(2)}$ (3.1.31) unterscheidet sich von $\widehat{\boldsymbol{\beta}}$ in **Agrar (b)** (3.1.15) (b) zunächst nur dadurch, daß eine 0 angehängt wurde! SST, SSR, SSE sind in (3.1.15) **Agrar (a)** und **Agrar (b)** deshalb identisch (wegen (3.1.16) und (3.1.31) mit (3.1.15) (b)). Man beachte jedoch folgenden, erst später — in Abschnitt 3.2, insbesondere (3.2.9) — zu präzisierenden Tatbestand: Nur $\widehat{\boldsymbol{\beta}}$ (3.1.15) (b) ist *der* OLS–Schätzer für den ("identifizierbaren", "schätzbaren") Parameter $\boldsymbol{\beta}$ im Modell (3.1.15) (b). Im Beispiel **Agrar (a)** haben wir hingegen zwei verschiedene OLS–Schätzer: $\widehat{\boldsymbol{\beta}}_{(1)}$ (3.1.15) (a) stimmt mit $\widehat{\boldsymbol{\beta}}_{(2)}$ (3.1.31) nur in den "schätzbaren" Komponenten von $\boldsymbol{\beta}$ überein (siehe auch (3.2.9)). ■

Es ist nützlich, die in (3.1.32) getroffene Feststellung hinsichtlich der Struktur von $\widehat{\boldsymbol{\beta}}_{(2)}$ und der Quadratsummen SSR und SSE allgemein zu formulieren:

(3.1.33) Satz

Es sei $\boldsymbol{Z} = [\ \boldsymbol{X} \vdots \boldsymbol{W}\ ]$, $\boldsymbol{\gamma} = \begin{bmatrix} \boldsymbol{\beta} \\ \boldsymbol{\delta} \end{bmatrix}$. *Sei weiter* $\boldsymbol{X} = \boldsymbol{X}_{n \times k}$, $k = \text{rg}\,\boldsymbol{X}$ *und* $\text{rg}\,\boldsymbol{Z} = \text{rg}\,\boldsymbol{X}$ *(d. h.* $\boldsymbol{W}$*–Spalten sind Linearkombinationen von* $\boldsymbol{X}$*–Spalten). Man betrachte die Modelle*

Mod 1: $\boldsymbol{Y} = \boldsymbol{X}\boldsymbol{\beta} + \boldsymbol{U}$;

Mod 2: $\boldsymbol{Y} = \boldsymbol{Z}\boldsymbol{\gamma} + \boldsymbol{U}^*$.

Sei $\widehat{\boldsymbol{\beta}}$ *der OLS–Schätzer in* Mod 1. *Dann gilt:*

(1) $\widehat{\boldsymbol{\gamma}}' = (\widehat{\boldsymbol{\beta}}', \boldsymbol{0}')$ *ist ein OLS–Schätzer in* Mod 2, *und es ist*

(2) $\text{SSR}_{\text{Mod 2}} = \text{SSR}_{\text{Mod 1}}$, *also auch* $\text{SSE}_{\text{Mod 2}} = \text{SSE}_{\text{Mod 1}}$.

Beweis: Ohne Beschränkung der Allgemeinheit ist

$$(\boldsymbol{Z}'\boldsymbol{Z})^- = \begin{bmatrix} (\boldsymbol{X}'\boldsymbol{X})^{-1} & \vdots & 0 \\ \cdots & \cdots & \cdots \\ 0 & \vdots & 0 \end{bmatrix},$$

also

$$\widehat{\boldsymbol{\gamma}} = \begin{bmatrix} \widehat{\boldsymbol{\beta}} \\ \cdots \\ \boldsymbol{0} \end{bmatrix} = (\boldsymbol{Z}'\boldsymbol{Z})^- \boldsymbol{Z}'\boldsymbol{Y}$$

(leicht nachzurechnen). Dann ist

$$\mathrm{SSR}_{\mathbf{Mod\,2}} = \widehat{\boldsymbol{\gamma}}'\boldsymbol{Z}'\boldsymbol{Y} = [\widehat{\boldsymbol{\beta}}' \vdots \boldsymbol{0}'] \begin{bmatrix} \boldsymbol{X}' \\ \cdots \\ \boldsymbol{W}' \end{bmatrix} \boldsymbol{Y} = \widehat{\boldsymbol{\beta}}'\boldsymbol{X}'\boldsymbol{Y} = \mathrm{SSR}_{\mathbf{Mod\,1}}\,. \qquad \blacksquare$$

Homogene/inhomogene Regression

Wenn in der Grundgleichung (3.1.1) des statistischen Modells (3.1.5) eine Variable X_i konstant ist, setzen wir sie ohne Beschränkung der Allgemeinheit gleich 1 und ebenfalls ohne Beschränkung der Allgemeinheit gleich X_1 (siehe (1.2.1)). Wir reden dann von *inhomogener*, anderenfalls von *homogener Regression.* Für $\boldsymbol{X}$ in (3.1.5) haben wir also

(3.1.34) (1) $\boldsymbol{X} = [\ \boldsymbol{1} \vdots \boldsymbol{x}_2 \ \ldots\ \boldsymbol{x}_k\ ]$ **inhomogene Regression**

(2) $\boldsymbol{X} = [\ \boldsymbol{x}_1\ \ \boldsymbol{x}_2\ \ldots\ \boldsymbol{x}_k\ ]$ **homogene Regression**

mit $\boldsymbol{1}' = [1\ \ldots\ 1]$,
$\boldsymbol{x}_j' = [x_{1j}\ \ldots\ x_{nj}] \neq c \cdot \boldsymbol{1}'$ für alle $c \in \mathbb{R}$ $(j \geq 1)$.

Ob in einem konkreten Kontext ein homogenes oder inhomogenes Modell "richtig", "zweckmäßig" ist, muß natürlich anhand der damit verbundenen *inhaltlichen* Fragestellungen entschieden werden.

Im *inhomogenen* Fall (3.1.34) (1) läßt sich die Lösung der Normalgleichungen in zwei Schritten vornehmen: zuerst erfolgt die Berechnung von $\widehat{\beta}_2, \ldots, \widehat{\beta}_k$, sodann erst die von $\widehat{\beta}_1$. Um dies einzusehen, führen wir zunächst Abweichungen von arithmetischen Mitteln — also **zentrierte** Größen — ein:

(3.1.35) (1) $\mathring{\boldsymbol{Y}} = \boldsymbol{Y} - \overline{\boldsymbol{Y}}$ mit $\overline{\boldsymbol{Y}}' = [\overline{Y} \ \dots \ \overline{Y}]$;

(2) $\mathring{\boldsymbol{X}} = [\ \mathring{\boldsymbol{x}}_1 \ \ \mathring{\boldsymbol{x}}_2 \ \dots \ \mathring{\boldsymbol{x}}_k\ ]$ mit
$\mathring{\boldsymbol{x}}_j = \boldsymbol{x}_j - \overline{\boldsymbol{x}}_j, \quad \overline{\boldsymbol{x}}_j' = [\overline{x}_j \ \dots \ \overline{x}_j], \quad \overline{x}_j = \frac{1}{n}\sum_i x_{ij} \quad (\mathring{\boldsymbol{x}}_1 = \mathbf{0})$;

(3) $\mathring{\boldsymbol{X}}_h = [\ \mathring{\boldsymbol{x}}_2 \ \dots \ \mathring{\boldsymbol{x}}_k\ ]$ (h steht für "homogen durch Zentrierung").

Offenbar ist $\mathring{\boldsymbol{X}}$ die Matrix der $x_{ij} - \overline{x}_j = \mathring{x}_{ij}$; die erste Spalte ist im inhomogenen Fall gleich $\mathbf{0}$, und sie wird in $\mathring{\boldsymbol{X}}_h$ abgeschnitten. Für $j > 1$ ist $\mathring{\boldsymbol{x}}_j \neq \mathbf{0}$.

Wir betrachten nun für $\boldsymbol{Y} = \boldsymbol{X\beta}+\boldsymbol{U} = \boldsymbol{X}\widehat{\boldsymbol{\beta}}+\widehat{\boldsymbol{U}} = \widehat{\boldsymbol{Y}}+\widehat{\boldsymbol{U}}$ (siehe (3.1.5), (3.1.18)) die erste der Normalgleichungen (3.1.8) (2). Sie lautet $\boldsymbol{x}_1'\widehat{\boldsymbol{U}} = 0 = \mathbf{1}'\widehat{\boldsymbol{U}}$. Bedenken wir noch, daß offenbar

$$\overline{\widehat{Y}} = [\overline{x}_1 \ \dots \ \overline{x}_k] \cdot \widehat{\boldsymbol{\beta}} = \sum_{j=1}^{k} \overline{x}_j \widehat{\beta}_j$$

ist, so haben wir

(3.1.36) im *inhomogenen* Fall

(1) $\sum_i \widehat{U}_i = 0$, also $\overline{\widehat{U}} = 0$,

(2) $\overline{Y} = \overline{\widehat{Y}} = \widehat{\beta}_1 + \sum_{j=2}^{k} \overline{x}_j \widehat{\beta}_j$ (wegen $\overline{x}_1 = 1$) .

Aus $\boldsymbol{Y} = \boldsymbol{X}\widehat{\boldsymbol{\beta}} + \widehat{\boldsymbol{U}}$ erhalten wir mit (3.1.36) und dem Vektor $\overline{\widehat{\boldsymbol{Y}}}' = [\overline{\widehat{Y}} \ \dots \ \overline{\widehat{Y}}]$

$$\boldsymbol{Y} - \overline{\boldsymbol{Y}} = \boldsymbol{X}\widehat{\boldsymbol{\beta}} - \overline{\widehat{\boldsymbol{Y}}} + \widehat{\boldsymbol{U}} = (\boldsymbol{X} - [\ \overline{\boldsymbol{x}}_1 \ \dots \ \overline{\boldsymbol{x}}_k\ ])\widehat{\boldsymbol{\beta}} + \widehat{\boldsymbol{U}} .$$

Mit Notation (3.1.35) bedeutet dies: Wir haben ein

(3.1.37) Zentriertes (homogenes) **Modell:**
$\mathring{\boldsymbol{Y}} = \mathring{\boldsymbol{X}}_h \widehat{\boldsymbol{\beta}}_h + \widehat{\boldsymbol{U}}$ mit $\widehat{\boldsymbol{\beta}}_h' = [\widehat{\beta}_2 \ \dots \ \widehat{\beta}_k]$.

Da weiter aus $\sum_i \widehat{U}_i = 0$ sogleich $\overline{x}_j \sum_i \widehat{U}_i = 0 = (\overline{x}_j, \dots, \overline{x}_j)\widehat{\boldsymbol{U}}$ folgt (für jedes $j \geq 2$), ist auch $\mathring{\boldsymbol{X}}_h'\widehat{\boldsymbol{U}} = \mathbf{0}$. Das aber sind die Normalgleichungen (3.1.8) (2) im Modell (3.1.37). Nach (3.1.13) und (3.1.36) (2) erhalten wir daher $\widehat{\boldsymbol{\beta}}$ wie folgt:

(3.1.38) Satz
Im inhomogenen Fall (3.1.34) (1) ist

(1) $\widehat{\boldsymbol{\beta}}_h = (\mathring{\boldsymbol{X}}_h'\mathring{\boldsymbol{X}}_h)^{-}\mathring{\boldsymbol{X}}_h\mathring{\boldsymbol{Y}}$, $\widehat{\boldsymbol{\beta}}_h' = [\widehat{\beta}_2 \ \dots \ \widehat{\beta}_k]$,

(2) $\widehat{\beta}_1 = \overline{Y} - \sum_{j=2}^{k} \overline{x}_j \widehat{\beta}_j$.

Zur Erläuterung betrachte man **Beispiel (Agrar)** (3.1.44) und Aufgabe (3.4.3).

(3.1.39) Bemerkung
In gängigen statistischen Programmen/Programmpaketen (z.B in REGRESSION in SPSS, REGRESSION in SAS) wird offenbar grundsätzlich "zentriert" — genauer: es wird im Modell (3.1.37) gerechnet. Wenn das Ausgangsmodell inhomogen war, ist dies gemäß (3.1.38) unproblematisch. Man muß nur beachten, daß die ausgewiesenen Terme "Sum of Squares" mit nS_Y^2, $nS_{\hat{Y}}^2$ (und *nicht* mit SST, SSR) identisch sind. (Siehe auch (3.1.43).) (Bei SEARLE (1971) findet sich die Notation SST_m resp. SSR_m für nS_Y^2 resp. $nS_{\hat{Y}}^2$.) Bei der in diesem Zusammenhang gängigen Modell-Schreibweise (1.2.3) übernimmt β_0 die Rolle von β_1 und $(\beta_1, \ldots, \beta_p)$ die von $\boldsymbol{\beta}_h$. ∎

Bestimmtheitsmaße, Korrelationskoeffizienten

Aus der Quadratsummen-Zerlegung (3.1.18) (3) $\mathrm{SST} = \boldsymbol{Y}'\boldsymbol{Y} = \widehat{\boldsymbol{Y}}'\widehat{\boldsymbol{Y}} + \widehat{\boldsymbol{U}}'\widehat{\boldsymbol{U}} = \mathrm{SSR} + \mathrm{SSE}$ ergibt sich sogleich — nach Subtraktion von $n\overline{Y}^2$ und Division durch n — die

(3.1.40) Varianz-Zerlegung

$$S_Y^2 = S_{\hat{Y}}^2 + S_{\hat{U}}^2 = S_{\hat{Y}}^2 + \tfrac{1}{n}\,\mathrm{SSE}, \qquad \text{wegen } \overline{Y} = \overline{\widehat{Y}} \text{ im } \textit{inhomogenen} \text{ Fall.}$$

Bemerkung
Wenn im *homogenen* Fall sich aus den Normalgleichungen (3.1.8) (2) auch $\overline{\widehat{U}} = 0$ herleiten läßt (z. B. durch Addition einiger Gleichungen), gilt die Varianz-Zerlegung (3.1.40) natürlich ebenfalls. (Siehe z. B. (7.1.9) (5).) ∎

Wegen $\boldsymbol{Y} = \widehat{\boldsymbol{Y}} + \widehat{\boldsymbol{U}}$ ist die "Anpassung" der Daten $\boldsymbol{Y}$ an $\widehat{\boldsymbol{Y}}$ umso besser, je kleiner SSE ist. Um ein Maß für die *Güte der Anpassung* (goodness of fit) zu erhalten, führen wir folgende Größen ein:

(3.1.41) Definition

$R = \dfrac{S_{Y\hat{Y}}}{S_Y S_{\hat{Y}}}$ *heißt* ***multipler (empirischer) Korrelations-Koeffizient;***

$R^* = \dfrac{\boldsymbol{Y}'\widehat{\boldsymbol{Y}}}{\sqrt{\boldsymbol{Y}'\boldsymbol{Y}}\sqrt{\widehat{\boldsymbol{Y}}'\widehat{\boldsymbol{Y}}}}$ *heißt* ***multipler SS(Sum of Squares)-Koeffizient;***

R^2 *heißt* ***(multiples) Bestimmtheitsmaß;***

R^{*2} *heißt* ***SS-Bestimmtheitsmaß;***

$\overline{R}^2 = 1 - \dfrac{n-1}{n - \mathrm{rg}\,\boldsymbol{X}}(1 - R^2)$ *heißt* ***adjustiertes Bestimmtheitsmaß.***

Daß R^2 resp. R^{2*} geeignet sind, die "Anpassungsgüte" zu "messen", zeigt folgender

(3.1.42) Satz

(1) $R^{*2} = \dfrac{\text{SSR}}{\text{SST}} = \dfrac{\widehat{\boldsymbol{Y}}'\widehat{\boldsymbol{Y}}}{\boldsymbol{Y}'\boldsymbol{Y}} = \dfrac{\widehat{\boldsymbol{\beta}}'\boldsymbol{X}'\boldsymbol{Y}}{\boldsymbol{Y}'\boldsymbol{Y}} = 1 - \dfrac{\text{SSE}}{\text{SST}}$ *und*

$$R^* = +\sqrt{R^{*2}} = \sqrt{\frac{\widehat{\boldsymbol{\beta}}'\boldsymbol{X}'\boldsymbol{Y}}{\boldsymbol{Y}'\boldsymbol{Y}}}\ ; \quad 0 \le R^* \le 1\ ;$$

(2) $R = \dfrac{\text{SSR} - n\overline{Y}\overline{\widehat{Y}}}{\sqrt{\text{SST} - n\overline{Y}^2}\sqrt{\text{SSR} - n\overline{\widehat{Y}}^2}} = \dfrac{\widehat{\boldsymbol{\beta}}'\boldsymbol{X}'\boldsymbol{Y} - n\overline{Y}\overline{\widehat{Y}}}{\sqrt{\boldsymbol{Y}'\boldsymbol{Y} - n\overline{Y}^2}\sqrt{\widehat{\boldsymbol{\beta}}'\boldsymbol{X}'\boldsymbol{Y} - n\overline{\widehat{Y}}^2}}$;

(3) *im inhomogenen Fall:*

$$R^2 = \frac{nS_{\widehat{Y}}^2}{nS_Y^2} = \frac{\widehat{\boldsymbol{\beta}}'\boldsymbol{X}'\boldsymbol{Y} - n\overline{Y}^2}{\boldsymbol{Y}'\boldsymbol{Y} - n\overline{Y}^2} = 1 - \frac{nS_{\widehat{U}}^2}{nS_Y^2} \quad \textit{und} \quad R = \frac{S_{\widehat{Y}}}{S_Y}\ ; \quad 0 \le R \le 1\ ;$$

(4) *im inhomogenen Fall:*

$$\overline{R}^2 = 1 - \frac{\text{SSE}\,/(n - \text{rg}\,\boldsymbol{X})}{(\text{SST} - n\overline{Y}^2)/(n-1)} = 1 - \frac{nS_{\widehat{U}}^2/(n - \text{rg}\,\boldsymbol{X})}{nS_Y^2/(n-1)}\ ;$$

(5) $\boldsymbol{Y}'\widehat{\boldsymbol{Y}} = \widehat{\boldsymbol{Y}}'\widehat{\boldsymbol{Y}}$;

(6) $S_{Y\widehat{Y}} = S_{\widehat{Y}}^2$ *im inhomogenen Fall.*

(3.1.43) Bemerkung

Im zentrierten (homogenen) Modell (3.1.37) sind R und R^* identisch, da dort ja $\overline{Y} = 0$ ist. (3.1.42) (1), (2), (3) enthalten die für die Berechnung von R, R^2 resp. R^*, R^{*2} am besten geeigneten Formeln. Ein "großes" R^2 resp. R^{*2} "in der Nähe" von 1 bedeutet natürlich, daß die $\boldsymbol{Y}$-Daten durch $\boldsymbol{X}\widehat{\boldsymbol{\beta}}$ "gut" beschrieben werden. Man sagt dann auch, daß die Daten $\boldsymbol{X}$, $\boldsymbol{Y}$ eine "gute Anpassung" durch das Regressionsmodell erfahren. Das adjustierte Maß $\overline{R}^2$ soll dabei jedoch den Einfluß der *Anzahl* der (unabhängigen kontrollierbaren) Erklärenden auf das Gütemaß neutralisieren. (Siehe z.B. JUDGE et al. (1980) S. 41 f, JOBSON [I] (1991) S. 227 f.) Im *inhomogenen* Fall ist R^2 der Anteil der Y-Streuung, der durch die Regression aus der X-Streuung "erklärt" wird. In manchen Software-Programmen (z. B. OLS bei GAUSS) wird R^2 immer nach der bequemen Berechnungsformel (3) berechnet — auch für homogene Modelle! Da kann dann gut und gern ein negatives R^2 erscheinen, weil ja dann die Varianz-Zerlegung (3.1.40) nicht mehr gelten muß! SPSS und SAS fügen (deshalb?) in ihren jeweiligen Programmen REGRESSION immer — und manchmal (??) auch OLS in GAUSS — eine "Konstante" hinzu — auch wenn man ein homogenes Modell eingibt! Es gibt halt nur inhomogene Modelle — egal, was der Anwender vorgibt! Bei *homogenen* Modellen schlagen JUDGE et al. (1980) vor (siehe S. 253 f ebenda), R^{*2} als das relevante Bestimmtheitsmaß zu betrachten, dessen Berechnung gemäß (1) wieder sehr einfach ist. ■

Beweis (von (3.1.42)):

(5) $\boldsymbol{Y}'\widehat{\boldsymbol{Y}} = \widehat{\boldsymbol{Y}}'\boldsymbol{Y} = \widehat{\boldsymbol{Y}}'(\widehat{\boldsymbol{Y}} + \widehat{\boldsymbol{U}}) = \widehat{\boldsymbol{Y}}'\widehat{\boldsymbol{Y}} + \widehat{\boldsymbol{Y}}'\widehat{\boldsymbol{U}} = \widehat{\boldsymbol{Y}}'\widehat{\boldsymbol{Y}}$, da $\widehat{\boldsymbol{Y}}'\widehat{\boldsymbol{U}} = \widehat{\boldsymbol{\beta}}'\boldsymbol{X}'\widehat{\boldsymbol{U}} = 0$ wegen (3.1.8) (2) ist.

(6) $S_{Y\widehat{Y}} = \frac{1}{n}\boldsymbol{Y}'\widehat{\boldsymbol{Y}} - \overline{Y}\overline{\widehat{Y}} = \frac{1}{n}\widehat{\boldsymbol{Y}}'\widehat{\boldsymbol{Y}} - \overline{\widehat{Y}}^2 = S^2_{\widehat{Y}}$.

(1), (2), (3) und (4) folgen nun sofort, gegfs. unter Beachtung von (3.1.40). ∎

Bemerkung: Bei der *einfachen* Regression (2.1.1) (mit $\beta \neq 0$) ist

$$S_{Y,\widehat{Y}} = S_{Y,\widehat{\beta}x} = \widehat{\beta}S_{Y,x} \quad \text{und} \quad S_{\widehat{Y}} = |\widehat{\beta}|s_x \ ,$$

also ist

$$R = \frac{\widehat{\beta}S_{Y,x}}{S_Y|\widehat{\beta}|s_x} = \text{sign}(\widehat{\beta})\frac{S_{x,Y}}{s_x \cdot S_Y} \quad \text{mit} \quad \text{sign}(\widehat{\beta}) = \begin{cases} 1 & \text{für } \widehat{\beta} > 0, \\ 0 & \text{für } \widehat{\beta} = 0, \\ -1 & \text{für } \widehat{\beta} < 0. \end{cases}$$

(3.1.44) Beispiel (Agrar)

(1) Betrachte (3.1.15), (3.1.31), (3.1.32). Dort ist SST = 3948, SSR = 3746.2199, SSE = 201.7801, $\overline{Y} = 21.5$, $n = 8$. Also ist

$$R^{*2} = \frac{3746.2199}{3948} = 0.9489, \quad R^2 = \frac{3746.2199 - 8 \cdot 21.5^2}{3948 - 8 \cdot 21.5^2} = 0.1929\,.$$

(2) Die zentrierten Größen (3.1.35) lauten — mit den
arithmetischen Mitteln 1.75, 1.375, 0.375, 0.625
der Spalten 2, 3, 4, 5 von $\boldsymbol{X}$ —

$$\mathring{\boldsymbol{X}}'_h = \begin{bmatrix} -1.750 & -0.750 & 0.250 & 1.250 & 2.250 & -1.750 & 1.250 & -0.750 \\ -1.375 & 2.625 & 1.625 & -0.375 & -1.375 & -1.375 & 0.625 & -0.375 \\ 0.625 & 0.625 & 0.625 & -0.375 & -0.375 & -0.375 & -0.375 & -0.375 \\ -0.625 & -0.625 & -0.625 & 0.375 & 0.375 & 0.375 & 0.375 & 0.375 \end{bmatrix}$$

$$\mathring{\boldsymbol{Y}} = \begin{bmatrix} -2.5 & -4.5 & 9.5 & 8.5 & -5.5 & -5.5 & 0.5 & -0.5 \end{bmatrix}.$$

Berechnet man nun SST, SSR, SSE, so findet man

$$\text{SST} = 250, \quad \text{SSR} = 48.2199, \quad \text{SSE} = 201.7801,$$
$$R^{*2} = \text{SSR}\,/\,\text{SST} = 0.1929 = R^2\,.$$

Natürlich lautet — da wir in (3.1.4) ein inhomogenes Modell haben! — die Parameterschätzung (3.1.38) wie folgt: $\widehat{\beta}_2 = 1.4440$, $\widehat{\beta}_3 = 0.8374$, $\widehat{\beta}_4 = 1.7821$, $\widehat{\beta}_5 = 0$. Für $\widehat{\beta}_1$ (3.1.38) (2) erhält man

$$\widehat{\beta}_1 = 21.5 - (1.4440 \cdot 1.75 + 0.8374 \cdot 1.375 + 1.7821 \cdot 0.375 + 0) = 17.1533\,.$$

(3) Wenn wir Modell (3.1.15) (a) ändern und auf die für "autonomes" Wachstum stehende Variable X_1 verzichten, wird das Modell homogen mit vollem Rang:

$$\boldsymbol{X}' = \begin{bmatrix} 0 & 1 & 2 & 3 & 4 & 0 & 3 & 1 \\ 0 & 4 & 3 & 1 & 0 & 0 & 2 & 1 \\ 1 & 1 & 1 & 0 & 0 & 0 & 0 & 0 \\ 0 & 0 & 0 & 1 & 1 & 1 & 1 & 1 \end{bmatrix}.$$

SSR, SST bleiben aber unverändert! (Siehe (3.1.32), (3.1.33).) Also ist nach wie vor

$$R^{*2} = \frac{3746.2199}{3948} = 0.9489.$$

Da die 3. und 4. Zeile in $\boldsymbol{X}'$ zusammen die Gleichung $\overline{\widehat{U}} = 0$ ergeben, erhalten wir — sozusagen ausnahmsweise — wie im *inhomogenen* Fall $\overline{Y} = \overline{\widehat{Y}}$; daher ist auch hier $R^2 = 0.1929$. (Siehe Bemerkung nach (3.1.40).) ■

(3.1.45) Beispiel (Düngemittel)
Betrachte (1.1.2). Man errechnet

$$\boldsymbol{X}'\boldsymbol{X} = \begin{bmatrix} 144 & 32 & 56 \\ 32 & 12 & 14 \\ 56 & 14 & 44 \end{bmatrix}, \quad (\boldsymbol{X}'\boldsymbol{X})^{-1} = \begin{bmatrix} 0.0217 & -0.0408 & -0.0146 \\ -0.0408 & 0.2092 & -0.0146 \\ -0.0146 & -0.0146 & 0.0460 \end{bmatrix};$$

$$\widehat{\boldsymbol{\beta}}' = [9.1731 \quad 2.5481 \quad 4.4916].$$

SST = 19882, SSR = 19513.7061, SSE = 368.2939, SSR / SST = R^{*2} = 0.9815. Für die Berechnung von R^2 benötigen wir

$$\widehat{\boldsymbol{Y}}' = (\boldsymbol{X}\widehat{\boldsymbol{\beta}})' =$$

$$[39.2406 \quad 54.8488 \quad 36.9174 \quad 36.3128 \quad 62.0785 \quad 55.4535 \quad 39.0507 \quad 61.8886].$$

Nach einigen Rechenschritten ergibt sich für $nS_{Y,\widehat{Y}}$ der Wert 995.7479, so daß $R = 0.8671$, $R^2 = 0.7519$ ist. Hingegen ist $S_Y^2 = 181.2500$, $S_{\widehat{Y}}^2 = 113.6736$, also $S_{\widehat{Y}}^2 / S_Y^2 = 0.6272 \neq R^2$. ■

(3.1.46) Bemerkung
Die in Anhang 1 enthaltenen **APL-Programme** REG, FREG und REGRESSION (menu-gesteuert) berechnen die Größen

$\widehat{\boldsymbol{\beta}}$, SST, SSR, SSE, SSR / SST(= R^{*2}), R, R^2

sowie die später in (3.3.1) eingeführten Größen $\widehat{\sigma}^2$ und $\widehat{\sigma}$. ■

Außer dem "totalen" multiplen Korrelations-Koeffizienten R (R^*) sind auch "partielle" Koeffizienten im Gebrauch, die die Stärke des Einflusses einer Variablen X_j *allein* (jedoch bei Anwesenheit des Einflusses der übrigen X_t, $t \neq j$) auf Y anzeigen sollen. Dazu führt man ein:

$$\widehat{V}^{(j)} = \text{Residuen einer Regression mit } \boldsymbol{x}_j \text{ als Regressand,}$$
$$\widehat{U}^{(j)} = \text{Residuen einer Regression mit } \boldsymbol{Y} \text{ als Regressand}$$

und jeweils

$$[\boldsymbol{x}_1 \ \ldots \ \boldsymbol{x}_{j-1} \ \boldsymbol{x}_{j+1} \ \ldots \ \boldsymbol{x}_k] \text{ als Design–Matrix.}$$

(3.1.47) Definition
Der "empirische" Korrelationskoeffizient zwischen $\widehat{U}^{(j)}$ *und* $\widehat{V}^{(j)}$ *heißt* **partieller Korrelationskoeffizient** *von* Y *und* X_j *(bei Anwesenheit der übrigen* X_t *(*$t \neq j$*)); er wird mit* $R_{Y,X_j;\{X_t,t\neq j\}}$ *bezeichnet. Wir haben also*

$$R_{Y,X_j;\{X_t,t\neq j\}} = \left(\frac{1}{n}\left(\widehat{V}^{(j)}\right)'\widehat{U}^{(j)} - \overline{\widehat{V}}^{(j)}\overline{\widehat{U}}^{(j)}\right) \Big/ \left(S_{\widehat{V}^{(j)}}S_{\widehat{U}^{(j)}}\right)$$
$$= S_{\widehat{U}^{(j)},\widehat{V}^{(j)}} \Big/ \left(S_{\widehat{U}^{(j)}}S_{\widehat{V}^{(j)}}\right).$$

(Zur Erläuterung betrachte als **Beispiel** Aufgabe (3.4.4).) Wir werden auf die mit Korrelationskoeffizienten verbundenen datenanalytischen Möglichkeiten — auch *Korrelationsanalyse* genannt — nicht näher eingehen. (Siehe hierzu z. B. HARTUNG/ELPELT (1984), S. 143 ff; SCHNEEWEISS (1978), S. 128 ff; JOBSON[I] (1991), S. 181 ff, S. 248 ff.)

3.2 Schätzbarkeit. Unverzerrtheit. (Co–)Varianzen. Gauß–Markov–Theorem

Schätzbarkeit

Wir gehen in diesem Abschnitt der Frage nach, welche Eigenschaften eine Lösung der Normalgleichungen als Schätzfunktion für $\boldsymbol{\beta}$ hat. Dabei müssen wir vor allem auch auf Probleme achten, die dadurch entstehen, daß $\boldsymbol{X}$ nicht vollen Rang hat (siehe auch (7.2.26) für einen wichtigen Spezialfall von $\boldsymbol{X}$). Zunächst sei an 2.3 erinnert, wo wir sahen, daß im Falle $\boldsymbol{X\beta} = \boldsymbol{X\beta}^{(c)}$ (2.3.8), $\boldsymbol{\beta} \neq \boldsymbol{\beta}^{(c)}$ anhand der Daten $\boldsymbol{X}$, $\boldsymbol{Y}$ nicht erkennbar, "identifizierbar" ist, ob $\boldsymbol{\beta}$ oder $\boldsymbol{\beta}^{(c)}$ der zu schätzende Parameter ist. Hingegen war die Transformation $\theta = [\ 1 \quad x\ ]\cdot\boldsymbol{\beta}$ (2.3.9) "sinnvoll" schätzbar, da die transformierten Parameter gleich waren: $[\ 1 \quad x\ ]\boldsymbol{\beta} = [\ 1 \quad x\ ]\boldsymbol{\beta}^{(c)}$. Für einen "schätzbaren" Parameter $\boldsymbol{A\beta}$ sollte also die Matrix $\boldsymbol{A}$ die Eigenschaft haben, daß sie jeden anderen Parameter $\boldsymbol{\beta}^{o}$, der im Modell nicht von $\boldsymbol{\beta}$ unterschieden werden kann, ebenfalls in $\boldsymbol{A\beta}$ transformiert: Aus $\boldsymbol{X\beta} = \boldsymbol{X\beta}^{o}$ oder $\boldsymbol{X}(\boldsymbol{\beta} - \boldsymbol{\beta}^{o}) = \boldsymbol{0}$ sollte stets $\boldsymbol{A\beta} = \boldsymbol{A\beta}^{o}$ oder $\boldsymbol{A}(\boldsymbol{\beta} - \boldsymbol{\beta}^{o}) = \boldsymbol{0}$ folgen.

(3.2.1) Definition
$\boldsymbol{\theta} = \boldsymbol{A\beta}$ heißt ***(linear) schätzbar****, falls aus* $\boldsymbol{Xb} = \boldsymbol{0}$ *stets* $\boldsymbol{Ab} = \boldsymbol{0}$ *folgt (für jedes* $\boldsymbol{b} \in \mathbb{R}^k$*).*

Der folgende Satz unterstreicht noch deutlicher, daß dieses Konzept der "Schätzbarkeit" sinnvoll ist. Zuvor führen wir — in Anlehnung an den bekannten (und in Kapitel 2 bereits benutzten) Begriff der "Unverzerrtheit"/"Erwartungstreue" bei *eindimensionalen* Schätzern — folgende Redeweise ein:

(3.2.2) Definition
Eine (beliebig–dimensionale) Statistik (Schätzfunktion/Schätzer) $\widehat{\boldsymbol{\theta}} = \widehat{\boldsymbol{\theta}}(Y_1, \ldots, Y_n)$ *heißt* **unverzerrt** oder **erwartungstreu** für den *(beliebig–dimensionalen) Parameter* $\boldsymbol{\theta}$ *, falls* $\mathrm{E}(\widehat{\boldsymbol{\theta}}) = \boldsymbol{\theta}$ *ist.*

(3.2.3) Satz
$\boldsymbol{\theta} = \boldsymbol{A\beta}$ ist genau dann schätzbar, wenn eine (mit Hilfe der Matrix $\boldsymbol{D}$ *und des Vektors* $\boldsymbol{d}$ *definierte)* ***lineare Statistik*** $\widehat{\boldsymbol{\theta}} = \boldsymbol{DY} + \boldsymbol{d}$ *existiert mit* $\mathrm{E}(\widehat{\boldsymbol{\theta}}) = \boldsymbol{\theta}$*.*
$\boldsymbol{\theta}$ ist also genau dann schätzbar, wenn ein linearer unverzerrter Schätzer $\widehat{\boldsymbol{\theta}}$ *für* $\boldsymbol{\theta}$ *existiert.*

Bemerkung: Wir werden in (3.2.8) (5) sehen, daß man in (3.2.3) sogar $\widehat{\boldsymbol{\theta}} = \boldsymbol{A}\widehat{\boldsymbol{\beta}}$ setzen kann. ■

Zum Beweis von (3.2.3) und für weitere Folgerungen (in (3.2.8)) benötigen wir

(3.2.4) Lemma

(1) $\boldsymbol{X} = \boldsymbol{X}(\boldsymbol{X}'\boldsymbol{X})^{-}\boldsymbol{X}'\boldsymbol{X}$, *also:* $(\boldsymbol{X}'\boldsymbol{X})^{-}\boldsymbol{X}'$ *ist g–Inverse von* $\boldsymbol{X}$.

(2) $\mathrm{rg}(\boldsymbol{X}'\boldsymbol{X}) = \mathrm{rg}\,\boldsymbol{X}$.

(3) *$\boldsymbol{A\beta}$ ist genau dann schätzbar, wenn* $\boldsymbol{A} = \boldsymbol{A}(\boldsymbol{X}'\boldsymbol{X})^{-}\boldsymbol{X}'\boldsymbol{X}$ *ist.*

(3.2.5) Bemerkung
Mit (3.1.26) (3) erhält man aus (3.2.4) (1) sofort $\boldsymbol{X}' = (\boldsymbol{X}'\boldsymbol{X})((\boldsymbol{X}'\boldsymbol{X})^{-}\boldsymbol{X}')$, also auch $\boldsymbol{X}'\boldsymbol{Y} = (\boldsymbol{X}'\boldsymbol{X})\boldsymbol{b}$ mit $\boldsymbol{b} = (\boldsymbol{X}'\boldsymbol{X})^{-}\boldsymbol{X}'\boldsymbol{Y}$. Damit hat man die Lösbarkeit — und auch zugleich die Lösung — der Normalgleichungen (3.1.8) (1). ■

(3.2.6) Bemerkung
Mit Hilfe von (3.2.4) (3) kann man leicht prüfen, ob $\boldsymbol{A\beta}$ schätzbar ist. Ferner folgt aus (3.2.4) (3) sogleich:

— Falls $\boldsymbol{X}$ vollen Rang hat, ist jede lineare Transformation $\boldsymbol{A\beta}$ schätzbar, da $(\boldsymbol{X'X})^- = (\boldsymbol{XX'})^{-1}$ ist;

— Teilvektoren von nicht-schätzbaren Parameter–Vektoren *können* schätzbar sein;

— sind die Komponenten eines Parametervektors schätzbar, so ist der Parametervektor schätzbar.

■

Beweis (von Lemma (3.2.4)):

(1) Für Matrizen $\boldsymbol{P}$, $\boldsymbol{Q}$ gilt stets — wie man leicht prüft —

$$(\boldsymbol{PX'X} - \boldsymbol{QX'X})(\boldsymbol{P} - \boldsymbol{Q})' = (\boldsymbol{PX'} - \boldsymbol{QX'})(\boldsymbol{PX'} - \boldsymbol{QX'})'; \quad \text{also:}$$

(3.2.7) Aus $\boldsymbol{PX'X} = \boldsymbol{QX'X}$ folgt $\boldsymbol{PX'} = \boldsymbol{QX'}$.

Setze nun $\boldsymbol{Q} = \boldsymbol{I}$, $\boldsymbol{P} = (\boldsymbol{X'X})((\boldsymbol{X'X})^-)'$. Da — wegen der Symmetrie von $\boldsymbol{X'X}$ — auch $((\boldsymbol{X'X})^-)'$ g–Inverse von $\boldsymbol{X'X}$ ist, haben wir $\boldsymbol{QX'X} = \boldsymbol{PX'X}$, nach (3.2.7) also $\boldsymbol{X'} = \boldsymbol{QX'} = \boldsymbol{PX'} = \boldsymbol{X'X}((\boldsymbol{X'X})^-)'\boldsymbol{X'}$. Transposition ergibt die Behauptung.

(2) folgt aus (1) mit (3.1.29) (1) und (3).

(3) Es sei $\boldsymbol{A\beta}$ schätzbar. Betrachte $\boldsymbol{b} = (\boldsymbol{I} - (\boldsymbol{X'X})^-\boldsymbol{X'X})\boldsymbol{z}$ $(\boldsymbol{z} \in \mathbb{R}^k)$. Wegen (1) ist dann $\boldsymbol{Xb} = \boldsymbol{0}$, also auch $\boldsymbol{Ab} = \boldsymbol{0}$ oder $(\boldsymbol{A} - \boldsymbol{A}(\boldsymbol{X'X})^-(\boldsymbol{X'X}))\boldsymbol{z} = \boldsymbol{0}$. Da dies für alle $\boldsymbol{z} \in \mathbb{R}^k$ gilt, folgt $\boldsymbol{A} = \boldsymbol{A}(\boldsymbol{X'X})^-(\boldsymbol{X'X})$. Umgekehrt folgt aus dieser Gleichheit und $\boldsymbol{Xb} = \boldsymbol{0}$ sofort $\boldsymbol{Ab} = \boldsymbol{0}$. ■

Beweis (von Satz (3.2.3)): Sei $\boldsymbol{A\beta} = \boldsymbol{\theta}$ schätzbar. Setze $\boldsymbol{D} = \boldsymbol{A}(\boldsymbol{X'X})^-\boldsymbol{X'}$, $\widehat{\boldsymbol{\theta}} = \boldsymbol{DY}$. Dann ist $\mathrm{E}(\widehat{\boldsymbol{\theta}}) = \boldsymbol{D}\,\mathrm{E}(\boldsymbol{Y}) = \boldsymbol{DX\beta} = \boldsymbol{A\beta}$ wegen (3.2.4) (3). Sei umgekehrt $\widehat{\boldsymbol{\theta}} = \boldsymbol{DY}$ unverzerrt für $\boldsymbol{\theta}$; dann ist $\boldsymbol{A\beta} = \mathrm{E}(\boldsymbol{DY}) = \boldsymbol{D}\,\mathrm{E}(\boldsymbol{Y}) = \boldsymbol{DX\beta}$ für jedes $\boldsymbol{\beta} \in \mathbb{R}^k$. Aus $\boldsymbol{Xb} = \boldsymbol{0}$ folgt zunächst $\boldsymbol{DXb} = \boldsymbol{0}$, dann aber auch $\boldsymbol{Ab} = \boldsymbol{0}$ für jedes $\boldsymbol{b} \in \mathbb{R}^k$. ■

Wir stellen nun weitere wichtige Aussagen über die Schätzbarkeit von $\boldsymbol{\beta}$ und von Parameter–Transformationen von $\boldsymbol{\beta}$ zusammen und notieren sogleich wichtige Folgerungen:

(3.2.8) Satz

(1) $\mathrm{E}(\widehat{\boldsymbol{\beta}}) = (\boldsymbol{X}'\boldsymbol{X})^-(\boldsymbol{X}'\boldsymbol{X})\boldsymbol{\beta}$.

(2) $\boldsymbol{X} \cdot \mathrm{E}(\widehat{\boldsymbol{\beta}}) = \boldsymbol{X}\boldsymbol{\beta}$, *also* $\mathrm{E}(\widehat{\boldsymbol{Y}}) = \boldsymbol{X}\boldsymbol{\beta}$ *und* $\mathrm{E}(\widehat{\boldsymbol{U}}) = 0$.

(3) *Ist* $\mathrm{rg}\, \boldsymbol{X} = k$*, so ist* $\widehat{\boldsymbol{\beta}} = (\boldsymbol{X}'\boldsymbol{X})^{-1}\boldsymbol{X}'\boldsymbol{Y}$ *unverzerrter Schätzer für* $\boldsymbol{\beta}$.

(4) *Ist* $\mathrm{rg}\, \boldsymbol{X} < k$*, so ist* $\boldsymbol{\beta}$ *nicht schätzbar.*

(5) $\boldsymbol{A}\boldsymbol{\beta}$ ist genau dann schätzbar, wenn $\mathrm{E}(\boldsymbol{A}\widehat{\boldsymbol{\beta}}) = \boldsymbol{A}\boldsymbol{\beta}$ ist.

Beweis:

(1) $\mathrm{E}(\widehat{\boldsymbol{\beta}}) = (\boldsymbol{X}'\boldsymbol{X})^-\boldsymbol{X}'\,\mathrm{E}(\boldsymbol{Y}) = (\boldsymbol{X}'\boldsymbol{X})^-\boldsymbol{X}'\boldsymbol{X}\boldsymbol{\beta}$ wegen $\mathrm{E}(\boldsymbol{Y}) = \boldsymbol{X}\boldsymbol{\beta}$.

(2) Beachte (1) und (3.2.4) (1).

(3) Mit (3.2.4) (2) ist $\mathrm{rg}\, \boldsymbol{X}'\boldsymbol{X} = k$, und folglich existiert $(\boldsymbol{X}'\boldsymbol{X})^{-1} = (\boldsymbol{X}'\boldsymbol{X})^-$. Mit (1) ist nun $\mathrm{E}(\widehat{\boldsymbol{\beta}}) = (\boldsymbol{X}'\boldsymbol{X})^{-1}\boldsymbol{X}'\boldsymbol{X}\boldsymbol{\beta} = \boldsymbol{\beta}$.

(4) Ist $\boldsymbol{\beta}$ schätzbar, so folgt aus (3.2.4) (3) mit $\boldsymbol{A} = \boldsymbol{I}$ (3.1.29) (1): $k = \mathrm{rg}\, \boldsymbol{I} \leq \mathrm{rg}\, \boldsymbol{X}$. ■

(5) Mit (1) ist $\mathrm{E}(\boldsymbol{A}\widehat{\boldsymbol{\beta}}) = \boldsymbol{A}(\boldsymbol{X}'\boldsymbol{X})^-(\boldsymbol{X}'\boldsymbol{X})\boldsymbol{\beta}$. Ist $\boldsymbol{A}\boldsymbol{\beta}$ schätzbar, folgt nun mit (3.2.4) (3) sofort $\mathrm{E}(\boldsymbol{A}\widehat{\boldsymbol{\beta}}) = \boldsymbol{A}\boldsymbol{\beta}$. Ist $\mathrm{E}(\boldsymbol{A}\widehat{\boldsymbol{\beta}}) = \boldsymbol{A}\boldsymbol{\beta}$, so folgt die Schätzbarkeit aus (3.2.3).

(3.2.9) Beispiel
In **Agrar (a)** (3.1.15) (a) sind nicht *alle* β_i schätzbar; genauer (siehe (3.2.22)): $\beta_1, \beta_4, \beta_5$ sind nicht schätzbar. Die für *diese* Parameter in (3.1.31) angegebenen Schätzungen im OLS–Schätzer $\widehat{\beta}'_{(2)}$ sind alle nicht eindeutig; es ist nicht etwa nur "der nicht–schätzbare Parameter" β_5 gleich 0 gesetzt worden, wie die irreführende Aussage im GAUSS–Handbuch zum Programm OLSQR nahelegt! In **Agrar (b)** (3.1.15) (b) ist $\boldsymbol{\beta}$ natürlich schätzbar. ■

Bei nicht vollem Rang von $\boldsymbol{X}$ ($\mathrm{rg}\, \boldsymbol{X} < k$) gibt es mehrere Lösungen der Normalgleichungen. Jede spezielle Lösung $\widehat{\boldsymbol{\beta}}_{\mathrm{OLS}}$ sollte daher *nicht* als Schätzer für $\boldsymbol{\beta}$ interpretiert werden. Welche spezielle Lösung $\widehat{\boldsymbol{\beta}}_{\mathrm{OLS}}$ wir für die Konstruktion von Schätzern für *schätzbare* Parameter benutzen, wird sich als irrelevant herausstellen (siehe (3.2.20) (2)). (Zur Konstruktion von *"bedingten" eindeutigen* OLS–Schätzern durch Hinzufügen von *zusätzlichen Bedingungen* sei auf SEARLE (1971), S. 204 ff, SCHÖNFELD (1969), S. 84 ff, TOUTENBURG (1992), S. 31 ff verwiesen (siehe auch Erörteungen zu (7.2.28), (7.2.29)).)

Covarianz–Matrizen

Zur Beurteilung der Güte von Schätzfunktionen benötigen wir deren Varianzen bzw. Schätzungen dieser Varianzen. Um solche Varianz–Covarianz–Matrizen für Schätzfunktionen zu berechnen, ist folgende Aussage grundlegend:

(3.2.10) Satz
Für $\boldsymbol{Z} = \boldsymbol{Z}_{p\times 1}$, $\boldsymbol{W} = \boldsymbol{W}_{q\times 1}$ *und* $\boldsymbol{Z} = \boldsymbol{BW} + \boldsymbol{b}$ *ist* $\boldsymbol{\Sigma_Z} = \boldsymbol{B\Sigma_W B'}$.

Beweis: Schreibe $\boldsymbol{Z}' = [\ Z_1\ \ldots\ Z_p\ ]$, $\boldsymbol{W}' = [\ W_1\ \ldots\ W_q\ ]$, $\boldsymbol{B} = [[b_{ij}]]$. Für beliebiges $\boldsymbol{c}' = [c_1\ \ldots\ c_p]$ ist $\mathrm{Cov}(Z_i, Z_j) = \mathrm{Cov}(Z_i - c_i, Z_j - c_j)$, so daß wir ohne Beschränkung der Allgemeinheit $\mathrm{E}(\boldsymbol{Z}) = \boldsymbol{0} = \boldsymbol{b}$, $\mathrm{E}(\boldsymbol{W}) = \boldsymbol{0}$ setzen können. Für $Z_i = \sum_r b_{ir} W_r$ errechnet man leicht nach einigen Schritten $\mathrm{Cov}(Z_i, Z_j) = \sum_r \sum_s b_{ir}\,\mathrm{Cov}(W_r, W_s) b_{js}$, und die Behauptung folgt. Mit Notation (2.2.8) kann man den Beweis eleganter führen (mit $\boldsymbol{Z} - \boldsymbol{\mu_Z} = \boldsymbol{B}(\boldsymbol{W} - \boldsymbol{\mu_W})$):
$\boldsymbol{\Sigma_Z} = \mathrm{E}[\boldsymbol{B}(\boldsymbol{W} - \boldsymbol{\mu_W})(\boldsymbol{B}(\boldsymbol{W} - \boldsymbol{\mu_W}))'] = \boldsymbol{B}\,\mathrm{E}[(\boldsymbol{W} - \boldsymbol{\mu_W})(\boldsymbol{W} - \boldsymbol{\mu_W})']\boldsymbol{B}'$. ■

Aus (3.2.10) erhält man mit $\boldsymbol{B} = (\boldsymbol{X}'\boldsymbol{X})^{-}\boldsymbol{X}'$, (3.1.13) und (3.1.5) (3) unter Beachtung von (3.1.26) (2) leicht

(3.2.11) Satz
Für OLS-Schätzer $\widehat{\boldsymbol{\beta}} = (\boldsymbol{X}'\boldsymbol{X})^{-}\boldsymbol{X}'\boldsymbol{Y}$ *im Modell (3.1.5) ist*

$$\boldsymbol{\Sigma}_{\widehat{\boldsymbol{\beta}}} = \sigma^2(\boldsymbol{X}'\boldsymbol{X})^{-} \quad (\textit{resp.}\ \ \boldsymbol{\Sigma}_{\widehat{\boldsymbol{\beta}}} = \sigma^2(\boldsymbol{X}'\boldsymbol{X})^{-1}\ \text{für}\ \mathrm{rg}\,\boldsymbol{X} = k).$$

(3.2.12) Beispiel
Für die ***einfache lineare Regression*** (2.1.1) ist $(\boldsymbol{X}'\boldsymbol{X})^{-1}$ in (2.2.16) (3) gegeben. Also folgt für $\widehat{\boldsymbol{\beta}}' = (\widehat{\alpha}, \widehat{\beta})$:

$$\mathrm{Var}\,\widehat{\alpha} = \sigma^2(s_x^2 + \overline{x}^2)/ns_x^2\ ,\quad \mathrm{Var}\,\widehat{\beta} = \sigma^2/ns_x^2\ ,\quad \mathrm{Cov}(\widehat{\alpha}, \widehat{\beta}) = -\sigma^2\overline{x}/ns_x^2$$

(schnell und elegant!). ■

(3.2.13) Beispiel (mit vollem Rang von $\boldsymbol{X}$)

$$\boldsymbol{X}' = \begin{bmatrix} 1 & 1 & 1 & 1 & 1 & 1 \\ 0 & -1 & -1 & 0 & 1 & 1 \\ 1 & 0 & -1 & 2 & 0 & 1 \\ 0 & 1 & 0 & 1 & 0 & 1 \end{bmatrix}, \quad \boldsymbol{X}'\boldsymbol{X} = \begin{bmatrix} 6 & 0 & 3 & 3 \\ 0 & 4 & 2 & 0 \\ 3 & 2 & 7 & 3 \\ 3 & 0 & 3 & 3 \end{bmatrix},$$

$$(\boldsymbol{X}'\boldsymbol{X})^{-1} = \frac{1}{6}\begin{bmatrix} 2 & 0 & 0 & -2 \\ 0 & 2 & -1 & 1 \\ 0 & -1 & 2 & -2 \\ -2 & 1 & -2 & 6 \end{bmatrix}.$$

Mit $\boldsymbol{Y}' = [\,2 \;\; 1 \;\; 0 \;\; 1 \;\; 2 \;\; 3\,]$ ist

$$\boldsymbol{X}'\boldsymbol{Y} = \begin{bmatrix} 9 \\ 4 \\ 7 \\ 5 \end{bmatrix}, \quad \widehat{\boldsymbol{\beta}} = \frac{1}{3}\begin{bmatrix} 4 \\ 3 \\ 0 \\ 1 \end{bmatrix}, \quad \boldsymbol{\Sigma}_{\widehat{\boldsymbol{\beta}}} = \frac{\sigma^2}{6}\begin{bmatrix} 2 & 0 & 0 & -2 \\ 0 & 2 & -1 & 1 \\ 0 & -1 & 2 & -2 \\ -2 & 1 & -2 & 6 \end{bmatrix}.$$

Zum Beispiel ist $\operatorname{Var}\widehat{\beta}_2 = \dfrac{\sigma^2}{3}$, $\operatorname{Cov}(\widehat{\beta}_2, \widehat{\beta}_3) = -\dfrac{\sigma^2}{6}$. Der Vollständigkeit wegen erwähnen wir SSR = 53/3 = 17.6667, SST = 19, SSE = 4/3 = 1.3333 . ■

(3.2.14) Beispiel (Agrar (b))
Mit $(\boldsymbol{X}'\boldsymbol{X})^{-1}$ (3.1.15) (b) und $\sigma^2 = 1$ sind beispielsweise $\operatorname{Var}\widehat{\beta}_1 = 0.5787$, $\operatorname{Var}\widehat{\beta}_4 = 1.0139$, $\operatorname{Cov}(\widehat{\beta}_2, \widehat{\beta}_3) = -0.0325$ etc. ■

Das Problem der Schätzung von σ^2 und damit von $\boldsymbol{\Sigma}_{\widehat{\boldsymbol{\beta}}}$ wird im nächsten Abschnitt behandelt.

Gauß–Markov–Theorem

Wir formulieren und beweisen nun einen der wichtigsten Sätze der Regressionstheorie. Er besagt, daß die OLS–Schätzer gleichsam die "besten" linearen unverzerrten Schätzer sind. Dabei betrachten wir zunächst nur **lineare Schätzer** für **eindimensionale** Parameter:

(3.2.15) $\widehat{\theta}^* = \boldsymbol{d}'\boldsymbol{Y} + d_0$ für $\theta = \boldsymbol{c}'\boldsymbol{\beta}$; $\boldsymbol{d}' = [d_1 \;\ldots\; d_n]$, $\boldsymbol{c}' = [c_1 \;\ldots\; c_k]$.

(3.2.16) Satz (Gauß–Markov–Theorem)
Gegeben sei Modell (3.1.5); $\theta = \boldsymbol{c}'\boldsymbol{\beta}$ *sei schätzbar. Sei* $\widehat{\boldsymbol{\beta}} = (\boldsymbol{X}'\boldsymbol{X})^-\boldsymbol{X}'\boldsymbol{Y}$ *ein OLS–Schätzer für* $\boldsymbol{\beta}$*. Setze* $\widehat{\theta} = \boldsymbol{c}'\widehat{\boldsymbol{\beta}}$ *. Dann gilt:*

(1) $\operatorname{Var}\widehat{\theta} \le \operatorname{Var}\widehat{\theta}^*$ *für jedes* $\widehat{\theta}^*$ *(3.2.15) mit* $\mathrm{E}(\widehat{\theta}^*) = \theta$.

(2) *Ist* $\operatorname{rg}\boldsymbol{X} = k$*, so ist* $\operatorname{Var}\widehat{\beta}_i \le \operatorname{Var}\widehat{\beta}_i^*$ *für jeden linearen Schätzer* $\widehat{\beta}_i^*$ *mit* $\mathrm{E}(\widehat{\beta}_i^*) = \beta_i$.

Beweis: Es genügt offenbar, (1) zu beweisen. Betrachte ein beliebiges $\widehat{\theta}^*$ aus (3.2.15) mit $\mathrm{E}(\widehat{\theta}^*) = \theta$. Zunächst ist $d_0 = 0$ in (3.2.15) wegen $\mathrm{E}(\widehat{\theta}^*) = \boldsymbol{d}'\,\mathrm{E}(\boldsymbol{Y}) + d_0 = \boldsymbol{d}'\boldsymbol{X}\boldsymbol{\beta} + d_0 = \theta = \boldsymbol{c}'\boldsymbol{\beta}$ für alle (!!!) $\boldsymbol{\beta}$. Außerdem folgt aus $\boldsymbol{d}'\boldsymbol{X}\boldsymbol{\beta} = \boldsymbol{c}'\boldsymbol{\beta}$ für alle $\boldsymbol{\beta}$:

(3.2.17) $\boldsymbol{d}'\boldsymbol{X} = \boldsymbol{c}'$.

Nach (3.2.10), (3.2.11) ist ferner (mit $\boldsymbol{B} = \boldsymbol{c}'$, $\boldsymbol{W} = \widehat{\boldsymbol{\beta}}$) $\operatorname{Var}\widehat{\theta} = \sigma^2 \boldsymbol{c}'(\boldsymbol{X}'\boldsymbol{X})^- \boldsymbol{c}$. Mit $\boldsymbol{A}' = [\boldsymbol{X}(\boldsymbol{X}'\boldsymbol{X})^- \boldsymbol{c} \;\vdots\; \boldsymbol{d}]$ ist $\boldsymbol{A}\boldsymbol{Y} = \begin{bmatrix} \widehat{\theta} \\ \widehat{\theta}^* \end{bmatrix}$ und $\operatorname{Cov}(\widehat{\theta}, \widehat{\theta}^*)$ das Nicht–Diagonalelement in $\Sigma_{\boldsymbol{AY}}$, also — wegen (3.2.10) (mit (3.2.17)) — gleich $\sigma^2 \boldsymbol{d}'\boldsymbol{X}(\boldsymbol{X}'\boldsymbol{X})^- \boldsymbol{c} = \operatorname{Var}\widehat{\theta}$. Da stets $0 \le \operatorname{Var}(\widehat{\theta} - \widehat{\theta}^*) = \operatorname{Var}\widehat{\theta} + \operatorname{Var}\widehat{\theta}^* - 2\operatorname{Cov}(\widehat{\theta}, \widehat{\theta}^*)$ ist, folgt mit $\operatorname{Cov}(\widehat{\theta}, \widehat{\theta}^*) = \operatorname{Var}\widehat{\theta}$ die Behauptung. ■

Wir betrachten nun **lineare unverzerrte Schätzer** für **beliebig–dimensionale** *schätzbare* lineare Parameter–Transformationen von $\boldsymbol{\beta}$:

(3.2.18) $\boldsymbol{\theta} = \boldsymbol{A}\boldsymbol{\beta}$, $\quad \widehat{\boldsymbol{\theta}}^* = \boldsymbol{D}\boldsymbol{Y} + \boldsymbol{d}$ mit $\operatorname{E}(\widehat{\boldsymbol{\theta}}^*) = \boldsymbol{\theta} \quad (\boldsymbol{A} = \boldsymbol{A}_{p \times k})$.

(3.2.19) Definition
*Ein linearer, unverzerrter Schätzer $\widehat{\boldsymbol{\theta}}^{**}$ heißt **B**ester **L**inearer **U**nverzerrter (**BLU**) Schätzer (= **E**stimator) (**BLUE**) (für $\boldsymbol{\theta}$), falls komponentenweise*

$$\operatorname{Var}\widehat{\theta}_i^{**} \le \operatorname{Var}\widehat{\theta}_i^* \quad \text{für alle } \widehat{\boldsymbol{\theta}}^* \text{ (3.2.18)}$$

gilt ($i = 1, \ldots, p$).

Der folgende Satz läßt sich nun leicht beweisen.

(3.2.20) Satz (Gauß–Markov–Theorem)
Gegeben sei das multiple Regressionsmodell mit homoskedastischer Covarianzstruktur, (3.1.5). Sei $\boldsymbol{A}\boldsymbol{\beta}$ schätzbar. Dann gilt:

(1) *Ist $\widehat{\boldsymbol{\beta}}$ ein OLS–Schätzer für $\boldsymbol{\beta}$, so ist $\boldsymbol{A}\widehat{\boldsymbol{\beta}}$ BLUE für $\boldsymbol{A}\boldsymbol{\beta}$.*

(2) *Sind $\widehat{\boldsymbol{\beta}}_1$, $\widehat{\boldsymbol{\beta}}_2$ OLS–Schätzer für $\boldsymbol{\beta}$, so ist $\boldsymbol{A}\widehat{\boldsymbol{\beta}}_1 = \boldsymbol{A}\widehat{\boldsymbol{\beta}}_2$.*

Beweis:

(1) folgt sofort aus (3.2.16) (1).

(2) Aus $\widehat{\boldsymbol{\beta}}_1 = (\boldsymbol{X}'\boldsymbol{X})^-_{(1)}\boldsymbol{X}'\boldsymbol{Y}$ und $(\boldsymbol{X}'\boldsymbol{X})\widehat{\boldsymbol{\beta}}_2 = \boldsymbol{X}'\boldsymbol{Y}$ (3.1.13) (1) folgt (wegen (3.2.4) (3))

$$\boldsymbol{A}\widehat{\boldsymbol{\beta}}_1 = \boldsymbol{A}(\boldsymbol{X}'\boldsymbol{X})^-_{(1)}\boldsymbol{X}'\boldsymbol{Y} = \boldsymbol{A}(\boldsymbol{X}'\boldsymbol{X})^-_{(1)}(\boldsymbol{X}'\boldsymbol{X})\widehat{\boldsymbol{\beta}}_2 = \boldsymbol{A}\widehat{\boldsymbol{\beta}}_2 .$$ ■

(3.2.21) Beispiel

(1) In (3.2.13) ist $[2\widehat{\beta}_1 + \widehat{\beta}_4 \quad \widehat{\beta}_3 - \widehat{\beta}_2]$ BLUE für $[2\beta_1 + \beta_4 \quad \beta_3 - \beta_2] = \boldsymbol{\theta}'$. Der Schätzwert ist $\widehat{\boldsymbol{\theta}}' = [3 \quad -1]$. Offenbar ist hier $\boldsymbol{A}(3.2.18) = \begin{bmatrix} 2 & 0 & 0 & 1 \\ 0 & -1 & 1 & 0 \end{bmatrix}$.

(2) In (3.1.30) ist $\beta_3 + \beta_4$ schätzbar: $(\boldsymbol{X}'\boldsymbol{X})^-(\boldsymbol{X}'\boldsymbol{X}) = \begin{bmatrix} 1 & 0 & 0 & 1 \\ 0 & 1 & 0 & 1 \\ 0 & 0 & 1 & 1 \\ 0 & 0 & 0 & 0 \end{bmatrix}$,
$\boldsymbol{A} = [\,0 \quad 0 \quad 1 \quad 1\,] = [\,0 \quad 0 \quad 1 \quad 1\,] \cdot (\boldsymbol{X}'\boldsymbol{X})^-\boldsymbol{X}'\boldsymbol{X}$.
(Nachrechnen! Und (3.2.4) (3) beachten!) *Der* BLUE (s. (3.2.20) (2)) ist $\widehat{\beta}_3 + \widehat{\beta}_4 = 4/36$. In (3.1.30) ist $\beta_2 + \beta_3$ *nicht* schätzbar (wegen $\boldsymbol{A} \neq \boldsymbol{A}(\boldsymbol{X}\boldsymbol{X}')^-(\boldsymbol{X}'\boldsymbol{X})$ für $\boldsymbol{A} = [0 \quad 1 \quad 1 \quad 0]$). $\widehat{\beta}_2 + \widehat{\beta}_3 = 38/36$ ist *kein* sinnvoller Schätzwert für $\beta_2 + \beta_3$. Aber $\widehat{\beta}_2 + \widehat{\beta}_3$ ist BLUE für
$\mathrm{E}(\widehat{\beta}_2 + \widehat{\beta}_3) = [\,0 \quad 1 \quad 1 \quad 0\,](\boldsymbol{X}'\boldsymbol{X})^-(\boldsymbol{X}'\boldsymbol{X})\boldsymbol{\beta} = \beta_2 + \beta_3 + 2\beta_4$ (!).
(Bemerke: $\widehat{\beta}_2 + \widehat{\beta}_3 + 2\widehat{\beta}_4 = \widehat{\beta}_2 + \widehat{\beta}_3$ (!)). ■

(3.2.22) Beispiel (Agrar (a))
In (3.1.15) (a) errechnet man — mit $(\boldsymbol{X}'\boldsymbol{X})^-_{(2)}$ aus (3.1.31) —

$$(\boldsymbol{X}'\boldsymbol{X})^-(\boldsymbol{X}'\boldsymbol{X}) = \begin{bmatrix} 1 & 0 & 0 & 0 & 1 \\ 0 & 1 & 0 & 0 & 0 \\ 0 & 0 & 1 & 0 & 0 \\ 0 & 0 & 0 & 1 & -1 \\ 0 & 0 & 0 & 0 & 0 \end{bmatrix}.$$

Mit

$$\boldsymbol{A} = \begin{bmatrix} 1 & 0 & 0 & 0 & 0 \\ 0 & 0 & 0 & 1 & 0 \\ 0 & 0 & 0 & 0 & 1 \end{bmatrix}$$

zeigt sich, daß $\boldsymbol{A}$ mit $\boldsymbol{A}(\boldsymbol{X}'\boldsymbol{X})^-(\boldsymbol{X}'\boldsymbol{X})$ *zeilenweise* (!!!) nicht übereinstimmt; also sind $\beta_1, \beta_4, \beta_5$ nicht schätzbar. Hingegen ist mit

$$\boldsymbol{A} = \begin{bmatrix} 1 & 0 & 0 & 0 & 1 \\ 0 & 1 & 0 & 0 & 0 \\ 0 & 0 & 1 & 0 & 0 \\ 0 & 0 & 0 & 1 & -1 \end{bmatrix}$$

die Bedingung (3.2.4) (3) erfüllt. Also ist

$$(\boldsymbol{A}\boldsymbol{\beta})' = [\,\beta_1 + \beta_5 \quad \beta_2 \quad \beta_3 \quad \beta_4 - \beta_5\,]$$

schätzbar, und zwar durch

$$\boldsymbol{A}\widehat{\boldsymbol{\beta}} = [\,17.1533 \quad 1.4440 \quad 0.8374 \quad 1.7821\,].$$

(Allerdings kommt es ab der fünften Nachkommastelle darauf an, ob man $(\boldsymbol{X}'\boldsymbol{X})^-_{(1)}$ und $\widehat{\boldsymbol{\beta}}_{(1)}$ aus (3.1.15) (a) oder $(\boldsymbol{X}'\boldsymbol{X})^-_{(2)}$ und $\widehat{\boldsymbol{\beta}}_{(2)}$ aus (3.1.31) benutzt. Numerische Rundungsfehler bei der Matrix–Inversion können beträchtlich werden!) Die Schätzbarkeit von $\boldsymbol{A\beta}$ bedeutet (siehe (3.1.2)), daß für die "Düngemittelkoeffizienten" β_2, β_3 unverzerrte Schätzungen möglich sind; die Koeffizienten für "autonomes Wachstum" und "leichten" bzw. "schweren" Boden sind nicht einzeln schätzbar. ■

3.3 Schätzung der (Co–)Varianzen

Schätzung von σ^2

In der Regel ist außer $\boldsymbol{\beta}$ auch σ^2 (in (3.1.5)) und damit auch z. B. $\Sigma_{\widehat{\boldsymbol{\beta}}}$ (3.2.11) unbekannt. Der folgende Hauptsatz dieses Abschnittes sagt, wie σ^2 — also auch $\Sigma_{\widehat{\boldsymbol{\beta}}}$ — unverzerrt geschätzt werden kann. Der dort eingeführte Schätzer $\widehat{\sigma}^2$ wird sich als außerordentlich wichtig herausstellen.

(3.3.1) Satz

(1) $\mathrm{E(SSE)} = (n - \mathrm{rg}\,\boldsymbol{X})\sigma^2$, *also*

(2) $\mathrm{E}(\widehat{\sigma}^2) = \sigma^2$ *für*

(3) $\widehat{\sigma}^2 = \mathrm{SSE}\,/(n - \mathrm{rg}\,\boldsymbol{X})$.

Zum Beweis von (3.3.1) (der nach (3.3.10) geführt wird) benötigen wir einige Ergebnisse und Definitionen aus der linearen Algebra.

Diagonalisierung von Matrizen

(3.3.2) Definition
Gegeben sei $\boldsymbol{A} = [[a_{ij}]] = \boldsymbol{A}_{p\times p}$.

(1) $\mathrm{tr}\,\boldsymbol{A} = \sum_i a_{ii}$ *heißt* ***Spur*** *(trace) von* $\boldsymbol{A}$.

(2) $\boldsymbol{A}$ *heißt* ***idempotent****, falls* $\boldsymbol{A}^2 = \boldsymbol{A}$.

(3) $\boldsymbol{a}$ *heißt* ***Eigenvektor*** *von* $\boldsymbol{A}$ *zum* ***Eigenwert*** λ *von* $\boldsymbol{A}$, *falls* $\boldsymbol{Aa} = \lambda \boldsymbol{a}$ $(\lambda \in \mathbb{R}, \boldsymbol{a} = \boldsymbol{a}_{p\times 1})$.

Die Berechnung von Eigenwerten und -vektoren kann sehr aufwendig sein. Das wird uns nicht stören, weil wir Eigenwerte und -vektoren nur für beweistechnische Zwecke benötigen. Überdies gibt es Rechnerprogramme — z. B. in GAUSS das Programm EIGRS2 —, die für symmetrische (reelle) Matrizen solche Berechnungen leisten. Das **APL–Programm** JACOBI, das GRENANDER (1982) (S. 249 ff) mitteilt, erlaubt ebenfalls die Berechnung von Eigenwerten und -vektoren. Die Programme EIGVEKT, EIGWERT (siehe Anhang 1) greifen auf JACOBI zurück.

(3.3.3) Beispiel

$\boldsymbol{A} = \begin{bmatrix} 2 & 0 & 2 \\ 0 & 4 & 0 \\ 2 & 0 & 2 \end{bmatrix}$ hat Eigenwerte $\lambda_1 = 4, \quad \lambda_2 = 4, \quad \lambda_3 = 0$ mit Eigenvektoren (resp.) $\boldsymbol{a}_1' = [\ 1/\sqrt{2} \quad 0 \quad 1/\sqrt{2}\ ]$, $\boldsymbol{a}_2' = [\ 0 \quad 1 \quad 0\ ]$, $\boldsymbol{a}_3' = [\ -1/\sqrt{2} \quad 0 \quad 1/\sqrt{2}\ ]$. (Nachrechnen gemäß (3.3.2) (3).) ∎

In obigem Beispiel ist $\boldsymbol{a}_i'\boldsymbol{a}_j = 0$ für $i \neq j$ und $\boldsymbol{a}_i'\boldsymbol{a}_i = 1$. Dies kann man bei der Konstruktion von Eigenvektoren immer erreichen. Da es zu einer symmetrischen Matrix $\boldsymbol{A} = \boldsymbol{A}_{p\times p}$ genau p Eigenvektoren $\boldsymbol{b}_i$ zu reellen Eigenwerten (die nicht alle verschieden sein müssen, sondern Vielfachheiten > 1 aufweisen können — wie der Eigenwert 4 in (3.3.3)) gibt, die die

$$\textbf{orthonormale Eigenschaft} \quad \boldsymbol{b}_i'\boldsymbol{b}_j = \begin{cases} 0 & \text{für } i \neq j, \\ 1 & \text{für } i = j \end{cases}$$

haben, erhalten wir

(3.3.4) Lemma (Matrix–Diagonalisierung)

Es sei $\boldsymbol{A} = \boldsymbol{A}_{p\times p}$ symmetrisch, $\boldsymbol{B} = [\ \boldsymbol{b}_1 \ \vdots\ \dots\ \vdots\ \boldsymbol{b}_p\ ]$ die Matrix der orthonormalen Eigenvektorenzu den Eigenwerten $\lambda_1, \dots, \lambda_p$ resp. Dann gilt

(1) $\boldsymbol{B}'\boldsymbol{A}\boldsymbol{B} = \boldsymbol{\Lambda} = \text{diag}(\lambda_1, \dots, \lambda_p)$,

(2) $\boldsymbol{B}\boldsymbol{\Lambda}\boldsymbol{B}' = \boldsymbol{A}$,

(3) $\boldsymbol{B}\boldsymbol{B}' = \boldsymbol{I} = \boldsymbol{B}'\boldsymbol{B}$,

(4) $\text{rg}\,\boldsymbol{A} = \text{rg}\,\boldsymbol{\Lambda} =$ *Anzahl der* $\lambda_i \neq 0$
(da nach (3.1.29) und (1), (2) gilt: $\text{rg}\,\boldsymbol{\Lambda} \leq \text{rg}\,\boldsymbol{A}$, $\text{rg}\,\boldsymbol{A} \leq \text{rg}\,\boldsymbol{\Lambda}$*)* .

(3.3.5) Bemerkung

Wenn man — ohne Beschränkung der Allgemeinheit — die von 0 verschiedenen Eigenwerte zuerst aufführt, also $\boldsymbol{\Lambda} = \text{diag}(\lambda_1, \dots, \lambda_s, 0, \dots, 0)$ hat (mit $\lambda_j \neq 0$), sodann $\boldsymbol{\Lambda}^- = \text{diag}(1/\lambda_1, \dots, 1/\lambda_s, 0, \dots, 0)$ setzt, ist $\boldsymbol{B}\boldsymbol{\Lambda}^-\boldsymbol{B}'$ eine g–Inverse von $\boldsymbol{A}$ (wie man leicht bestätigt). Das in Anhang 1 angegebene **APL–Programm** GEIGINV berechnet $\boldsymbol{A}^- = \boldsymbol{B}\boldsymbol{\Lambda}^-\boldsymbol{B}'$, wobei vom Programm JACOBI aus GRENANDER (1982) (S. 249 ff) Gebrauch gemacht wird. ∎

(3.3.6) Beispiel (Fortsetzung von (3.3.3))

$$B = \begin{bmatrix} 1/\sqrt{2} & 0 & -1/\sqrt{2} \\ 0 & 1 & 0 \\ 1/\sqrt{2} & 0 & 1/\sqrt{2} \end{bmatrix}, \quad \Lambda = \begin{bmatrix} 4 & 0 & 0 \\ 0 & 4 & 0 \\ 0 & 0 & 0 \end{bmatrix};$$

$B'AB = \Lambda$ und $B\Lambda B' = A$ rechnet man leicht nach. ■

Wichtige symmetrische, idempotente Matrizen

(3.3.7) Lemma

Ist A symmetrisch und idempotent, so ist

(1) $\lambda \in \{0,1\}$ *für jeden Eigenwert* λ *von* A ,

(2) $\operatorname{tr} A = \operatorname{rg} A = \operatorname{rg} \Lambda = \operatorname{tr} \Lambda$ *in (3.3.4) (4)* .

Beweis:

(1) $\lambda a = Aa = A^2 a = A(Aa) = A(\lambda a) = \lambda(Aa) = \lambda^2 a$; $\quad \lambda = \lambda^2$.

(2) Mit $B = [[b_{ij}]]$ aus (3.3.4) (2) ist

$$\operatorname{tr} A = \sum_i a_{ii} = \sum_i \sum_j [\, b_{ij} \lambda_j b'_{ji} \,] = \sum_j \lambda_j \left[\sum_i b_{ij} b_{ij} \right] = \sum_j \lambda_j = \operatorname{tr} \Lambda \ .$$

Beachte noch (3.3.4) (4). ■

Auf ähnliche Weise wie soeben im Beweis zu (2) zeigt man

(3.3.8) $\operatorname{tr}(CD) = \operatorname{tr}(DC)$ (für definierte Produkte).

Zum Beweis von (3.3.1) werden folgende Matrizen und einige ihrer Eigenschaften wichtig sein:

(3.3.9) Wichtige Matrizen:

(1) $X^* = X(X'X)^- X'$, $\quad M = I - X^*$ mit

Wichtige Eigenschaften:

(2) X^* und M sind symmetrisch (offenkundig)

(3) X^* und M sind idempotent (nachrechnen!)

(4) $X = X^* X$ (siehe (3.2.4) (1))

(5) $\operatorname{rg} \boldsymbol{X}^* = \operatorname{rg} \boldsymbol{X}$ (siehe (3.1.29) (1) sowie (1) und (4))

(6) $\operatorname{rg} \boldsymbol{M} = n - \operatorname{rg} \boldsymbol{X}$ (siehe (3.3.7) (2) und (5))

(7) $\boldsymbol{M}\boldsymbol{X}^* = \boldsymbol{0} = \boldsymbol{X}^*\boldsymbol{M}$ (wegen Idempotenz von $\boldsymbol{X}^*$)

(8) $\boldsymbol{M}\boldsymbol{X} = \boldsymbol{0}$, $\boldsymbol{X}'\boldsymbol{M} = \boldsymbol{0}$ (wegen (4) und (7))

Aus (3.1.18) (1), (2) und (3.3.9) (1), (2), (3) folgt sogleich

(3.3.10) $\widehat{\boldsymbol{Y}} = \boldsymbol{X}^*\boldsymbol{Y}\ ,\ \widehat{\boldsymbol{U}} = \boldsymbol{M}\boldsymbol{Y}\ ;\ \mathrm{SSR} = \boldsymbol{Y}'\boldsymbol{X}^*\boldsymbol{Y}\ ,\ \mathrm{SSE} = \boldsymbol{Y}'\boldsymbol{M}\boldsymbol{Y}\ .$

Beweis (von Satz (3.3.1)):

$$
\begin{aligned}
\mathrm{E}(\mathrm{SSE}) &= \mathrm{E}(\boldsymbol{Y}'\boldsymbol{M}\boldsymbol{Y}) = \mathrm{E}\big(\operatorname{tr}(\boldsymbol{Y}'\boldsymbol{M}\boldsymbol{Y})\big) \quad (!)\\
&= \mathrm{E}\big(\operatorname{tr}(\boldsymbol{M}\boldsymbol{Y})\boldsymbol{Y}'\big) = \operatorname{tr}\mathrm{E}(\boldsymbol{M}\boldsymbol{Y}\boldsymbol{Y}') = \operatorname{tr}\big(\boldsymbol{M}\,\mathrm{E}(\boldsymbol{Y}\boldsymbol{Y}')\big) && \text{(siehe (3.3.8))}\\
&= \operatorname{tr}\boldsymbol{M}\,\mathrm{E}\big([\boldsymbol{X}\boldsymbol{\beta}+\boldsymbol{U}][\boldsymbol{X}\boldsymbol{\beta}+\boldsymbol{U}]'\big)\\
&= \operatorname{tr}\boldsymbol{M}\big(\boldsymbol{X}\boldsymbol{\beta}\boldsymbol{\beta}'\boldsymbol{X}' + \mathrm{E}(\boldsymbol{U}\boldsymbol{U}')\big) && \text{(wegen } \mathrm{E}(\boldsymbol{U}) = \boldsymbol{0},\ \mathrm{E}(\boldsymbol{U}') = \boldsymbol{0})\\
&= \operatorname{tr}\boldsymbol{M}\,\mathrm{E}(\boldsymbol{U}\boldsymbol{U}') && \text{(wegen (3.3.9) (8))}\\
&= \operatorname{tr}\boldsymbol{M}\boldsymbol{\Sigma}_{\boldsymbol{U}} = \sigma^2 \operatorname{rg}\boldsymbol{M} && \text{(siehe (3.1.5) (3), (3.3.7) (2))}\\
&= \sigma^2(n - \operatorname{rg}\boldsymbol{X}) && \text{(siehe (3.3.9) (6)).} \ \blacksquare
\end{aligned}
$$

Unverzerrte Schätzer von Covarianz–Matrizen

Aus (3.3.1) erhält man im Modell (3.1.5) leicht mit (3.3.9), (3.3.10) den für die Schätzung von Varianzen und Covarianzen wichtigen

(3.3.11) Satz

(1) $\widehat{\boldsymbol{\Sigma}}_{\widehat{\boldsymbol{\beta}}} = \widehat{\sigma}^2(\boldsymbol{X}'\boldsymbol{X})^-$ *ist unverzerrt für* $\boldsymbol{\Sigma}_{\widehat{\boldsymbol{\beta}}} = \sigma^2(\boldsymbol{X}'\boldsymbol{X})^-$,

(2) $\widehat{\boldsymbol{\Sigma}}_{\widehat{\boldsymbol{Y}}} = \widehat{\sigma}^2\boldsymbol{X}^*$ *ist unverzerrt für* $\boldsymbol{\Sigma}_{\widehat{\boldsymbol{Y}}} = \sigma^2\boldsymbol{X}^*$,

(3) $\widehat{\boldsymbol{\Sigma}}_{\widehat{\boldsymbol{U}}} = \widehat{\sigma}^2\boldsymbol{M}$ *ist unverzerrt für* $\boldsymbol{\Sigma}_{\widehat{\boldsymbol{U}}} = \sigma^2\boldsymbol{M}$.

(3.3.12) Beispiel

$$\boldsymbol{X}' = \begin{bmatrix} 1 & 1 & 1 \\ 1 & 1 & -1 \end{bmatrix}, \quad \boldsymbol{X}'\boldsymbol{X} = \begin{bmatrix} 3 & 1 \\ 1 & 3 \end{bmatrix}, \quad (\boldsymbol{X}'\boldsymbol{X})^{-1} = \frac{1}{8}\begin{bmatrix} 3 & -1 \\ -1 & 3 \end{bmatrix},$$

$$\boldsymbol{X}^* = \frac{1}{8}\begin{bmatrix} 4 & 4 & 0 \\ 4 & 4 & 0 \\ 0 & 0 & 8 \end{bmatrix} \quad \text{(nachrechnen!)}, \quad \boldsymbol{M} = \begin{bmatrix} 1/2 & -1/2 & 0 \\ -1/2 & 1/2 & 0 \\ 0 & 0 & 0 \end{bmatrix},$$

$$\boldsymbol{Y}' = [\,2 \;\; 3 \;\; -1\,], \quad \boldsymbol{X}'\boldsymbol{Y} = \begin{bmatrix} 4 \\ 6 \end{bmatrix}, \quad \widehat{\boldsymbol{\beta}} = \frac{1}{8}\begin{bmatrix} 6 \\ 14 \end{bmatrix} = \begin{bmatrix} 0.75 \\ 1.75 \end{bmatrix}.$$

$$\text{SSR} = \frac{1}{8}[\,6 \;\; 14\,]\begin{bmatrix} 4 \\ 6 \end{bmatrix} = 13.5, \quad \text{SST} = 14, \quad \text{SSE} = 0.5, \quad n = 3, \quad \operatorname{rg}\boldsymbol{X} = 2\,;$$

$$\widehat{\sigma}^2 = 0.5\,; \quad \widehat{\boldsymbol{\Sigma}}_{\widehat{\boldsymbol{\beta}}} = \begin{bmatrix} 0.1875 & -0.0625 \\ -0.0625 & 0.1875 \end{bmatrix}; \quad \widehat{\boldsymbol{\Sigma}}_{\widehat{\boldsymbol{Y}}} = \begin{bmatrix} 0.25 & 0.25 & 0 \\ 0.25 & 0.25 & 0 \\ 0 & 0 & 0.5 \end{bmatrix}. \qquad \blacksquare$$

(3.3.13) Beispiel (Agrar (a))

Betrachte Beispiel (3.1.31). Dort sind $n = 8$, $\operatorname{rg}\boldsymbol{X} = 4$, $\text{SSE} = 201.7801$. Also ist $\widehat{\sigma}^2 = \dfrac{201.7801}{8-4} = 50.4450$; also ist

$$\widehat{\boldsymbol{\Sigma}}_{\widehat{\boldsymbol{\beta}}} = 50.4450\cdot(\boldsymbol{X}'\boldsymbol{X})^- = \begin{bmatrix} 29.1940 & -8.5421 & -0.3906 & -19.7405 & 0.0000 \\ -8.5421 & 4.4794 & -1.6407 & 7.8910 & 0.0000 \\ -0.3906 & -1.6407 & 5.0002 & -9.6359 & 0.0000 \\ -19.7405 & 7.8910 & -9.6359 & 51.1482 & 0.0000 \\ 0.0000 & 0.0000 & 0.0000 & 0.0000 & 0.0000 \end{bmatrix}. \qquad \blacksquare$$

(3.3.14) Beispiel (Transport)

Mit den Daten aus (1.1.5) errechnet man

$$\boldsymbol{X}'\boldsymbol{X} = \begin{bmatrix} 84505 & 76612 & 175995 & 64179 & 39847 \\ 76612 & 73340 & 163737 & 60595 & 38201 \\ 175995 & 163737 & 372632 & 136771 & 85023 \\ 64179 & 60595 & 136771 & 50618 & 31528 \\ 39847 & 38201 & 85023 & 31528 & 20145 \end{bmatrix}, \quad \boldsymbol{X}'\boldsymbol{Y} = \begin{bmatrix} 53328 \\ 51511 \\ 113975 \\ 42394 \\ 27232 \end{bmatrix}$$

$$(\boldsymbol{X}'\boldsymbol{X})^{-1} = \begin{bmatrix} 0.001224 & 0.000759 & -0.001069 & 0.000883 & -0.000729 \\ 0.000759 & 0.003113 & -0.000802 & -0.000725 & -0.002886 \\ -0.001069 & -0.000802 & 0.001273 & -0.001668 & 0.000873 \\ 0.000883 & -0.000725 & -0.001668 & 0.004832 & -0.000897 \\ -0.000729 & -0.002886 & 0.000873 & -0.000897 & 0.004682 \end{bmatrix}.$$

Daraus ergibt sich:

$$\widehat{\boldsymbol{\beta}}' = [\,0.0710 \quad 0.1229 \quad -0.1668 \quad 0.1287 \quad 1.4808\,]$$
$$\text{SST} = 36940, \quad \text{SSR} = 36889.0988, \quad \text{SSE} = 50.9012$$
$$\text{SSR}\,/\,\text{SST} = R^{*2} = 0.9986, \quad R^2 = 0.9784.$$

Mit $n = 9$, $\operatorname{rg} \boldsymbol{X} = 5 = k$ ist $\widehat{\sigma}^2 = \dfrac{50.9012}{4} = 12.7253$.
(Diese Berechnungen lassen sich auch bequem mit dem **APL–Progamm** FREG in Anhang 1 vornehmen.)

Die geschätzten Varianzen/Covarianzen von $\widehat{\boldsymbol{\beta}}$ — unter der Bedingung gegebener X_{ij} — sind

$$\widehat{\boldsymbol{\Sigma}}_{\widehat{\boldsymbol{\beta}}} = \begin{bmatrix} 0.0156 & 0.0097 & -0.0136 & 0.0112 & -0.0093 \\ 0.0097 & 0.0396 & -0.0102 & -0.0092 & -0.0367 \\ -0.0136 & -0.0102 & 0.0162 & -0.0212 & 0.0111 \\ 0.0112 & -0.0092 & -0.0212 & 0.0615 & -0.0114 \\ -0.0093 & -0.0367 & 0.0111 & -0.0114 & 0.0596 \end{bmatrix}.$$

Die geschätzten — bedingten — Standardabweichungen der $\widehat{\beta}_i$ sind dann

$$[\,0.1248 \quad 0.1990 \quad 0.1273 \quad 0.2480 \quad 0.2441\,],$$

also — bis auf den Fall $i = 5$ — "sehr groß" im Vergleich mit $\widehat{\boldsymbol{\beta}}$! Der negative Schätzwert von β_3 deutet darauf hin, daß möglicherweise die Modellbildung kein "korrektes" Abbild der "Realität" liefert. ■

Prognosen

Die Schätzung von Covarianzen ist von Interesse auch im Zusammenhang mit "Prognosen", auf deren wichtigsten Grundgedanken wir kurz eingehen. Unter einem *Prognose–Problem* verstehen wir folgendes: Zu "neuen" Werten der Erklärenden ist das "Verhalten" der zu erklärenden Größe Y "abzuschätzen". (Wir suchen also eine Schätzfunktion für eine Zufallsvariable!) Dazu führen wir folgende Notation ein:

(3.3.15) (1) $\boldsymbol{Y}_0 = (\boldsymbol{Y} \mid \boldsymbol{X}_0)$ mit $\boldsymbol{X}_0 = (\boldsymbol{X}_0)_{m \times k}$, $\boldsymbol{X}_0\boldsymbol{\beta}$ schätzbar,

(2) $\boldsymbol{Y}_0 = \boldsymbol{X}_0\boldsymbol{\beta} + \boldsymbol{U}_0$ mit $\mathrm{E}(\boldsymbol{U}_0) = 0$,

(3) $\boldsymbol{\Sigma}_{(\boldsymbol{Y}', \boldsymbol{Y}_0')} = \sigma^2 \boldsymbol{I}_{n+m}$.

$\boldsymbol{X}_0$ besteht aus den "neuen" Wertevorgaben für $X_1, \ldots, X_k$, die noch nicht im Versuchsplan $\boldsymbol{X}$ enthalten sind. Nun besteht $\boldsymbol{Y}_0$ aus den zu $\boldsymbol{X}_0$ gehörigen Y–Variablen, zu denen jedoch noch *keine* Daten vorliegen. Aufgrund von (3.3.15) (2), (3) wissen wir allerdings, daß auch $\boldsymbol{Y}_0$ und $(\boldsymbol{Y}', \boldsymbol{Y}_0')$ unserem linearen Regressions-Modell (3.1.5) (stets mit demselben $\boldsymbol{\beta}$ und demselben σ) genügen. Aufgrund von (3.2.20) wissen wir, daß $\mathrm{E}(\boldsymbol{Y}_0) = \boldsymbol{X}_0\boldsymbol{\beta}$ durch $\boldsymbol{X}_0\widehat{\boldsymbol{\beta}}$ BLU–geschätzt wird. Das legt folgende Definition nahe:

(3.3.16) Definition
*$\widehat{\boldsymbol{Y}}_0 = \boldsymbol{X}_0\widehat{\boldsymbol{\beta}}$ heißt (BLU–)**Prognose** für $\boldsymbol{Y}_0$ (mit $\mathrm{E}(\widehat{\boldsymbol{Y}}_0) = \mathrm{E}(\boldsymbol{Y}_0)$ wegen (3.3.15) (2) und (3.2.20)). $\widehat{\boldsymbol{U}}_0 = \boldsymbol{Y}_0 - \widehat{\boldsymbol{Y}}_0$ heißt **Prognose–Fehler** (mit $\mathrm{E}(\widehat{\boldsymbol{U}}_0) = 0$).*

$\boldsymbol{Y}_0$ und $\widehat{\boldsymbol{U}}_0$ sind zwar unbekannt. Wir zeigen jedoch, daß wir ihre Covarianz–Matrizen unverzerrt schätzen und so einen Eindruck von der Güte der Prognose gewinnen können!

(3.3.17) Satz

(1) $\widehat{\boldsymbol{\Sigma}}_{\widehat{\boldsymbol{Y}}_0} = \widehat{\sigma}^2 \boldsymbol{X}_0(\boldsymbol{X}'\boldsymbol{X})^- \boldsymbol{X}_0'$ *ist unverzerrt für*
$\boldsymbol{\Sigma}_{\widehat{\boldsymbol{Y}}_0} = \sigma^2 \boldsymbol{X}_0(\boldsymbol{X}'\boldsymbol{X})^- \boldsymbol{X}_0'$;

(2) $\widehat{\boldsymbol{\Sigma}}_{\widehat{\boldsymbol{U}}_0} = \widehat{\sigma}^2 (\boldsymbol{I}_m + \boldsymbol{X}_0(\boldsymbol{X}'\boldsymbol{X})^- \boldsymbol{X}_0')$ *ist unverzerrt für*
$\boldsymbol{\Sigma}_{\widehat{\boldsymbol{U}}_0} = \sigma^2 (\boldsymbol{I}_m + \boldsymbol{X}_0(\boldsymbol{X}'\boldsymbol{X})^- \boldsymbol{X}_0')$.

Beweis:

(1) Wegen $\widehat{\boldsymbol{Y}}_0 = \boldsymbol{X}_0\widehat{\boldsymbol{\beta}}$ ist $\boldsymbol{\Sigma}_{\widehat{\boldsymbol{Y}}_0} = \boldsymbol{X}_0 \boldsymbol{\Sigma}_{\widehat{\boldsymbol{\beta}}} \boldsymbol{X}_0'$ (siehe (3.2.10)). Der Rest folgt aus (3.2.11) und (3.3.1).

(2) $\widehat{\boldsymbol{Y}}_0$ hängt (über $\widehat{\boldsymbol{\beta}}$) nur von $\boldsymbol{Y}$ (nicht jedoch von $\boldsymbol{U}_0$, also nicht von $\boldsymbol{Y}_0$) ab. Nach (3.3.15) (3) sind aber $\boldsymbol{Y}$ und $\boldsymbol{Y}_0$ unkorreliert; also sind $\widehat{\boldsymbol{Y}}_0$ und $\boldsymbol{Y}_0$ unkorreliert. Also ist $\boldsymbol{\Sigma}_{\boldsymbol{Y}_0 - \widehat{\boldsymbol{Y}}_0} = \boldsymbol{\Sigma}_{\boldsymbol{Y}_0} + \boldsymbol{\Sigma}_{\widehat{\boldsymbol{Y}}_0}$. Der Rest folgt sogleich aus (1) und wiederum (3.3.15) (3). ■

(3.3.18) Beispiel (Agrar (a))
Betrachte die Beispiele (3.1.2), (3.1.4). Dort sollen prognostiziert werden

- erwarteter Ertrag auf schwerem Boden,
- erwarteter Ertrag auf schwerem Boden mit Düngemittelmenge 4 für Düngemittel B.

Wir haben also:

$$\boldsymbol{X}_0 = \begin{bmatrix} 1 & 0 & 0 & 0 & 1 \\ 1 & 0 & 4 & 0 & 1 \end{bmatrix}.$$

Man überzeugt sich leicht, daß $\boldsymbol{X}_0\boldsymbol{\beta}$ schätzbar ist ($\boldsymbol{X}_0 = \boldsymbol{X}_0(\boldsymbol{X}'\boldsymbol{X})^-(\boldsymbol{X}\boldsymbol{X})$ (3.2.4) (3) nachrechnen!). Mit $\widehat{\boldsymbol{\beta}}$ aus (3.1.31) ist

$$\widehat{\boldsymbol{X}_0\boldsymbol{\beta}} = \boldsymbol{X}_0\widehat{\boldsymbol{\beta}} = \begin{bmatrix} 17.1533 \\ 20.5029 \end{bmatrix}.$$

Wegen

$$\boldsymbol{X}_0(\boldsymbol{X}'\boldsymbol{X})^-\boldsymbol{X}_0' = \begin{bmatrix} 0.5787 & 0.5478 \\ 0.5478 & 2.1027 \end{bmatrix}$$

ist — mit $\widehat{\sigma}^2 = 50.4450$ (3.3.13) — die geschätzte Prognosevarianz

$$\widehat{\boldsymbol{\Sigma}}_{\widehat{\boldsymbol{Y}}_0} = \begin{bmatrix} 29.1925 & 27.6338 \\ 27.6338 & 106.0707 \end{bmatrix}.$$

Die geschätzte Prognosefehlervarianz ist

$$\widehat{\boldsymbol{\Sigma}}_{\widehat{\boldsymbol{U}}_0} = \begin{bmatrix} 79.6375 & 27.6338 \\ 27.6338 & 156.5157 \end{bmatrix}.$$

■

(3.3.19) Beispiel (Transport)
Betrachte (1.1.5) mit $\widehat{\boldsymbol{\beta}}$ (3.3.14). Will man zu den beiden gegebenen (erwarteten) Warenaufkommen

$$\boldsymbol{X}_0 = \begin{bmatrix} 180 & 150 & 320 & 150 & 80 \\ 160 & 120 & 250 & 100 & 90 \end{bmatrix}$$

die benötigten Transportkapazitäten prognostizieren, berechne man

$$\widehat{\boldsymbol{Y}}_0 = \boldsymbol{X}_0\widehat{\boldsymbol{\beta}} \approx \begin{bmatrix} 115.6 \\ 130.6 \end{bmatrix}.$$

Die geschätzte — durch die gegebenen X_{ij} bedingte — Prognosevarianz ist

$$\widehat{\boldsymbol{\Sigma}}_{\widehat{\boldsymbol{Y}}_0} = \begin{bmatrix} 95.0 & 38.0 \\ 38.0 & 60.5 \end{bmatrix}.$$

Die geschätzte — bedingte — Prognosefehlervarianz ist

$$\widehat{\boldsymbol{\Sigma}}_{\widehat{\boldsymbol{U}}_0} = \begin{bmatrix} 107.7 & 38.0 \\ 38.0 & 73.2 \end{bmatrix},$$

also "sehr hoch". ■

3.4 Aufgaben

(3.4.1) Aufgabe
Gegeben sei Modell (3.1.5) mit

$$X' = \begin{bmatrix} 1 & 1 & 1 & 1 \\ 2 & 0 & -2 & 0 \\ 0 & 1 & 1 & 0 \end{bmatrix}, \quad Y' = \begin{bmatrix} 2 & 1 & 0 & -1 \end{bmatrix}.$$

Bestimme $\widehat{\boldsymbol{\beta}}$, $\widehat{\sigma}^2$, $\widehat{\boldsymbol{Y}}$, $\widehat{\Sigma}_{\widehat{\beta}}$, $\widehat{\Sigma}_{\widehat{Y}}$, $\widehat{\text{Var}}\widehat{\beta}_2$, $\widehat{\text{Cov}}(\widehat{\beta}_3, \widehat{\beta}_1)$, $\widehat{\text{Cov}}(\widehat{Y}_1, \widehat{Y}_3)$, $\widehat{\text{Var}}\widehat{Y}_4$.

Lösung

$$X'X = \begin{bmatrix} 4 & 0 & 2 \\ 0 & 8 & -2 \\ 2 & -2 & 2 \end{bmatrix}, \quad (X'X)^{-1} = \begin{bmatrix} 0.75 & -0.25 & -1.00 \\ -0.25 & 0.25 & 0.50 \\ -1.00 & 0.50 & 2.00 \end{bmatrix},$$

$$X'Y = \begin{bmatrix} 2 \\ 4 \\ 1 \end{bmatrix}, \quad X^* = X(X'X)^- X' = \begin{bmatrix} 0.75 & 0.25 & -0.25 & 0.25 \\ 0.25 & 0.75 & 0.25 & -0.25 \\ -0.25 & 0.25 & 0.75 & 0.25 \\ 0.25 & -0.25 & 0.25 & 0.75 \end{bmatrix},$$

$$\widehat{\beta} = \begin{bmatrix} -0.50 \\ 1.00 \\ 2.00 \end{bmatrix}, \text{SST} = 6, \quad \text{SSR} = 5, \quad \text{SSE} = 1, \quad \widehat{\sigma}^2 = 1,$$

$\widehat{Y}' = Y'X^* = \begin{bmatrix} 1.50 & 1.50 & -0.50 & -0.50 \end{bmatrix}$, $\widehat{\Sigma}_{\widehat{\beta}} = (X'X)^{-1}$ (siehe oben),
$\widehat{\Sigma}_{\widehat{Y}} = X^*$ (siehe oben),

$\widehat{\text{Var}}\,\widehat{\beta}_2 = 0.25$; $\widehat{\text{Cov}}(\widehat{\beta}_3, \widehat{\beta}_1) = -1.00$, $\widehat{\text{Cov}}(\widehat{Y}_1, \widehat{Y}_3) = -0.25$, $\widehat{\text{Var}}\widehat{Y}_4 = 0.75$.

(3.4.2) Aufgabe
Gegeben sei Modell (3.1.5) mit

$$X' = \begin{bmatrix} 1 & 1 & 1 & 1 & 1 \\ 2 & 0 & -2 & 0 & -1 \\ 3 & 1 & -1 & 1 & 0 \end{bmatrix}, \quad Y' = \begin{bmatrix} 2 & 1 & 0 & -1 & 0 \end{bmatrix}.$$

(1) Zeige, daß $\boldsymbol{\beta}$ nicht schätzbar ist. Zeige, daß jede Komponente β_i von $\boldsymbol{\beta}$ nicht schätzbar ist.

(2) Zeige, daß $\boldsymbol{\theta} = \begin{bmatrix} \theta_1 \\ \theta_2 \end{bmatrix} = \begin{bmatrix} \beta_1 + \beta_3 \\ \beta_2 + \beta_3 \end{bmatrix}$ schätzbar ist und gib den BLU-Schätzer an.

(3) Berechne SSR, SSE, SST und die Bestimmtheitsmaße R^{*2} und R^2.

Lösung

(1) rg $\boldsymbol{X}' < 3$, da (3. Zeile) = (1. Zeile) + (2. Zeile). Nach (3.2.8) (4) ist $\boldsymbol{\beta}$ nicht schätzbar. Mit (3.2.4) (3) (mit $\boldsymbol{A} = \boldsymbol{I}$) und

$$\boldsymbol{X}'\boldsymbol{X} = \begin{bmatrix} 5 & -1 & 4 \\ -1 & 9 & 8 \\ 4 & 8 & 12 \end{bmatrix}, \quad (\boldsymbol{X}'\boldsymbol{X})^- = \frac{1}{44}\begin{bmatrix} 9 & 1 & 0 \\ 1 & 5 & 0 \\ 0 & 0 & 0 \end{bmatrix},$$

$$(\boldsymbol{X}'\boldsymbol{X})^-\boldsymbol{X}'\boldsymbol{X} = \begin{bmatrix} 1 & 0 & 1 \\ 0 & 1 & 1 \\ 0 & 0 & 0 \end{bmatrix}$$

ist $\boldsymbol{A}(\boldsymbol{X}'\boldsymbol{X})^-(\boldsymbol{X}'\boldsymbol{X}) = (\boldsymbol{X}'\boldsymbol{X})^-(\boldsymbol{X}'\boldsymbol{X})$ *zeilenweise* ungleich $\boldsymbol{A}$. Jedes β_i ist daher nicht schätzbar.

(2) $\boldsymbol{A} = \begin{bmatrix} 1 & 0 & 1 \\ 0 & 1 & 1 \end{bmatrix}$. $\boldsymbol{X}\boldsymbol{b} = \boldsymbol{0}$ impliziert wegen 2. Zeile von $\boldsymbol{X}$ (2. Spalte von $\boldsymbol{X}'$) $b_1 + b_3 = 0$ oder $[\,1 \;\; 0 \;\; 1\,]\boldsymbol{b} = 0$. Die 1. und die 5. Zeile in $\boldsymbol{X}$ ergeben ferner $b_1 + 2b_2 + 3b_3 = 0$ und $b_1 - b_2 = 0$; hieraus folgt zunächst $b_1 = b_2$ und daher $3b_2 + 3b_3 = 0$, also $b_2 + b_3 = 0$ oder $[\,0 \;\; 1 \;\; 1\,]\boldsymbol{b} = 0$. Also erhalten wir $\boldsymbol{A}\boldsymbol{b} = \boldsymbol{0}$ aus $\boldsymbol{X}\boldsymbol{b} = \boldsymbol{0}$.

Alternative: Prüfe gemäß (3.2.4) (3) (mit den Berechnungen aus (1)), daß tatsächlich $\boldsymbol{A}(\boldsymbol{X}'\boldsymbol{X})^-(\boldsymbol{X}'\boldsymbol{X}) = \boldsymbol{A}$ ist. Zur Berechnung von $\widehat{\boldsymbol{\theta}}$ bemerke ferner:

$$\boldsymbol{X}'\boldsymbol{Y} = \begin{bmatrix} 2 \\ 4 \\ 6 \end{bmatrix}, \quad \widehat{\boldsymbol{\beta}} = \frac{1}{44}\begin{bmatrix} 9 & 1 & 0 \\ 1 & 5 & 0 \\ 0 & 0 & 0 \end{bmatrix}\begin{bmatrix} 2 \\ 4 \\ 6 \end{bmatrix} = \begin{bmatrix} 0.5 \\ 0.5 \\ 0.0 \end{bmatrix},$$

$$\widehat{\boldsymbol{\theta}} = \begin{bmatrix} \widehat{\beta_1 + \beta_3} \\ \widehat{\beta_2 + \beta_3} \end{bmatrix} = \begin{bmatrix} 0.5 \\ 0.5 \end{bmatrix}.$$

(3) $$\text{SST} = 6, \quad \text{SSR} = [0.5 \;\; 0.5 \;\; 0]\begin{bmatrix} 2 \\ 4 \\ 6 \end{bmatrix} = 3, \quad \text{SSE} = 6 - 3 = 3, \quad \overline{Y} = \frac{2}{5}$$

$$\frac{\text{SSR}}{\text{SST}} = \frac{3}{6} = 0.5 = R^{*2}, \quad R^2 = \left(3 - \frac{4}{5}\right) \Big/ \left(6 - \frac{4}{5}\right) = \frac{11}{26} = 0.42\,.$$

(3.4.3) Aufgabe

Bestimme $\widehat{\boldsymbol{\beta}}$ in (3.4.1) und (3.4.2) mit Hilfe von (3.1.38).

Lösung
In (3.4.1):

$$\overline{Y} = 0.5\,, \quad \overline{x}_2 = 0\,, \quad \overline{x}_3 = 0.5\,, \quad \mathring{Y}' = [\;1.5 \;\; 0.5 \;\; -0.5 \;\; -1.5\;],$$

$$\mathring{X}_h' = \begin{bmatrix} 2 & 0 & -2 & 0 \\ -0.5 & 0.5 & 0.5 & -0.5 \end{bmatrix}, \quad \mathring{X}_h'\mathring{Y} = \begin{bmatrix} 4 \\ 0 \end{bmatrix}, \quad \mathring{X}_h'\mathring{X}_h = \begin{bmatrix} 8 & -2 \\ -2 & 1 \end{bmatrix},$$

$$\left(\mathring{X}_h'\mathring{X}_h\right)^{-1} = \frac{1}{4}\begin{bmatrix} 1 & 2 \\ 2 & 8 \end{bmatrix}. \quad \widehat{\beta}_h = \frac{1}{4}\begin{bmatrix} 1 & 2 \\ 2 & 8 \end{bmatrix} \cdot \begin{bmatrix} 4 \\ 0 \end{bmatrix} = \begin{bmatrix} 1 \\ 2 \end{bmatrix}, \quad \text{also}$$

$[\widehat{\beta}_2 \; \widehat{\beta}_3] = [1 \;\, 2]$. $\widehat{\beta}_1 = 0.5 - (0 + 2 \cdot 0.5) = -0.5$; $\widehat{\beta}' = [-0.5 \;\, 1 \;\, 2]$.

In (3.4.2):

$$\overline{Y} = 0.4\,, \quad \overline{x}_2 = -0.2\,, \quad \overline{x}_3 = 0.8\,, \quad \mathring{Y}' = [\;1.6 \;\; 0.6 \;\; -0.4 \;\; -1.4 \;\; -0.4\;],$$

$$\mathring{X}_h' = \begin{bmatrix} 2.2 & 0.2 & -1.8 & 0.2 & -0.8 \\ 2.2 & 0.2 & -1.8 & 0.2 & -0.8 \end{bmatrix}, \quad \mathring{X}_h'\mathring{Y} = \begin{bmatrix} 4.4 \\ 4.4 \end{bmatrix},$$

$$\mathring{X}_h'X_h = \begin{bmatrix} 8.8 & 8.8 \\ 8.8 & 8.8 \end{bmatrix}, \quad \left(\mathring{X}_h'X_h\right)^{-} = \begin{bmatrix} 1/8.8 & 0 \\ 0 & 0 \end{bmatrix},$$

$$\widehat{\beta}_h = \begin{bmatrix} 1/8.8 & 0 \\ 0 & 0 \end{bmatrix} \cdot \begin{bmatrix} 4.4 \\ 4.4 \end{bmatrix} = \begin{bmatrix} 0.5 \\ 0 \end{bmatrix};$$

$$\widehat{\beta}_1 = 0.4 - [-0.2 \cdot 0.5 + 0] = 0.5\,, \quad \widehat{\beta}' = [0.5 \;\, 0.5 \;\, 0]\,.$$

(3.4.4) Aufgabe
Bestimme in (3.4.1) den multiplen Korrelationskoeffizienten R und den partiellen Korrelationskoeffizienten von Y und X_3, $r = R_{Y,X_3;\{X_1,X_2\}}$ (siehe Notation (3.1.47)).

Lösung

$$\text{SST} = 6\,, \quad \text{SSR} = 5\,; \quad \overline{Y} = 0.5\,, \quad R^2 = \frac{5 - 4 \cdot 0.25}{6 - 4 \cdot 0.25} = \frac{4}{5} = 0.8\,,$$

$R = \sqrt{0.80} = 0.89$.

$$X' = \begin{bmatrix} 1 & 1 & 1 & 1 \\ 2 & 0 & -2 & 0 \end{bmatrix}, \quad Y' = [\;2 \;\; 1 \;\; 0 \;\; -1\;], \quad x_3' = [\;0 \;\; 1 \;\; 1 \;\; 0\;],$$

$$X'X = \begin{bmatrix} 4 & 0 \\ 0 & 8 \end{bmatrix}, \quad (X'X)^{-} = \frac{1}{8}\begin{bmatrix} 2 & 0 \\ 0 & 1 \end{bmatrix};$$

$$\widehat{U}^{(3)}: \; X'Y = \begin{bmatrix} 2 \\ 4 \end{bmatrix}, \quad \widehat{\theta} = \frac{1}{8}\begin{bmatrix} 2 & 0 \\ 0 & 1 \end{bmatrix} \cdot \begin{bmatrix} 2 \\ 4 \end{bmatrix} = \begin{bmatrix} 0.5 \\ 0.5 \end{bmatrix};$$

$$\widehat{\boldsymbol{Y}}' = \widehat{\boldsymbol{\theta}}'\boldsymbol{X}' = \begin{bmatrix} \frac{3}{2} & \frac{1}{2} & -\frac{1}{2} & \frac{1}{2} \end{bmatrix},$$

$$\widehat{\boldsymbol{U}}^{(3)\prime} = \begin{bmatrix} \frac{1}{2} & \frac{1}{2} & \frac{1}{2} & -\frac{3}{2} \end{bmatrix}.$$

$$\widehat{\boldsymbol{V}}^{(3)}: \quad \boldsymbol{X}'\boldsymbol{x}_3 = \begin{bmatrix} 2 \\ -2 \end{bmatrix}, \quad \widehat{\boldsymbol{\theta}} = \frac{1}{8}\begin{bmatrix} 2 & 0 \\ 0 & 1 \end{bmatrix} \cdot \begin{bmatrix} 2 \\ -2 \end{bmatrix} = \begin{bmatrix} 0.50 \\ -0.25 \end{bmatrix},$$

$$\widehat{\boldsymbol{x}}_3' = \widehat{\boldsymbol{\theta}}'\boldsymbol{X}' = \begin{bmatrix} 0 & \frac{1}{2} & 1 & \frac{1}{2} \end{bmatrix},$$

$$\widehat{\boldsymbol{V}}^{(3)\prime} = \begin{bmatrix} 0 & \frac{1}{2} & 0 & -\frac{1}{2} \end{bmatrix}.$$

$$\widehat{\boldsymbol{U}}^{(3)\prime}\widehat{\boldsymbol{V}}^{(3)} = 1, \quad \overline{\widehat{\boldsymbol{U}}}^{(3)} = 0 = \overline{\widehat{\boldsymbol{V}}}^{(3)}, \quad \widehat{\boldsymbol{U}}^{(3)\prime}\widehat{\boldsymbol{U}}^{(3)} = 3, \quad \widehat{\boldsymbol{V}}^{(3)\prime}\widehat{\boldsymbol{V}}^{(3)} = \frac{1}{2};$$

$$r = \frac{1}{\sqrt{3}\sqrt{1/2}} = \sqrt{\frac{2}{3}} = 0.8165 .$$

Kapitel 4

Normalverteilung. Quadratische Formen

4.1 Multivariate Normalverteilung

Für die als Zufallsvariable modellierten Störterme U_i in der Regressionsgleichung

$$\boldsymbol{Y} = \boldsymbol{X\beta} + \boldsymbol{U}$$

wird ab Kapitel 5 angenommen, daß sie *normalverteilt* sind. Da $\boldsymbol{X}$ und $\boldsymbol{\beta}$ Konstante sind, ist dann jedes $Y_i = (\text{const})_i + U_i$ ebenfalls normalverteilt. Die gemeinsame Verteilung der $\widehat{\beta}_i$ in $\widehat{\boldsymbol{\beta}}$ (oder der $\widehat{Y}_i$ in $\widehat{\boldsymbol{Y}}$) ist dann die Verteilung einer linearen Transformation von unabhängigen normalverteilten Variablen. Wir müssen uns also zunächst mit der (gemeinsamen) Verteilung linearer Transformationen von unabhängigen normalverteilten Zufallsvariablen befassen.

(4.1.1) Definition
*$\boldsymbol{Z}$ resp. $\boldsymbol{Z}' = [\,Z_1 \ \ \ldots \ \ Z_r\,]$ heißt (r–**dimensional**) (**multivariat**) **normalverteilt** (vom **Rang** m) — kurz: $\boldsymbol{Z}$ ist r–$\mathcal{N}_m$ oder $\mathcal{N}_m$ oder $\mathcal{N}$ — genau dann, wenn eine reelle Matrix $\boldsymbol{A} = \boldsymbol{A}_{r\times m}$ und ein Zufallsvektor $\boldsymbol{V}$ resp. $\boldsymbol{V}' = [\,V_1 \ \ \ldots \ \ V_m\,]$ existieren mit*

(1) *$V_1, \ldots, V_m$ sind unabhängige standardnormalverteilte Variable ($\mathcal{N}(0,1)$–Variable),*

(2) $\boldsymbol{Z} = \boldsymbol{\mu_Z} + \boldsymbol{AV}$ *mit* $\boldsymbol{\mu_Z} = \mathrm{E}(\boldsymbol{Z})$,
(d. h. jedes Z_i ist eine lineare Funktion von $V_1, \ldots, V_m$),

(3) $\operatorname{rg} \boldsymbol{A} = m \leq r$.

Aufgrund von (3.2.10), (3.2.4) (2) wissen wir sofort:

(4.1.2) $\boldsymbol{\Sigma_Z} = \boldsymbol{AA'}\,, \qquad \operatorname{rg}\boldsymbol{\Sigma_Z} = m \le r \qquad (\boldsymbol{Z} = \boldsymbol{Z}_{r\times 1})\,.$

Für die Charakterisierung von multivariaten Normalverteilungen ist wichtig

(4.1.3) Satz
Die r–$\mathcal{N}_m$–Verteilung von $\boldsymbol{Z}$ ist vollständig durch $\boldsymbol{\mu_Z}$ und $\boldsymbol{\Sigma_Z}$ charakterisiert; d. h. ist auch $\boldsymbol{W}$ r–$\mathcal{N}_m$–verteilt mit $\boldsymbol{\mu_W} = \boldsymbol{\mu_Z}$, $\boldsymbol{\Sigma_W} = \boldsymbol{\Sigma_Z}$, so sind die Verteilungen von $\boldsymbol{W}$ und $\boldsymbol{Z}$ identisch.

1. Beweis (Skizze) für $m = r$: Im Falle $m = r = \operatorname{rg}\boldsymbol{\Sigma_Z}$ existieren $\boldsymbol{\Sigma_Z^{-1}}$ und $\boldsymbol{A^{-1}}$ (4.1.1) (2). Wir haben dann:

$$P(\boldsymbol{Z} \le \boldsymbol{z}) = P(\boldsymbol{\mu_Z} + \boldsymbol{AV} \le \boldsymbol{z}) = P\big(\boldsymbol{V} \le \boldsymbol{A^{-1}}(\boldsymbol{z} - \boldsymbol{\mu_Z})\big).$$

Nach Voraussetzung ist

$$P(\boldsymbol{V} \le \boldsymbol{v}) = \int_{-\infty}^{\boldsymbol{v}} \left(\frac{1}{\sqrt{2\pi}}\right)^r \cdot \exp\left(-\frac{1}{2}\boldsymbol{v'v}\right) d\boldsymbol{v}$$

mit $\int$ als r–dimensionalem Integral und $d\boldsymbol{v} = dv_1 \cdots dv_m$. Setzt man in diesen Ausdruck $\boldsymbol{v} = \boldsymbol{A^{-1}}(\boldsymbol{z} - \boldsymbol{\mu_Z})$ ein, so sieht man, daß die Dichte von $\boldsymbol{Z}$ proportional zum Ausdruck

$$\exp\left(-\frac{1}{2}(\boldsymbol{z} - \boldsymbol{\mu_Z})'(\boldsymbol{A^{-1}})'(\boldsymbol{A^{-1}})(\boldsymbol{z} - \boldsymbol{\mu_Z})\right)$$

ist. Wegen (4.1.2) ist $(\boldsymbol{A^{-1}})'\boldsymbol{A^{-1}} = (\boldsymbol{A'})^{-1}\boldsymbol{A^{-1}} = \boldsymbol{\Sigma_Z^{-1}}$. Mit der uns hier weiter nicht interessierenden Konstanten det = '*Determinante* von $\boldsymbol{\Sigma_Z}$' bzw. $\frac{1}{\sqrt{\det}}$ = '*Determinante* von $\boldsymbol{A^{-1}}$' (die durch die Transformation der Differentiale $d\boldsymbol{v} \to d\boldsymbol{z}$ bei der Variablentransformation $\boldsymbol{v} = \boldsymbol{A^{-1}}(\boldsymbol{z} - \boldsymbol{\mu_Z}) \to \boldsymbol{z}$ unter dem Integral zustande kommt; siehe 'Jacobi–Determinante' in der Analysis; siehe auch LINDGREN (1976), S. 453ff, insbesondere S. 459ff) haben wir also die Dichte von $\boldsymbol{Z}$:

(4.1.4) $$f_{\boldsymbol{Z}}(\boldsymbol{z}) = \frac{1}{\left(\sqrt{2\pi}\right)^r}\frac{1}{\sqrt{\det}}\exp\left(-\frac{1}{2}(\boldsymbol{z} - \boldsymbol{\mu_Z})'\boldsymbol{\Sigma_Z^{-1}}(\boldsymbol{z} - \boldsymbol{\mu_Z})\right). \qquad ■$$

2. Beweis (Skizze): Bekanntlich (siehe z. B. POKROPP (1990), S. 162) haben die V_i in (4.1.1) die momenterzeugende Funktion $\boldsymbol{M}_V(\theta_i) = \exp(\frac{1}{2}\theta_i^2)$. Die multivariate momenterzeugende Funktion von $\boldsymbol{Z}$ ist definiert als $\mathrm{M}(\boldsymbol{t}) = \mathrm{E}\big(\exp(\boldsymbol{t'Z})\big)$ mit $\boldsymbol{t'} = [t_1 \;\ldots\; t_r]$. Mit $\boldsymbol{Z} = \boldsymbol{\mu_Z} + \boldsymbol{AV}$ (4.1.1) (2) ergibt eine längere, jedoch elementare Rechnung

(4.1.5) $\mathrm{M}(\boldsymbol{t}) = \exp\left(\boldsymbol{t}'\boldsymbol{\mu}_{\boldsymbol{Z}} + \frac{1}{2}\boldsymbol{t}'\boldsymbol{\Sigma}_{\boldsymbol{Z}}\boldsymbol{t}\right).$

Da (wie im univariaten Fall) die (mehrdimensionale) momenterzeugende Funktion (sofern sie überall existiert) die Verteilung eindeutig bestimmt, folgt die Behauptung; denn in (4.1.5) bestimmen $\boldsymbol{\mu}_{\boldsymbol{Z}}$ und $\boldsymbol{\Sigma}_{\boldsymbol{Z}}$ die Funktion $\mathrm{M}(\boldsymbol{t})$ vollständig. ■

Wegen (4.1.3) können wir künftig kurz schreiben:

(4.1.6) $\boldsymbol{Z} : \mathcal{N}(\boldsymbol{\mu}_{\boldsymbol{Z}}, \boldsymbol{\Sigma}_{\boldsymbol{Z}})\,, \qquad \dim \boldsymbol{\mu}_{\boldsymbol{Z}} = r \geq m = \mathrm{rg}\,\boldsymbol{\Sigma}_{\boldsymbol{Z}}\,.$

Ist $\mathrm{rg}\,\boldsymbol{\Sigma}_{\boldsymbol{Z}} = m < r$, so ist die Darstellung (4.1.4) nicht möglich; man spricht dann von einer **degenerierten** r–$\mathcal{N}$. Die Verteilung von $\boldsymbol{Z}$ ist dann auf einen m–dimensionalen Unterraum des $\mathbf{R}^r$ konzentriert, und für eine geeignete Transformation $\boldsymbol{Z}^* = \boldsymbol{B}\boldsymbol{Z}$, $\boldsymbol{B} = \boldsymbol{B}_{m\times r}$ existiert die Dichte (4.1.4).

Man kann aus (4.1.1) und (4.1.5) (oder (4.1.4) im Fall $r = m$) herleiten

(4.1.7) Satz

(1) *Ist* $\boldsymbol{Z} : \mathcal{N}(\boldsymbol{\mu}, \boldsymbol{\Sigma})$, $\boldsymbol{W} = \boldsymbol{A}\boldsymbol{Z} + \boldsymbol{a}$, *so ist*
$\boldsymbol{W} : \mathcal{N}(\boldsymbol{A}\boldsymbol{\mu} + \boldsymbol{a}, \boldsymbol{A}\boldsymbol{\Sigma}\boldsymbol{A}') = \mathcal{N}(\boldsymbol{\mu}_{\boldsymbol{W}}, \boldsymbol{\Sigma}_{\boldsymbol{W}})\,.$

(2) *Ist* $\boldsymbol{Z} : r$–$\mathcal{N}(\boldsymbol{\mu}, \boldsymbol{\Sigma})$, *so sind* $Z_1, \ldots, Z_r$ *genau dann stochastisch unabhängig, wenn* $\boldsymbol{\Sigma}$ *eine Diagonalmatrix, also* $\boldsymbol{\Sigma} = \mathrm{diag}(\sigma_1^2, \ldots, \sigma_r^2)$ *(mit* $\sigma_i^2 = \mathrm{Var}\, Z_i$*) ist.*

(3) *Ist* $(\boldsymbol{W}, \boldsymbol{Z})$ *ein* $\mathcal{N}$*–verteilter Zufallsvektor und die Covarianz–Matrix*

$$\mathrm{Cov} = \mathrm{E}\big((\boldsymbol{Z} - \boldsymbol{\mu}_{\boldsymbol{Z}})(\boldsymbol{W} - \boldsymbol{\mu}_{\boldsymbol{W}})'\big) = \big[[\mathrm{Cov}(Z_i, W_j)]\big]$$

gleich $\mathbf{0}$, *so sind* $\boldsymbol{W}$ *und* $\boldsymbol{Z}$ *stochastisch unabhängige* $\mathcal{N}$*–verteilte Zufallsvektoren.*

(4) *Die (gemeinsame) Randverteilung von* $[Z_{i_1} \ \ldots \ Z_{i_s}]$ *(*$i_1, \ldots, i_s$ *verschieden) ist eine* s–$\mathcal{N}$*–Verteilung.*

Schließlich bemerken wir, daß die Covarianz–Matrix $\boldsymbol{\Sigma}$ symmetrisch und "*positiv semidefinit*" ist, d. h. $\boldsymbol{a}'\boldsymbol{\Sigma}\boldsymbol{a} = \mathrm{Var}\,\boldsymbol{a}'\boldsymbol{Z} \geq 0$ (siehe (3.2.10)) für alle $\boldsymbol{a}$. Aufgrund von (3.3.4) und (3.3.5) haben wir mühelos

(4.1.8) Satz
Zur Covarianz–Matrix $\boldsymbol{\Sigma}_{\boldsymbol{Z}} = \boldsymbol{\Sigma}_{r\times r}$ *existieren Matrizen* $\boldsymbol{B}$ *und* $\boldsymbol{\Lambda}$ *mit*

(1) $\boldsymbol{B}'\boldsymbol{\Sigma}_{\boldsymbol{Z}}\boldsymbol{B} = \boldsymbol{\Lambda} = \mathrm{diag}(\lambda_1, \ldots, \lambda_m, 0, \ldots, 0), \quad \lambda_i > 0$;

(2) $\boldsymbol{B}\boldsymbol{\Lambda}\boldsymbol{B}' = \boldsymbol{\Sigma}_{\boldsymbol{Z}}\,, \quad \boldsymbol{B}\boldsymbol{B}' = \boldsymbol{I} = \boldsymbol{B}'\boldsymbol{B}$;

(3) $\boldsymbol{\Lambda}^- = \mathrm{diag}(1/\lambda_1, \ldots, 1/\lambda_m, 0, \ldots, 0)$: *g–Inverse von* $\boldsymbol{\Lambda}$;

(4) $\boldsymbol{\Sigma}_{\boldsymbol{Z}}^- = \boldsymbol{B}\boldsymbol{\Lambda}^-\boldsymbol{B}'$: *g–Inverse von* $\boldsymbol{\Sigma}_{\boldsymbol{Z}}$.

Im folgenden ist mit $\boldsymbol{\Sigma}_{\boldsymbol{Z}}^-$ stets (4.1.8) (4) gemeint!

4.2 Die Chi–Quadrat–Verteilung

Zentrale/Nicht–Zentrale Chi–Quadrat–Verteilung

Bekanntlich ist die $\chi^2(m)$–Verteilung (**"Chi–Quadrat"**–Verteilung mit m **Freiheitsgraden (FG)**) *ex definitione* die Verteilung von $\sum_{i=1}^m W_i^2$, wobei die W_i voneinander unabhängige $\mathcal{N}(0,1)$–Variable sind. Die zugehörige Verteilungsfunktion wird mit χ^2_m bezeichnet. Haben die W_i hingegen die Verteilung $\mathcal{N}(\mu_i, 1)$ mit $\mu_i \neq 0$, so besitzt $\sum_{i=1}^m W_i^2$ *ex definitione* eine **nicht–zentrale** $\chi^2(m,\delta)$–Verteilung mit m Freiheitsgraden und **Nicht–Zentralität** $\delta = \frac{1}{2}\sum_i \mu_i^2$. (Freilich müßte man zunächst zeigen, daß die Parameter $(\mu_1, \ldots, \mu_m)$ ausschließlich über den Ausdruck $\sum \mu_i^2$ in die Verteilung von $\sum_i W_i^2$ eingehen. Mit Hilfe momenterzeugender Funktionen ist dieser Nachweis vergleichsweise leicht zu führen (siehe z. B. LINDGREN (1976), S. 338).) Wir haben also — ex definitione —

(4.2.1) Ist $\boldsymbol{W} : \mathcal{N}_m(\boldsymbol{\mu}, \boldsymbol{I})$, so ist

(1) $(\boldsymbol{W} - \boldsymbol{\mu})'(\boldsymbol{W} - \boldsymbol{\mu}) : \chi^2(m)$ (Chi–Quadrat mit m FG) ,

(2) $\boldsymbol{W}'\boldsymbol{W} : \chi^2(m,\delta)$ mit $\delta = \frac{1}{2}\boldsymbol{\mu}'\boldsymbol{\mu}$ (Chi–Quadrat mit m FG und mit Nicht–Zentralität δ) .

(4.2.2) Die Verteilungen $\chi^2(m,0)$ und $\chi^2(m)$ sind identisch.

Statt der Matrix $\boldsymbol{I}$ in (4.2.1) betrachten wir nun beliebige Varianz–Covarianz–Matrizen.

(4.2.3) Satz
Ist $\boldsymbol{Z} : \mathcal{N}(\boldsymbol{\mu}, \boldsymbol{\Sigma})$ *und* $\boldsymbol{\Sigma}^- = \boldsymbol{\Sigma}_{\boldsymbol{Z}}^-$ *gemäß (4.1.8) (4), so ist*

$$Q_{\boldsymbol{Z}} := (\boldsymbol{Z} - \boldsymbol{\mu})'\boldsymbol{\Sigma}^-(\boldsymbol{Z} - \boldsymbol{\mu})$$

$\chi^2(m)$*-verteilt mit* $m = \operatorname{rg} \boldsymbol{\Sigma}$.

Beweis: Mit $\boldsymbol{B}$ aus (4.1.8) setze $\boldsymbol{W} = \boldsymbol{B}'\boldsymbol{Z}$. Dann ist $\boldsymbol{\Sigma}_{\boldsymbol{W}} = \boldsymbol{B}'\boldsymbol{\Sigma}\boldsymbol{B} = \boldsymbol{\Lambda}$. Mit $\boldsymbol{\mu}_{\boldsymbol{W}} = \boldsymbol{B}'\boldsymbol{\mu}$ ist $Q_{\boldsymbol{W}} = (\boldsymbol{W} - \boldsymbol{\mu}_{\boldsymbol{W}})'\boldsymbol{\Lambda}^-(\boldsymbol{W} - \boldsymbol{\mu}_{\boldsymbol{W}}) = \sum_{i=1}^m (W_i - \mu_{W_i})^2/\lambda_i$ mit $\boldsymbol{\Lambda}^-$ (4.1.8) (3). Offenbar ist $Q_{\boldsymbol{W}}$ eine $\chi^2(m)$-Variable — gemäß (4.2.1) (1) mit voneinander unabhängigen $\mathcal{N}(0,1)$-Variablen $(W_i - \mu_{W_i})/\sqrt{\lambda_i}$. Man rechnet mit (4.1.8) aber leicht nach: $Q_{\boldsymbol{W}} = Q_{\boldsymbol{Z}}$. ■

Die Ausdrücke der Form $\boldsymbol{a}'\boldsymbol{A}\boldsymbol{a}$ mit symmetrischer Matrix $\boldsymbol{A}$ (z. B. $\boldsymbol{A} = \boldsymbol{\Sigma}^-$, $\boldsymbol{a} = \boldsymbol{Z} - \boldsymbol{\mu}$) heißen **quadratische Formen**. Sie werden von nun an mehr oder weniger ständig präsent sein.

(4.2.4) Satz
Sei $\boldsymbol{Z} : n\text{-}\mathcal{N}(\boldsymbol{\mu}_{\boldsymbol{Z}}, \sigma^2\boldsymbol{I})$; $\boldsymbol{A} = \boldsymbol{A}_{n\times n}$, $\operatorname{rg} \boldsymbol{A} = r \leq n$. *Weiter sei*
$\boldsymbol{A}$ *symmetrisch und idempotent.*
Dann gilt für die quadratische Form

$$Q = (\boldsymbol{Z} - \boldsymbol{\mu}_{\boldsymbol{Z}})'\boldsymbol{A}(\boldsymbol{Z} - \boldsymbol{\mu}_{\boldsymbol{Z}}) :$$

Q/σ^2 *ist* $\chi^2(r)$*-verteilt.*

Beweis (Skizze): Nach (3.3.4) und (3.3.7) (1) existiert $\boldsymbol{B} = [\ \boldsymbol{B}_1 \ \vdots\ \boldsymbol{B}_2\ ]$, $\boldsymbol{B}_1 = (\boldsymbol{B}_1)_{n\times r}$ mit

$$\boldsymbol{B}'\boldsymbol{A}\boldsymbol{B} = \boldsymbol{\Lambda} = \operatorname{diag}(1, \ldots, 1, 0, \ldots, 0) \quad (r \ \text{1-en}),$$
$$\boldsymbol{B}\boldsymbol{\Lambda}\boldsymbol{B}' = \boldsymbol{A}, \qquad \boldsymbol{B}'\boldsymbol{B} = \boldsymbol{B}\boldsymbol{B}' = \boldsymbol{I}\ ; \quad \text{d. h.}$$

$$[\ \boldsymbol{B}_1 \ \vdots\ \boldsymbol{B}_2\ ]\begin{bmatrix} \boldsymbol{I}_r & 0 \\ 0 & 0 \end{bmatrix}\begin{bmatrix} \boldsymbol{B}_1' \\ \cdots \\ \boldsymbol{B}_2' \end{bmatrix} = \boldsymbol{A}\,, \qquad \begin{bmatrix} \boldsymbol{B}_1' \\ \cdots \\ \boldsymbol{B}_2' \end{bmatrix}[\ \boldsymbol{B}_1 \ \vdots\ \boldsymbol{B}_2\ ] = \boldsymbol{I}_n =$$

$$\begin{bmatrix} \boldsymbol{I}_r & 0 \\ 0 & \boldsymbol{I}_{n-r} \end{bmatrix}. \quad \text{Also gilt:}$$

(4.2.5) (1) $\boldsymbol{A} = \boldsymbol{B}_1\boldsymbol{B}_1'$, $\quad \boldsymbol{B}_1'\boldsymbol{B}_1 = \boldsymbol{I}_r$, $\quad \operatorname{rg} \boldsymbol{B}_1 = \operatorname{rg} \boldsymbol{A}$.

(2) Für $\boldsymbol{W} = \boldsymbol{B}_1'\boldsymbol{Z}$ ist $\boldsymbol{\Sigma}_{\boldsymbol{W}} = \sigma^2\boldsymbol{I}_r$.

Also gilt für $Q_{\boldsymbol{W}} = (\boldsymbol{W} - \boldsymbol{\mu}_{\boldsymbol{W}})'(\boldsymbol{W} - \boldsymbol{\mu}_{\boldsymbol{W}})$: $Q_{\boldsymbol{W}}/\sigma^2$ ist $\chi^2(r)$-verteilt. $Q_{\boldsymbol{W}} = Q$ ist leicht geprüft (unter Beachtung von (4.2.5)). ■

(4.2.6) Satz
Sei $\boldsymbol{Z}$, $\boldsymbol{A}$ wie in (4.2.4) und $\boldsymbol{\mu}'_{\boldsymbol{Z}}\boldsymbol{A}\boldsymbol{\mu}_{\boldsymbol{Z}} = 0$. Dann ist $\boldsymbol{Z}'\boldsymbol{A}\boldsymbol{Z}/\sigma^2$ eine $\chi^2(r)$–Variable.

Beweis (Skizze): $\boldsymbol{W} = \boldsymbol{B}'_1\boldsymbol{Z}$ (4.2.5) (2) ist $\mathcal{N}(\boldsymbol{\mu}_{\boldsymbol{W}}, \sigma^2\boldsymbol{I})$. $\boldsymbol{W}'\boldsymbol{W}/\sigma^2$ besitzt dann *ex definitione* eine $\chi^2(m,\delta)$–Verteilung mit Nicht–Zentralität $\delta = \frac{1}{2}\boldsymbol{\mu}'_{\boldsymbol{W}}\boldsymbol{\mu}_{\boldsymbol{W}}$. Da $\boldsymbol{W}'\boldsymbol{W} = \boldsymbol{Z}'\boldsymbol{A}\boldsymbol{Z}$ und $\boldsymbol{\mu}'_{\boldsymbol{W}}\boldsymbol{\mu}_{\boldsymbol{W}} = \boldsymbol{\mu}'_{\boldsymbol{Z}}\boldsymbol{A}\boldsymbol{\mu}_{\boldsymbol{Z}}$ (mit (4.2.5)) gilt, ist $\boldsymbol{Z}'\boldsymbol{A}\boldsymbol{Z}/\sigma^2$ also $\chi^2(m, \boldsymbol{\mu}'_{\boldsymbol{Z}}\boldsymbol{A}\boldsymbol{\mu}_{\boldsymbol{Z}})$–verteilt. Da die $\chi^2(m;0)$– gleich der $\chi^2(m)$–Verteilung ist, folgt die Behauptung. ■

Unabhängigkeit quadratischer Formen

Wir behandeln nun die für die Konstruktion von Teststatistiken in den folgenden Kapiteln wichtige Frage der Unabhängigkeit von quadratischen Formen und linearen Transformationen von normalverteilten Vektoren.

(4.2.7) Satz
Sei $\boldsymbol{Z} : \mathcal{N}(\boldsymbol{\mu}, \boldsymbol{\Sigma})$. Sei $\boldsymbol{A} = \boldsymbol{A}_{n\times n}$ symmetrisch, idempotent; sei $\boldsymbol{C} = \boldsymbol{C}_{n\times n}$ symmetrisch und positiv semidefinit: $\boldsymbol{a}'\boldsymbol{C}\boldsymbol{a} \geq 0$ für alle $\boldsymbol{a}$; sei $\boldsymbol{D} = \boldsymbol{D}_{q\times n}$. Dann gilt

(1) $\boldsymbol{D}\boldsymbol{\Sigma}\boldsymbol{A} = \boldsymbol{0}$ *impliziert:* $\boldsymbol{Z}'\boldsymbol{A}\boldsymbol{Z}$ *resp.* $(\boldsymbol{Z}-\boldsymbol{\mu})'\boldsymbol{A}(\boldsymbol{Z}-\boldsymbol{\mu})$ *und* $\boldsymbol{D}\boldsymbol{Z}$ *sind stochastisch unabhängig;*

(2) $\boldsymbol{C}\boldsymbol{\Sigma}\boldsymbol{A} = \boldsymbol{0}$ *impliziert:* $(\boldsymbol{Z}-\boldsymbol{\mu})'\boldsymbol{A}(\boldsymbol{Z}-\boldsymbol{\mu})$ *resp.* $\boldsymbol{Z}'\boldsymbol{A}\boldsymbol{Z}$ *und* $(\boldsymbol{Z}-\boldsymbol{\mu})'\boldsymbol{C}(\boldsymbol{Z}-\boldsymbol{\mu})$ *resp.* $\boldsymbol{Z}'\boldsymbol{C}\boldsymbol{Z}$ *sind stochastisch unabhängig.*

Beweis (Skizze):

(1) Setze $\boldsymbol{B} = \boldsymbol{B}_1$ aus (4.2.5). $\boldsymbol{D}\boldsymbol{Z}$ und $\boldsymbol{B}'\boldsymbol{Z}$ sind gemeinsam normalverteilt mit Covarianz–Matrix $\mathrm{E}(\boldsymbol{D}(\boldsymbol{Z}-\boldsymbol{\mu}_{\boldsymbol{Z}})(\boldsymbol{Z}-\boldsymbol{\mu}_{\boldsymbol{Z}})'\boldsymbol{B}) = \boldsymbol{D}\boldsymbol{\Sigma}\boldsymbol{B}$. Ist nun $\boldsymbol{0} = \boldsymbol{D}\boldsymbol{\Sigma}\boldsymbol{A} = \boldsymbol{D}\boldsymbol{\Sigma}\boldsymbol{B}\boldsymbol{B}'$, so ist $(\boldsymbol{D}\boldsymbol{\Sigma}\boldsymbol{B})(\boldsymbol{B}'\boldsymbol{B}) = \boldsymbol{0}$ und damit die Covarianz–Matrix $\boldsymbol{D}\boldsymbol{\Sigma}\boldsymbol{B} = \boldsymbol{0}$. Beachte nun (4.1.7) (3): $\boldsymbol{D}\boldsymbol{Z}$ und $\boldsymbol{B}'\boldsymbol{Z}$ sind unabhängig. Mit (4.2.5) (1) hat man dann: $\boldsymbol{D}\boldsymbol{Z}$ und $\boldsymbol{A}\boldsymbol{Z} = \boldsymbol{B}\boldsymbol{B}'\boldsymbol{Z}$ sind unabhängig. Mit Idempotenz von $\boldsymbol{A}$ folgt die Behauptung.

(2) Nach (3.3.4) existiert $\boldsymbol{L}$ mit

$$\boldsymbol{L}'\boldsymbol{L} = \boldsymbol{I}, \quad \boldsymbol{C} = \boldsymbol{L}\boldsymbol{\Lambda}\boldsymbol{L}', \quad \boldsymbol{\Lambda} = \mathrm{diag}(\lambda_1, \ldots, \lambda_p, 0, \ldots, 0)$$

(mit $\lambda_i > 0$ wie in (4.1.8), da $\boldsymbol{C}$ nach Voraussetzung positiv semidefinit ist). Zerlege $\boldsymbol{L} = [\ \boldsymbol{L}_1 \ \vdots\ \boldsymbol{L}_2\ ]$, $\boldsymbol{L}_1 = (\boldsymbol{L}_1)_{n\times p}$, $\boldsymbol{\Lambda}_1 = \mathrm{diag}(\lambda_1, \ldots, \lambda_p)$, $\boldsymbol{\Lambda}_1^* = \mathrm{diag}(\sqrt{\lambda_1}, \ldots, \sqrt{\lambda_p})$. Setze $\boldsymbol{L}_1^* = \boldsymbol{L}_1 \cdot \boldsymbol{\Lambda}_1^*$. $\boldsymbol{L}_1^{*\prime}\boldsymbol{L}_1^*$ besitzt eine Inverse (denn

$p = \text{rg}(\boldsymbol{L}_1)_{n \times p})$. Ist $\boldsymbol{C}\boldsymbol{\Sigma}\boldsymbol{A} = \boldsymbol{0}$, so ist $\boldsymbol{L}_1^* \boldsymbol{L}_1^{*\prime} \boldsymbol{\Sigma} \boldsymbol{B}\boldsymbol{B}' = \boldsymbol{0}$ (mit $\boldsymbol{B} = \boldsymbol{B}_1$ (4.2.5)), da

$$\boldsymbol{C} = [\ \boldsymbol{L}_1 \ \vdots \ \boldsymbol{L}_2\ ] \begin{bmatrix} \boldsymbol{\Lambda}_1^* & \boldsymbol{0} \\ \boldsymbol{0} & \boldsymbol{0} \end{bmatrix} \begin{bmatrix} \boldsymbol{\Lambda}_1^{*\prime} & \boldsymbol{0} \\ \boldsymbol{0} & \boldsymbol{0} \end{bmatrix} \begin{bmatrix} \boldsymbol{L}_1' \\ \cdots \\ \boldsymbol{L}_2' \end{bmatrix}$$

ist. Also ist dann auch $(\boldsymbol{L}_1^{*\prime}\boldsymbol{L}_1^*)\boldsymbol{L}_1^{*\prime}\boldsymbol{\Sigma}\boldsymbol{B}(\boldsymbol{B}'\boldsymbol{B}) = \boldsymbol{0}$ und damit $\boldsymbol{0} = \boldsymbol{L}_1^{*\prime}\boldsymbol{\Sigma}\boldsymbol{B} = \boldsymbol{L}_1^{*\prime}\,\mathrm{E}[(\boldsymbol{Z}-\boldsymbol{\mu}_{\boldsymbol{Z}})(\boldsymbol{Z}-\boldsymbol{\mu}_{\boldsymbol{Z}})']\boldsymbol{B}$ = [Covarianz-Matrix von $\boldsymbol{L}_1^{*\prime}\boldsymbol{Z}$ und $\boldsymbol{B}'\boldsymbol{Z}$]. Nach (4.1.7) (3) sind $\boldsymbol{L}_1^{*\prime}\boldsymbol{Z}$ und $\boldsymbol{B}'\boldsymbol{Z}$ stochastisch unabhängig. Da $\boldsymbol{Z}'\boldsymbol{C}\boldsymbol{Z}$ nur von $\boldsymbol{L}_1^{*\prime}\boldsymbol{Z}$ abhängt, $\boldsymbol{Z}'\boldsymbol{A}\boldsymbol{Z}$ nur von $\boldsymbol{B}\boldsymbol{Z}$ abhängt, folgt die Behauptung. ■

4.3 Fishers F–Verteilung

Verteilungen von aus quadratischen Formen gebildeten Brüchen werden sich als wichtig erweisen. Da solche quadratischen Ausdrücke gemäß (4.2.3), (4.2.4) χ^2-Verteilungen aufweisen, befassen wir uns zunächst mit dem Verhältnis von χ^2-Variablen.

(4.3.1) Definition
Seien Q_r eine $\chi^2(r)$–Variable und Q_s^* eine von Q_r unabhängige $\chi^2(s)$–Variable. Die Verteilung von

$$\mathcal{F}_{r,s} = \frac{Q_r/r}{Q_s^*/s} = \frac{Q_r}{Q_s^*} \cdot \frac{s}{r}$$

*heißt **$F(r,s)$–Verteilung** (**Fishers Verteilung**) mit **(r,s) Freiheitsgraden**. Die Verteilungsfunktion wird mit $F_{r,s}$ bezeichnet: $F_{r,s}(x) = P(\mathcal{F}_{r,s} \le x)$.*

In der Regel sind in Tabellenwerken **$(1-\alpha)\cdot 100$–Prozentpunkte** $F_{r,s;\alpha}$ (auch **$(1-\alpha)$–Punkte**) tabelliert. In **Anhang 2** findet der Leser solche (in GAUSS mit Programm CDFFC errechnete) Tabellen für ausgewählte α. *Ex definitione* gilt:

(4.3.2) $F_{r,s;\alpha} : F_{r,s}(F_{r,s;\alpha}) = 1-\alpha\ , \quad P(\mathcal{F}_{r,s} > F_{r,s;\alpha}) = \alpha\ .$

Da $\mathcal{F}_{s,r} = \dfrac{1}{\mathcal{F}_{r,s}}$ ist, haben wir stets

$$P(\mathcal{F}_{s,r} > a) = P\left(\mathcal{F}_{r,s} < \frac{1}{a}\right) = 1 - P\left(\mathcal{F}_{r,s} \ge \frac{1}{a}\right).$$

Damit erhalten wir aus (4.3.2)

(4.3.3) $F_{s,r;\alpha} = \dfrac{1}{F_{r,s;1-\alpha}}$.

Die F–Verteilung wird in den folgenden Kapiteln reichhaltig Anwendung finden. Nahezu alle wichtigen Teststatistiken, die im folgenden behandelt werden, erweisen sich als F–verteilte Zufallsvariable, kurz **F–Statistiken** genannt.

Für den Spezialfall $r = 1$ ist die Verteilung von $\mathcal{F}_{1,s}$ (4.3.1) offenbar gleich der Verteilung des Quadrates des Ausdrucks

(4.3.4) $T_s = \dfrac{NV}{\sqrt{Q_s}}\sqrt{s}$, $NV : \mathcal{N}(0,1)$, $Q_s : \chi^2(s)$, NV und Q_s unabhängig.

Die Verteilung von T_s ist die bekannte **$t(s)$–Verteilung**, die ("Student"–)**t–Verteilung** mit **s Freiheitsgraden** mit um 0 symmetrischer Dichte. Wir haben also

(4.3.5) (1) T_s ist $t(s)$–verteilt,
(2) $T_s^2 = \dfrac{NV^2}{Q_s}s$ ist $F_{1,s}$–verteilt.

Da $\alpha = P(T_s^2 > F_{1,s;\alpha}) = P(T_s > \sqrt{F_{1,s;\alpha}}) + P(T_s < -\sqrt{F_{1,s;\alpha}}) = 2P(T_s > \sqrt{F_{1,s;\alpha}}) = 2 \cdot \alpha/2$ ist, erhalten wir $P(T_s > \sqrt{F_{1,s;\alpha}}) = \alpha/2$; also wissen wir:

(4.3.6) Für den **$(1-\alpha) \cdot 100$–Prozentpunkt** $t_{s;\alpha}$ der $t(s)$–Verteilung — mit $P(T_s > t_{s;\alpha}) = \alpha$ — gilt:
$$t_{s;\alpha} = \sqrt{F_{1,s;2\alpha}} \ .$$

Mit (4.3.6) lassen sich Prozentpunkte von t–Verteilungen aus Prozentpunkten von F–Verteilungen berechnen. (Tabellen der Werte $t_{s;\alpha}$ findet man überdies i. d. R. in Lehrbüchern zur Statistik–Grundausbildung.)

Kapitel 5

Multiple Regression unter Normalverteilung

5.1 ML–Schätzer und Konfidenzbereiche

Multiples Regressionsmodell mit Normalverteilung

Im linearen Modell (3.1.5)

$$\boldsymbol{Y} = \boldsymbol{X\beta} + \boldsymbol{U}, \qquad \Sigma_{\boldsymbol{U}} = \sigma^2 \boldsymbol{I} \quad \text{resp.} \quad \Sigma_{\boldsymbol{Y}} = \sigma^2 \boldsymbol{I}$$

wurden bislang keine Annahmen über die (wahrscheinlichkeitstheoretische) Verteilung der Zufallsvektoren $\boldsymbol{U}$ resp. $\boldsymbol{Y}$ benötigt. Es gelang dennoch, BLU–Schätzer (Gauß–Markov–Theorem (3.2.20)) für $\boldsymbol{\beta}$ und einen unverzerrten Schätzer für σ^2 anzugeben. Will man jedoch in der statistischen Modell–Analyse weitergehen und Konfidenzintervalle sowie Tests über die Parameter $\boldsymbol{\beta}$, σ zur Verfügung stellen, sind Verteilungsannahmen über $\boldsymbol{U}$ resp. $\boldsymbol{Y}$ unerläßlich, da ja Wahrscheinlichkeiten ("Konfidenz" $1-\alpha$ bzw. "Signifikanz" ("Fehlergröße 1. Art") α) zu berechnen sind. Die **Normalverteilung** ist nun als Verteilung eines "unsystematischen", symmetrisch um 0 schwankenden Zufallsfehlers besonders geeignet. Im folgenden unterstellen wir daher das

(5.1.1) (multiple) (homoskedastische) Regressionsmodell mit Normalverteilung:
$\boldsymbol{Y} = \boldsymbol{X\beta} + \boldsymbol{U}$, $\boldsymbol{X} = \boldsymbol{X}_{n\times k}$, $\boldsymbol{U}$: $\mathcal{N}(\boldsymbol{0}, \sigma^2\boldsymbol{I})$, also $\boldsymbol{Y}$: $\mathcal{N}(\boldsymbol{X\beta}, \sigma^2\boldsymbol{I})$.

Wir bemerken sogleich, daß natürlich beim Modell (5.1.1) auch die Verteilung von $\widehat{\boldsymbol{\beta}}$, von $\boldsymbol{X}\widehat{\boldsymbol{\beta}} = \widehat{\boldsymbol{Y}} = \boldsymbol{X}^*\boldsymbol{Y}$ und $\widehat{\boldsymbol{U}} = \boldsymbol{MY}$ (siehe (3.3.9) (1), (3.3.10)) bekannt ist. Aufgrund von (4.1.7) (1) gilt mit (3.1.13), (3.3.10), (3.3.11), (3.2.8) (1), (2):

(5.1.2) Satz

(1) $\widehat{\boldsymbol{\beta}}$ *ist* $\mathcal{N}\left(\mathrm{E}(\widehat{\boldsymbol{\beta}}), \sigma^2(\boldsymbol{X}'\boldsymbol{X})^-\right) = \mathcal{N}\left((\boldsymbol{X}'\boldsymbol{X})^-(\boldsymbol{X}'\boldsymbol{X})\boldsymbol{\beta}), \sigma^2(\boldsymbol{X}'\boldsymbol{X})^-\right)$*-verteilt.*

(2) *Ist* $\operatorname{rg}\boldsymbol{X} = k$*, so ist* $\widehat{\boldsymbol{\beta}} : \mathcal{N}\left(\boldsymbol{\beta}, \sigma^2(\boldsymbol{X}'\boldsymbol{X})^{-1}\right)$*-verteilt.*

(3) $\widehat{\boldsymbol{Y}}$ *ist* $\mathcal{N}(\boldsymbol{X}\boldsymbol{\beta}, \sigma^2\boldsymbol{X}^*)$*-verteilt.*

(4) $\widehat{\boldsymbol{U}}$ *ist* $\mathcal{N}\left(\boldsymbol{0}, \sigma^2\boldsymbol{M}\right)$*-verteilt.*

Aus (5.1.13) (1) und (5.1.2) (2) erhalten wir ferner (mit (4.1.7) (4)):

(5.1.3) *für den Fall* $\operatorname{rg}\boldsymbol{X} = k$ gilt:
$\widehat{\beta}_i$ ist $\mathcal{N}(\beta_i, \sigma_i^2)$-verteilt; $(\widehat{\beta}_i - \beta_i)/\widehat{\sigma}_i$ ist $t(n-k)$-verteilt
mit: $\sigma_i^2 = \sigma^2\left((\boldsymbol{X}'\boldsymbol{X})^{-1}\right)_{ii} = (i,i)$-Element von $\Sigma_{\widehat{\boldsymbol{\beta}}}$,
$\widehat{\sigma}_i^2 = \widehat{\sigma}^2\left((\boldsymbol{X}'\boldsymbol{X})^{-1}\right)_{ii} = (i,i)$-Element von $\widehat{\Sigma}_{\widehat{\boldsymbol{\beta}}}$.

Aufgrund von (5.1.1) entnehmen wir ferner (4.1.4) — mit Determinante$(\sigma^2\boldsymbol{I}) = \det = \sigma^{2n}$ —, daß

$$\textbf{(5.1.4)}\quad f_{(\boldsymbol{\beta},\sigma)}(\boldsymbol{y}) = \frac{1}{\left(\sqrt{2\pi}\right)^n} \cdot \frac{1}{\sigma^n} \exp\left\{-\frac{1}{2\sigma^2} \cdot (\boldsymbol{y} - \boldsymbol{X}\boldsymbol{\beta})'(\boldsymbol{y} - \boldsymbol{X}\boldsymbol{\beta})\right\}$$

die Dichtefunktion von $\boldsymbol{Y}$ ist bei gegebenen Parametern σ und $\boldsymbol{\beta}$.

Maximum–Likelihood–Schätzer

Mit der Kenntnis der Dichte (5.1.4) in Abhängigkeit von den Modellparametern entsteht sogleich die Frage, ob diese Kenntnis der Dichte für das — in Kapitel 3 eigentlich schon gelöste — Schätzproblem neue Aspekte eröffnet. Insbesondere läßt sich ja nun das **Maximum-Likelihood-(ML–)Prinzip** anwenden, das denjenigen Parameterwert "favorisiert", bei dem die Dichte (für gegebenen $\boldsymbol{Y}$-Wert $\boldsymbol{y}$) maximiert wird.

(5.1.5) Definition
$(\widehat{\boldsymbol{\beta}}, \widehat{\sigma})$ *heißt* **ML–Schätzer** *für* $(\boldsymbol{\beta}, \sigma)$*, falls in (5.1.4) für alle* $(\boldsymbol{\beta}, \sigma)$ *gilt:*
$f_{(\widehat{\boldsymbol{\beta}},\widehat{\sigma})}(\boldsymbol{y}) \geq f_{(\boldsymbol{\beta},\sigma)}(\boldsymbol{y})$.

Da für jedes σ in (5.1.4) $f_{(\boldsymbol{\beta},\sigma)}(\boldsymbol{y})$ genau dann maximal wird, wenn

$$(\boldsymbol{y} - \boldsymbol{X}\boldsymbol{\beta})'(\boldsymbol{y} - \boldsymbol{X}\boldsymbol{\beta})$$

minimiert wird, zeigt ein Blick auf (3.1.9), daß gilt:

(5.1.6) $\widehat{\boldsymbol{\beta}}_{\text{ML}} = \widehat{\boldsymbol{\beta}} = \widehat{\boldsymbol{\beta}}_{\text{OLS}}$ (3.1.13) (1) ist (ein) ML–Schätzer für $\boldsymbol{\beta}$.

Man bemerke, daß ML–Schätzer für $\boldsymbol{\beta}$ auch für den Fall $\operatorname{rg} \boldsymbol{X} < k$ definiert sind. Für $\operatorname{rg} \boldsymbol{X} = k$ ist $\widehat{\boldsymbol{\beta}}_{\text{ML}} = \widehat{\boldsymbol{\beta}}$ (3.1.14) (1).

Die Bestimmung des (in der Regel nicht so interessanten) ML–Schätzers $\widehat{\sigma}^2_{\text{ML}}$ erfolgt durch Lösen der Gleichung (für σ bei gegebenem $\widehat{\boldsymbol{\beta}}$)

$$\frac{\partial f_{(\widehat{\boldsymbol{\beta}},\sigma)}(\boldsymbol{y})}{\partial \sigma} = 0 \qquad \text{bzw.} \qquad \frac{\partial \log f_{(\widehat{\boldsymbol{\beta}},\sigma)}(\boldsymbol{y})}{\partial \sigma} = 0.$$

Da — wie man leicht bestätigt —

$$\log f_{(\widehat{\boldsymbol{\beta}},\sigma)}(\boldsymbol{y}) = \text{const} - n \log \sigma - \frac{1}{2}\sigma^{-2} \cdot \text{SSE}$$

ist, erhält man nach wenigen elementaren Berechnungen:

(5.1.7) $\widehat{\sigma}^2_{\text{ML}} = \dfrac{\text{SSE}}{n}$ ist ML–Schätzer für σ^2.

Man beachte: $\widehat{\sigma}^2_{\text{ML}} \neq \widehat{\sigma}^2$.

Konfidenzintervalle für σ^2

Für die Konstruktion von Konfidenzintervallen (und später für Tests) über σ^2 ist fundamental

(5.1.8) Satz
SSE/σ^2 ist $\chi^2(n-r)$–verteilt mit $r = \operatorname{rg} \boldsymbol{X}$.

Bemerkung: Von nun an wird stets — wenn nicht anderes ausdrücklich gesagt ist — $\operatorname{rg} \boldsymbol{X}$ mit r bezeichnet: $\operatorname{rg} \boldsymbol{X} = r$. ∎

Beweis: $\text{SSE} = \boldsymbol{Y}'\boldsymbol{M}\boldsymbol{Y}$ (3.3.10) mit (3.3.9) (1), (2), (6). Da $\boldsymbol{\mu}_Y'\boldsymbol{M}\boldsymbol{\mu}_Y = \boldsymbol{\beta}'\boldsymbol{X}'\boldsymbol{M}\boldsymbol{X}\boldsymbol{\beta} = 0$ (siehe (3.3.9) (8)), folgt die Behauptung aus (4.2.6). ∎

Aus der Gleichung

$$P(a < \text{SSE}/\sigma^2 < b) = \chi^2_{n-r}(b) - \chi^2_{n-r}(a) \qquad (r = \operatorname{rg} \boldsymbol{X})$$

erhalten wir das **Konfidenzintervall**

(5.1.9) $P(\text{SSE}/b < \sigma^2 < \text{SSE}/a) = \chi^2_{n-r}(b) - \chi^2_{n-r}(a) \quad (r = \operatorname{rg} \boldsymbol{X})$.

Die Situation ist hier also — mutatis mutandis — identisch mit der entsprechenden, i.d.R. in der Statistik–Grundausbildung behandelten Situation bei der *einfachen* Regression. Hier haben wir lediglich beliebiges r (auch bei nicht–vollem Rang von $\boldsymbol{X}$) statt $r \leq 2$.

Konfidenzbereiche für β

Das Problem, k–dimensionale "Konfidenzintervalle" für $\boldsymbol{\beta}$ anzugeben, ist komplexer. Lediglich für die einzelnen β_i in $\boldsymbol{\beta}$ lassen sich — wie bei der einfachen Regression — aufgrund von (5.1.3) Konfidenzintervalle in der bekannten Weise angeben:

(5.1.10) $P(\widehat{\beta}_i - b\widehat{\sigma}_i < \beta_i < \widehat{\beta}_i - a\widehat{\sigma}_i) = t_{n-k}(b) - t_{n-k}(a)$, falls $k = \operatorname{rg} \boldsymbol{X}_{n\times k}$ ist ,

wobei t_{n-k} die Verteilungsfunktion der t–Verteilung mit $n-k$ Freiheitsgraden ist.

Bevor wir Konfidenzbereiche für den *gesamten* Vektor $\boldsymbol{\beta}$ konstruieren können, betrachten wir die **quadratische Form**

(5.1.11) (1) $Q(\boldsymbol{b}) = (\widehat{\boldsymbol{\beta}} - \boldsymbol{b})'\boldsymbol{X}'\boldsymbol{X}(\widehat{\boldsymbol{\beta}} - \boldsymbol{b})$ mit

(2) $Q(\boldsymbol{b}) = \mathrm{SSE}(\boldsymbol{b}) - \mathrm{SSE}$ (siehe (3.1.19)).

mit einem OLS–Schätzer $\widehat{\boldsymbol{\beta}} = (\boldsymbol{X}'\boldsymbol{X})^{-}\boldsymbol{X}'\boldsymbol{Y}$. Offenbar ist

(5.1.12) (1) $Q(\boldsymbol{0}) = \mathrm{SSR}$; $\mathrm{SSE}(\boldsymbol{0}) = \mathrm{SST}$.

(2) $Q(\boldsymbol{\beta}^*) = 0$ für jeden OLS–Schätzer $\boldsymbol{\beta}^*$.

Bemerkung
Das **APL–Programm** QHOBETO (siehe Anhang 1) berechnet $Q(\boldsymbol{b})$ (5.1.11). ■

(5.1.13) Satz

(1) SSE *und* $\widehat{\boldsymbol{\beta}}$ *(resp.* $\widehat{\boldsymbol{Y}} = \boldsymbol{X}\widehat{\boldsymbol{\beta}}$ *resp.* SSR*) sind stochastisch unabhängig.*

(2) SSE *und* $Q(\boldsymbol{b})$ *sind stochastisch unabhängig* ($\boldsymbol{b} \in \mathbb{R}^k$ *beliebig!).*

Beweis (Skizze):

(1) Setze $\boldsymbol{D} = (\boldsymbol{X}'\boldsymbol{X})^{-}\boldsymbol{X}'$. Man findet leicht: $\boldsymbol{DM} = \boldsymbol{0}$ (siehe (3.3.9) (8)). Beachte $\widehat{\boldsymbol{\beta}} = \boldsymbol{DY}$, (4.2.7) (mit $\boldsymbol{\Sigma} = \boldsymbol{I}$) und (3.3.10).

(2) Man prüft leicht: $Q(\boldsymbol{b}) = (\boldsymbol{X}^*\boldsymbol{Y} - \boldsymbol{Xb})'(\boldsymbol{X}^*\boldsymbol{Y} - \boldsymbol{Xb})$ (mit (3.3.9) (1)) $= \boldsymbol{Y}'\boldsymbol{X}^*\boldsymbol{Y} - 2\boldsymbol{b}'\boldsymbol{X}'\boldsymbol{X}^*\boldsymbol{Y} + \boldsymbol{b}'\boldsymbol{X}'\boldsymbol{Xb}$. Mit (3.3.10) und (3.3.9) (7), (8) folgt aus (4.2.7) (mit $\boldsymbol{\Sigma} = \boldsymbol{I}$) die Behauptung. ■

(5.1.14) Satz

(1) $Q\big(\mathrm{E}(\widehat{\boldsymbol{\beta}})\big)/\sigma^2 = Q\big((\boldsymbol{X}'\boldsymbol{X})^-(\boldsymbol{X}'\boldsymbol{X})\boldsymbol{\beta}\big)/\sigma^2$ *ist* $\chi^2(r)$*–verteilt.*

(2) $Q(\boldsymbol{\beta})/\sigma^2$ *ist* $\chi^2(k)$*–verteilt, sofern* $\operatorname{rg}\boldsymbol{X} = k$ *ist.*

Beweis: Wegen (3.2.8) (3) genügt es, (1) zu beweisen. Nun ist aber — mit $\mathrm{E}(\widehat{\boldsymbol{\beta}}) = (\boldsymbol{X}'\boldsymbol{X})^-\boldsymbol{X}'\boldsymbol{X}\boldsymbol{\beta}$ für $\boldsymbol{b}$ in (5.1.11) (1) — $Q\big(\mathrm{E}(\widehat{\boldsymbol{\beta}})\big) = (\boldsymbol{Y}-\boldsymbol{\mu_Y})'\boldsymbol{X}^*(\boldsymbol{Y}-\boldsymbol{\mu_Y})$ (mit $\boldsymbol{\mu_Y} = \boldsymbol{X\beta}$ und $\boldsymbol{X}^*$ (3.3.9) (1)). Mit (3.3.9) (2), (3) folgt nun die Behauptung aus (4.2.4). ∎

Wenn σ *bekannt* ist, erhalten wir aus (5.1.14) (2) sogleich mit (5.1.11) den **Konfidenzbereich für** $\boldsymbol{\beta}$ bei bekanntem σ , falls $r = k$ ist:

$$\textbf{(5.1.15)}\quad P\big(a\sigma^2 < (\widehat{\boldsymbol{\beta}}-\boldsymbol{\beta})'\boldsymbol{X}'\boldsymbol{X}(\widehat{\boldsymbol{\beta}}-\boldsymbol{\beta}) < b\sigma^2\big) = \chi_k^2(b) - \chi_k^2(a)\ .$$

Falls σ ***unbekannt*** ist, können wir aufgrund von (5.1.8), (5.1.13) und (5.1.14) gemäß (4.3.1) folgern

(5.1.16) Satz

(1) $\mathcal{F}_{r,n-r}\big(\mathrm{E}(\widehat{\boldsymbol{\beta}})\big) = \dfrac{Q\big(\mathrm{E}(\widehat{\boldsymbol{\beta}})\big)}{\mathrm{SSE}}\cdot\dfrac{n-r}{r}$ *(mit* $r = \operatorname{rg}\boldsymbol{X}$*)* *ist* $\mathcal{F}_{r,n-r}$*–verteilt.*

(2) $\mathcal{F}_{k,n-k}(\boldsymbol{\beta}) = \dfrac{Q(\boldsymbol{\beta})}{\mathrm{SSE}}\cdot\dfrac{n-k}{k}$ *ist* $\mathcal{F}_{k,n-k}$*–verteilt, falls* $r = k$ *ist.*

Im Falle $r = k$ ist die Konstruktion eines Konfidenzbereiches für $\boldsymbol{\beta}$ aus der Gleichung

$$P\left(a < \frac{Q(\boldsymbol{\beta})}{\mathrm{SSE}}\cdot\frac{n-k}{k} < b\right) = F_{k,n-k}(b) - F_{k,n-k}(a)$$

(die sich aus (5.1.16) (2) ergibt) möglich; durch einfaches Umformen ergibt sich der **Konfidenzbereich** für $\boldsymbol{\beta}$ bei *unbekanntem* σ

$$\textbf{(5.1.17)}\quad P\left(\frac{ka}{n-k}\,\mathrm{SSE} < Q(\boldsymbol{\beta}) < \frac{kb}{n-k}\,\mathrm{SSE}\right) = F_{k,n-k}(b) - F_{k,n-k}(a).$$

In (5.1.15) und (5.1.17) liegt jeweils ein k–dimensionaler "Ellipsenring" in β_1, …, β_k vor, dessen Veranschaulichung allerdings schwierig ist. Für $a = 0$ ist dieser "Ring" eine k–dimensionale "Ellipse". Natürlich kann man für jedes vorgelegte $\boldsymbol{\beta}$ berechnen — z. B. mit Hilfe des **APL–Programms** QHOBETO (siehe Anhang 1) —, ob es zu dieser "Ellipse" gehört — d. h. ob es die Ungleichungen in (5.1.17) erfüllt.

(5.1.18) Beispiel (Agrar (b))
Betrachte (3.1.15) (b) mit SSE = 201.7801 (gemäß (3.1.31), (3.1.32)). Mit $n = 8$, $k = 4 = r$ und $F_{4,4}(b) = 0.95$, $F_{4,4}(a) = 0.05$ erhalten wir zunächst (siehe Anhang 2) $b = 6.388$ und mit (4.3.3) $a = (6.388)^{-1} = 0.157$, also

$$P\left(\frac{4}{4} \cdot 0.157 \cdot \mathrm{SSE} < Q(\boldsymbol{\beta}) < \frac{4}{4} \cdot 6.388 \cdot \mathrm{SSE}\right) = 0.95 - 0.05 = 0.90\,.$$

Um zu entscheiden, ob $\boldsymbol{\beta}^* = (10, 0, 0, 2)$ in einem "Ellipsenring" um das wahre $\boldsymbol{\beta}$ mit Konfidenz 0.90 liegt, müssen wir nur ausrechnen, ob

$$0.157 \cdot \mathrm{SSE} < Q(\boldsymbol{\beta}^*) < 6.388 \cdot \mathrm{SSE}$$

gilt. Da $0.157 \cdot \mathrm{SSE} = 31.6795$, $6.388 \cdot \mathrm{SSE} = 1288.9713$,

$$Q(\boldsymbol{\beta}^*) = [\,7.1533 \quad 1.4440 \quad 0.8374 \quad -0.2179\,] \begin{bmatrix} 8 & 14 & 11 & 3 \\ 14 & 40 & 20 & 3 \\ 11 & 20 & 31 & 7 \\ 3 & 3 & 7 & 3 \end{bmatrix} \begin{bmatrix} 7.1533 \\ 1.4440 \\ 0.8374 \\ -0.2179 \end{bmatrix}$$
$$= 970.2199$$

und $31.6795 < 970.2199 < 1288.9713$ ist, gehört $\boldsymbol{\beta}^*$ zum 0.90–Konfidenzbereich für $\boldsymbol{\beta}$. ■

5.2 Tests über Modellparameter

Grundsätzliches über Tests

Es sei $\boldsymbol{\theta}$ eine uns interessierende Funktion der Modellparameter, etwa

$$\boldsymbol{\theta} = \sigma \quad \text{oder} \quad \boldsymbol{\theta} = \boldsymbol{\beta} \quad \text{oder} \quad \boldsymbol{\theta} = (\beta_2 - \beta_1, \ldots, \beta_k - \beta_1).$$

Ein **Testproblem** besteht aus zwei vorgelegten, sich ausschließenden Vermutungen — **Nullhypothese** H_0 und **Alternative** H_1 — über $\boldsymbol{\theta}$, von denen unterstellt wird, daß (genau) eine zutrifft. Die Hypothesen mögen folgende Gestalt haben:

(5.2.1) $H_0 : \boldsymbol{\theta} \in \Theta_0 \subseteq \mathbb{R}^q, \quad H_1 : \boldsymbol{\theta} \in \Theta_1 \subseteq \mathbb{R}^q\,; \quad \Theta_0 \cap \Theta_1 = \emptyset\,.$

Beispiel (Agrar)
Betrachte (3.1.2). Die Null–Hypothese laute:

Es spielt keine Rolle, welchen Dünger man verwendet (d. h. $\beta_3 = \beta_2$) und auf welchem Boden man anbaut (d. h. $\beta_5 = \beta_4$);

die Alternative besage:

Mit Dünger A erzielt man bessere Erträge als mit Dünger B (d. h. $\beta_3 < \beta_2$), und schwerer Boden ist besser als leichter Boden (d. h. $\beta_5 > \beta_4$).

Mit $\boldsymbol{\theta}' = (\beta_3 - \beta_2, \beta_5 - \beta_4)$ haben wir also in (5.2.1):

H_0: $\boldsymbol{\theta} = \mathbf{0}$ (also $\Theta_0 = \{\mathbf{0}\}$) ;

H_1: $\boldsymbol{\theta} \in \mathbb{R}_{--} \times \mathbb{R}_{++} = \Theta_1$,

wobei Θ_1 aus allen Paaren (θ_1, θ_2) mit $\theta_1 < 0$, $\theta_2 > 0$ besteht. ■

Wenn $\Theta_0 \cup \Theta_1 = \mathbb{R}^q$ ist, reden wir von einem **Signifikanz–Testproblem**. Dieser Fall wird im folgenden vorherrschen. Ein **Test** d (= *decision*) ist eine auf dem *Stichprobenraum* (= Wertebereich von $\boldsymbol{Y}$) erklärte Funktion mit Werten H_0 und H_1:

$$d : \mathbb{R}^n \to \{H_0, H_1\}.$$

$d \neq H_0$ (resp. $d(\boldsymbol{y}) \neq H_0$ resp. $d = H_1$) bedeutet, daß (aufgrund des Stichprobenergebnisses $\boldsymbol{y}$ für $\boldsymbol{Y}$) die Nullhypothese abgelehnt und die Alternative angenommen wird. $d = H_0$ bedeutet Annahme von H_0. Der **Signifikanztest** d entscheidet, ob [$H_0 : \boldsymbol{\theta} \in \Theta_0$] oder ["nicht H_0": $\boldsymbol{\theta} \notin \Theta_0$] zutrifft. Der Test d ist genau dann vollständig definiert, wenn man seinen **Ablehnungsbereich** $A(H_0) \subseteq \mathbb{R}^n$ für H_0 — also den Bereich aller $\boldsymbol{y} \in \mathbb{R}^n$, für die $d(\boldsymbol{y}) \neq H_0$ gilt — kennt. H_0 wird also genau dann abgelehnt, wenn $\boldsymbol{Y}$ einen Wert $\boldsymbol{y}$ im Ablehnungsbereich hat:

(5.2.2) $d \neq H_0 \iff \boldsymbol{Y} \in A(H_0).$

Oft ist $\boldsymbol{Y}$ im Ablehnungsbereich genau dann, wenn eine geeignete **Teststatistik** TS eine **kritische Grenze** K überschreitet, so daß wir auch schreiben:

(5.2.3) $d \neq H_0 \iff TS > K.$

Im folgenden wird — abgesehen von Tests über σ^2 — TS nahezu stets eine F–Statistik und K ein (geeignet gewählter) Prozentpunkt der F–Statistik sein.

Mit Ablehnung oder Annahme von H_0 sind Risiken für Fehlentscheidungen verbunden, die **Fehlergröße 1. Art** α_d und die **Fehlergröße 2. Art** β_d:

(5.2.4)
$$\alpha_d = \sup_{\boldsymbol{\theta} \in \Theta_0} P_{\boldsymbol{\theta}}(d \neq H_0) = \sup_{H_0} P(d \neq H_0),$$
$$\beta_d = \sup_{\boldsymbol{\theta} \in \Theta_1} P_{\boldsymbol{\theta}}(d = H_0) = \sup_{H_1} P(d = H_0).$$

In der Regel können wir nur einen der Fehler *kontrollieren* — per Konvention ist dies α_d —, indem wir d so konstruieren, daß α_d einen gewissen Wert

α = vorgegebene(s) **Signifikanz(niveau)**

nicht überschreitet. Beim Test (5.2.3) ist dies garantiert, wenn wir als K den $(1-\alpha)\cdot 100$-Prozentpunkt der F-Statistik TS wählen.

Beim Signifikanztest kennt man in der Regel β_d nicht; oft kann man davon ausgehen, daß $\beta_d = 1$ ist. Dies bedeutet, daß eine Annahme von H_0 *möglicherweise* mit Sicherheit eine Fehlentscheidung ist. Dieser Umstand hat — zumindest in der Tradition der deutschen Statistik–Literatur — dazu geführt, daß statt "Annahme von H_0" nur die Entscheidung "Nicht Ablehnung von H_0" als möglich gilt. (Für Anhänger des "Tertium non datur" ist "nicht $d \neq H_0$" natürlich identisch mit "$d = H_0$" — im Kontext fester Stichprobenlängen und ohne die in der **Sequenzanalyse** gegebene Möglichkeit, weitere Information durch weitere Stichprobenerhebungen zu gewinnen. Freilich wird man mit Folgerungen aus der Entscheidung "$d = H_0$" äußerst zurückhaltend sein!) Für "$d \neq H_0$" ist auch die Redeweise vom **statistisch signifikanten Testergebnis** gebräuchlich.

Tests über Varianzen

Für Tests über σ^2 bietet sich SSE (oder S_{Ω}^2 oder $\widehat{\sigma}^2$) — wie schon bei der in der Statistik–Grundausbildung behandelten *einfachen* Regression — als Teststatistik an. Beispielsweise könnte für das Testproblem

(5.2.5) $H_0 : \sigma \geq \sigma_0 \quad \text{gegen} \quad H_1 : \sigma < \sigma_1 \quad (\sigma_0 \geq \sigma_1)$

folgender Test benutzt werden:

(5.2.6) $d \neq H_0$ genau dann, wenn SSE $< c$ ist.

Die Fehlergrößen 1. Art α_d und 2. Art β_d (siehe (5.2.4)) lauten für den Test (5.2.6) mit (5.2.5)

(5.2.7) $$\alpha_d = \chi^2_{n-r}\left(\frac{c}{\sigma_0^2}\right), \quad \beta_d = 1 - \chi^2_{n-r}\left(\frac{c}{\sigma_1^2}\right) \quad (r = \operatorname{rg} \boldsymbol{X}),$$

wie man leicht aus (5.1.8) und Monotonie–Eigenschaften von Verteilungsfunktionen schließen kann. (Mit Tests über σ^2 hat man natürlich ggf. auch Tests über Varianzen der $\widehat{\beta}_i$ (z. B.) zur Verfügung.) Mit (5.2.6), (5.2.7) sind Testprobleme über σ grundsätzlich gelöst (und zu handhaben wie im Fall der — als bekannt vorausgesetzten — *einfachen* Regression); wir gehen darauf nicht näher ein.

Testbare lineare Hypothesen über $\boldsymbol{\beta}$

Bei Tests bezüglich Funktionen von $\boldsymbol{\beta}$ müssen wir zunächst überlegen — im Anschluß an die Erörterungen in 3.2, die zum Begriff der Schätzbarkeit (3.2.1) führten —, welche Hypothesen "sinnvoll" und von Interesse sind. Zunächst legen wir fest, daß wir uns nur für lineare Transformationen von $\boldsymbol{\beta}$ interessieren.

(5.2.8) Definition
*$H_0 : \boldsymbol{A\beta} = \boldsymbol{c}$ (mit $\boldsymbol{A} = \boldsymbol{A}_{q\times k}$, $\operatorname{rg} \boldsymbol{A} = q \le \operatorname{rg} \boldsymbol{X}$) heißt **(allgemeine) lineare Hypothese**. (Die Alternative lautet stets $H_1 : \boldsymbol{A\beta} \neq \boldsymbol{c}$, sofern nicht anderes vereinbart wird.) q heißt auch **Rang von $\boldsymbol{H}_0$**: $q = \operatorname{rg} H_0$.*

Ganz einfache **Beispiele** sind

(1) $\boldsymbol{A} = \boldsymbol{I}$, $\quad \boldsymbol{c} = \boldsymbol{\beta}_0$, $\quad$ also $H_0 : \boldsymbol{\beta} = \boldsymbol{\beta}_0$ $\quad$ (d. h. $\beta_1 = \beta_{01}, \ldots, \beta_k = \beta_{0k}$);

(2) $\boldsymbol{A} = [\ 0 \ \ 1 \ \ 0 \ \ \ldots \ \ 0\ ]$, $\quad \boldsymbol{c} = 0$, $\quad$ also $H_0 : \beta_2 = 0$.

Die beobachtete Größe $\boldsymbol{Y}$ hängt nicht direkt von $\boldsymbol{\beta}$, sondern von $\boldsymbol{X\beta}$ ab: $\boldsymbol{Y} = \boldsymbol{X\beta} + \boldsymbol{U}$. Gilt für zwei Parameter $\boldsymbol{\beta}$ und $\boldsymbol{\beta}^0$ die Gleichung $\boldsymbol{X\beta} = \boldsymbol{X\beta}^0$ (also $\boldsymbol{X}(\boldsymbol{\beta} - \boldsymbol{\beta}^0) = 0$), so kann $\boldsymbol{Y}$ sie nicht "unterscheiden"; beide induzieren für $\boldsymbol{Y}$ dieselbe Verteilung. Eine "sinnvolle" Hypothese H_0 (5.2.8) sollte daher von $\boldsymbol{\beta}$ genau dann erfüllt sein, wenn sie von $\boldsymbol{\beta}^0$ erfüllt wird; es sollte also $\boldsymbol{A\beta} = \boldsymbol{c}$ genau dann gelten, wenn $\boldsymbol{A\beta}^0 = \boldsymbol{c}$ gilt. Dies wird durch die Bedingung $\boldsymbol{A\beta} = \boldsymbol{A\beta}^0$ oder $\boldsymbol{A}(\boldsymbol{\beta} - \boldsymbol{\beta}^0) = \boldsymbol{0}$ gewährleistet. Mit $\boldsymbol{b} = \boldsymbol{\beta} - \boldsymbol{\beta}^0$ liegt daher nahe:

(5.2.9) Definition
*H_0 (5.2.8) heißt **testbar**, falls aus $\boldsymbol{Xb} = \boldsymbol{0}$ auch $\boldsymbol{Ab} = \boldsymbol{0}$ folgt für alle $\boldsymbol{b} \in \mathbb{R}^k$. Wir sagen dann auch, daß der Parameter $\boldsymbol{A\beta}$ **testbar** ist. Falls H_0 gilt, entsteht aus (5.1.1) das (unter H_0) **reduzierte Modell**. Modell (5.1.1) (ohne einschränkende Gültigkeit von H_0) heißt in diesem Zusammenhang dann das **volle Modell**.*

Um festzustellen, ob eine Hypothese H_0 (5.2.8) testbar ist, kann man sich oft folgender Aussage bedienen, die es gestattet, ganz einfach zu *berechnen*, ob H_0 testbar ist.

(5.2.10) Lemma
H_0 (5.2.8) (resp. $\boldsymbol{A\beta}$) ist testbar genau dann, wenn $\boldsymbol{A\beta}$ schätzbar ist. Genau dann ist

$$\boldsymbol{A} = \boldsymbol{A}(\boldsymbol{X}'\boldsymbol{X})^-(\boldsymbol{X}'\boldsymbol{X}).$$

Beweis: Siehe (3.2.1), (3.2.4) (3). ∎

Im folgenden sei — sofern nicht anderes ausdrücklich festgestellt wird — H_0 (5.2.8) stets testbar und $\widehat{\boldsymbol{\beta}} = (\boldsymbol{X}'\boldsymbol{X})^-\boldsymbol{X}'\boldsymbol{Y}$ ein OLS-Schätzer.

Teststatistiken für lineare Hypothesen über $\boldsymbol{\beta}$

Für die Konstruktion von Tests über $\boldsymbol{\beta}$ werden sich gewisse, durch die Nullhypothese (5.2.8) induzierte quadratische Formen (in $\widehat{\boldsymbol{\beta}}$) als wichtig herausstellen. Zunächst benötigen wir die Verteilung von $A\widehat{\boldsymbol{\beta}}$.

(5.2.11) Satz
Unter H_0 (5.2.8) im Modell (5.1.1) gilt:

(1) $\boldsymbol{A}\widehat{\boldsymbol{\beta}} - \boldsymbol{c}$ *ist* $\mathcal{N}(\boldsymbol{0}, \sigma^2\boldsymbol{\Sigma})$*–verteilt mit*

(2) $\boldsymbol{\Sigma} = \boldsymbol{A}(\boldsymbol{X}'\boldsymbol{X})^{-}\boldsymbol{A}'$, *und*

(3) $\boldsymbol{\Sigma}^{-1}$ *existiert.*

Beweis: Zunächst ist wegen (5.2.10) und (3.2.8) (5)

(5.2.12) $\mathrm{E}(\boldsymbol{A}\widehat{\boldsymbol{\beta}}) = \boldsymbol{A}\boldsymbol{\beta}$, falls $\boldsymbol{A}\boldsymbol{\beta}$ testbar/schätzbar ist.

(1) und (2) folgen nun aus (5.1.2), (4.1.7) und (5.2.12). Um den Beweis von (3) zu skizzieren, betrachten wir wieder (3.2.4) (3) und haben

(5.2.13) (1) $\boldsymbol{A} = \boldsymbol{S}'(\boldsymbol{X}'\boldsymbol{X})$ mit $\boldsymbol{S}' = \boldsymbol{A}(\boldsymbol{X}'\boldsymbol{X})^{-}$,

(2) $\operatorname{rg}\boldsymbol{S}' = q = \operatorname{rg}\boldsymbol{S}'\boldsymbol{X}' = \operatorname{rg}\boldsymbol{A} = \operatorname{rg}H_0$ (siehe (3.1.29) (1)).

Nun ist $\boldsymbol{\Sigma}$ (5.2.11) (2) $= \boldsymbol{S}'\boldsymbol{A}' = \boldsymbol{S}'\boldsymbol{X}'\boldsymbol{X}\boldsymbol{S}$, $\operatorname{rg}\boldsymbol{\Sigma} = \operatorname{rg}\boldsymbol{S}'\boldsymbol{X}'\boldsymbol{X}\boldsymbol{S} = \operatorname{rg}(\boldsymbol{X}\boldsymbol{S})'\boldsymbol{X}\boldsymbol{S} = \operatorname{rg}\boldsymbol{X}\boldsymbol{S} = q$. Da $\boldsymbol{\Sigma} = \boldsymbol{\Sigma}_{q\times q}$ ist, folgt die Behauptung aus (3.1.21) (1). ∎

Zu H_0 (5.2.8) definieren wir nun die

(5.2.14) durch H_0 induzierte quadratische Form

$$Q(H_0) = (\boldsymbol{A}\widehat{\boldsymbol{\beta}} - \boldsymbol{c})'\boldsymbol{\Sigma}^{-1}(\boldsymbol{A}\widehat{\boldsymbol{\beta}} - \boldsymbol{c}) \,, \quad \boldsymbol{\Sigma} \text{ aus (5.2.11) (2).}$$

Bemerkung
Falls $H_0 : \boldsymbol{\beta} = \boldsymbol{\beta}_0$ lautet (siehe (1) nach (5.2.8)), ist $\boldsymbol{A} = \boldsymbol{I}$, $\boldsymbol{c} = \boldsymbol{\beta}_0$, $\operatorname{rg}\boldsymbol{X} = k$ (Testbarkeit von H_0!) und $\boldsymbol{\Sigma}^{-1} = \boldsymbol{X}'\boldsymbol{X}$. Dann ist also $Q(H_0) = (\widehat{\boldsymbol{\beta}}-\boldsymbol{\beta}_0)'\boldsymbol{X}'\boldsymbol{X}(\widehat{\boldsymbol{\beta}}-\boldsymbol{\beta}_0) = Q(\boldsymbol{\beta}_0)$ (5.1.11). Deshalb ist die Benutzung des — in (5.1.11) ja bereits belegten — Symbols Q in (5.2.14) ganz unproblematisch; die Notation (5.2.14) ist mit Notation (5.1.11) kompatibel. ∎

Bemerkung
Das **APL–Programm** QH0 in Anhang 1 berechnet den Ausdruck $Q(H_0)$ (5.2.14). ∎

Aus (4.2.3) und (5.2.11) (1) ergibt sich sofort

(5.2.15) Satz
Unter H_0 (5.2.8) gilt für $Q(H_0)$ (5.2.14):

$$Q(H_0)/\sigma^2 \text{ ist eine } \chi^2(q)\text{-verteilte Variable} \quad \text{mit } q = \operatorname{rg} H_0 \, .$$

Bemerkung: Wir nennen q auch die *Anzahl der Freiheitsgrade* von $Q(H_0)$. ∎

Wir müssen nun noch das im allgemeinen unbekannte σ^2 "eliminieren", um zu aufgrund von $\boldsymbol{Y}$-Werten berechenbaren Statistiken für die Konstruktion von Tests über $\boldsymbol{\beta}$ zu gelangen. Grundlegend dafür ist

(5.2.16) Satz
SSE *und $Q(H_0)$ sind unter H_0 stochastisch unabhängig.*

Beweis: Mit $\boldsymbol{S}' = \boldsymbol{A}(\boldsymbol{X}'\boldsymbol{X})^-$ und $\boldsymbol{d} := \boldsymbol{X}\boldsymbol{S}\boldsymbol{\Sigma}^{-1}\boldsymbol{c}$ und $\boldsymbol{c} = \boldsymbol{S}'\boldsymbol{X}'\boldsymbol{d}$ (wegen $\boldsymbol{\Sigma} = \boldsymbol{S}'\boldsymbol{A}' = \boldsymbol{S}'\boldsymbol{X}'\boldsymbol{X}\boldsymbol{S}$ (s. (5.2.13) (1))) und $\boldsymbol{A}\widehat{\boldsymbol{\beta}} = \boldsymbol{A}(\boldsymbol{X}'\boldsymbol{X})^-\boldsymbol{X}'\boldsymbol{Y} = \boldsymbol{S}'\boldsymbol{X}'\boldsymbol{Y}$ finden wir in (5.2.14): $Q(H_0) = [\boldsymbol{S}'\boldsymbol{X}'(\boldsymbol{Y}-\boldsymbol{d})]'\boldsymbol{\Sigma}^{-1}[\boldsymbol{S}'\boldsymbol{X}'(\boldsymbol{Y}-\boldsymbol{d})] = (\boldsymbol{Y}-\boldsymbol{d})'\boldsymbol{C}(\boldsymbol{Y}-\boldsymbol{d})$ mit $\boldsymbol{C} = \boldsymbol{X}\boldsymbol{S}\boldsymbol{\Sigma}^{-1}\boldsymbol{S}'\boldsymbol{X}'$. Aus (3.3.9) (8) folgt $\boldsymbol{C}\boldsymbol{M} = \boldsymbol{0} = \boldsymbol{M}\boldsymbol{C}$. Mit (3.3.10) und (4.2.7) (2) (dort mit $\boldsymbol{I}$ statt $\boldsymbol{\Sigma}$ (!)) ergibt sich nun die Behauptung, da $\boldsymbol{C}$ (wegen obiger Darstellung von $Q(H_0)$ durch $\boldsymbol{C}$) positiv semidefinit ist (χ^2–Variable sind ≥ 0). ∎

Aus (4.3.1), (5.1.8), (5.2.15) und (5.2.16) erhalten wir sogleich den überaus wichtigen **Fundamentalsatz** über die wahrscheinlichkeitstheoretische Verteilung von Statistiken (unter H_0), die wir sogleich als **Teststatistiken** für die Konstruktion von Tests benutzen werden.

(5.2.17) Satz (Fundamentalsatz)

$$\mathcal{F}(H_0) := \mathcal{F}_{q,n-r} := \frac{Q(H_0)}{\text{SSE}} \cdot \frac{n-r}{q} \qquad (\text{mit } r = \operatorname{rg} \boldsymbol{X}, \, q = \operatorname{rg} H_0 \text{ (5.2.8)})$$

ist unter H_0 (5.2.8) eine $F(q, n-r)$-verteilte Statistik.

Bemerkung
Das **APL–Programm** FH0 in Anhang 1 berechnet $\mathcal{F}(H_0)$ (5.2.17). ∎

Tests über lineare Hypothesen

Aufgrund von (5.2.17) bietet sich natürlich folgender **Test** (**F–Test**) (siehe (5.2.2), (5.2.3), (5.2.4)) für die lineare Hypothese H_0 (5.2.8) an:

(5.2.18) $d \neq H_0 \iff \mathcal{F}(H_0) > K$ mit
Signifikanz $\alpha = 1 - F_{q,n-r}(K)$, $K = F_{q,n-r;\alpha}$.

Zur *heuristischen Begründung* von (5.2.18) sei vermerkt, daß unter H_0 ja (mit (5.2.12)) $\mathrm{E}(\boldsymbol{A}\widehat{\boldsymbol{\beta}}) = \boldsymbol{A}\boldsymbol{\beta} = \boldsymbol{c}$ ist, so daß man dann für $Q(H_0)$ (5.2.14) und damit auch für $\mathcal{F}$ (5.2.17) "kleine" Werte erwarten kann. "Große" Werte von $\mathcal{F}$ deuten daher eher darauf hin, daß H_0 nicht gilt.

Der (in (5.2.18)) angegebene Test ist überdies äquivalent zum sogenannten **Likelihood–Ratio–Test**. Bei diesem Test wird (in Analogie zum ML–Prinzip (5.1.5)) H_0 genau dann abgelehnt, wenn — bei gegebenem Wert $\boldsymbol{y}$ für $\boldsymbol{Y}$ — die unter H_0 maximal mögliche Wahrscheinlichkeit für '$\boldsymbol{Y} = \boldsymbol{y}$' "zu klein" ist im Vergleich mit der unter H_1 maximal möglichen Wahrscheinlichkeit für '$\boldsymbol{Y} = \boldsymbol{y}$' (siehe SEARLE S. 124 f). Weiterhin sei noch einmal bemerkt, daß bei einer Entscheidung *für* H_0 in (5.2.18) die Hypothese H_0 nur in dem Sinne als "statistisch gesichert" interpretiert werden darf, daß *bei Gültigkeit von* H_0 die Wahrscheinlichkeit für $d = H_0$ mindestens $1 - \alpha$ ist. Die Wahrscheinlichkeit für $d = H_0$ kann jedoch auch dann "sehr groß" werden, wenn H_0 *nicht* gilt! $d = H_0$ kann also mit großer Wahrscheinlichkeit eine Fehlentscheidung sein.

Berechnungsformeln für Teststatistiken

Zur *Berechnung* von $Q(H_0)$ (5.2.14) sind gelegentlich folgende Überlegungen hilfreich. Setze

(5.2.19) $\widehat{\boldsymbol{\beta}}_{H_0}$ = OLS–Schätzer für $\boldsymbol{\beta}$ unter Nebenbedingung $\boldsymbol{A}\boldsymbol{\beta} = \boldsymbol{c}$
= **OLS–Schätzer** im **reduzierten Modell** .

$\widehat{\boldsymbol{\beta}}_{H_0}$ ist also die Lösung des Problems

SSE($\boldsymbol{\beta}$) = min! unter der [*testbaren*!] Nebenbedingung $\boldsymbol{A}\boldsymbol{\beta} = \boldsymbol{c}$.

(TOUTENBURG (1992), S. 114 ff spricht von *restriktiven* Kleinste–Quadrate–Schätzern.) Mit Lagrange–Multiplikator $\boldsymbol{\lambda}$ ist also

$$(\boldsymbol{Y} - \boldsymbol{X}\boldsymbol{\beta})'(\boldsymbol{Y} - \boldsymbol{X}\boldsymbol{\beta}) + (\boldsymbol{A}\boldsymbol{\beta} - \boldsymbol{c})'\boldsymbol{\lambda}$$

zu minimieren. Analog zu den Normalgleichungen (3.1.8) haben wir nunmehr zu lösen (siehe auch (3.1.12)):

$$(\boldsymbol{X}'\boldsymbol{X})\widehat{\boldsymbol{\beta}}_{H_0} - \boldsymbol{X}'\boldsymbol{Y} + \tfrac{1}{2}\boldsymbol{A}'\boldsymbol{\lambda} = \boldsymbol{0}.$$

Nun ist $\widehat{\boldsymbol{\beta}}_{H_0} = (\boldsymbol{X}'\boldsymbol{X})^{-}\boldsymbol{X}'\boldsymbol{Y} - (\boldsymbol{X}'\boldsymbol{X})^{-}\boldsymbol{A}'\boldsymbol{\lambda}/2$ eine Lösung obiger Gleichung, wie man analog zu (3.1.13) unter Benutzung von (3.2.4) (3) (!) und (5.2.10) schnell nachrechnet. Also ist

$$\widehat{\boldsymbol{\beta}}_{H_0} = \widehat{\boldsymbol{\beta}} - (\boldsymbol{X}'\boldsymbol{X})^{-}\boldsymbol{A}'\boldsymbol{\lambda}/2$$

und daher (da $\widehat{\boldsymbol{\beta}}_{H_0}$ ja die Nebenbedingung $\boldsymbol{A\beta} = \boldsymbol{c}$ erfüllt!) $\boldsymbol{c} = \boldsymbol{A}\widehat{\boldsymbol{\beta}}_{H_0} = \boldsymbol{A}\widehat{\boldsymbol{\beta}} - \boldsymbol{A}(\boldsymbol{X}'\boldsymbol{X})^{-}\boldsymbol{A}'\boldsymbol{\lambda}/2$. Für den Lagrange–Multiplikator $\boldsymbol{\lambda}$ ergibt sich so $\boldsymbol{\lambda}/2 = \boldsymbol{\Sigma}^{-1}(\boldsymbol{A}\widehat{\boldsymbol{\beta}} - \boldsymbol{c})$ mit (5.2.11). Folglich ist

(5.2.20) (1) $\widehat{\boldsymbol{\beta}} - \widehat{\boldsymbol{\beta}}_{H_0} = (\boldsymbol{X}'\boldsymbol{X})^{-}\boldsymbol{A}'\boldsymbol{\Sigma}^{-1}(\boldsymbol{A}\widehat{\boldsymbol{\beta}} - \boldsymbol{c})$, also auch

(2) $\widehat{\boldsymbol{\beta}}_{H_0} = \widehat{\boldsymbol{\beta}} - (\boldsymbol{X}'\boldsymbol{X})^{-}\boldsymbol{A}'\boldsymbol{\Sigma}^{-1}(\boldsymbol{A}\widehat{\boldsymbol{\beta}} - \boldsymbol{c})$.

Mit (5.2.20) wird folgende Rechnung einfach:

$$\begin{aligned}
&(\widehat{\boldsymbol{\beta}} - \widehat{\boldsymbol{\beta}}_{H_0})'(\boldsymbol{X}'\boldsymbol{X})(\widehat{\boldsymbol{\beta}} - \widehat{\boldsymbol{\beta}}_{H_0}) \\
&\qquad = (\boldsymbol{A}\widehat{\boldsymbol{\beta}} - \boldsymbol{c})'\boldsymbol{\Sigma}^{-1}\boldsymbol{A}(\boldsymbol{X}'\boldsymbol{X})^{-}(\boldsymbol{X}'\boldsymbol{X})(\boldsymbol{X}'\boldsymbol{X})^{-}\boldsymbol{A}'\boldsymbol{\Sigma}^{-1}(\boldsymbol{A}\widehat{\boldsymbol{\beta}} - \boldsymbol{c}) \\
&\qquad = (\boldsymbol{A}\widehat{\boldsymbol{\beta}} - \boldsymbol{c})'\boldsymbol{\Sigma}^{-1}\boldsymbol{A}(\boldsymbol{X}'\boldsymbol{X})^{-}\boldsymbol{A}'\boldsymbol{\Sigma}^{-1}(\boldsymbol{A}\widehat{\boldsymbol{\beta}} - \boldsymbol{c}).
\end{aligned}$$

Mit (5.2.11) (2) und (5.2.14) haben wir daher

(5.2.21) (1) $Q(H_0) = (\widehat{\boldsymbol{\beta}} - \widehat{\boldsymbol{\beta}}_{H_0})'\boldsymbol{X}'\boldsymbol{X}(\widehat{\boldsymbol{\beta}} - \widehat{\boldsymbol{\beta}}_{H_0})$ (mit (5.2.19), (5.2.20)),

(2) $Q(H_0) = Q(\widehat{\boldsymbol{\beta}}_{H_0})$ (5.1.11) (1).

Aus (5.1.11) (2) (mit $\boldsymbol{b} = \widehat{\boldsymbol{\beta}}_{H_0}$) und (5.2.21) folgern wir weiter:

(5.2.22) (1) $Q(H_0) = \mathrm{SSE}(H_0) - \mathrm{SSE}$ mit

(2) $\mathrm{SSE}(H_0) := (\boldsymbol{Y} - \boldsymbol{X}\widehat{\boldsymbol{\beta}}_{H_0})'(\boldsymbol{Y} - \boldsymbol{X}\widehat{\boldsymbol{\beta}}_{H_0}) = \mathrm{SSE}(\widehat{\boldsymbol{\beta}}_{H_0})$;

(3) $Q(H_0) = \mathrm{SSR} - \mathrm{SSR}(H_0)$ mit

(4) $\mathrm{SSR}(H_0) = \mathrm{SST} - \mathrm{SSE}(H_0)$, also (mit (2) und (3.1.8) (1)):

(5) $\mathrm{SSR}(H_0) = \widehat{\boldsymbol{\beta}}'_{H_0}\boldsymbol{X}'\boldsymbol{X}(2\widehat{\boldsymbol{\beta}} - \widehat{\boldsymbol{\beta}}_{H_0})$;

(6) $\mathrm{SSR}(H_0) = \boldsymbol{Y}'\boldsymbol{Y} - \boldsymbol{Y}'_{H_0}\boldsymbol{Y}_{H_0} + \widehat{\boldsymbol{\beta}}'_{H_0}\boldsymbol{X}'_{H_0}\boldsymbol{Y}_{H_0}$ (siehe Bemerkung).

Bemerkung (zu (5.2.22) (5) , (6))
Man beachte, daß SSR(H_0) in (5.2.22) (5) *nicht* mit $\widehat{\boldsymbol{\beta}}'_{H_0}\boldsymbol{X}'_{H_0}\boldsymbol{Y}_{H_0}$ übereinstimmen muß, wobei $\boldsymbol{X}_{H_0}$ resp. $\boldsymbol{Y}_{H_0}$ Regressor–Matrix resp. Regressand des durch H_0 *reduzierten Modells* (siehe (5.2.9)) sind; denn SSR(H_0) ist *nicht* $\boldsymbol{Y}'_{H_0}\boldsymbol{Y}_{H_0}$ − SSE(H_0), sondern (ex definitione!) $\boldsymbol{Y}'\boldsymbol{Y} - \text{SSE}(H_0) = \boldsymbol{Y}'\boldsymbol{Y} - \boldsymbol{Y}'_{H_0}\boldsymbol{Y}_{H_0} + \boldsymbol{Y}'_{H_0}\boldsymbol{Y}_{H_0} - \text{SSE}(H_0)$. (Siehe auch (5.3.17) (3) zur Verdeutlichnung.) Wenn freilich im reduzierten Modell $\boldsymbol{Y}_{H_0} = \boldsymbol{Y}$ bleibt, ist SSR(H_0) = $\widehat{\boldsymbol{\beta}}'_{H_0}\boldsymbol{X}'_{H_0}\boldsymbol{Y}$ (wie in (5.3.8)). ■

Aus (5.2.22) (1) und (3) ergibt sich in (5.2.17)

$$\textbf{(5.2.23)}\quad \mathcal{F}(H_0) = \mathcal{F}_{q,n-r} = \frac{\text{SSE}(H_0) - \text{SSE}}{\text{SSE}} \cdot \frac{n-r}{q} = \frac{\text{SSR} - \text{SSR}(H_0)}{\text{SSE}} \cdot \frac{n-r}{q}\,.$$

Wichtig in (5.2.23) ist, daß $Q(H_0)$ (im Zähler) als Differenz von Ausdrücken (SSR, SSR(H_0), SSE, SSE(H_0)) dargestellt ist, die sich in vielen Fällen vergleichsweise problemlos berechnen lassen. Gelegentlich ist es dazu zweckmäßig, das Modell $\boldsymbol{Y} = \boldsymbol{X\beta} + \boldsymbol{U}$ in ein neues lineares Modell $\boldsymbol{Y} = \boldsymbol{Z\theta} + \boldsymbol{U}$ so zu transformieren, daß sich in dem durch H_0 *reduzierten Modell* der Ausdruck SSR(H_0) resp. SSE(H_0) besonders bequem berechnen läßt. Mit den transformierten Größen

$$\textbf{(5.2.24)}\quad (1)\quad \boldsymbol{\theta} = \boldsymbol{C\beta}\,,\quad \boldsymbol{\beta} = \boldsymbol{B\theta}\quad (\boldsymbol{B} = \boldsymbol{C}^{-1},\ \boldsymbol{BC} = \boldsymbol{I} = \boldsymbol{C}'\boldsymbol{B}')\,,$$

$$(2)\quad \boldsymbol{Z} = \boldsymbol{XB}\,,\quad \boldsymbol{Z}'\boldsymbol{Z} = \boldsymbol{B}'(\boldsymbol{X}'\boldsymbol{X})\boldsymbol{B}\,,\quad (\boldsymbol{Z}'\boldsymbol{Z})^- = \boldsymbol{C}(\boldsymbol{X}'\boldsymbol{X})^-\boldsymbol{C}'$$

$$(3)\quad \boldsymbol{Y} = \boldsymbol{Z\theta} + \boldsymbol{U}\,,\quad \boldsymbol{U} : \mathcal{N}(\boldsymbol{0}, \sigma^2\boldsymbol{I})$$

findet man leicht für die gemäß (3.3.9) (1) erklärten Matrizen:

$$\begin{aligned}\boldsymbol{Z}^* &= \boldsymbol{Z}(\boldsymbol{Z}'\boldsymbol{Z})^-\boldsymbol{Z}' = \boldsymbol{XB}\cdot\boldsymbol{C}(\boldsymbol{X}'\boldsymbol{X})^-\boldsymbol{C}'\cdot\boldsymbol{B}'\boldsymbol{X}' \quad \text{(mit (5.2.24) (2))}\\ &= \boldsymbol{X}(\boldsymbol{X}'\boldsymbol{X})^-\boldsymbol{X}' = \boldsymbol{X}^*,\end{aligned}$$

also nach (3.3.10)

(5.2.25) (1) $\text{SSR}_{\boldsymbol{Z}\text{-Modell}} = \boldsymbol{Y}'\boldsymbol{Z}^*\boldsymbol{Y} = \boldsymbol{Y}'\boldsymbol{X}^*\boldsymbol{Y} = \text{SSR}_{\boldsymbol{X}\text{-Modell}}$;

(2) ferner ist für $\boldsymbol{\theta}$ (5.2.24) (1) offenbar $\widehat{\boldsymbol{\theta}} = \boldsymbol{C}\widehat{\boldsymbol{\beta}}$ (für OLS–Schätzer);

(3) $H_0 : \boldsymbol{A\beta} = \boldsymbol{c}$ ist identisch mit $H_0 : (\boldsymbol{AB})\boldsymbol{\theta} = \boldsymbol{c}$ im $\boldsymbol{Z}$–Modell (5.2.24) (3).

Durch geeignete Wahl der Transformationsmatrix $\boldsymbol{B}$ (und damit $\boldsymbol{C}$) kann im $\boldsymbol{Z}$–Modell die Hypothesen–Matrix $\boldsymbol{AB}$ "einfach" und damit die Berechnung von $Q(H_0)$ problemlos werden. Dies wird sich im folgenden Abschnitt (siehe Transformation (5.3.22) mit (5.3.26), (5.3.27)) und in den folgenden Kapiteln bestätigen. Es sind also folgende Schritte vorzunehmen für die

(5.2.26) Berechnung der Teststatistik $\mathcal{F}$ (5.2.17)

(1) Berechne $\widehat{\beta}$ und hieraus SSR und SSE im **vollen Modell**.

(2) Berechne $Q(H_0)$ gemäß (5.2.14) oder (5.2.21), sofern dies bequem möglich ist.

(3) Alternative zu (2): Transformiere gemäß (5.2.24) und berechne sodann SSE(H_0), SSR(H_0) — unter Beachtung der Bemerkung zu (5.2.22) (5) — im durch H_0 (5.2.8) **reduzierten Modell**, sofern dies bequem möglich ist.

(4) Berechne $\mathcal{F} = \mathcal{F}(H_0)$ als Quotienten (mit $r = \operatorname{rg} \boldsymbol{X}$, $q = \operatorname{rg} H_0$)

$$\frac{Q(H_0)}{\text{SSE}} \cdot \frac{n-r}{q} \quad \text{oder} \quad \frac{\text{SSE}(H_0) - \text{SSE}}{\text{SSE}} \cdot \frac{n-r}{q}$$

$$\text{oder} \quad \frac{\text{SSR} - \text{SSR}(H_0)}{\text{SSE}} \cdot \frac{n-r}{q} .$$

Eigentlich sind nun im Grundsatz Testprobleme über β mit Hilfe von (5.2.26), (5.2.18) gleichsam vollständig "erledigt". Für die gewünschte Hypothese muß man ja *nur* die 'Hypothesen-Matrix' $\boldsymbol{A}$ und den Vektor $\boldsymbol{c}$ in (5.2.8) richtig wählen (und die Berechnung von $\mathcal{F}$ kann dann z. B. mit dem **APL–Programm** FH0 aus Anhang 1 erfolgen). Der folgende Abschnitt — und folgende Kapitel — führen besonders wichtige Varianten von H_0 näher aus. Dabei wird sich die Berechnung der Teststatistiken teilweise erheblich vereinfachen lassen. In den Kapiteln 7 und 8 werden — vor allem im Hinblick auf Anwendungen — weitere Modell- und Hypothesen–Spezifizierungen (und Vereinfachungen) vorgenommen werden.

5.3 Spezielle Testprobleme über β

Vier wichtige Hypothesen

Im folgenden wird zunächst unterstellt, daß $\operatorname{rg} \boldsymbol{X} = k$ ist, so daß $(\boldsymbol{X}'\boldsymbol{X})^{-1}$ existiert und $\widehat{\beta} = (\boldsymbol{X}'\boldsymbol{X})^{-1}\boldsymbol{X}'\boldsymbol{Y}$ der eindeutige unverzerrte OLS–Schätzer für β ist. Mit β ist jede Transformation $\boldsymbol{A}\beta$ schätzbar, also $H_0 : \boldsymbol{A}\beta = \boldsymbol{c}$ (5.2.8) stets testbar! Insbesondere gilt dies für folgende Spezifizierungen von $\boldsymbol{A}$:

(5.3.1) (1) $$\boldsymbol{A} = \begin{bmatrix} 1 & \cdots & 0 & 0 & \cdots & 0 \\ \vdots & \ddots & \vdots & \vdots & & \vdots \\ 0 & \cdots & 1 & 0 & \cdots & 0 \end{bmatrix} = \left[\boldsymbol{I}_q \ \vdots \ \boldsymbol{0}_{q \times (k-q)} \right], \quad 1 \leq q \leq k ;$$

$$(2)\quad \boldsymbol{A} = \begin{bmatrix} -1 & 1 & \cdots & 0 & 0 & \cdots & 0 \\ \vdots & \vdots & \ddots & \vdots & \vdots & & \vdots \\ -1 & 0 & \cdots & 1 & 0 & \cdots & 0 \end{bmatrix} = \begin{bmatrix} -1 & \vdots & & \vdots & \\ \vdots & \vdots & \boldsymbol{I}_{q-1} & \vdots & \boldsymbol{0}_{q\times(k-q)} \\ -1 & \vdots & & \vdots & \end{bmatrix}, \quad 2 \le q \le k\,.$$

Durch Spezialisierungen von $\boldsymbol{c}$ — z. B. $\boldsymbol{c} = \boldsymbol{0}$ oder beliebiges $\boldsymbol{c} = \boldsymbol{\beta}_0$ — erhalten wir besonders anschauliche Hypothesen:

(5.3.2) (1) $H_{\boldsymbol{\beta}_0} \;:\; \boldsymbol{\beta} = \boldsymbol{\beta}_0\,,$

(2) $H_{(q,0)} \;:\; \beta_1 = 0, \ldots, \beta_q = 0 \qquad (1 \le q \le k)\,,$

(3) $H_{(q,\boldsymbol{\beta}_0)} : \beta_1 = \beta_{01}, \ldots, \beta_q = \beta_{0q} \qquad (1 \le q \le k)\,,$

(4) $H_{(q,=)} \;:\; \beta_1 = \beta_2 = \cdots = \beta_q \qquad (2 \le q \le k)\,.$

Natürlich ist (5.3.2) (1) ein Spezialfall ($q = k$) von (5.3.2) (3), und (5.3.2) (2) ist der Spezialfall $\beta_{01} = 0, \ldots, \beta_{0q} = 0$ in (5.3.2) (3). Wir werden — zum leichteren Verständnis — dennoch die Hypothesen in der vorgelegten Reihenfolge behandeln.

(1) Die Hypothese $\boldsymbol{\beta} = \boldsymbol{\beta}_0$

Der Sinn dieser Hypothese ist, die Frage zu stellen, ob $\boldsymbol{\beta}$ "signifikant" verschieden ist vom Wert $\boldsymbol{\beta}_0$ oder ob $\boldsymbol{\beta}$ identisch ist mit $\boldsymbol{\beta}_0$ (oder "in der Nähe" von $\boldsymbol{\beta}_0$ sein könnte).

(5.3.3) Beispiel (Agrar (b))
In Beispiel (3.1.15) (b) interessiert uns, ob

$$H_0 : \boldsymbol{\beta}' = [20 \;\; 1 \;\; 1 \;\; 2] = [\beta_{01} \;\; \beta_{02} \;\; \beta_{03} \;\; \beta_{04}]$$

widerlegt werden kann. Zur Interpretation von H_0 beachte man (3.1.2). ■

Betrachten wir nun die Testkonstruktion für $H_{\boldsymbol{\beta}_0}$! Offenbar ist $\widehat{\boldsymbol{\beta}}_{H_0} = \boldsymbol{\beta}_0$ (siehe (5.2.20) (2) mit $\boldsymbol{A} = \boldsymbol{I}$, $\boldsymbol{c} = \boldsymbol{\beta}_0$, $\boldsymbol{\Sigma}^{-1} = (\boldsymbol{X}'\boldsymbol{X})$!) und daher gemäß (5.2.22) (2) , (5)

$$\mathrm{SSE}(H_0) = (\boldsymbol{Y} - \boldsymbol{X}\boldsymbol{\beta}_0)'(\boldsymbol{Y} - \boldsymbol{X}\boldsymbol{\beta}_0)\,,$$

$$\mathrm{SSR}(H_0) = \boldsymbol{\beta}_0'\boldsymbol{X}'\boldsymbol{X}(2\widehat{\boldsymbol{\beta}} - \boldsymbol{\beta}_0)\,.$$

(Man sieht übrigens sofort, daß hier — bei genügend "schlechter" Wahl von $\boldsymbol{\beta}_0$ — SSE(H_0) beliebig groß, SSR(H_0) also auch negativ sein kann!) Wir haben mit (5.1.16) (2) und (5.1.11) die F–Statistik $\mathcal{F}_{k,n-k}(\boldsymbol{\beta}_0)$ als Testgröße. Es ist üblich geworden, die für die Berechnung von $\mathcal{F}$ nötigen Größen in einer Tabelle zusammenzufassen, die — wegen der Rolle der "Restvarianzen" SSE, SSE(H_0) in der Statistik $\mathcal{F}$ — den Namen **Varianz–Analyse–Tafel** oder **Analysis of Variance**–Tafel oder kurz **ANOVA**(–Tafel) trägt. Wir folgen — mit Freiheiten — dieser Übung und erhalten mit (5.2.23)

(5.3.4)

ANOVA für H_{β_0} (5.3.2): $\boldsymbol{\beta} = \boldsymbol{\beta}_0$, Modell (5.1.1)	
Quelle	SS (Sum of Squares)
Regression volles Modell	$\text{SSR} = \widehat{\boldsymbol{\beta}}'\boldsymbol{X}'\boldsymbol{Y}$
Fehler volles Modell	$\text{SSE} = \boldsymbol{Y}'\boldsymbol{Y} - \widehat{\boldsymbol{\beta}}'\boldsymbol{X}'\boldsymbol{Y}$
Regression reduziertes Modell	$\text{SSR}(H_0) = \boldsymbol{\beta}_0'\boldsymbol{X}'\boldsymbol{X}(2\widehat{\boldsymbol{\beta}} - \boldsymbol{\beta}_0)$
Fehler reduziertes Modell	$\text{SSE}(H_0) = (\boldsymbol{Y} - \boldsymbol{X}\boldsymbol{\beta}_0)'(\boldsymbol{Y} - \boldsymbol{X}\boldsymbol{\beta}_0)$
Teststatistik: $\mathcal{F}_{k,n-k} = \dfrac{\text{SSE}(H_0) - \text{SSE}}{\text{SSE}} \cdot \dfrac{n-k}{k} = \dfrac{\text{SSR} - \text{SSR}(H_0)}{\text{SSE}} \cdot \dfrac{n-k}{k}$	
Spezialfall $\boldsymbol{\beta}_0 = \mathbf{0}$: $\mathcal{F}_{k,n-k} = \dfrac{\text{SSR}}{\text{SSE}} \cdot \dfrac{n-k}{k}$	

Bemerkung
Mit dem **APL–Programm** FH0BETO (siehe Anhang 1) kann die $\mathcal{F}$–Statistik (5.3.4) leicht berechnet werden. ■

(5.3.5) Beispiel

(1) Betrachte (3.2.13) und die Hypothese H_{β_0} mit $\boldsymbol{\beta}_0' = [1\ 1\ 0\ 1]$. Bekannt ist $\boldsymbol{\beta}' = \frac{1}{3}[4\ 3\ 0\ 1]$, SST $= 19$, SSE $= 4/3$. Weiter ist $(\boldsymbol{X}\boldsymbol{\beta}_0)' = [\ 1\ \ 1\ \ 0\ \ 2\ \ 2\ \ 3\ ]$ und also $(\boldsymbol{Y} - \boldsymbol{X}\boldsymbol{\beta}_0)' = [\ 1\ \ 0\ \ 0\ \ -1\ \ 0\ \ 0\ ]$ und damit $\text{SSE}(H_0) = 2$. Mit $n = 6$, $k = 4$ erhält man $\mathcal{F}_{4,6-4} = \dfrac{2 - 4/3}{4/3} \cdot \dfrac{2}{4} = \dfrac{1}{4}$.

Alternative Berechnung (i.d.R. einfacher für großes n):
$\boldsymbol{\beta}_0'\boldsymbol{X}'\boldsymbol{X} = [9\ 4\ 8\ 6]$, $2\widehat{\boldsymbol{\beta}}' - \boldsymbol{\beta}_0' = \frac{1}{3}[5\ 3\ 0\ -1]$;
$\text{SSR}(H_0) = \frac{1}{3}(45 + 12 + 0 - 6) = 17$; $\text{SSE}(H_0) = 19 - 17 = 2$.

Wollte man H_{β_0} mit Signifikanz $\alpha = 0.10$ testen, hätte man zu entscheiden

$$d \neq H_{\beta_0} \iff \mathcal{F}_{4,2} > 9.244$$

($F_{4,2;0.10} = 9.244$ entnimmt man der F-Tabelle; siehe Anhang 2). H_{β_0} kann aufgrund des angegebenen $\boldsymbol{Y}$-Ergebnisses nicht verworfen werden.

(2) Für $\boldsymbol{\beta}_0' = [\ 2\ \ 2\ \ 1\ \ 2\ ]$ erhält man $(\boldsymbol{X}\boldsymbol{\beta}_0)' = [\ 3\ \ 2\ \ -1\ \ 6\ \ 4\ \ 7\ ]$, $(\boldsymbol{Y} - \boldsymbol{X}\boldsymbol{\beta}_0)' = [\ -1\ \ -1\ \ 1\ \ -5\ \ -2\ \ -4\ ]$. Also ist $\text{SSE}(H_0) = 48$ und daher $\mathcal{F}_{4,2} = \dfrac{48 - 4/3}{4/3} \cdot \dfrac{2}{4} = 17.5$. Zur Signifikanz $\alpha = 0.1$ wird nun H_{β_0} abgelehnt. (Hier wäre $\text{SSR}(H_0) = 19 - 48 = -29$(!!) .) ■

(5.3.6) Beispiel (Agrar (b))
In (5.3.3) ist SSR = 3746.2199 und SSE = 201.7801 (siehe (3.1.31), (3.1.32)). Ferner ist

$$(\boldsymbol{X}\boldsymbol{\beta}_0)' = [22\ \ 27\ \ 27\ \ 24\ \ 24\ \ 20\ \ 25\ \ 22],$$
$$(\boldsymbol{Y} - \boldsymbol{X}\boldsymbol{\beta}_0)' = [-3\ \ -10\ \ 4\ \ 6\ \ -8\ \ -4\ \ -3\ \ -1],$$
$$(\boldsymbol{Y} - \boldsymbol{X}\boldsymbol{\beta}_0)'(\boldsymbol{Y} - \boldsymbol{X}\boldsymbol{\beta}_0) = 251 = \text{SSE}(H_0).$$

Mit $n = 8$, $k = 4$ haben wir

$$\mathcal{F}_{4,8-4} = \frac{251 - 201.7801}{201.7801} \cdot \frac{4}{4} = 0.244\,.$$

Zur Signifikanz $\alpha = 0.10$ haben wir

$$d \neq H_0 \iff \mathcal{F}_{4,4} > 4.107;$$

also wird H_0 nicht abgelehnt (sondern angenommen). ■

(2) Die Hypothese $\beta_1 = 0,\ \beta_2 = 0,\ \ldots,\ \beta_q = 0$

Hinter dieser Hypothese steht die Frage, ob die Variablen $X_1, \ldots, X_q$ überhaupt einen Einfluß auf Y ausüben ("nicht H_0") oder ob sie dies doch im wesentlichen gar nicht tun (H_0). Zur Behandlung dieser Hypothese $H_{(q,0)}$ (5.3.2) schreiben wir das Regressionsmodell (5.1.1) in der Form

(5.3.7) $\boldsymbol{Y} = \boldsymbol{X}_{+q} \cdot \boldsymbol{\beta}_{+q} + \boldsymbol{X}_{-q} \cdot \boldsymbol{\beta}_{-q} + \boldsymbol{U}$ mit

$$\boldsymbol{X} = [\ \boldsymbol{X}_{+q}\ \vdots\ \boldsymbol{X}_{-q}\ ]\,,\quad \boldsymbol{X}_{+q} = (\boldsymbol{X}_{+q})_{n\times q}\,,\quad \boldsymbol{X}_{-q} = (\boldsymbol{X}_{-q})_{n\times(k-q)}\,,$$
$$\boldsymbol{\beta}'_{+q} = [\beta_1 \ldots \beta_q]\,,\quad \boldsymbol{\beta}'_{-q} = [\beta_{q+1}\ \ldots\ \beta_k].$$

$\boldsymbol{X}_{+q}$ besteht also aus den ersten q Spalten von $\boldsymbol{X}$; $\boldsymbol{X}_{-q}$ entsteht aus $\boldsymbol{X}$ durch Weglassen der ersten q Spalten. Unter $H_{(q,0)}$ vereinfacht sich dieses Modell zum

$$\textit{reduzierten Modell:}\qquad \boldsymbol{Y} = \boldsymbol{X}_{-q} \cdot \boldsymbol{\beta}_{-q} + \boldsymbol{U}$$

mit $\boldsymbol{Y}_{H_0} = \boldsymbol{Y}$, $\boldsymbol{X}_{H_0} = \boldsymbol{X}_{-q}$. Wir erhalten zunächst in diesem *reduzierten* Modell (mit q Parametern) $\widehat{\boldsymbol{\beta}}^r_{H_0} = \widehat{\boldsymbol{\beta}}_{-q}$ und sodann im *vollen* Modell (mit k Parametern) $\widehat{\boldsymbol{\beta}}_{H_0}$ und des weiteren SSR(H_0) für (5.2.26) (4) gemäß (5.2.22) (5) (unter Beachtung der dort anschließenden Bemerkung):

(5.3.8) (1) $\widehat{\boldsymbol{\beta}}^r_{-q} = \widehat{\boldsymbol{\beta}}^r_{H_0} = (\boldsymbol{X}'_{-q}\boldsymbol{X}_{-q})^{-1}\boldsymbol{X}'_{-q}\boldsymbol{Y}$, $\quad \text{SSR}(H_0) = \widehat{\boldsymbol{\beta}}^{r\prime}_{-q}\boldsymbol{X}'_{-q}\boldsymbol{Y}$,

(2) $\widehat{\boldsymbol{\beta}}'_{H_0} = [\underset{1}{0}\ \ldots\ \underset{q}{0}\ \vdots\ \widehat{\boldsymbol{\beta}}^{r\prime}_{-q}]$, $\quad \text{SSR}(H_0) = \widehat{\boldsymbol{\beta}}'_{H_0}\boldsymbol{X}'\boldsymbol{Y} = \widehat{\boldsymbol{\beta}}^{r\prime}_{-q}\boldsymbol{X}'_{-q}\boldsymbol{Y}$.

Bemerkung: Falls Mißverständnisse nicht zu befürchten sind, schreiben wir einfach $\widehat{\boldsymbol{\beta}}_{H_0}$ auch für $\widehat{\boldsymbol{\beta}}^r_{H_0}$. ■

Mit (5.2.23) ergibt sich daher folgende ANOVA-Tafel:

(5.3.9)

ANOVA für $H_{(q,0)}$ (5.3.2): $\beta_1 = 0, \ldots, \beta_q = 0$, Modell (5.1.1), (5.3.7)	
Quelle	SS
Regression volles Modell	$\mathrm{SSR} = \widehat{\beta}' X' Y$
Fehler volles Modell	$\mathrm{SSE} = \mathrm{SST} - \mathrm{SSR}$
Regression reduziertes Modell	$\mathrm{SSR}(H_0) = \widehat{\beta}_{-q}^{*\prime} X'_{-q} Y = \widehat{\beta}'_{H_0} X' Y$
Fehler reduziertes Modell	$\mathrm{SSE}(H_0) = \mathrm{SST} - \mathrm{SSR}(H_0)$
Teststatistik: $\mathcal{F}_{q,n-k} = \dfrac{\mathrm{SSR} - \mathrm{SSR}(H_0)}{\mathrm{SSE}} \cdot \dfrac{n-k}{q}$	
Spezialfall $q = k$: Siehe (5.3.4), Spezialfall	

Bemerkung
Die Berechnung von $\mathcal{F}$ (5.3.9) kann mit dem **APL–Programm** FHOBETO (Anhang 1) vorgenommen werden. ■

(5.3.10) Beispiel
Betrachte wieder (3.2.13) und $H_{(2,0)} : \beta_1 = 0, \beta_2 = 0$. Es ist

$$X'_{-2} = \begin{bmatrix} 1 & 0 & -1 & 2 & 0 & 1 \\ 0 & 1 & 0 & 1 & 0 & 1 \end{bmatrix}, \quad X'_{-2} X_{-2} = \begin{bmatrix} 7 & 3 \\ 3 & 3 \end{bmatrix},$$

$$(X'_{-2} X_{-2})^{-1} = \frac{1}{12} \begin{bmatrix} 3 & -3 \\ -3 & 7 \end{bmatrix}, \quad X'_{-2} Y = \begin{bmatrix} 7 \\ 5 \end{bmatrix},$$

$$\widehat{\beta}_{H_0} = \frac{1}{6} \begin{bmatrix} 3 \\ 7 \end{bmatrix}, \quad \mathrm{SSR}(H_0) = \frac{1}{6} [\, 3 \quad 7 \,] \cdot \begin{bmatrix} 7 \\ 5 \end{bmatrix} = \frac{28}{3}.$$

Da SSR = 53/3 und SSE = 4/3 war, errechnet man für die Teststatistik

$$\mathcal{F}_{6-4,2} = \frac{53/3 - 28/3}{4/3} \cdot \frac{2}{2} = \frac{25}{4} = 6.25.$$

Bei einer Signifikanz $\alpha = 0.10$ ist $K = 9.00$, und der Test (5.2.18) kann $H_{(2,0)}$ nicht verwerfen. ■

(5.3.11) Bemerkung
Will man statt $H_{(q,0)}$ die Hypothese $H^*_{(q,0)} : \beta_{i_1} = 0, \ldots, \beta_{i_q} = 0$ für *irgendeine* Indexmenge $\{i_1, \ldots, i_q\} \subseteq \{1, \ldots, k\}$ testen, muß man statt (5.3.7) ein entsprechend "umgeordnetes" Modell benutzen: X_{-q} wird ersetzt durch X^*_{-q}, das aus X durch Streichung der i_1–ten, ..., i_q–ten Spalten entsteht. Dieses X^*_{-q} ersetzt natürlich X_{-q} in (5.3.8), (5.3.9). (Im **APL–Programm** FHOBETO zur Berechnung von $\mathcal{F}$ (5.3.9) müssen nur die zu $i_1, \ldots, i_q$ gehörenden Spalten in der umgeordneten Regressormatrix vorne stehen.) ■

(5.3.12) Beispiel (Agrar (b))
Betrachte (3.1.15) (b) mit $n = 8$, $k = 4 = r$, SSE = 3746.2199, SSE = 201.7801 (siehe (3.1.31), (3.1.32)). Von Interesse ist zu wissen, ob sich Düngemittel überhaupt auf das Wachstum auswirken:

$$H_0 : \beta_2 = \beta_3 = 0 \; ;$$

$$\widehat{\beta}_{H_0} = \begin{bmatrix} 21.0000 \\ 1.3333 \end{bmatrix} = \begin{bmatrix} 8 & 3 \\ 3 & 3 \end{bmatrix}^{-1} \begin{bmatrix} 172 \\ 67 \end{bmatrix} = \begin{bmatrix} 21 \\ 4/3 \end{bmatrix} ;$$

$$\mathrm{SSR}(H_0) = [21 \;\; 4/3] \cdot \begin{bmatrix} 172 \\ 67 \end{bmatrix} = 3701.3333 \, .$$

$$\mathcal{F}_{2,8-4} = \frac{3746.2199 - 3701.3333}{201.7801} \cdot \frac{4}{2} = 0.445 \, .$$

Für Signifikanzniveau 0.25 hätten wir den Test

$$d \neq H_0 \iff \mathcal{F}_{2,4} > 2.000 \, .$$

H_0 kann wegen $\mathcal{F} = 0.4449$ also nicht abgelehnt werden. ■

Sonderfall im inhomogenen Modell

Im inhomogenen Modell will man oft wissen, ob die nicht-konstanten Erklärenden überhaupt einen Einfluß auf Y ausüben. Zumal in gängigen Statistik-Programm-Paketen wird diese Hypothese "automatisch" immer mit getestet — unabhängig davon, was dem Anwender wichtig ist. Je nachdem, ob wir

- wie bislang die allgemeine Schreibweise (1.2.1) mit $X_2, \ldots, X_k$ als nicht-konstanten Erklärenden

oder

- wie von Programm-Paketen bevorzugt die Notation (1.2.3) mit $X_1, \ldots, X_p$ als nicht-konstanten Erklärenden

zugrunde legen, haben wir folgende Nullhypothese, die — nach Vertauschen von X_1 und X_k — natürlich der Spezialfall $q = k - 1$ von $H_{(q,0)}$ (5.3.2) (2) ist:

(5.3.13) (1) $H^*_{(k-1,0)} : \beta_2 = 0, \ldots, \beta_k = 0 \quad (\text{für } \mathrm{E}(Y_i) = \beta_1 + \beta_2 x_{i2} + \cdots + \beta_k x_{ik})$,

(2) $H^*_{(p,0)} : \quad \beta_1 = 0, \ldots, \beta_p = 0 \quad (\text{für } \mathrm{E}(Y_i) = \beta_0 + \beta_1 x_{i1} + \cdots + \beta_p x_{ip})$.

Da unter $H^*_{(p,0)}$ offenbar das einfache Regressionsmodell aus Aufgabe (2.4.1) (!) vorliegt, haben wir für SSR(H_0) nach (2.4.1) (1) und (4) (Lösung) die Statistik $\mathrm{SSR}(H_0) = \overline{Y} \cdot \sum Y_i = n\overline{Y}^2$. (Dies ist natürlich mit dem Fall $q = k - 1$ in (5.3.9) identisch, sofern man noch X_1 mit X_k vertauscht!) Also haben wir sofort

(5.3.14)

ANOVA für $H^*_{(k-1,0)} = H^*_{(p,0)}$ (5.3.13) im *inhomog.* Modell (5.1.1)	
Quelle	SS
Regression volles Modell	$\mathrm{SSR} = \widehat{\boldsymbol{\beta}}'\boldsymbol{X}'\boldsymbol{Y}$
Fehler volles Modell	$\mathrm{SSE} = \mathrm{SST} - \mathrm{SSR}$
Regression reduziertes Modell	$\mathrm{SSR}(H_0) = n\overline{Y}^2$
Fehler reduziertes Modell	$\mathrm{SSE}(H_0) = \mathrm{SST} - \mathrm{SSR}(H_0)$
Teststatistik: $\mathcal{F}_{k-1,n-k} = \dfrac{\widehat{\boldsymbol{\beta}}'\boldsymbol{X}'\boldsymbol{Y} - n\overline{Y}^2}{\mathrm{SSE}} \cdot \dfrac{n-k}{k-1}$	

Bemerkung
In gängigen Programmpaketen (z. B. REGRESSION bei SPSS, SAS; OLS bei GAUSS) wird i.d.R der Wert dieser Statistik $\mathcal{F}$ (5.3.14) mit ausgegeben. Das **APL–Programm** FH0BETO (Anhang 1) eignet sich — nach Umordnen der $\boldsymbol{X}$–Spalten (Konstante **1** nach hinten!) — ebenfalls zur Berechnung von $\mathcal{F}$ (5.3.14). (Siehe auch (5.3.11).) ■

(3) Die Hypothese $\beta_1 = \beta_{01}, \ldots, \beta_q = \beta_{0q}$

In dieser Hypothese wird der Einfluß der Erklärenden $X_1, \ldots, X_q$ durch die Koeffizienten $\beta_{01}, \ldots, \beta_{0q}$ festgelegt. Diese Verallgemeinerung von $H_{(q,0)}$ (5.3.2) (2) (resp. auch von $H_{\boldsymbol{\beta}_0}$ (5.3.2) (1)) läßt sich in Anlehnung an (5.3.7), (5.3.8), (5.3.9) wie folgt behandeln. Man setze

(5.3.15) (1) $\boldsymbol{\beta}_{0q} = [\beta_{01} \;\ldots\; \beta_{0q}]$, also

(2) $H_{(q,\boldsymbol{\beta}_0)} : \boldsymbol{\beta}_{+q} = \boldsymbol{\beta}_{0q}$ mit $\boldsymbol{\beta}_{+q} = [\beta_1 \;\ldots\; \beta_q]$.

Dann ist natürlich

(5.3.16) $\widehat{\boldsymbol{\beta}}^r_{H_0} = \widehat{\boldsymbol{\beta}}^r_{-q} = (\boldsymbol{X}'_{-q}\boldsymbol{X}_{-q})^{-1}\boldsymbol{X}'_{-q}(\boldsymbol{Y} - \boldsymbol{X}_{+q}\boldsymbol{\beta}_{+q})$,

da ja — wie aus (5.3.7) leicht folgt — unter H_0 folgendes

reduziertes Modell : $\boldsymbol{Y}_{H_0} = \boldsymbol{Y} - \boldsymbol{X}_{+q}\boldsymbol{\beta}_{+q} = \boldsymbol{X}'_{-q}\boldsymbol{\beta}_{-q} + \boldsymbol{U} = \boldsymbol{X}_{H_0}\boldsymbol{\beta}_{-q} + \boldsymbol{U}$

vorliegt. Weil weiter gemäß (5.2.22) (6)

$$\mathrm{SSR}(H_0) = \boldsymbol{Y}'\boldsymbol{Y} - \boldsymbol{Y}'_{H_0}\boldsymbol{Y}_{H_0} + \widehat{\boldsymbol{\beta}}^{r\prime}_{-q}\boldsymbol{X}'_{-q}\boldsymbol{Y}_{H_0}$$

ist, folgt aus (5.3.16) — und mit (5.2.22) (5) —

(5.3.17) (1) $\widehat{\boldsymbol{\beta}}'_{H_0} = [\boldsymbol{\beta}'_{0q}, \widehat{\boldsymbol{\beta}}^{r\prime}_{-q}]$,

(2) $\mathrm{SSR}(H_0) = \widehat{\boldsymbol{\beta}}'_{H_0}\boldsymbol{X}'\boldsymbol{X}(2\widehat{\boldsymbol{\beta}} - \widehat{\boldsymbol{\beta}}_{H_0})$ (siehe (5.2.22) (5)),

(3) $\mathrm{SSR}(H_0) =$
$$\boldsymbol{Y}'\boldsymbol{Y} - (\boldsymbol{Y} - \boldsymbol{X}_{+q}\boldsymbol{\beta}_{0q})'(\boldsymbol{Y} - \boldsymbol{X}_{+q}\boldsymbol{\beta}_{0q}) + \widehat{\boldsymbol{\beta}}^{r\prime}_{-q}\boldsymbol{X}'_{-q}(\boldsymbol{Y} - \boldsymbol{X}_{+q}\boldsymbol{\beta}_{0q}) \, .$$

((5.3.17) (2) dürfte die bequemste Formel zur Berechnung von $\mathrm{SSR}(H_0)$ sein.)

Wir können auf eine explizite Herleitung der — intuitiv völlig einleuchtenden — Aussage (5.3.17) (1) aus (5.2.20) (2) verzichten, da $\widehat{\boldsymbol{\beta}}_{H_0}$ wegen (5.2.19) ja die "Nebenbedingung" H_0 erfüllt. Es ist aber interessant zu sehen, wie man z. B. die ersten q Komponenten von $\widehat{\boldsymbol{\beta}}_{H_0}$ *explizit* berechnen kann mit folgendem

(5.3.18) Lemma

Für $\boldsymbol{A} = [\boldsymbol{I}_q \,\vdots\, \mathbf{0}_{q\times k-q}]$, $\boldsymbol{\Sigma} = \boldsymbol{A}(\boldsymbol{X}'\boldsymbol{X})^{-1}\boldsymbol{A}'$ *gilt — mit einer geeigneten, nicht weiter interessierenden Matrix* $\boldsymbol{B}$ —

(1) $(\boldsymbol{X}'\boldsymbol{X})^{-1}\boldsymbol{A}'\boldsymbol{\Sigma}^{-1} = \begin{bmatrix} \boldsymbol{I}_q \\ \cdots \\ \boldsymbol{B} \end{bmatrix}$, *also*

(2) $(\boldsymbol{X}'\boldsymbol{X})^{-1}\boldsymbol{A}'\boldsymbol{\Sigma}^{-1}\boldsymbol{A} = \begin{bmatrix} \boldsymbol{I}_q & \vdots & 0 \\ \cdots & \cdots & \cdots \\ \boldsymbol{B} & \vdots & 0 \end{bmatrix}$

Bemerkung: Setzt man nun in (5.2.20) (2) die entsprechenden Ausdrücke aus (5.3.18) ein, verifiziert man bald (5.3.17) (1) (in den ersten q Komponenten).

Beweis: Man schreibe

$$(\boldsymbol{X}'\boldsymbol{X})^{-1} = \begin{bmatrix} \boldsymbol{B}_{11} & \boldsymbol{B}_{12} \\ \boldsymbol{B}_{12} & \boldsymbol{B}_{22} \end{bmatrix} \quad \text{mit } \boldsymbol{B}_{11} = (\boldsymbol{B}_{11})_{q\times q} \, .$$

Dann findet man leicht:

$$(\boldsymbol{X}'\boldsymbol{X})^{-1}\boldsymbol{A}' = \begin{bmatrix} \boldsymbol{B}_{11} \\ \boldsymbol{B}_{12} \end{bmatrix}, \qquad \boldsymbol{\Sigma}^{-1} = \boldsymbol{B}_{11}^{-1} \, ,$$

und alsbald sind die Aussagen des Lemmas mit wenig Mühe gezeigt. ∎

Mit (5.3.17) können wir nun die folgende Varianz–Analyse–Tafel aufstellen:

(5.3.19)

ANOVA für $H_{(q,\beta_0)}$ (5.3.2): $\beta_1 = \beta_{01}, \ldots, \beta_q = \beta_{0q}$ Modell (5.1.1), (5.3.7)	
Quelle	SS
Regression volles Modell	$\mathrm{SSR} = \widehat{\boldsymbol{\beta}}'\boldsymbol{X}'\boldsymbol{Y}$
Fehler volles Modell	SSE = SST − SSR
Regression reduziertes Modell	SSR(H_0) (5.3.17) mit (5.3.16)
Teststatistik: $\mathcal{F}_{q,n-k} = \dfrac{\mathrm{SSR}-\mathrm{SSR}(H_0)}{\mathrm{SSE}} \cdot \dfrac{n-k}{q}$	

Bemerkung

Das **APL–Programm** FHOBETO (Anhang 1) berechnet $\mathcal{F}$ (5.3.19). ■

(5.3.20) Beispiel

Betrachte in (3.1.15) (b) mit $\boldsymbol{\beta}' = [\,17.1533 \quad 1.4440 \quad 0.8374 \quad 1.7821\,]$,
SSR = 3746.2199, SSE = 201.7801 (siehe (3.1.31), (3.1.32))
die Hypothese H_0: $\beta_1 = 6$, $\beta_2 = 1$ $(\boldsymbol{\beta}'_{+q} = [\,6 \quad 1\,])$.

Dann ist

$$\begin{aligned}(\boldsymbol{Y} - \boldsymbol{X}_{+q}\boldsymbol{\beta}_{+q})' &= \boldsymbol{Y}' - [\,6 \quad 1\,]\begin{bmatrix}1 & 1 & 1 & 1 & 1 & 1 & 1 & 1\\ 0 & 1 & 2 & 3 & 4 & 0 & 3 & 1\end{bmatrix}\\ &= \boldsymbol{Y}' - [\,6 \quad 7 \quad 8 \quad 9 \quad 10 \quad 6 \quad 9 \quad 7\,]\\ &= [\,13 \quad 10 \quad 23 \quad 21 \quad 6 \quad 10 \quad 13 \quad 14\,].\end{aligned}$$

Folglich ist

$$\boldsymbol{X}'_{-q}(\boldsymbol{Y} - \boldsymbol{X}_{+q}\boldsymbol{\beta}_{+q}) = \begin{bmatrix}170\\ 46\end{bmatrix}.$$

Da weiter

$$(\boldsymbol{X}'_{-q}\boldsymbol{X}_{-q}) = \begin{bmatrix}31 & 7\\ 7 & 3\end{bmatrix}, \quad (\boldsymbol{X}'_{-q}\boldsymbol{X}_{-q})^{-1} = \frac{1}{44}\begin{bmatrix}3 & -7\\ -7 & 31\end{bmatrix}$$

ist, erhalten wir

$$\widehat{\boldsymbol{\beta}}^r_{-q} = \frac{1}{44}\begin{bmatrix}3 & -7\\ -7 & 31\end{bmatrix} \cdot \begin{bmatrix}170\\ 46\end{bmatrix} = \frac{1}{44}\begin{bmatrix}188\\ 236\end{bmatrix} = \frac{1}{11}\begin{bmatrix}47\\ 59\end{bmatrix} = \begin{bmatrix}4.2727\\ 5.3636\end{bmatrix}.$$

Daraus errechnet man (mit Rundungsfehlern!) für (5.3.19) :

$$\begin{aligned}\widehat{\boldsymbol{\beta}}'_{H_0} &= [\,6 \quad 1 \quad 4.2727 \quad 5.3636\,],\\ 2\widehat{\boldsymbol{\beta}}' &= [\,34.3066 \quad 2.8880 \quad 1.6748 \quad 3.5643\,],\\ (2\widehat{\boldsymbol{\beta}} - \widehat{\boldsymbol{\beta}}_{H_0})' &= [\,28.3066 \quad 1.8880 \quad -2.5979 \quad -1.7993\,],\\ \mathrm{SSR}(H_0) &= \widehat{\boldsymbol{\beta}}'_{H_0}\boldsymbol{X}'\boldsymbol{X}(2\widehat{\boldsymbol{\beta}} - \widehat{\boldsymbol{\beta}}_{H_0}) = 3181.1032\,.\end{aligned}$$

Also ist

$$\mathcal{F}_{8-4,2} = \frac{3746.2199 - 3181.1032}{201.7801} \cdot \frac{4}{2} = 5.601 \,.$$

Zur Signifikanz $\alpha = 0.10$ lautet der Test:

$$d \neq H_0 \iff \mathcal{F}_{4,2} > 4.325 \,,$$

und H_0 wird abgelehnt. ■

(4) Die Hypothese $\beta_1 = \cdots = \beta_q$

Schließlich wenden wir uns dem Test über $H_{(q,=)}$ (5.3.2) zu. Man könnte $H_{(q,=)}$ interpretieren als Aussage, daß die Variablen $X_1, \ldots, X_q$ hinsichtlich der Größenordnung alle denselben "Einfluß" auf Y ausüben! Um $H_{(q,=)}$ zu testen, betrachten wir folgende Parametertransformation (siehe (5.2.24), (5.2.25)):

(5.3.21) (1) $\theta_i = \beta_i - \beta_q$ für $i = 1, \ldots, q-1$; $\theta_j = \beta_j$ für $j = q, \ldots, k$; also

(2) $\beta_i = \theta_i + \theta_q$ für $i = 1, \ldots, q-1$; $\beta_j = \theta_j$ für $j = q, \ldots, k$.

In Matrix–Notation lautet (5.3.21) (2) offenbar

$$\textbf{(5.3.22)}\quad \boldsymbol{\beta} = \boldsymbol{B\theta} \text{ mit } \boldsymbol{B} = \begin{bmatrix} 1 & \ldots & 0 & 1 & 0 & \ldots & 0 \\ \vdots & \ddots & \vdots & \vdots & \vdots & & \vdots \\ 0 & \ldots & 1 & 1 & 0 & \ldots & 0 \\ 0 & \ldots & 0 & 1 & 0 & \ldots & 0 \\ 0 & \ldots & 0 & 0 & 1 & \ldots & 0 \\ \vdots & & \vdots & \vdots & \vdots & \ddots & \vdots \\ 0 & \ldots & 0 & 0 & 0 & \ldots & 1 \end{bmatrix} \begin{matrix} 1 \\ \vdots \\ q-1 \\ q \\ q+1 \\ \vdots \\ k \end{matrix} \qquad (q \text{ fest}).$$

Dieses $\boldsymbol{\beta}$ ins Modell (5.1.1) eingesetzt ergibt (siehe (5.2.24)):

$$\textbf{(5.3.23)}\quad \boldsymbol{Y} = \boldsymbol{XB\theta} + \boldsymbol{U} = \boldsymbol{Z\theta} + \boldsymbol{U}, \quad \boldsymbol{U} : \mathcal{N}(0, \sigma^2 \boldsymbol{I}) \text{ mit}$$

$$\textbf{(5.3.24)}\quad \boldsymbol{Z} = \boldsymbol{XB} = \begin{bmatrix} x_{11} & \ldots & x_{1,q-1} & \vdots & \sum_{j=1}^q x_{1j} & \vdots & x_{1,q+1} & \ldots & x_{1k} \\ \vdots & & \vdots & \vdots & \vdots & \vdots & \vdots & & \vdots \\ x_{n1} & \ldots & x_{n,q-1} & \vdots & \sum_{j=1}^q x_{nj} & \vdots & x_{n,q+1} & \ldots & x_{nk} \end{bmatrix}$$

$\boldsymbol{Z}$ geht also aus $\boldsymbol{X}$ dadurch hervor, daß die q–te Spalte von $\boldsymbol{X}$ durch $[\sum_{j=1}^q x_{1j} \;\ldots\; \sum_{j=1}^q x_{nj}]'$ ersetzt wird. Die Hypothese $H_{(q,=)} : \beta_1 = \cdots = \beta_q$ ist nun aber offenbar identisch mit der Hypothese

(5.3.25) $H^{\theta}_{(q-1,0)} : \theta_1 = 0, \ldots, \theta_{q-1} = 0$ in (5.3.23) (siehe (5.2.25) (3)).

Die Behandlung dieses Testproblems ist aber bereits in (5.3.9) gegeben! Mit

(5.3.26) $$\boldsymbol{Z}_{-(q-1)} = \begin{bmatrix} \sum_{j=1}^{q} x_{1j} & x_{1,q+1} & \cdots & x_{1k} \\ \vdots & \vdots & & \vdots \\ \sum_{j=1}^{q} x_{nj} & x_{n,q+1} & \cdots & x_{nk} \end{bmatrix}$$ setze

(5.3.27) $$\widehat{\boldsymbol{\theta}}^{r}_{H_0} = (\boldsymbol{Z}'_{-(q-1)}\boldsymbol{Z}_{-(q-1)})^{-1}\boldsymbol{Z}'_{-(q-1)}\boldsymbol{Y}, \quad \mathrm{SSR}(H_0) = \widehat{\boldsymbol{\theta}}^{r\prime}_{H_0}\boldsymbol{Z}'_{-(q-1)}\boldsymbol{Y}.$$

(Beachte (5.3.8) (1).) Einsetzen in (5.2.23) ergibt also folgende Varianz–Analyse–Tafel:

(5.3.28)

ANOVA für $H_{(q,=)}$ (5.3.2): $\beta_1 = \cdots = \beta_q$ Modell (5.1.1), (5.3.23)-(5.3.27)	
Quelle	SS
Regression volles Modell	$\mathrm{SSR} = \widehat{\boldsymbol{\beta}}'\boldsymbol{X}'\boldsymbol{Y}$
Fehler volles Modell	$\mathrm{SSE} = \mathrm{SST} - \mathrm{SSR}$
Regression reduziertes Modell	$\mathrm{SSR}(H_0) = \widehat{\boldsymbol{\theta}}^{r\prime}_{H_0}\boldsymbol{Z}'_{-(q-1)}\boldsymbol{Y}$
Fehler reduziertes Modell	$\mathrm{SSE}(H_0) = \mathrm{SST} - \mathrm{SSR}(H_0)$
Teststatistik: $\mathcal{F}_{q-1,n-k} = \dfrac{\mathrm{SSR} - \mathrm{SSR}(H_0)}{\mathrm{SSE}} \cdot \dfrac{n-k}{q-1}$	

Bemerkung
Die Berechnung von $\mathcal{F}$ (5.3.28) kann mit dem **APL–Programm** FHOq_gleich (siehe Anhang 1) vorgenommen werden. ■

Den Spezialfall $q = k$, $H_{(k,=)} : \beta_1 = \cdots = \beta_k$ kann man besonders einfach notieren. Dann ist ja $\boldsymbol{Z}'_{-(k-1)} = [\sum_{j=1}^{k} x_{1j} \ \ \ldots \ \ \sum_{j=1}^{k} x_{nj}]$. Unter H_0 liegt eine einfache (homogene) lineare Regression wie in (2.4.2) (!!) vor. Wir haben gemäß Lösung von Aufgabe (2.4.2) (1) $\widehat{\theta}^{r}_{H_0} = \sum_i \sum_j x_{ij} Y_i / \sum_i (\sum_j x_{ij})^2$ und damit folgende ANOVA–Tafel

(5.3.29)

ANOVA für $H_{(k,=)}$ (5.3.2): $\beta_1 = \cdots = \beta_k$ (in (5.1.1))	
Quelle	SS
volles Modell	SSR, SSE wie in (5.3.28)
reduziertes Modell	$\mathrm{SSR}(H_0) = \dfrac{(\sum_i Y_i \cdot \sum_j x_{ij})^2}{\sum_i (\sum_j x_{ij})^2}$
Teststatistik: $\mathcal{F}_{k-1,n-k} = \dfrac{\mathrm{SSR} - \mathrm{SSR}(H_0)}{\mathrm{SSE}} \cdot \dfrac{n-k}{k-1}$	

(5.3.30) Beispiel

(1) Betrachte abermals (3.2.13) und $H_{(q,=)}$ mit $q = 3 = k - 1$, also $H_{(3,=)} : \beta_1 = \beta_2 = \beta_3$.

$$Z'_{-2} = \begin{bmatrix} 2 & 0 & -1 & 3 & 2 & 3 \\ 0 & 1 & 0 & 1 & 0 & 1 \end{bmatrix}, \quad Z'_{-2}Z_{-2} = \begin{bmatrix} 27 & 6 \\ 6 & 3 \end{bmatrix},$$

$$(Z'_{-2}Z_{-2})^{-1} = \frac{1}{45}\begin{bmatrix} 3 & -6 \\ -6 & 27 \end{bmatrix}, \quad Z'_{-2}Y = \begin{bmatrix} 20 \\ 5 \end{bmatrix},$$

$$\widehat{\theta}'_{H_0} = \frac{1}{45}\begin{bmatrix} 30 \\ 15 \end{bmatrix} = \begin{bmatrix} 2/3 \\ 1/3 \end{bmatrix};$$

$$\text{SSR}(H_0) = 15 = \frac{45}{3}, \quad \mathcal{F}_{2,6-4} = \frac{53/3 - 45/3}{4/3} \cdot \frac{2}{2} = 2.00 \quad \text{nach (5.3.28).}$$

(2) Im Falle $q = k$ und $H_{(k,=)} : \beta_1 = \cdots = \beta_4$ ist

$$Z'_{-3} = \begin{bmatrix} 2 & 1 & -1 & 4 & 2 & 4 \end{bmatrix} = \begin{bmatrix} \sum_j x_{1j} & \ldots & \sum_j x_{6j} \end{bmatrix}.$$

Mit $Y' = \begin{bmatrix} 2 & 1 & 0 & 1 & 2 & 3 \end{bmatrix}$ ist $\text{SSR}(H_0) = \dfrac{(4+1+4+4+12)^2}{4+1+1+16+4+16} = \dfrac{625}{42}$,

$$\mathcal{F}_{3,6-4} = \frac{742/42 - 625/42}{56/42} \cdot \frac{2}{3} \approx 1.393 .$$

(5.3.31) Beispiel (Agrar (b))
Betrachte (3.1.15) (b) mit $n = 8$, $k = 4 = r$, SSR = 3746.2199, SSE = 201.7801 (siehe (3.1.31), (3.1.32)).

(1) Betrachte die Hypothese, daß außer dem "autonomen" Wachstum alle Einfluß–Variablen "gleich" wichtig sind: $H_0 : \beta_2 = \beta_3 = \beta_4$ ($q = 3$). Dann ist — mutatis mutandis (oder nach Umordnen der $\boldsymbol{X}$–Spalten) —

$$Z'_{-2} = \begin{bmatrix} 1 & 1 & 1 & 1 & 1 & 1 & 1 & 1 \\ 1 & 6 & 6 & 4 & 4 & 0 & 5 & 2 \end{bmatrix},$$

$$Z'_{-2}Z_{-2} = \begin{bmatrix} 8 & 28 \\ 28 & 134 \end{bmatrix}, \quad (Z'_{-2}Z_{-2})^{-1} = \begin{bmatrix} 0.4653 & -0.0972 \\ -0.0972 & 0.0278 \end{bmatrix},$$

$$Z'_{-2}Y = \begin{bmatrix} 172 \\ 643 \end{bmatrix}; \quad \widehat{\theta}'_{H_0} = [17.5139 \;\; 1.1389];$$

$$\text{SSR}(H_0) = 3744.6944, \quad \mathcal{F}_{2,4} = \frac{3746.2199 - 3744.6944}{201.7801} \cdot \frac{4}{2} = 0.015 .$$

Für $\alpha = 0.25$ lautet der Test: $d \neq H_0 \iff \mathcal{F}_{2,4} > 2.000$, und H_0 wird angenommen.

(2) Für $H_0 : \beta_1 = \beta_2 = \beta_3 = \beta_4$ ist

$$\text{SSR}(H_0) = \frac{815^2}{198} = 3354.6717 \,,$$
$$\mathcal{F}_{3,4} = \frac{3746.2199 - 3354.6717}{201.7801} \cdot \frac{4}{3} = 2.587 \,.$$

Für $\alpha = 0.25$ lautet der Test: $d \neq H_0 \iff \mathcal{F}_{3,4} > 2.047$, und H_0 wird abgelehnt.

■

Wenn $\boldsymbol{X}$ **nicht vollen Rang** hat, sondern $\text{rg}\,\boldsymbol{X} = r < k$ ist, sind H_{β_0} und $H_{(q,0)}$ in der Regel nicht mehr testbar. $H_{(q,=)}$ und (andere) Hypothesen über Transformationen von $\boldsymbol{\beta}$ — z. B. Teile von $\boldsymbol{\beta}$ — können jedoch testbar sein (siehe (3.2.22) mutatis mutandis, (5.4.3)!). Man verfährt dann wie folgt:

(5.3.32) Ist $\text{rg}\,\boldsymbol{X} = r < k$ und ist H_0 aus (5.3.2) testbar, ersetze in der zu H_0 gehörenden ANOVA–Tafel k durch r und $(\boldsymbol{X}'\boldsymbol{X})^{-1}$ durch $(\boldsymbol{X}'\boldsymbol{X})^{-}$. Führe den Test gemäß der ANOVA–Tafel aus.

(Siehe auch SEARLE (1971), S. 204 ff, insbesondere S. 208 ff zum Hinzufügen zusätzlicher Bedingungen, so daß $\boldsymbol{X}$ doch vollen Rang hat. Siehe auch Erörterungen zu (7.2.28), (7.2.29).)

5.4 Aufgaben

(5.4.1) Aufgabe

Gegeben sei Modell (5.1.1) $\boldsymbol{Y} = \boldsymbol{X\beta} + \boldsymbol{U}$ mit $\boldsymbol{X}' = \begin{bmatrix} 1 & 1 & 1 & 1 & 1 \\ 0 & 1 & 2 & 3 & 4 \\ 2 & 0 & 2 & 0 & 1 \end{bmatrix}$. Die Stichprobe ergab $\boldsymbol{Y}' = \begin{bmatrix} 7 & 3 & 4 & 0 & 1 \end{bmatrix}$.

a) Bestimme den ML–Schätzer für $\boldsymbol{\beta}' = [\beta_1 \;\; \beta_2 \;\; \beta_3]$.

b) Teste $H_0 : \boldsymbol{\beta} = 0$ gegen $H_1 : \boldsymbol{\beta} \neq 0$ mit $\alpha = 0.10$.

c) Teste $H_0 : \beta_2 = \beta_3$ gegen $H_1 : \beta_2 \neq \beta_3$ mit $\alpha = 0.01$.

d) Liegt der Wert $\boldsymbol{\beta}^0 = (3, 0, 2)$ in einer 0.95–Konfidenzellipse für $\boldsymbol{\beta}$?

Lösung

a) $$X'X = \begin{bmatrix} 5 & 10 & 5 \\ 10 & 30 & 8 \\ 5 & 8 & 9 \end{bmatrix}, \quad X'Y = \begin{bmatrix} 15 \\ 15 \\ 23 \end{bmatrix},$$

$$(X'X)^{-1} = \frac{1}{90} \cdot \begin{bmatrix} 103 & -25 & -35 \\ -25 & 10 & 5 \\ -35 & 5 & 25 \end{bmatrix}, \quad \widehat{\beta} = \frac{1}{90} \begin{bmatrix} 365 \\ -110 \\ 125 \end{bmatrix} = \begin{bmatrix} 4.0556 \\ -1.2222 \\ 1.3889 \end{bmatrix}.$$

b) $$\text{SSR} = \frac{6700}{90} = 74.4444\,, \quad \text{SST} = 75 = \frac{6750}{90}\,, \quad \text{SSE} = \frac{50}{90} = 0.5556\,.$$

$$\mathcal{F}_{3,2} = \frac{6700}{50} \cdot \frac{2}{3} = 89.3333 \quad \text{(siehe (5.3.4))}.$$

$(d \neq H_0 \iff \mathcal{F}_{3,2} > 9.162) \implies d \neq H_0\,.$

c) $\text{SSR}(H_0)$ gemäß (5.3.27): Schreibe Z statt $Z_{-(q-1)}$.

$$Z' = \begin{bmatrix} 1 & 1 & 1 & 1 & 1 \\ 2 & 1 & 4 & 3 & 5 \end{bmatrix}, \quad Z'Z = \begin{bmatrix} 5 & 15 \\ 15 & 55 \end{bmatrix}, \quad Z'Y = \begin{bmatrix} 15 \\ 38 \end{bmatrix},$$

$$(Z'Z)^{-1} = \frac{1}{50} \begin{bmatrix} 55 & -15 \\ -15 & 5 \end{bmatrix} = \begin{bmatrix} 1.1 & -0.3 \\ -0.3 & 0.1 \end{bmatrix}, \quad \widehat{\theta}^{\tau}_{H_0} = \begin{bmatrix} 5.1 \\ -0.7 \end{bmatrix};$$

$$\text{SSR}(H_0) = 49.9\,, \quad \mathcal{F}_{1,2} = \frac{74.4444 - 49.9000}{0.5556} \cdot \frac{2}{1} = 88.360 \quad \text{(siehe (5.3.28))},$$

$(d \neq H_0 \iff \mathcal{F}_{1,2} > 98.504) \implies d = H_0\,.$

d) { Konfidenzbereich = Ellipse } $\implies a = 0, \quad F_{3,2}(b) = 0.95$ (siehe (5.1.17)) $\implies b = 19.164$. Zu prüfen ist: Erfüllt β^0 die Ungleichung

$$(\widehat{\beta} - \beta^0)'(X'X)(\widehat{\beta} - \beta^0) < \frac{3 \cdot 19.164}{2} \cdot \frac{50}{90} = 15.970 \quad \text{(siehe (5.1.17))?}$$

$$[1.0556 \quad -1.2222 \quad -0.6111] \begin{bmatrix} 5 & 10 & 5 \\ 10 & 30 & 8 \\ 5 & 8 & 9 \end{bmatrix} \begin{bmatrix} 1.0556 \\ -1.2222 \\ -0.6111 \end{bmatrix}$$

$$= [1.0556 \quad -1.2222 \quad -0.6111] \begin{bmatrix} -10 \\ -31 \\ -10 \end{bmatrix}$$

(da $(X'X)(\widehat{\beta} - \beta^0) = X'Y - X'X\beta^0$ ist)

$\approx 33.4 > 15.970 \implies \beta^0$ liegt nicht in der Ellipse.

(5.4.2) Aufgabe
Gegeben seien

$$W' = \begin{bmatrix} 2 & 3 & 4 & 0 & 1 & 2 & 6 & 1 & 1 & 0 \\ -1 & 3 & -4 & 2 & 2 & 0 & -1 & -1 & 3 & -3 \\ 0 & 1 & 2 & 0 & 2 & 1 & 0 & 2 & 1 & 1 \\ 3 & 0 & 2 & 6 & 4 & 0 & 5 & 4 & 2 & 4 \\ 6 & 3 & 6 & 2 & 1 & 7 & 0 & 4 & 3 & 8 \end{bmatrix}$$

$$Y' = \begin{bmatrix} 15 & -4 & 9 & 24 & 19 & -2 & 14 & 22 & 12 & 21 \end{bmatrix}$$

a) Gegeben sei Modell (5.1.1) mit $\boldsymbol{X} = \boldsymbol{W}$. Teste jeweils mit Signifikanz $\alpha = 0.01$

(1) $H_0 : \beta_1 = \beta_2 = \beta_3 = \beta_4 = \beta_5$ gegen H_1 : "nicht H_0";

(2) $H_0 : \boldsymbol{\beta} = \boldsymbol{0}$ gegen $H_1 : \boldsymbol{\beta} \neq \boldsymbol{0}$;

(3) $H_0 : \beta_1 = \beta_2 = \beta_3$ gegen H_1 : "nicht H_0".

b) Gegeben sei Modell (5.1.1) mit $\boldsymbol{X} = [\ \boldsymbol{1} \ \vdots \ \boldsymbol{W}\ ]$ und $\boldsymbol{1}' = [1 \dots 1]$ (10 mal), $\boldsymbol{\beta}' = [\beta_0 \ \beta_1 \ \dots \ \beta_5]$. Zeige:

(1) H_0 aus a) (2) ist nicht testbar;

(2) H_0 aus a) (1) und a) (3) ist testbar;

(3) $H_0 : \beta_1 = \dots = \beta_4$ ist testbar;

(4) $\theta = \sum_{j=0}^{5} c_j \beta_j$ ist genau dann testbar, falls $c_5 = 10 \cdot c_0 - c_1 - c_2 - c_3 - c_4$ ist.

Lösung

a) $\boldsymbol{\beta}' = [\beta_1 \ \dots \ \beta_5]$, $\operatorname{rg} \boldsymbol{W} = 5 = k$, $n = 10$.

Man errechnet:

$$(\boldsymbol{W}'\boldsymbol{W})^{-1} = \frac{1}{26278000} \begin{bmatrix} 611332 & 62112 & -289988 & -163768 & -44648 \\ 62112 & 568492 & -245608 & -61988 & 142532 \\ -289988 & -245608 & 3882292 & -211088 & -601568 \\ -163768 & -61988 & -211088 & 396132 & -96748 \\ -44648 & 142532 & -601568 & -96748 & 310972 \end{bmatrix},$$

SST = 2528, SSR = 2494.3992, SSE = 33.6008, R^{*2} = SSR / SST = 0.9867.

(1) H_0: $\beta_1 = \cdots = \beta_5$. Nach (5.3.29):

$$\text{SSR}(H_0) = \frac{(\sum_i Y_i \cdot 10)^2}{\sum_i (10 \cdot 10)^2}$$, da $\sum_j x_{ij} = 10$ für alle i ist. Also ist mit

$\sum_i Y_i = 130$: $\quad \text{SSR}(H_0) = \dfrac{1300 \cdot 1300}{1000} = 1690,$

$$\mathcal{F}_{4,5} = \frac{2494.4 - 1690}{33.6} \cdot \frac{5}{4} = 29.925 \ ,$$

$$F_{4,5;0.01} = 11.392; \quad 29.925 > 11.392 \implies d \neq H_0 \ .$$

(2) H_0: $\boldsymbol{\beta} = \mathbf{0}$. Nach (5.3.9) ($q = k$):

$$\mathcal{F}_{5,5} = \frac{2494.3992}{33.6008} = 74.236 \ ,$$

$$F_{5,5;0.01} = 10.967 \ ; \quad 74.236 > 10.967 \implies d \neq H_0 \ .$$

(3) H_0: $\beta_1 = \beta_2 = \beta_3$. Nach (5.3.28):

$$\boldsymbol{Z}' = \boldsymbol{Z}'_{-(q-1)} = \begin{bmatrix} 1 & 7 & 2 & 2 & 5 & 3 & 5 & 2 & 5 & -2 \\ 3 & 0 & 2 & 6 & 4 & 0 & 5 & 4 & 2 & 4 \\ 6 & 3 & 6 & 2 & 1 & 7 & 0 & 4 & 3 & 8 \end{bmatrix}$$

Die Regression von $\boldsymbol{Y}$ auf $\boldsymbol{Z}$ (5.3.26) ergibt $\text{SSR}(H_0) = 2431.1071$ (z. B. $\text{SSR}(H_0) = \boldsymbol{Y}' \cdot \boldsymbol{Z}(\boldsymbol{Z}'\boldsymbol{Z})^{-1}\boldsymbol{Z}' \cdot \boldsymbol{Y} = \boldsymbol{Y}'\boldsymbol{Z}^*\boldsymbol{Y}$ (3.3.10).)

$$\mathcal{F}_{2,5} = \frac{2494.3992 - 2431.1071}{33.6008} \cdot \frac{5}{2} = 4.709 \ ,$$

$$F_{2,5;0.01} = 13.274 \ ; \quad 4.709 \leq 13.274 \implies d = H_0 \ .$$

b) $\text{rg}\,\boldsymbol{X} = \text{rg}\left[\,\mathbf{1} \ \vdots \ \boldsymbol{W}\,\right] = 5 < k = 6$, da $\sum_j w_{ij} = 10$ für alle $i = 1, \ldots, 10$. Man errechnet

$$(\boldsymbol{X}'\boldsymbol{X})^- = \frac{1}{26278000} \begin{bmatrix} 0 & 0 & 0 & 0 & 0 & 0 \\ 0 & 611332 & 62112 & -289988 & -163768 & -44648 \\ 0 & 62112 & 568492 & -245608 & -61988 & 142532 \\ 0 & -289988 & -245608 & 3882292 & -211088 & -601568 \\ 0 & -163768 & -61988 & -211088 & 396132 & -96748 \\ 0 & -44648 & 142532 & -601568 & -96748 & 310972 \end{bmatrix},$$

$$(\boldsymbol{X}'\boldsymbol{X})^-(\boldsymbol{X}'\boldsymbol{X}) = \begin{bmatrix} 0 & 0 & 0 & 0 & 0 & 0 \\ 0.1 & 1 & 0 & 0 & 0 & 0 \\ 0.1 & 0 & 1 & 0 & 0 & 0 \\ 0.1 & 0 & 0 & 1 & 0 & 0 \\ 0.1 & 0 & 0 & 0 & 1 & 0 \\ 0.1 & 0 & 0 & 0 & 0 & 1 \end{bmatrix} .$$

(1) Mit $\boldsymbol{A}_2 = [\ \boldsymbol{0} \ \vdots \ \boldsymbol{I}_5\ ]$ lautet H_0 aus a) (2) nun: $\boldsymbol{A}_2 \cdot \boldsymbol{\beta} = 0$.

Da $\boldsymbol{A}_2(\boldsymbol{X}'\boldsymbol{X})^-(\boldsymbol{X}'\boldsymbol{X}) \neq \boldsymbol{A}_2$ (beachte z. B. die 1. Spalte!), ist H_0 nicht testbar wegen (3.2.4), (5.2.10).

(2) $$\boldsymbol{A}_1 = \begin{bmatrix} 0 & 1 & -1 & 0 & 0 & 0 \\ 0 & 1 & 0 & -1 & 0 & 0 \\ 0 & 1 & 0 & 0 & -1 & 0 \\ 0 & 1 & 0 & 0 & 0 & -1 \end{bmatrix} \quad (H_0 \text{ aus a) (1)}) ,$$

$$\boldsymbol{A}_3 = \begin{bmatrix} 0 & 1 & -1 & 0 & 0 & 0 \\ 0 & 1 & 0 & -1 & 0 & 0 \end{bmatrix} \quad (H_0 \text{ aus a) (3)})$$

erfüllen $\boldsymbol{A}(\boldsymbol{X}'\boldsymbol{X})^-(\boldsymbol{X}'\boldsymbol{X}) = \boldsymbol{A}$. Beachte (5.2.10).

(3) analog zu (2): $\boldsymbol{A}_4$ = Zeilen 1 bis 3 aus $\boldsymbol{A}_1$.

(4) $\boldsymbol{c}'\boldsymbol{\beta}$ ist genau dann testbar, wenn $\boldsymbol{c}'(\boldsymbol{X}'\boldsymbol{X})^-(\boldsymbol{X}'\boldsymbol{X}) = \boldsymbol{c}'$ ist (siehe (5.2.10)), also wenn $[c_0 \ \ c_1 \ \ c_2 \ \ c_3 \ \ c_4 \ \ (10c_0 - c_1 - c_2 - c_3 - c_4)] = \boldsymbol{c}' = [c_0 \ \ c_1 \ \ c_2 \ \ c_3 \ \ c_4 \ \ c_5]$ ist.

(5.4.3) Aufgabe
Betrachte Beispiel *Düngemittel* (1.1.2) und (1.3.2) zunächst mit $\boldsymbol{X}$, $\boldsymbol{Y}$ aus (1.1.2):

$$\boldsymbol{X}' = \begin{bmatrix} 4 & 5 & 2 & 2 & 6 & 5 & 3 & 5 \\ 1 & 0 & 2 & 0 & 1 & 2 & 1 & 1 \\ 0 & 2 & 3 & 4 & 1 & 1 & 2 & 3 \end{bmatrix},$$

$$\boldsymbol{Y}' = [\ 43 \ \ 55 \ \ 33 \ \ 32 \ \ 50 \ \ 57 \ \ 39 \ \ 75\ ] .$$

a) Modell (5.1.1). Teste mit $\alpha = 0.10$

$$H_0 : \beta_2 = \beta_3 \quad \text{gegen} \quad H_1 : \beta_2 \neq \beta_3 .$$

b) Modell (5.1.1) mit Regressor $\boldsymbol{X}_{\text{neu}} = [\ \boldsymbol{X} \ \vdots \ \boldsymbol{S}\ ]$ und

$\boldsymbol{S}' = [\ 5 \ \ 7 \ \ 7 \ \ 6 \ \ 8 \ \ 8 \ \ 6 \ \ 9\ ]$ ($\boldsymbol{S}$ ist die Summe der $\boldsymbol{X}$-Spalten.)

(1) Zeige: H_0 aus a) ist testbar; β_i ist nicht testbar für alle i .

(2) Teste $H_0 : \beta_2 = \beta_3$ gegen $H_1 : \beta_2 \neq \beta_3$ mit $\alpha = 0.10$.

(3) Gib alle linearen testbaren Funktionen der β_i an.

Lösung

a) SST = 19882 , SSR = 19513.7061 , SSE = 368.2939 .

$$Z'_{-(q-1)} \quad (5.3.26)\ (\text{mit } (5.3.11)) \quad = \begin{bmatrix} 4 & 5 & 2 & 2 & 6 & 5 & 3 & 5 \\ 1 & 2 & 5 & 4 & 2 & 3 & 3 & 4 \end{bmatrix},$$

$\mathrm{SSR}(H_0) = 19500.4302$.

$$\mathcal{F}_{1,5} = \frac{19513.7061 - 19500.4302}{368.2939} \cdot \frac{5}{1} = 0.180\,, \quad F_{1,5;0.10} = 4.060 \implies d = H_0$$

b) $$(\boldsymbol{X'X})^- = \begin{bmatrix} 0.0217 & -0.0408 & -0.0146 & 0 \\ -0.0408 & 0.2092 & -0.0146 & 0 \\ -0.0146 & -0.0146 & 0.0460 & 0 \\ 0 & 0 & 0 & 0 \end{bmatrix} \quad (\text{mit } \boldsymbol{X} = \boldsymbol{X}_{\text{neu}}),$$

$$(\boldsymbol{X'X})^-(\boldsymbol{X'X}) = \begin{bmatrix} 1 & 0 & 0 & 1 \\ 0 & 1 & 0 & 1 \\ 0 & 0 & 1 & 1 \\ 0 & 0 & 0 & 0 \end{bmatrix} \quad (\text{nachrechnen!}).$$

(1) $\boldsymbol{A} = \begin{bmatrix} 0 & 1 & -1 & 0 \end{bmatrix}$ (für $\boldsymbol{\beta}' = [\beta_1 \ \ \beta_2 \ \ \beta_3 \ \ \beta_4]$).

$H_0 : \boldsymbol{A\beta} = 0$.

Da $\boldsymbol{A} \cdot (\boldsymbol{X'X})^-(\boldsymbol{X'X}) = \boldsymbol{A}$, ist H_0 testbar (siehe (5.2.10), (3.2.4) (3)).

Da weiter *jede Zeile* von $\boldsymbol{A} = \boldsymbol{I}$ *nicht* mit der *entsprechenden* Zeile von $\boldsymbol{I} \cdot (\boldsymbol{X'X})^-(\boldsymbol{X'X}) = (\boldsymbol{X'X})^-(\boldsymbol{X'X})$ übereinstimmt, ist jedes β_i nicht testbar.

(2) SSR = 19513.7061 , SSE = 368.2939 (!!!) (siehe (3.1.33)).

$$Z'_{-(q-1)} \quad (5.3.26)\ (\text{mit } (5.3.11)) \quad \begin{bmatrix} 4 & 5 & 2 & 2 & 6 & 5 & 3 & 5 \\ 1 & 2 & 5 & 4 & 2 & 3 & 3 & 4 \\ 5 & 7 & 7 & 6 & 8 & 8 & 6 & 9 \end{bmatrix},$$

$\mathrm{SSR}(H_0) = 19500.4302$ (!!!), $\mathcal{F}_{1,5} = 0.180$, $F_{1,5;0.10} = 4.060$. Also wird $d = H_0$ entschieden.

(3) $\theta = \sum_{j=1}^{4} c_j\beta_j$ ist genau dann testbar, wenn

$$[c_1 \ \ c_2 \ \ c_3 \ \ c_4](\boldsymbol{X'X})^-(\boldsymbol{X'X}) = [c_1 \ \ c_2 \ \ c_3 \ \ c_4]$$

ist. Da man

$[c_1 \ \ c_2 \ \ c_3 \ \ c_4](\boldsymbol{X'X})^-(\boldsymbol{X'X}) = [c_1 \ \ c_2 \ \ c_3 \ \ \sum_{j=1}^{3} c_j]$ errechnet,

ist θ genau dann testbar, wenn $c_4 = c_1 + c_2 + c_3$ ist.

Kapitel 6

Verallgemeinerte kleinste Quadrate (GLS)

6.1 Modell–Annahmen

Allgemeine Varianz–Struktur

Sowohl die Annahme, daß die Störungen U_i sich gegenseitig nicht beeinflussen, als auch die Annahme, daß die Varianz der U_i konstant bleibt, ist in gewissen Situationen kaum vertretbar. Das aber bedeutet, daß die homoskedastische Struktur — $\boldsymbol{\Sigma}_U = \sigma^2 \cdot \boldsymbol{I}$ — durch eine allgemeinere Varianzstruktur zu ersetzen ist. Wir behandeln in diesem Kapitel kurz das multiple Regressionsmodell (3.1.5) (1), (2) mit der Annahme, daß nun *nicht* mehr $\boldsymbol{\Sigma}_U = \sigma^2 \boldsymbol{I}$ ist (wie in (3.1.5) (3)), sondern daß zunächst die Varianz–Covarianz–Struktur beliebig ist, wenngleich wir zwei wichtigen Spezifizierungen unsere Aufmerksamkeit zuwenden wollen. Es sei also

(6.1.1) (1) $\boldsymbol{Y} = \boldsymbol{X\beta} + \boldsymbol{U}$ resp. $\boldsymbol{Y}' = \boldsymbol{\beta}'\boldsymbol{X}' + \boldsymbol{U}'$, $(\boldsymbol{X} = \boldsymbol{X}_{n \times k})$

(2) $\mathrm{E}(\boldsymbol{U}) = \boldsymbol{0}$ resp. $\mathrm{E}(\boldsymbol{Y}) = \boldsymbol{X\beta}$,

(3) $\boldsymbol{\Sigma}_U = \sigma^2 \boldsymbol{V}$ mit $\operatorname{tr} \boldsymbol{V} = n = \operatorname{rg} \boldsymbol{V}$, $\boldsymbol{V} = \boldsymbol{V}_{n \times n}$.

Die Bedingung $\operatorname{tr} \boldsymbol{V} = n$ ist natürlich keine Einschränkung der Allgemeinheit, da der Proportionalitätsfaktor σ^2 noch in $\boldsymbol{\Sigma}_U = \boldsymbol{\Sigma}_Y$ eingeht. Ferner gilt (offenbar):

(6.1.2) (1) $\boldsymbol{V}' = \boldsymbol{V}$;

(2) $\boldsymbol{V}$ ist positiv definit: $\boldsymbol{a}'\boldsymbol{V}\boldsymbol{a} > 0$ für $\boldsymbol{a} \neq 0$;

denn in (2) ist $\sigma^2\boldsymbol{a}'\boldsymbol{V}\boldsymbol{a} = \operatorname{Var}\boldsymbol{a}'\boldsymbol{U}$ nach (3.2.10). Ist nun $\boldsymbol{a} \neq \boldsymbol{0}$, etwa $a_1 \neq 0$, so würde aus $\operatorname{Var}\boldsymbol{a}'\boldsymbol{U} = 0$ folgen: $\sum a_i U_i = c$, also $U_1 = \sum_{i>1} a_i^* U_i + c^*$ (mit $a_i^* = -a_i/a_1$, $c^* = c/a_1$), also $\operatorname{Cov}(U_1, U_j) = \sum_{i>1} a_i^* \operatorname{Cov}(U_i, U_j)$. Die erste Zeile von $\boldsymbol{V}$ wäre also eine Linearkombination der übrigen Zeilen, und folglich wäre $\operatorname{rg}\boldsymbol{V} < n$ (siehe (3.1.21)). Also muß $\operatorname{Var}\boldsymbol{a}'\boldsymbol{U} > 0$ für $\boldsymbol{a} \neq \boldsymbol{0}$ sein.

(6.1.3) Definition
Das Gleichungssystem (6.1.1) heißt ***verallgemeinertes*** *("generalized")* ***multiples Regressionsmodell*** *(mit fixen Regressoren).*

Man kann (6.1.1) auf (3.1.5) — also auf das Modell mit homoskedastischer Struktur! — zurückführen durch eine geeignete Transformation (siehe (6.2.3)), sofern man $\boldsymbol{V}$ kennt. Dazu benötigen wir die folgende Darstellung von $\boldsymbol{V}$.

(6.1.4) Satz
Es existiert eine Matrix $\boldsymbol{A}$ mit

(1) $\boldsymbol{V} = \boldsymbol{A}\boldsymbol{A}'$, $\quad \boldsymbol{V}^{-1} = \boldsymbol{A}'^{-1}\boldsymbol{A}^{-1} \quad$ *($\boldsymbol{A}^{-1}$ existiert!)* ,

(2) $\boldsymbol{A}^{-1}\boldsymbol{V}\boldsymbol{A}'^{-1} = \boldsymbol{I} = \boldsymbol{A}'\boldsymbol{V}^{-1}\boldsymbol{A}$.

Beweis (Skizze): $\boldsymbol{a}_1, \ldots, \boldsymbol{a}_n$: Eigenvektoren von $\boldsymbol{V}$ zu Eigenwerten $\lambda_1, \ldots, \lambda_n$ resp. ($\lambda_i > 0$, da gemäß (6.1.2) (2) $\boldsymbol{V}$ positiv definit ist). Ohne Beschränkung der Allgemeinheit ist weiter $\boldsymbol{a}_i'\boldsymbol{a}_j = \begin{cases} 1 & \text{für } i = j \\ 0 & \text{für } i \neq j \end{cases}$.

Setze $\boldsymbol{A}'^{-1} = \left[\, \lambda_1^{-1/2}\boldsymbol{a}_1 \ \vdots \ \ldots \ \vdots \ \lambda_n^{-1/2}\boldsymbol{a}_n \,\right]$ (siehe auch (3.3.4) mutatis mutandis!).

Dann ist $\boldsymbol{V}\boldsymbol{A}'^{-1} = \left[\, \lambda_1^{1/2}\boldsymbol{a}_1 \ \vdots \ \ldots \ \vdots \ \lambda_n^{1/2}\boldsymbol{a}_n \,\right]$, und zunächst folgt die Behauptung für (2), sodann für (1). ∎

(6.1.5) Beispiel

$$\boldsymbol{V} = \begin{bmatrix} 1 & 1/2 \\ 1/2 & 1 \end{bmatrix}, \quad \lambda_1 = \frac{1}{2}, \quad \boldsymbol{a}_1 = \begin{bmatrix} 1/\sqrt{2} \\ -1/\sqrt{2} \end{bmatrix}, \quad \lambda_2 = \frac{3}{2}, \quad \boldsymbol{a}_2 = \begin{bmatrix} 1/\sqrt{2} \\ 1/\sqrt{2} \end{bmatrix}$$

$$\boldsymbol{A}'^{-1} = \begin{bmatrix} 1 & 1/\sqrt{3} \\ -1 & 1/\sqrt{3} \end{bmatrix}, \quad \text{also } \boldsymbol{A} = \frac{\sqrt{3}}{2} \cdot \begin{bmatrix} 1/\sqrt{3} & 1 \\ -1/\sqrt{3} & 1 \end{bmatrix}.$$

Man prüft leicht nach (z. B.) $\boldsymbol{V} = \boldsymbol{A}\boldsymbol{A}'$, etc. … ∎

Zwei wichtige Spezialfälle sind *Heteroskedastizität* und *Autokorrelation* in $\boldsymbol{V}$.

Heteroskedastizität

Wenn die Voraussetzung, daß die Störungen U_i sich gegenseitig nicht beeinflussen, aufrecht erhalten werden kann, wenn man weiter jedoch unterstellen muß, daß die Konstanz der Varianz der U_i nicht mehr gegeben ist, so empfiehlt sich offenbar die folgende Annahme über $\boldsymbol{V}$:

(6.1.6) Heteroskedastizität

$\boldsymbol{V} = \text{diag}(\tau_1^2, \ldots, \tau_n^2)$ mit $\sum_i \tau_i^2 = n$, also $\boldsymbol{\Sigma}_U = \text{diag}(\sigma^2\tau_1^2, \ldots, \sigma^2\tau_n^2)$,

$\boldsymbol{V}^{-1} = \text{diag}(1/\tau_1^2, \ldots, 1/\tau_n^2)$, $\quad \boldsymbol{A} = \text{diag}(\tau_1, \ldots, \tau_n)$ (offenkundig). ∎

Die Konsequenzen, die sich hieraus für die Parameterschätzung ergeben, werden wir im nächsten Abschnitt behandeln.

Autokorrelation

Wenn die Voraussetzung fehlt, daß die U_i sich gegenseitig nicht beeinflussen, entsteht sogleich die Frage, *wie* denn die gegenseitige Beeinflussung zu beschreiben ist. Eines der einfachsten Modelle für solche Beeinflussung geht davon aus, daß U_i sich additiv zusammensetzt aus einem konstanten Anteil der vorausgegangenen Störung U_{i-1} und einer weiteren Störgröße, die ihrerseits einem Störprozeß mit unkorrelierten Komponenten entstammt. Durch geeignete Wahl der Anfangsvarianz $\text{Var}(U_1)$ erreicht man sogar konstante Varianz der U_i. Wir präzisieren:

(6.1.7) Autokorrelation (1. Ordnung)

(1) Modell: $U_i = \rho U_{i-1} + \varepsilon_i$ für $i > 1$, $|\rho| < 1$,

$$\boldsymbol{\Sigma}_\varepsilon = \sigma_\varepsilon^2 \boldsymbol{I}\ , \quad \text{E}(\boldsymbol{\varepsilon}) = \boldsymbol{0}\ , \ \text{E}(U_1) = 0\ , \ \text{E}(U_1\varepsilon_i) = 0\ ,$$

$$\text{Var}(U_1) = \sigma_\varepsilon^2/(1-\rho^2)\ .$$

(2) Sukzessive Anwendung der Modellgleichung für die U_i in (1) liefert

$$U_i = \rho^t U_{i-t} + \textstyle\sum_{s=0}^{t-1} \rho^s \varepsilon_{i-s} \qquad \text{für } i > t \geq 1.$$

Hieraus folgt — wie man mit (1) (ggf. mit $t = i-1$) und mit einigem Aufwand nachrechnen kann (siehe z. B. SCHÖNFELD (1969), S. 152 ff) —

$$\text{E}(U_i) = 0\ , \qquad \text{E}(U_i\varepsilon_{i+t}) = 0 \qquad \text{für } t > 0\ ,$$
$$\text{E}(U_i^2) = \text{Var}(U_i) = \text{Var}(U_1) = \sigma_\varepsilon^2/(1-\rho^2) =: \sigma_U^2\ , \quad \text{E}(U_iU_{i+t}) = \rho^t\sigma_U^2\ .$$

Aus (2) erhält man zunächst (3), und daraus folgen dann (4), (5), (6):

$$(3)\quad \boldsymbol{V} = \begin{bmatrix} 1 & \rho & \rho^2 & \cdots & \rho^{n-1} \\ \rho & 1 & \rho & \cdots & \rho^{n-2} \\ \vdots & \vdots & \vdots & \ddots & \vdots \\ \rho^{n-1} & \rho^{n-2} & \rho^{n-3} & \cdots & 1 \end{bmatrix}$$

$$(4)\quad \boldsymbol{A} = \begin{bmatrix} 1 & 0 & 0 & \cdots & 0 \\ \rho & (1-\rho^2)^{1/2} & 0 & \cdots & 0 \\ \rho^2 & \rho(1-\rho^2)^{1/2} & (1-\rho^2)^{1/2} & \cdots & 0 \\ \vdots & \vdots & \vdots & \ddots & \vdots \\ \rho^{n-1} & \rho^{n-2}(1-\rho^2)^{1/2} & \rho^{n-3}(1-\rho^2)^{1/2} & \cdots & (1-\rho^2)^{1/2} \end{bmatrix}$$

$$(5)\quad \boldsymbol{V}^{-1} = \frac{1}{1-\rho^2} \cdot \begin{bmatrix} 1 & -\rho & 0 & 0 & \cdots & 0 \\ -\rho & 1+\rho^2 & -\rho & 0 & \cdots & 0 \\ 0 & -\rho & 1+\rho^2 & -\rho & \cdots & 0 \\ \vdots & \vdots & \vdots & \vdots & & \vdots \\ 0 & 0 & 0 & 0 & \cdots -\rho & 1 \end{bmatrix}$$

$$(6)\quad \boldsymbol{A}^{-1} = \frac{1}{\sqrt{1-\rho^2}} \cdot \begin{bmatrix} \sqrt{1-\rho^2} & 0 & 0 & \cdots & & 0 \\ -\rho & 1 & 0 & \cdots & & 0 \\ 0 & -\rho & 1 & \cdots & & 0 \\ \vdots & \vdots & \vdots & & & \vdots \\ 0 & 0 & 0 & \cdots & 1 & 0 \\ 0 & 0 & 0 & \cdots & -\rho & 1 \end{bmatrix}$$

Man bestätigt (6.1.4) für $\boldsymbol{A}$ und $\boldsymbol{V}$ in (6.1.7) leicht. ∎

Ein wichtiges Anwendungsgebiet von Autokorrelation–Strukturen sind bespielsweise Zeitreihen, also Daten, die in der Zeitabfolge entstehen. Die *Zeitreihenanalyse* befaßt sich ausführlich mit Fragen der Schätzung und Prognose in Zeitreihenmodellen mit komplexeren Korrelations–Strukturen. (Siehe z. B. SCHLITTGEN/STREITBERG (1989), hierzu insbesondere S. 97 ff, Beispiel 2.3.4.3, S. 99.)

6.2 Verallgemeinerte Kleinste–Quadrate–Schätzer (GLS)

Aitken–Schätzer. Gauß–Markov–Theorem

Bislang (d. h. im homoskedastischen Modell) hatten wir BLU–Schätzer (siehe (3.2.19)) für einen schätzbaren Parameter $\boldsymbol{D\beta}$ durch $\boldsymbol{D}\widehat{\boldsymbol{\beta}}_{\text{OLS}}$ gemäß Gauß–Markov–Theorem (3.2.20) gewonnen, wobei $\widehat{\boldsymbol{\beta}}_{\text{OLS}}$ (3.1.13) die Lösung der Aufgabe

"Minimiere $\mathrm{SSE}(\boldsymbol{\beta}) = (\boldsymbol{Y} - \boldsymbol{X\beta})'(\boldsymbol{Y} - \boldsymbol{X\beta})$"

war. Natürlich lautet unsere Frage nun, ob auch bei allgemeiner Varianzstruktur (6.1.1) (3) $\boldsymbol{D}\widehat{\boldsymbol{\beta}}_{\mathrm{OLS}}$ ein BLU–Schätzer für $\boldsymbol{D\beta}$ ist. Wir werden sehen (in (6.2.2) (2)), daß diese Frage im allgemeinen zu verneinen ist.

Zunächst betrachten wir eine neue Minimierungsaufabe. Statt $\mathrm{SSE}(\boldsymbol{\beta})$ wollen wir nun den Ausdruck

$$\mathrm{SSE}_{\boldsymbol{V}}(\boldsymbol{\beta}) = (\boldsymbol{Y} - \boldsymbol{X\beta})'\boldsymbol{V}^{-1}(\boldsymbol{Y} - \boldsymbol{X\beta})$$

minimieren. (Offenbar ist $\mathrm{SSE}(\boldsymbol{\beta}) = \mathrm{SSE}_{\boldsymbol{I}}(\boldsymbol{\beta})$.) Zur Verdeutlichung von $\mathrm{SSE}_{\boldsymbol{V}}(\boldsymbol{\beta})$ betrachten wir den heteroskedastischen Fall (6.1.6). Ersichtlich ist dann — mit $\mathrm{E}(Y_i) = \sum_j x_{ij}\beta_j$ —

$$\mathrm{SSE}_{\boldsymbol{V}}(\boldsymbol{\beta}) = \sum_i (1/\tau_i^2)\big(Y_i - \mathrm{E}(Y_i)\big)^2.$$

In $\mathrm{SSE}_{\boldsymbol{V}}(\boldsymbol{\beta})$ wird der Unterschied zwischen Y_i und $\mathrm{E}(Y_i)$ umso "unwichtiger", je größer die Varianz $\sigma^2 \cdot \tau_i^2$ von Y_i ist. Hingegen tragen Terme $\big(Y_i - \mathrm{E}(Y_i)\big)^2$ mit kleiner Varianz von Y_i stärker zu $\mathrm{SSE}_{\boldsymbol{V}}(\boldsymbol{\beta})$ bei. Es ist daher denkbar, daß ein Schätzer $\widehat{\boldsymbol{\beta}}_0$, der $\mathrm{SSE}_{\boldsymbol{V}}(\boldsymbol{\beta})$ minimiert, stärker (als $\widehat{\boldsymbol{\beta}}$) von den Y_i mit "kleinen" Varianzen abhängt, so daß $\widehat{\boldsymbol{\beta}}_0$ dann auch eine eher "kleine" Varianz besitzt.

(6.2.1) Definition
Es sei $\widehat{\boldsymbol{\beta}}_{\mathrm{G}}$ eine Lösung der Aufgabe

$$(\boldsymbol{Y} - \boldsymbol{X\beta})'\boldsymbol{V}^{-1}(\boldsymbol{Y} - \boldsymbol{X\beta}) = \mathit{Minimum}$$

im Modell (6.1.1). $\widehat{\boldsymbol{\beta}}_{\mathrm{G}}$ heißt ***verallgemeinerter Kleinste–Quadrate–Schätzer (GLS*** *= Generalized Least Squares). Wir notieren auch $\widehat{\boldsymbol{\beta}}_{\mathrm{GLS}}$.*

Wir zeigen nun, daß $\widehat{\boldsymbol{\beta}}_{\mathrm{G}}$ tatsächlich zu BLU–Schätzern führt und daher tatsächlich "besser" als $\widehat{\boldsymbol{\beta}}_{\mathrm{OLS}}$ ist!

(6.2.2) Satz
Gegeben sei das verallgemeinerte Regressions–Modell (6.1.1). Für $\widehat{\boldsymbol{\beta}}_{\mathrm{G}} = \widehat{\boldsymbol{\beta}}_{\mathrm{GLS}}$ (6.2.1) gilt dann:

(1) $\widehat{\boldsymbol{\beta}}_{\mathrm{G}} = (\boldsymbol{X}'\boldsymbol{V}^{-1}\boldsymbol{X})^{-}\boldsymbol{X}'\boldsymbol{V}^{-1}\boldsymbol{Y}$, *der sogenannte* ***Aitken–Schätzer.***

(2) ***Gauß–Markov–Theorem:*** *$\boldsymbol{D\beta}$ sei schätzbar. Dann ist $\boldsymbol{D}\widehat{\boldsymbol{\beta}}_{\mathrm{G}}$ BLUE für $\boldsymbol{D\beta}$ (siehe (3.2.19)).*

Beweis (Skizze): Wir führen eine Modell–Transformation durch. Setze — mit $\boldsymbol{A}$ aus (6.1.4) —

(6.2.3) (1) $\boldsymbol{Y}_0 = \boldsymbol{A}^{-1}\boldsymbol{Y}, \quad \boldsymbol{X}_0 = \boldsymbol{A}^{-1}\boldsymbol{X}, \quad \boldsymbol{U}_0 = \boldsymbol{A}^{-1}\boldsymbol{U}$. Dann ist

(2) $\boldsymbol{Y}_0 = \boldsymbol{X}_0\boldsymbol{\beta} + \boldsymbol{U}_0, \quad \mathrm{E}(\boldsymbol{U}_0) = \boldsymbol{0}$ und $\boldsymbol{\Sigma}_{\boldsymbol{U}_0} = \sigma^2\boldsymbol{I}$ (wegen (6.1.4)).

Dann ist $\widehat{\boldsymbol{\beta}}_0 = (\boldsymbol{X}_0'\boldsymbol{X}_0)^-\boldsymbol{X}_0'\boldsymbol{Y}_0$ ein OLS–Schätzer (3.1.13), und er minimiert

$$(\boldsymbol{Y}_0 - \boldsymbol{X}_0\boldsymbol{\beta})'(\boldsymbol{Y}_0 - \boldsymbol{X}_0\boldsymbol{\beta}) = \left(\boldsymbol{A}^{-1}(\boldsymbol{Y} - \boldsymbol{X}\boldsymbol{\beta})\right)'\boldsymbol{A}^{-1}(\boldsymbol{Y} - \boldsymbol{X}\boldsymbol{\beta}) =$$

$$(\boldsymbol{Y} - \boldsymbol{X}\boldsymbol{\beta})'\boldsymbol{V}^{-1}(\boldsymbol{Y} - \boldsymbol{X}\boldsymbol{\beta}).$$

Nach (3.2.20) ist dann $\boldsymbol{D}\widehat{\boldsymbol{\beta}}_0$ BLUE für $\boldsymbol{D}\widehat{\boldsymbol{\beta}}$. Man bestätigt ferner leicht: $\widehat{\boldsymbol{\beta}}_0 = \widehat{\boldsymbol{\beta}}_G$. ■

Als **Beispiele** betrachte man (6.4.1) und (6.4.2).

Varianz–Schätzung

Nachdem das Problem der Schätzung von $\boldsymbol{\beta}$ resp. $\boldsymbol{D}\boldsymbol{\beta}$ gelöst ist, bleibt die Frage, wie nun der Parameter σ^2 zu schätzen ist. Dazu benutzen wir die Tatsache, daß im transformierten Modell (6.2.3) — nach (3.3.1) mit (3.1.18) — σ^2 offenbar unverzerrt schätzbar ist durch

(6.2.4) (1) $\widehat{\sigma}_0^2 = \dfrac{1}{n-r}\mathrm{SSE}_0$ mit $r = \mathrm{rg}\,\boldsymbol{X}_{n\times k}$ und

(2) $\mathrm{SSE}_0 = \mathrm{SST}_0 - \mathrm{SSR}_0 = \boldsymbol{Y}_0'\boldsymbol{Y}_0 - \widehat{\boldsymbol{\beta}}_0'\boldsymbol{X}_0'\boldsymbol{Y}_0 = \boldsymbol{Y}'\boldsymbol{V}^{-1}\boldsymbol{Y} - \widehat{\boldsymbol{\beta}}_G'\boldsymbol{X}'\boldsymbol{V}^{-1}\boldsymbol{Y}$.

Also haben wir folgenden

(6.2.5) Satz
Für $\widehat{\sigma}_G^2 = \dfrac{1}{n-r}(\boldsymbol{Y}'\boldsymbol{V}^{-1}\boldsymbol{Y} - \widehat{\boldsymbol{\beta}}_G'\boldsymbol{X}'\boldsymbol{V}^{-1}\boldsymbol{Y})$ *mit* $\mathrm{rg}\,\boldsymbol{X} = r$ *gilt:* $\mathrm{E}(\widehat{\sigma}_G^2) = \sigma^2$.

Die folgenden Aussagen sind leicht zu bestätigen:

(6.2.6) Satz

(1) $\boldsymbol{\Sigma}_{\widehat{\boldsymbol{\beta}}_G} = \sigma^2(\boldsymbol{X}'\boldsymbol{V}^{-1}\boldsymbol{X})^-$;

(2) $\widehat{\boldsymbol{\Sigma}}_{\widehat{\boldsymbol{\beta}}_G} = \widehat{\sigma}_G^2(\boldsymbol{X}'\boldsymbol{V}^{-1}\boldsymbol{X})^-$ *ist unverzerrt für* $\boldsymbol{\Sigma}_{\widehat{\boldsymbol{\beta}}_G}$ *(mit* $\widehat{\sigma}_G^2$ *aus (6.2.5)).*

Bemerkung
In den Berechnungen für $\widehat{\boldsymbol{\beta}}_G$ und $\widehat{\sigma}_G^2$ taucht nicht die Darstellungsmatrix $\boldsymbol{A}$ aus (6.1.4) auf, sondern nur $\boldsymbol{V}$ bzw. $\boldsymbol{V}^{-1}$. Ebensowenig werden $\boldsymbol{X}_0$, $\boldsymbol{Y}_0$ benötigt. Wenn $\boldsymbol{V}$ unbekannt ist, entsteht das schwierige Problem der Schätzung von $\boldsymbol{V}$, für das sich im allgemeinen nur bei weiteren Spezifizierungen von $\boldsymbol{V}$ Lösungen anbieten. (Siehe hierzu z. B. ARNOLD (1981), S. 205, S. 209 ff). Wir gehen auf dieses Problem nicht näher ein. ■

Für **Beispiele** sei wieder auf (6.4.1), (6.4.2) verwiesen.

6.3 Durbin–Watson–Test

Zu den — vor allem für ökonometrische Untersuchungen — besonders wichtigen Fragestellungen gehört das Problem, mit Hilfe von Daten zu entscheiden, ob die Annahme, es liege eine homoskedastische Varianz–Struktur vor, als widerlegt gelten muß, wenn die alternative Vermutung besagt, daß eine Autokorrelations–Struktur 1. Ordnung (6.1.7) vorliegt. Wir haben also folgendes Testproblem: Unter der Voraussetzung

(6.3.1) $\boldsymbol{U}$: $\mathcal{N}(\boldsymbol{0},\sigma^2\boldsymbol{V})$ in (6.1.1) mit (6.1.7)

ist zu testen

(6.3.2) H_0: $\rho = 0$ gegen
$H_1(a)$: $\rho \neq 0$ resp. $H_1(b)$: $\rho > 0$ resp. $H_1(c)$: $\rho < 0$.

Als Teststatistik dient die

(6.3.3) Durbin–Watson– Statistik: $d_{DW} = \sum_{i=2}^{n}(\widehat{U}_i - \widehat{U}_{i-1})^2/\,\mathrm{SSE}$.

Hierbei stammt $\widehat{\boldsymbol{U}} = \boldsymbol{Y} - \boldsymbol{X}\widehat{\boldsymbol{\beta}}_{OLS}$ stets aus einem *inhomogenen* Ansatz. Gegebenenfalls ist also die ursprüngliche Matrix $\boldsymbol{X}$ um eine 1–er Spalte zu erweitern (siehe SCHÖNFELD (1969), S. 230 ff).

Wegen $0 \le \sum_i(\widehat{U}_i \pm \widehat{U}_{i-1})^2 = \sum_{i=2}^{n}\widehat{U}_i^2 + \sum_{i=1}^{n-1}\widehat{U}_i^2 \pm 2\sum_i \widehat{U}_i\widehat{U}_{i-1}$ ist $|2\sum_i \widehat{U}_i\widehat{U}_{i-1}| < 2\,\mathrm{SSE}$, also

(6.3.4) $0 \leq d_{\text{DW}} \leq 4$.

Zur heuristischen Begründung von d_{DW} (6.3.3) als Teststatistik (für den in (6.3.6) angegebenen Test) mag man folgende Überlegung anstellen: Es ist $(U_i - U_{i-1})^2 = ((\rho-1)U_{i-1} + \varepsilon_i)^2 = (\rho-1)^2 U_{i-1}^2 + \varepsilon_i^2 + 2(\rho-1)U_{i-1}\varepsilon_i$. Also ist

$$\sum_{i=2}^n (U_i - U_{i-1})^2 = (1-\rho)^2 \sum_{i=1}^{n-1} U_i^2 + 2(\rho-1)\sum_{i=1}^{n-1} \varepsilon_i U_{i-1} + \sum_{i=2}^n \varepsilon_i^2.$$

Da $\quad \mathrm{E}(U_{i-1} \cdot \varepsilon_i) = 0 \quad$ ist (siehe (6.1.7) (2)), haben wir

$$\mathrm{E}\left(\sum_i (U_i - U_{i-1})^2\right) = (1-\rho)^2 \sum_i \mathrm{E}(U_i^2) + \mathrm{c},$$

wobei c nicht von ρ abhängt. Für die Abhängigkeit des Ausdrucks $\sum_i (U_i - U_{i-1})^2$ von ρ spielt im wesentlichen daher nur der Summand $(1-\rho)^2 \sum U_i^2$ eine Rolle. Man darf daher annehmen, daß auch d_{DW} (resp. der Zähler von d_{DW}(6.3.3)) das gleiche Abhängigkeitsmuster von ρ aufweist. Genauer: (siehe z. B. SCHÖNFELD (1969), S. 229):

(6.3.5) (1) $\rho > 0$: läßt "kleinen" d_{DW}–Wert erwarten;

(2) $\rho < 0$: läßt "großen" d_{DW}–Wert erwarten.

Aufgrund von (6.3.5) (mit (6.3.4)) ist (zum Signifikanzniveau α) folgender Test möglich:

(6.3.6) Durbin–Watson–Test:

(1) $H_0 : \rho = 0$ gegen $H_1(b) : \rho > 0$
$d_{\text{DW}} \leq d_u^\alpha \Longrightarrow H_0$ ablehnen
$d_{\text{DW}} > d_o^\alpha \Longrightarrow H_0$ annehmen ;

(2) $H_0 : \rho = 0$ gegen $H_1(c) : \rho < 0$
$d_{\text{DW}} \geq 4 - d_u^\alpha \Longrightarrow H_0$ ablehnen
$d_{\text{DW}} < 4 - d_o^\alpha \Longrightarrow H_0$ annehmen ;

(3) $H_0 : \rho = 0$ gegen $H_1(a) : \rho \neq 0$
$d_{\text{DW}} \leq d_u^{\alpha/2}$ *oder* $d_{\text{DW}} \geq 4 - d_u^{\alpha/2} \Longrightarrow H_0$ ablehnen
$d_{\text{DW}} > d_o^{\alpha/2}$ *und* $d_{\text{DW}} < 4 - d_o^{\alpha/2} \Longrightarrow H_0$ annehmen ;

(4) Es gilt für die Signifikanz: $P_{\rho=0}(H_0 \text{ ablehnen}) \leq \alpha$;

(5) Zum Signifikanzniveau α ist eine Entscheidung nicht möglich, wenn d_{DW} nicht in oben genannte Bereiche fällt .

Die kritischen Grenzen d_u (d unten) und d_o (d oben) sind in Tabellenwerken zu finden. (Siehe auch SCHÖNFELD (1969), S. 231.)

6.4 Aufgaben

(6.4.1) Aufgabe
Es sei $E(\boldsymbol{Y}) = \boldsymbol{X\beta}$ mit

$$\boldsymbol{X} = \begin{bmatrix} 1 & 0 & 1 \\ 1 & 1 & 0 \\ 1 & 2 & 0 \\ 1 & 1 & 2 \end{bmatrix}.$$

Unterstelle, daß die Störgrößen $U_i = Y_i - E(Y_i)$ autokorreliert sind (1. Ordnung) mit dem Autokorrelationskoeffizienten $\rho = \frac{1}{2}$. Eine Stichprobe aus $\boldsymbol{Y}$ ergab $\boldsymbol{Y}' = [0 \quad 2 \quad 3 \quad 2]$.

a) Gib den BLUE für $\boldsymbol{\beta}$ an.

b) Schätze die Varianz–Covarianz–Matrix des Schätzers aus a).

Lösung

a) Gesucht $\widehat{\boldsymbol{\beta}}_G = (\boldsymbol{X}'\boldsymbol{V}^{-1}\boldsymbol{X})^{-1}\boldsymbol{X}'\boldsymbol{V}^{-1}\boldsymbol{Y}$.

$$\boldsymbol{V}^{-1} = \frac{4}{3}\begin{bmatrix} 1 & -\frac{1}{2} & 0 & 0 \\ -\frac{1}{2} & \frac{5}{4} & -\frac{1}{2} & 0 \\ 0 & -\frac{1}{2} & \frac{5}{4} & -\frac{1}{2} \\ 0 & 0 & -\frac{1}{2} & 1 \end{bmatrix} = \frac{1}{3}\begin{bmatrix} 4 & -2 & 0 & 0 \\ -2 & 5 & -2 & 0 \\ 0 & -2 & 5 & -2 \\ 0 & 0 & -2 & 4 \end{bmatrix},$$

$$\boldsymbol{X}' = \begin{bmatrix} 1 & 1 & 1 & 1 \\ 0 & 1 & 2 & 1 \\ 1 & 0 & 0 & 2 \end{bmatrix}; \quad \boldsymbol{X}'\boldsymbol{V}^{-1} = \frac{1}{3}\begin{bmatrix} 2 & 1 & 1 & 2 \\ -2 & 1 & 6 & 0 \\ 4 & -2 & -4 & 8 \end{bmatrix},$$

$$(\boldsymbol{X}'\boldsymbol{V}^{-1}\boldsymbol{X}) = \frac{1}{3}\begin{bmatrix} 6 & 5 & 6 \\ 5 & 13 & -2 \\ 6 & -2 & 20 \end{bmatrix}, \quad \boldsymbol{X}'\boldsymbol{V}^{-1}\boldsymbol{Y} = \frac{1}{3}\begin{bmatrix} 9 \\ 20 \\ 0 \end{bmatrix},$$

$$(\boldsymbol{X}'\boldsymbol{V}^{-1}\boldsymbol{X})^{-1} = \frac{3}{7 \cdot 64}\begin{bmatrix} 256 & -112 & -88 \\ -112 & 84 & 42 \\ -88 & 42 & 53 \end{bmatrix}.$$

$$\widehat{\boldsymbol{\beta}}_G = \frac{1}{448}\begin{bmatrix} 64 \\ 672 \\ 48 \end{bmatrix} = \begin{bmatrix} 0.1429 \\ 1.5000 \\ 0.1071 \end{bmatrix}.$$

b) Gesucht: $\widehat{\Sigma}_{\widehat{\beta}_G} = \widehat{\sigma}^2_G(X'V^{-1}X)^{-1} = \widehat{\sigma}^2_G \begin{bmatrix} 1.7143 & -0.7500 & -0.5893 \\ -0.7500 & 0.5625 & 0.2813 \\ -0.5893 & 0.2813 & 0.3549 \end{bmatrix}$.

Berechnung von $\widehat{\sigma}^2_G$ (nach (6.2.4)):

$$\mathrm{SST}_0 = \frac{1}{3}[0 \quad 2 \quad 3 \quad 2] \begin{bmatrix} 4 & -2 & 0 & 0 \\ -2 & 5 & -2 & 0 \\ 0 & -2 & 5 & -2 \\ 0 & 0 & -2 & 4 \end{bmatrix} \begin{bmatrix} 0 \\ 2 \\ 3 \\ 2 \end{bmatrix} = \frac{33}{3} = 11\,.$$

$$\mathrm{SSR}_0 = [0.1429 \quad 1.5000 \quad 0.1071]\frac{1}{3} \begin{bmatrix} 2 & 1 & 1 & 2 \\ -2 & 1 & 6 & 0 \\ 4 & -2 & -4 & 8 \end{bmatrix} \begin{bmatrix} 0 \\ 2 \\ 3 \\ 2 \end{bmatrix} = 10.4286\,.$$

$$\mathrm{SSE}_0 = 11 - 10.4286 = 0.5714\,; \quad \widehat{\sigma}^2_G = \frac{0.5714}{4-3} = 0.5714\,.$$

$$\widehat{\Sigma}_{\widehat{\beta}_G} = 0.5714 \cdot (X'V^{-1}X)^{-1} = \begin{bmatrix} 0.9796 & -0.4286 & -0.3367 \\ -0.4286 & 0.3214 & 0.1607 \\ -0.3367 & 0.1607 & 0.2028 \end{bmatrix}.$$

(6.4.2) Aufgabe

Es sei $Y_i = \beta_1 + \beta_2 x_i + \beta_3 z_i + U_i\,,\ i = 1, \ldots, 5$ mit $\boldsymbol{U} : \mathcal{N}(\mathbf{0}, \sigma^2 \boldsymbol{V})$, wobei $\boldsymbol{V}$ folgende Diagonalmatrix ist:

$\boldsymbol{V} = c \cdot \mathrm{diag}(\frac{1}{2}, \frac{1}{3}, 1, 1, \frac{1}{2})$ mit $\mathrm{tr}\,\boldsymbol{V} = n = 5$.

Zu gegebenem (x_i, z_i) erhielt man folgende Stichprobenergebnisse Y_i :

Y_i	x_i	z_i
148	1	0
90	0	−1
183	2	−2
163	1	1
49	−1	0

a) Bestimme den BLU–Schätzer für $\boldsymbol{\beta}$.

b) Schätze die Varianzen und Covarianzen des BLUE aus a).

c) Berechne den OLS–Schätzer $\widehat{\boldsymbol{\beta}}_{\mathrm{OLS}}$ sowie $\widehat{\Sigma}_{\widehat{\beta}_{\mathrm{OLS}}}$.

Lösung

a) $$X' = \begin{bmatrix} 1 & 1 & 1 & 1 & 1 \\ 1 & 0 & 2 & 1 & -1 \\ 0 & -1 & -2 & 1 & 0 \end{bmatrix},$$

$V = c \cdot \text{diag}(\frac{1}{2}, \frac{1}{3}, 1, 1, \frac{1}{2})$ mit $c = 1.5$ (wegen $c \cdot (\frac{1}{2} + \frac{1}{3} + 1 + 1 + \frac{1}{2}) = 5$),
also $V = \text{diag}(\frac{3}{4}, \frac{1}{2}, \frac{3}{2}, \frac{3}{2}, \frac{3}{4})$.

$$V^{-1} = \frac{1}{3} \begin{bmatrix} 4 & 0 & 0 & 0 & 0 \\ 0 & 6 & 0 & 0 & 0 \\ 0 & 0 & 2 & 0 & 0 \\ 0 & 0 & 0 & 2 & 0 \\ 0 & 0 & 0 & 0 & 4 \end{bmatrix}, \quad X'V^{-1}X = \begin{bmatrix} 6 & 2 & -8/3 \\ 2 & 6 & -2 \\ -8/3 & -2 & 16/3 \end{bmatrix};$$

$$(X'V^{-1}X)^{-1} = \frac{1}{282} \begin{bmatrix} 63 & -12 & 27 \\ -12 & 56 & 15 \\ 27 & 15 & 72 \end{bmatrix}.$$

$$\widehat{\beta}_G = \frac{1}{282} \cdot \frac{1}{3} \cdot \begin{bmatrix} 63 & -12 & 27 \\ -12 & 56 & 15 \\ 27 & 15 & 72 \end{bmatrix} \begin{bmatrix} 1 & 1 & 1 & 1 & 1 \\ 1 & 0 & 2 & 1 & -1 \\ 0 & -1 & -2 & 1 & 0 \end{bmatrix} \begin{bmatrix} 592 \\ 540 \\ 366 \\ 326 \\ 196 \end{bmatrix}$$

mit $(V^{-1}Y)' = \frac{1}{3}[\ 592 \quad 540 \quad 366 \quad 326 \quad 196\ ]$, also

$$\widehat{\beta}'_G = \frac{1}{3 \cdot 282}[\ 84270 \quad 42994 \quad 8238\ ] = [\ 99.6099 \quad 50.8203 \quad 9.7376\ ] .$$

b) Berechnung von $\widehat{\sigma}^2_G$ gemäß (6.2.4), (6.2.5):

$$SST_0 = \frac{1}{3}[\ 592 \quad 540 \quad 366 \quad 326 \quad 196\ ] \cdot Y = \frac{1}{3} \cdot 265936 = 88645.3333 ,$$

$$SSR_0 = \frac{1}{846}[\ 84270 \quad 42994 \quad 8238\ ] \cdot X' \cdot \frac{1}{3}[\ 592 \quad 540 \quad 366 \quad 326 \quad 196\ ]' ,$$
$$= \frac{1}{3 \cdot 846} \cdot 224945528 = 88631.0197$$

$SSE_0 = 14.3136$;

$$\widehat{\sigma}^2_G = \frac{14.3136}{5-3} = 7.1568 .$$

$$\widehat{\Sigma}_{\widehat{\beta}_G} = \widehat{\sigma}^2_G \cdot \frac{1}{282} \begin{bmatrix} 63 & -12 & 27 \\ -12 & 56 & 15 \\ 27 & 15 & 72 \end{bmatrix} = \begin{bmatrix} 1.5989 & -0.3045 & 0.6852 \\ -0.3045 & 1.4212 & 0.3807 \\ 0.6852 & 0.3807 & 1.8273 \end{bmatrix}$$

gemäß (6.2.5).

c) $\boldsymbol{X}'\boldsymbol{X} = \begin{bmatrix} 5 & 3 & -2 \\ 3 & 7 & -3 \\ -2 & -3 & 6 \end{bmatrix}, \quad (\boldsymbol{X}'\boldsymbol{X})^{-1} = \frac{1}{119}\begin{bmatrix} 33 & -12 & 5 \\ -12 & 26 & 9 \\ 5 & 9 & 26 \end{bmatrix};$

$$\widehat{\boldsymbol{\beta}}_{\mathrm{OLS}} = \frac{1}{119}\begin{bmatrix} 33 & -12 & 5 \\ -12 & 26 & 9 \\ 5 & 9 & 26 \end{bmatrix}\begin{bmatrix} 1 & 1 & 1 & 1 & 1 \\ 1 & 0 & 2 & 1 & -1 \\ 0 & -1 & -2 & 1 & 0 \end{bmatrix}\begin{bmatrix} 148 \\ 90 \\ 183 \\ 163 \\ 49 \end{bmatrix}, \qquad \text{also}$$

$$\widehat{\boldsymbol{\beta}}'_{\mathrm{OLS}} = \frac{1}{119}\left[\,11888 \quad 6095 \quad 1199\,\right] = \left[\,99.8992 \quad 51.2185 \quad 10.0756\,\right].$$

$(\boldsymbol{X}'\boldsymbol{Y})' = [633 \quad 628 \quad -293]\,.$

$\mathrm{SST} = 92463\,, \ \ \mathrm{SSR} = \widehat{\boldsymbol{\beta}}'\boldsymbol{X}'\boldsymbol{Y} = \frac{11001457}{119} = 92449.2185\,,$

$\mathrm{SSE} = 13.7815\,, \ \ \widehat{\sigma}^2 = 6.8908\,,$

$$\widehat{\Sigma}_{\widehat{\beta}_{\mathrm{OLS}}} = \widehat{\sigma}^2(\boldsymbol{X}'\boldsymbol{X})^{-1} = \begin{bmatrix} 1.9109 & -0.6949 & 0.2895 \\ -0.6949 & 1.5055 & 0.5211 \\ 0.2895 & 0.5211 & 1.5055 \end{bmatrix}.$$

Kapitel 7

Varianz– und Covarianz–Analyse bei Einfach–Klassifikation (One Way Classification)

7.1 Varianz–Analyse ohne allgemeinen Effekt

Modell–Annahmen

In diesem Kapitel ist *eine qualitative* Erklärende X zugelassen. Im vorliegenden Abschnitt betrachten wir *keine* weiteren Erklärenden. Um die qualitative Erklärende rechnerisch handhaben zu können, erweist sich der bereits in Kapitel 1 angesprochene und skizzierte Weg (siehe (1.2.6)) über *Schein–(Dummy–) Variable* (auch **Indikator–, 1–0–Variable** genannt) als zweckmäßig:

(7.1.1) (1) Die qualitative Erklärende X habe Ausprägungen $A_1, \ldots, A_p$;

(2) definiere die Scheinvariable $X_i = \begin{cases} 1 & \text{für } X = A_i \\ 0 & \text{für } X \neq A_i \end{cases}$; $\sum X_i = 1$.

$A_1, \ldots, A_p$ werden auch **Niveaus** des **Faktors** X genannt. Im vorliegenden Abschnitt werden nur die Regressoren $X_1, \ldots, X_p$ benutzt.

(7.1.2) Beispiel (Feldfrucht)
Betrachte (1.2.6):
Y = Ertrag (pro genormtem Versuchsfeld) einer Feldfrucht.
X = Bodenart mit den Ausprägungen A_1 = "leicht" ($X_1 = 1$), A_2 = "mittel" ($X_2 = 1$), A_3 = "schwer" ($X_3 = 1$); $p = 3$.
Wie gut läßt sich Y durch diese X_i "erklären"? (Siehe (7.1.10).) ■

Wenn wir die n Variablen $Y_1, \ldots, Y_n$ neu gruppieren durch Doppelindizierung

(7.1.3) $Y_{ij} = j$–te "Messung" von Y zu $X_i = 1$; $\quad j = 1, \ldots, n_i$; $i = 1, \ldots, p$,

läßt sich die Modellgleichung

$$Y_t = \beta_1 x_{t1} + \beta_2 x_{t2} + \cdots + \beta_p x_{tp} + U_t$$

umschreiben: Für jedes t ist genau für ein i $x_{ti} = 1$ (und für alle $j \neq i$ ist also $x_{tj} = 0$). Dies ist genau dann der Fall, wenn die t–te Wertevorgabe im Versuchsplan Ausprägung A_i vorsieht. Man faßt nun die n_i Indizes t mit $x_{ti} = 1$ zum "Doppelindex" $\{(i,j) : j = 1, \ldots, n_i\}$ zusammen und erhält mit (7.1.3)

(7.1.4) (1) $Y_{ij} = \beta_i + U_{ij}$; $\quad j = 1, \ldots, n_i$; $\quad i = 1, \ldots, p$; $\quad \sum n_i = n$,

(2) $\boldsymbol{U} : \mathcal{N}(\boldsymbol{0}, \sigma^2 \boldsymbol{I}_n)$ mit $\boldsymbol{U}$ aus (7.1.6) ,

(3) $n_i =$ **Gruppenhäufigkeiten** > 0 für alle $i = 1, \ldots, p$,

wobei wir uns an Notation (1.2.3) anlehnen mit dem Sonderfall $\beta_0 \equiv 0$.

(7.1.5) Definition
Die Gleichungen (7.1.4) konstituieren das **Varianz–Analyse–Modell** *der* **Einfach–Klassifikation ohne allgemeinen Effekt**. $\beta_1, \ldots, \beta_p$ *heißen* **spezielle** *oder* **spezifische (Gruppen–) Effekte**.

Bemerkung
Das entspechende Modell *mit allgemeinem* Effekt wird in Abschnitt 7.2 behandelt (siehe (7.2.1)). ■

In Matrix–Notation lautet (7.1.4) natürlich so:

(7.1.6) $\boldsymbol{Y} = \boldsymbol{X\beta} + \boldsymbol{U}$, $\quad \boldsymbol{X} = \boldsymbol{X}_{n \times p}$ mit $\boldsymbol{U} : \mathcal{N}(\boldsymbol{0}, \sigma^2 \boldsymbol{I})$ und

$$\boldsymbol{X} = \begin{bmatrix} 1 & & \vdots \\ \vdots & \cdots & 0 & \cdots \\ 1 & & \vdots \\ & 1 & & \\ & \vdots & & \\ & 1 & & \\ & & \ddots & \\ & \vdots & & 1 \\ \cdots & 0 & \cdots & \vdots \\ & \vdots & & 1 \end{bmatrix} \begin{matrix} \left.\right\} n_1 \\ \\ \left.\right\} n_2 \\ \vdots \\ \left.\right\} n_p \end{matrix} \qquad \boldsymbol{Y} = \begin{bmatrix} Y_{11} \\ \vdots \\ Y_{1n_1} \\ \\ \vdots \\ \\ Y_{p1} \\ \vdots \\ Y_{pn_p} \end{bmatrix} \qquad \boldsymbol{U} = \begin{bmatrix} U_{11} \\ \vdots \\ U_{1n_1} \\ \\ \vdots \\ \\ U_{p1} \\ \vdots \\ U_{pn_p} \end{bmatrix}$$

Bemerkung
Das **APL–Programm** XEINF (Anhang 1) erzeugt $\boldsymbol{X}$ (7.1.6) aus den Gruppenhäufigkeiten $n_1, \ldots, n_p$. ■

OLS–Schätzer

Aus (7.1.6) findet man sofort

(7.1.7) (1) $\boldsymbol{X}'\boldsymbol{X} = \mathrm{diag}(n_1, \ldots, n_p), \quad (\boldsymbol{X}'\boldsymbol{X})^{-1} = \mathrm{diag}(1/n_1, \ldots, 1/n_p)$;

(2) $(\boldsymbol{X}'\boldsymbol{Y})' = [\, \sum_j Y_{1j} \quad \ldots \quad \sum_j Y_{pj} \,]$.

Wir führen nun für die i–te Datengruppe (i. e. $X_i = 1$ resp. $x_{ij} = 1$ für $j = 1, \ldots, n_i$) das **interne Mittel** $\overline{Y}_{i\bullet}$ und die **interne Streuung** S_i^2 sowie das **globale Mittel** $\overline{Y}_{\bullet\bullet}$ ein:

(7.1.8) $$\overline{Y}_{i\bullet} = \frac{1}{n_i} \sum_j Y_{ij} \,, \quad S_i^2 = \frac{1}{n_i} \sum_j (Y_{ij} - \overline{Y}_{i\bullet})^2 \,,$$

$$\overline{Y}_{\bullet\bullet} = \frac{1}{n} \sum_i \sum_j Y_{ij} = \sum_i \frac{n_i}{n} \overline{Y}_{i\bullet} = \overline{Y} \,.$$

Dann können wir bequem formulieren:

(7.1.9) Satz
Im Modell (7.1.4) resp. (7.1.6) gilt

(1) $\widehat{\boldsymbol{\beta}}' = [\, \overline{Y}_{1\bullet} \quad \ldots \quad \overline{Y}_{p\bullet} \,]$ *oder* $\widehat{\beta}_i = \overline{Y}_{i\bullet}$ *für* $i = 1, \ldots, p$;

(2) $\mathrm{SSR} = \sum_i n_i \overline{Y}_{i\bullet}^2$;

(3) $\mathrm{SSE} = \sum_i n_i S_i^2 = \sum_i \sum_j (Y_{ij} - \overline{Y}_{i\bullet})^2$, *und*

(4) $\widehat{\sigma}^2 = \dfrac{\mathrm{SSE}}{n-p}$ *ist unverzerrt für* σ^2 ;

(5) $$R^2 = \frac{nS_{\hat{Y}}^2}{nS_Y^2} = \frac{\widehat{\boldsymbol{\beta}}'\boldsymbol{X}'\boldsymbol{Y} - n\overline{Y}^2}{\mathrm{SST} - n\overline{Y}^2} = 1 - \frac{\mathrm{SSE}}{\mathrm{SST} - n\overline{Y}^2} \,.$$

Beweis:

(1) folgt aus (3.1.14) mit (7.1.7), (7.1.8).

(2) Nach (3.1.18) (2) und (7.1.7), (7.1.8) ist
$\text{SSR} = \widehat{\boldsymbol{\beta}}'\boldsymbol{X}'\boldsymbol{Y} = [\overline{Y}_{1\bullet} \quad \dots \quad \overline{Y}_{p\bullet}][n_1\overline{Y}_{1\bullet} \quad \dots \quad n_p\overline{Y}_{p\bullet}]'$.

(3) $\text{SSE} = \text{SST} - \text{SSR} = \sum_i \sum_j Y_{ij}^2 - \sum_i n_i \overline{Y}_{i\bullet}^2 = \sum_i n_i \left(\frac{1}{n_i}\sum_j Y_{ij}^2 - \overline{Y}_{i\bullet}^2\right)$
$= \sum_i n_i \left(\frac{1}{n_i}\sum_j (Y_{ij} - \overline{Y}_{i\bullet})^2\right) = \sum_i n_i S_i^2$.

(4) folgt aus (3.3.1) mit $p = \text{rg}\,\boldsymbol{X} = \text{rg}\,\boldsymbol{X}_{n\times p}$.

(5) Aus der Normalgleichung $\boldsymbol{X}'\widehat{\boldsymbol{U}}'$ (s. (3.1.8) (2)) folgt (wegen der besonderen Form von $\boldsymbol{X}$ (7.1.6) (!!!)) offenbar $\overline{\widehat{U}} = 0$ — wie im inhomogenen Fall! Der Rest folgt nun aus (3.1.42) (3).

■

(7.1.10) Beispiel (Feldfrucht)
Betrachte (7.1.2) mit $n_1 = 3$, $n_2 = 2$, $n_3 = 2$ und

Y_{ij}	10 11 12	14 16	8 12
$\overline{Y}_{i\bullet}$	11	15	10
$n_iS_i^2$	2	2	8

Wir haben für die geschätzten spezifischen Bodenart–Effekte:
$\widehat{\boldsymbol{\beta}}' = [11 \quad 15 \quad 10]$; ferner ist $\text{SST} = 1025$, $\text{SSR} = 1013$, $\text{SSE} = 12$,
$\widehat{\sigma}^2 = 12/(7-3) = 3$.
Also ist $R^{*2} = 1013/1025 = 0.9883$. Weiter ist $\overline{Y} = 83/7$ und daher gemäß (7.1.9) (5) $R^2 = 1 - \dfrac{12}{1025 - 83^2/7} = 0.7063$. ■

(7.1.11) Beispiel (Verarbeitung)
Betrachte Beispiel (1.2.7): Ein Betrieb bezieht vorgefertigte Materialstücke (MS) von sechs Lieferanten $L_1, \dots, L_6$. Es sei

Y_{ij} = Festigkeit (in gewissen Härte–Einheiten)

des j–ten MS von Lieferant L_i ($j = 1, \dots, n_i$ = Anzahl der von L_i stammenden MS). Man erhielt die folgenden Ergebnisse für die Y_{ij}:

L_i	L_1	L_2	L_3
Y_{ij}	25 26 30 19	21 24 27	28 32 36
L_i	L_4	L_5	L_6
Y_{ij}	22 23 28 26 21	24 30	24 26 28

Man errechnet:

$$\widehat{\beta} = [\,25 \quad 24 \quad 32 \quad 24 \quad 27 \quad 26\,]\,,$$

SST = 13838, SSR = 13666, SSE = 172, $\overline{Y} = 26$. Also ist
$$R^{*2} = \frac{13666}{13838} = 0.9876\,, \quad R^2 = 1 - \frac{172}{13838 - 20 \cdot 26^2} = 0.4591\,.$$ ■

Bemerkung
Mit dem **APL–Programm** FREG (Anhang 1) (und mit Hilfe des die Matrix $\boldsymbol{X}$ erzeugenden Programms XEINF) lassen sich die in (7.1.10), (7.1.11) vorgenommenen Berechnungen leicht und schnell bewerkstelligen. ■

Vier wichtige Hypothesen

Wir behandeln nun die folgenden vier Hypothesen H_0, für die wir Signifikanztests angeben und in ANOVA–Tafeln präsentieren werden. Es sind dies die Hypothesen, daß

(1) die ersten q (von p) Gruppeneffekte gleich Null sind,

(2) die Gruppeneffekte ganz bestimmte Werte haben,

(3) die ersten q (von p) Gruppeneffekte gleich sind,

(4) der durchschnittliche Gruppeneffekt einen bestimmten Wert hat.

Die Hypothese $\beta_1 = 0, \ldots, \beta_q = 0$

Wir betrachten nun das bereits in (5.3.9) allgemein behandelte Testproblem, daß q ($q \leq p$) der spezifischen Gruppen–Effekte Null sind:

(7.1.12) $H_0 = H_{(q,0)}$: $\beta_1 = 0, \ldots, \beta_q = 0 \quad (1 \leq q \leq p)$.

Diese Hypothese besagt, daß die Ausprägungen $A_1, \ldots, A_q$ von X für die Erklärung von Y irrelevant sind. In (7.1.9) sind SSR und SSE bereits gegeben. Nach (5.3.9) benötigen wir noch SSE(H_0) resp. SSR(H_0). Mit (5.3.7), (5.3.8) ist offenbar $\widehat{\beta}'_{H_0} = [\,\overline{Y}_{(q+1)\bullet} \quad \ldots \quad \overline{Y}_{p\bullet}\,]$ (siehe (7.1.9)) und daher (siehe (7.1.9) mit (7.1.7) (2), wobei $\boldsymbol{X}$ durch die aus den Spalten $q+1, \ldots, p$ bestehende Matrix ersetzt wird!) SSR(H_0) = $\sum_{i=q+1}^{p} n_i \overline{Y}_{i\bullet}^2$. Nach (5.3.9) haben wir also

(7.1.13)

ANOVA für (7.1.12): $H_0 : \beta_1 = 0, \ldots, \beta_q = 0$ in (7.1.4)/(7.1.6)	
Quelle	SS
SSR	$\sum_{i=1}^{p} n_i \overline{Y}_{i\cdot}^2$
SSE	$\sum n_i S_i^2 = \sum_{i=1}^{p} \sum_{j=1}^{n_i} (Y_{ij} - \overline{Y}_{i\cdot})^2$
SSR(H_0)	$\sum_{i=q+1}^{p} n_i \overline{Y}_{i\cdot}^2$
SSR − SSR(H_0)	$\sum_{i=1}^{q} n_i \overline{Y}_{i\cdot}^2$
Teststatistik: $\mathcal{F}_{q,n-p} = \dfrac{\text{SSR} - \text{SSR}(H_0)}{\text{SSE}} \cdot \dfrac{n-p}{q}$	
SSR(H_0) = 0, falls $q = p$ (also für $H_0 : \boldsymbol{\beta} = \mathbf{0}$)	

Bemerkung
Die Berechnung von $\mathcal{F}$ (7.1.13) ist mit dem **APL–Programm** ANOVA (siehe Anhang 1) möglich. ■

(7.1.14) Beispiel (Verarbeitung)
Betrachte (7.1.11). Von Interesse sei die Hypothese

H_0 : die beiden ersten Lieferanteneffekte sind 0 (also $\beta_1 = 0 = \beta_2$) .

Man errechnet gem. (7.1.13): SSR − SSR(H_0) = 4228. Dann ist

$$\mathcal{F}_{2,14} = \frac{4228}{172} \cdot \frac{14}{2} = 172.070\,,$$

und für jede "vernünftige" Signifikanz $\alpha \geq 0.005$ (z. B.) wird H_0 abgelehnt. ■

Die Hypothese $\boldsymbol{\beta} = \boldsymbol{\beta}_0$

In dieser Hypothese werden die "Beiträge", die die Ausprägungen $A_1, \ldots, A_p$ zur Erklärung von Y liefern, quantitativ spezifiziert:

(7.1.15) $H_0 = H_{\boldsymbol{\beta}_0} : \boldsymbol{\beta} = \boldsymbol{\beta}_0$ oder $\beta_i = \beta_{0i}$ für $i = 1, \ldots, p$.

Um diese allgemein in (5.3.4) behandelte Hypothese zu testen, beachten wir in (5.3.4), daß ja nach (5.2.22) SSE(H_0) = SSE + $Q(H_0)$ ist und daß weiter nach (5.2.21) — mit $\widehat{\boldsymbol{\beta}}_{H_0} = \boldsymbol{\beta}_0$ — nun $Q(H_0) = (\widehat{\boldsymbol{\beta}} - \boldsymbol{\beta}_0)'\boldsymbol{X}'\boldsymbol{X}(\widehat{\boldsymbol{\beta}} - \boldsymbol{\beta}_0)$ gilt. Mit (7.1.7), (7.1.9) folgt:

$$Q(H_0) = Q(\boldsymbol{\beta}_0) = \sum_{i=1}^{p} n_i(\overline{Y}_{i\cdot} - \beta_{0i})^2 = \text{SSE}(H_0) - \text{SSE}\,.$$

Aus (5.3.4) ergibt sich nun:

(7.1.16)

ANOVA für (7.1.15): $H_0 : \boldsymbol{\beta} = \boldsymbol{\beta}_0$ in (7.1.4)/(7.1.6)	
Quelle	SS
SSE	$\sum_i \sum_j (Y_{ij} - \overline{Y}_{i\bullet})^2$
$Q(H_0) = \text{SSE}(H_0) - \text{SSE}$	$\sum_i n_i (\overline{Y}_{i\bullet} - \beta_{0i})^2$
Teststatistik: $\mathcal{F}_{p,n-p} = \dfrac{Q(H_0)}{\text{SSE}} \cdot \dfrac{n-p}{p}$	

Bemerkung
Zur Berechnung von $\mathcal{F}$ (7.1.16) kann man die **APL–Programme** XEINF (zur Erzeugung von $\boldsymbol{X}$) und FHOBETO (siehe Anhang 1) benutzen. Damit kann man sogar $\mathcal{F}(H_0)$ für die allgemeinere Hypothese

$$H_0\colon\ \beta_1 = \beta_{01}, \ldots, \beta_q = \beta_{0q} \quad (1 \leq q \leq p)$$

berechnen. ■

(7.1.17) Beispiel (Verarbeitung)
Betrachte (7.1.11) und dort die Hypothese

$$H_0 = \boldsymbol{\beta} = [\ 20 \quad 20 \quad 30 \quad 30 \quad 30 \quad 30\ ].$$

Man errechnet: $\text{SSE}(H_0) - \text{SSE} = 406$, $\mathcal{F}_{6,14} = \dfrac{406}{172} \cdot \dfrac{14}{6} = 5.508$.
Zu $\alpha = 0.01$ hätten wir den Test

$$d \neq H_0 \Longleftrightarrow \mathcal{F}_{6,14} > 4.456 \ ,$$

und H_0 würde abgelehnt werden. ■

Die Hypothese $\beta_1 = \cdots = \beta_q$

Schließlich betrachten wir die Hypothese der Gleichheit einiger spezifischer Gruppen–Effekte. Die allgemeine Behandlung findet sich bereits in (5.3.28), (5.3.29). Es sei also

(7.1.18) $H_0 = H_{(q,=)} : \beta_1 = \cdots = \beta_q \quad (2 \leq q \leq p)$.

Für $\boldsymbol{Z}_{-(q-1)} = \boldsymbol{Z}$ aus (5.3.26) gilt offenbar

(7.1.19) $$\boldsymbol{Z}'\boldsymbol{Z} = \begin{bmatrix} \sum_{i=1}^q n_i & 0 & \ldots & 0 \\ 0 & n_{q+1} & & \\ \vdots & & \ddots & \\ 0 & & & n_p \end{bmatrix}, \quad \boldsymbol{Z}'\boldsymbol{Y} = \begin{bmatrix} \sum_{i=1}^q n_i \overline{Y}_{i\bullet} \\ \cdots\cdots\cdots \\ n_{q+1}\overline{Y}_{(q+1)\bullet} \\ \vdots \\ n_p \overline{Y}_{p\bullet} \end{bmatrix} .$$

Also ist in (5.3.27) und (5.3.28) $\widehat{\theta}'_{H_0} = \left[\frac{\sum_{i=1}^q n_i\overline{Y}_{i\cdot}}{n_1+\cdots+n_q} \quad \overline{Y}_{(q+1)\cdot} \quad \ldots \quad \overline{Y}_{p\cdot}\right]$
und daher

$$\mathrm{SSR}(H_0) = \frac{\left(\sum_{i=1}^q n_i\overline{Y}_{i\cdot}\right)^2}{n_1+\cdots+n_q} + \sum_{i=q+1}^{p} n_i\overline{Y}_{i\cdot}^2 \,.$$

Wir haben mit (5.3.28):

(7.1.20)

ANOVA für (7.1.13): $H_0 = H_{(q,=)} : \beta_1 = \cdots = \beta_q$ in (7.1.4)/(7.1.6)	
Quelle	SS
SSR	$\sum_{i=1}^p n_i\overline{Y}_{i\cdot}^2$
SSE	$\sum_{i=1}^p \sum_j \left(Y_{ij} - \overline{Y}_{i\cdot}\right)^2$
SSR(H_0)	$\frac{\left(\sum_{i=1}^q n_i\overline{Y}_{i\cdot}\right)^2}{n_1+\cdots+n_q} + \sum_{i=q+1}^{p} n_i\overline{Y}_{i\cdot}^2$
Teststatistik: $\mathcal{F}_{q-1,n-p} = \frac{\mathrm{SSR}-\mathrm{SSR}(H_0)}{\mathrm{SSE}} \cdot \frac{n-p}{q-1}$	
$q = p$, also $H_0 : \beta_1 = \cdots = \beta_p$: $\mathrm{SSR}-\mathrm{SSR}(H_0) = \sum_i n_i\overline{Y}_{i\cdot}^2 - n\overline{Y}_{\cdot\cdot}^2 = \sum_i n_i(\overline{Y}_{i\cdot} - \overline{Y}_{\cdot\cdot})^2$	

Bemerkung
Die Berechnung von $\mathcal{F}$ (7.1.20) ist mit dem **APL–Programm** ANOVA (siehe Anhang 1) leicht zu bewerkstelligen. ■

(7.1.21) Beispiel (Verarbeitung)
Betrachte (7.1.11) und die mit Signifikanz $\alpha = 0.05$ zu behandelnden Testprobleme

(1) $H_0 : \beta_1 = \cdots = \beta_6$, d.h. es gibt keine *spezifischen* Lieferanten–Effekte, da alle Lieferanten–Effekte gleich groß sind ;

(2) $H_0 : \beta_1 = \beta_2 = \beta_3$.

Zu (1): Man errechnet (mit $q = p$) $\mathrm{SSR}-\mathrm{SSR}(H_0) = 146$,
$\mathcal{F}_{5,14} = 2.377 \le F_{5,14;0.05} = 2.958$. H_0 wird angenommen.
Zu (2): Man errechnet $\mathrm{SSR}(H_0) = \frac{1}{10} \cdot 71824 + 6366 = 13548.4$; $\mathcal{F}_{2,14} = \frac{13666-13548.4}{172} \cdot \frac{14}{2} = 4.786 > 3.739 = F_{2,14;0.05}$, und H_0 wird abgelehnt. ■

Zur weiteren Illustration der drei behandelten Hypothesen (7.1.12), (7.1.15), (7.1.18) wenden wir uns dem Beispiel Feldfrucht zu:

(7.1.22) Beispiel (Feldfrucht)
Betrachte (7.1.10) mit SSE = 12, SSR = 1013; $\widehat{\boldsymbol{\beta}}' = [11 \quad 15 \quad 10] = [\overline{Y}_{1\bullet} \quad \overline{Y}_{2\bullet} \quad \overline{Y}_{3\bullet}]$ (mit $n_1 = 3$, $n_2 = 2$, $n_3 = 2$).

(1) $H_0 : \beta_1 = 0$; $\text{SSR}(H_0) = 2 \cdot 225 + 2 \cdot 100 = 650$ oder $\text{SSR} - \text{SSR}(H_0) = 3 \cdot 121 = 363$ (siehe (7.1.13));

$$\mathcal{F}_{1,4} = \frac{1013 - 650}{12} \cdot \frac{7-3}{1} = 121.00 \ .$$

(2) $H_0 : \beta_1 = \beta_3$; $\text{SSR}(H_0) = \dfrac{(3 \cdot 11 + 2 \cdot 10)^2}{5} + 2 \cdot 15^2 = 1011.80$ (siehe (7.1.20) nach Umordnen; siehe auch (5.3.11) — mutatis mutandis);

$$\mathcal{F}_{1,4} = \frac{1013 - 1011.80}{12} \cdot \frac{7-3}{2-1} = 0.400 \ .$$

(3) $H_0 : \boldsymbol{\beta}' = [14 \quad 13 \quad 11]$; $Q(H_0) = (3 \cdot 9 + 2 \cdot 4 + 2 \cdot 1) = 37$ (siehe (7.1.16));

$$\mathcal{F}_{3,4} = \frac{37}{12} \cdot \frac{7-3}{3} = 4.111 \ .$$

■

Die Hypothese $\overline{\beta} = b_0$

Gelegentlich ist von Interesse, die folgende Hypothese über den Durchschnitt bzw. die Summe aller (spezifischen) Gruppen–Effekte zu testen:

(7.1.23) $H_0 : \overline{\beta} = b_0$ oder $\sum \beta_i = p \cdot b_0$ mit $\overline{\beta} = \frac{1}{p} \sum_{i=1}^{p} \beta_i$.

Mit $\boldsymbol{A} = [1 \quad \ldots \quad 1]$ und $c = p \cdot b_0$ erhält man aus (5.2.11) mit (7.1.7) und (5.2.14) leicht

$$Q(H_0) = \left(\sum_{i=1}^{p} \overline{Y}_{i\bullet} - p \cdot b_0 \right)^2 \Big/ \sum_{i=1}^{p} \frac{1}{n_i} \ ,$$

so daß (5.2.26) (4) folgende ANOVA ergibt (mit SSE aus (7.1.9) (3)):

(7.1.24)

ANOVA für (7.1.23): $H_0 : \overline{\beta} = b_0$ resp. $\sum \beta_i = p \cdot b_0$
Teststatistik: $\mathcal{F}_{1,n-p} = \dfrac{\left(\sum_{i=1}^{p} \overline{Y}_{i\bullet} - p b_0 \right)^2}{\left(\sum_{i=1}^{p} \frac{1}{n_i} \right) \cdot \text{SSE}} \cdot (n - p)$

(7.1.25) Bemerkung
Für *einseitige* Testprobleme über $\overline{\beta}$ betrachte man statt $\mathcal{F}_{1,n-p}$ ((7.1.24)) die $t_{(n-p)}$–verteilte Statistik

$$T = \left(\sum_{i=1}^{p} \overline{Y}_{i\cdot} - pb_0\right)\sqrt{n-p} \Big/ \sqrt{\mathrm{SSE}\cdot\sum_{i=1}^{p}\frac{1}{n_i}}.$$

■

(7.1.26) Beispiel (Verarbeitung)
Betrachte in (7.1.11) die Hypothese H_0: $\overline{\beta} = 25$ gegen die Hypothese H_1: $\overline{\beta} > 25$. Die t_{14}–Statistik T (7.1.25) hat den Wert $(158 - 6 \cdot 25)\sqrt{14}/\sqrt{172 \cdot 1.95} = 1.63$. Bei Signifikanz 0.10 lautet der Test: $d \neq H_0 \iff T > K = t_{14;0.10} = 1.34$, und H_0 wird abgelehnt. ■

7.2 Varianz–Analyse mit allgemeinem Effekt

Modell–Annahmen

Das in diesem Abschnitt behandelte Modell enthält außer der einen qualitativen Größe noch eine Konstante als Erklärende, so daß nun ein inhomogenes Modell vorliegt (das allerdings — wie wir sehen werden — nicht vollen Rang hat). Außer den *spezifischen* Gruppeneffekten β_i $(i > 0)$ (siehe (7.1.4)) enthält das Modell also auch noch einen **allgemeinen Effekt** β_0, der für alle Gruppen konstant ist:

(7.2.1) $Y_{ij} = \beta_0 + \beta_i + U_{ij}\ , \quad j = 1, \ldots, n_i, \quad i = 1\ ; \ldots, p\ ,$

wobei wir uns notationell an (1.2.3) orientiert haben.

(7.2.2) Beispiel (Feldfrucht)
Betrachte (7.1.2) Feldfrucht. Außer den Bodenarten möge nun noch "autonomes Wachstum" (mit konstanter Saatgutmenge) den Ertrag Y erklären. In Anlehnung an (1.2.3) sei $X_0 \equiv 1$ nun die konstante Erklärende und β_0 das autonome Wachstum. β_i sei weiter der spezifische Effekt von Bodenart i. ■

In Matrix–Schreibweise haben wir für (7.2.1)

(7.2.3) (1) $\boldsymbol{Y} = \boldsymbol{X\beta} + \boldsymbol{U}, \quad \boldsymbol{U}\colon \mathcal{N}(\boldsymbol{0}, \sigma^2 \boldsymbol{I})$,

$$(2)\quad \boldsymbol{X}' = \begin{bmatrix} \underbrace{\begin{matrix}1 \dots 1\\ 1\dots 1\\ \\ 0\end{matrix}}_{n_1} & 1 \dots 1 & \dots & \begin{matrix} 1 \dots 1 \\ \\ 0 \\ \end{matrix} \\ & & \ddots & \\ & & & \underbrace{1 \dots 1}_{n_p} \end{bmatrix},$$

$$\boldsymbol{\beta}' = [\,\beta_0 \quad \beta_1 \quad \dots \quad \beta_p\,],$$

(3) $\operatorname{rg} \boldsymbol{X} = \operatorname{rg} \boldsymbol{X}'\boldsymbol{X} = p < k = p + 1$.

Man rechnet leicht nach (mit (3.1.27)):

$$\textbf{(7.2.4)}\quad (1)\quad \boldsymbol{X}'\boldsymbol{X} = \begin{bmatrix} n & n_1 & \dots & n_p \\ n_1 & n_1 & & 0 \\ \vdots & & \ddots & \\ n_p & 0 & & n_p \end{bmatrix};$$

(2) $(\boldsymbol{X}'\boldsymbol{Y})' = [\,n\overline{Y}_{\bullet\bullet} \quad n_1\overline{Y}_{1\bullet} \quad \dots \quad n_p\overline{Y}_{p\bullet}\,]$;

$$(3)\quad (\boldsymbol{X}'\boldsymbol{X})^- = \begin{bmatrix} 0 & 0 & \dots & 0 \\ 0 & 1/n_1 & & 0 \\ \vdots & & \ddots & \\ 0 & 0 & & 1/n_p \end{bmatrix} \text{ ist g–Inverse von } (\boldsymbol{X}'\boldsymbol{X})\ ;$$

(4) $\widehat{\boldsymbol{\beta}}'_{\mathrm{OLS}} = \widehat{\boldsymbol{\beta}}' = [\,0 \quad \overline{Y}_{1\bullet} \quad \dots \quad \overline{Y}_{p\bullet}\,]$.

(7.2.5) Bemerkung
Wegen (3.1.33) ist SSR bzw. SSE im Modell (7.2.1) identisch mit SSR bzw. SSE in (7.1.4); denn die 1. Spalte von **X** (7.2.3) ist die Summe der übrigen Spalten.

Schätzbare Funktionen. Testbare Hypothesen

Da $\operatorname{rg} \boldsymbol{X} = p < k = p + 1$ ist, ist $\boldsymbol{\beta}$ nicht schätzbar. Wegen

$\mathrm{E}(\overline{Y}_{i\bullet}) = \beta_0 + \beta_i \quad (\text{mit } \mathrm{E}(\overline{U}_{i\bullet}) = 0)$ und

$\mathrm{E}(\overline{Y}_{\bullet\bullet}) = \beta_0 + \sum \frac{n_i}{n}\beta_i \ (\text{mit } \mathrm{E}(\overline{U}_{\bullet\bullet}) = 0)$, ferner

$\mathrm{E}(\sum_i \overline{Y}_{i\bullet}) = p\beta_0 + \sum \beta_i$,

folgt aus (3.2.3) und (3.2.20):

(7.2.6) Schätzbare/testbare Parameter sind

(1) $\alpha_i = \beta_0 + \beta_i$, (BLU-)schätzbar durch $\widehat{\alpha}_i = \overline{Y}_{i\bullet}$ $(i > 0)$,

(2) $\alpha_0 = \beta_0 + \sum_{i=1}^{p} \frac{n_i}{n}\beta_i$, (BLU-)schätzbar durch $\widehat{\alpha}_0 = \overline{Y}_{\bullet\bullet}$;

(3) $\overline{\alpha} = \beta_0 + \frac{1}{p}\sum_{i=1}^{p} \beta_i$, (BLU-)schätzbar durch $\widehat{\overline{\alpha}} = \frac{1}{p}\sum_{i=1}^{p} \overline{Y}_{i\bullet}$;

(4) $\alpha_i - \overline{\alpha} = \beta_i - \frac{1}{p}\sum_{i=1}^{p} \beta_i$, (BLU-)schätzbar durch $\overline{Y}_{i\bullet} - \frac{1}{p}\sum_{j=1}^{p} \overline{Y}_{j\bullet}$.

(7.2.7) Bemerkung
Wäre *ein* β_{i_0} schätzbar, wären wegen der Schätzbarkeit von $\beta_0 + \beta_i$ für *alle* i dann auch alle übrigen β_j $(j \neq i_0)$ schätzbar — im Widerspruch zu $\operatorname{rg} \boldsymbol{X} < k$. Also sind *alle* β_i $(i = 0, 1, \ldots, p)$ nicht schätzbar/testbar.

Von großem Interesse ist oft wieder die Hypothese, daß alle spezifischen Gruppeneffekte gleich sind:

(7.2.8) $H_0 = H_{(q,=)}\colon \beta_1 = \beta_2 = \cdots = \beta_q$; $2 \leq q \leq p$.

Da nun H_0 (7.2.8) offenbar identisch ist mit

(7.2.9) $H_0 = H_{(q,=)}\colon \alpha_1 = \cdots = \alpha_q$; $2 \leq q \leq p$

im — mit Hilfe der α_i aus (7.2.6) (1) formulierten — Modell

(7.2.10) $Y_{ij} = \alpha_i + U_{ij}$; $j = 1, \ldots, n_i$; $i = 1, \ldots, p$

haben wir sofort — wegen der Strukturgleichheit von (7.2.10) mit (7.1.4) —

(7.2.11)

ANOVA für (7.2.8): $H_0 : \beta_1 = \cdots = \beta_q$ in (7.2.1), (7.2.3)
siehe **ANOVA** (7.1.20)

(7.2.12) Beispiel (Feldfrucht)
Betrachte (7.2.2). Für $Y_{ij} = \beta_0 + \beta_i + U_{ij}$ wurden die Daten (7.1.10) mit SSR = 1013, SSE = 12 ermittelt. Teste

$H_0 : \beta_1 = \beta_2 = \beta_3$.

Nach (7.1.20) haben wir mit $\mathrm{SSR}(H_0) = 83^2/7 = 7 \cdot (83/7)^2$:

$$\mathrm{SSR} - \mathrm{SSR}(H_0) = 1013 - 7 \cdot 140.59 = 28.86 ,$$

oder

$$\begin{aligned}\mathrm{SSR} - \mathrm{SSR}(H_0) &= 3\left(11 - \frac{83}{7}\right)^2 + 2\left(15 - \frac{83}{7}\right)^2 + 2\left(10 - \frac{83}{7}\right)^2 \\ &= \frac{1}{7^2}(3 \cdot 36 + 2 \cdot 484 + 2 \cdot 169) = 28.86 .\end{aligned}$$

Also ist

$$\mathcal{F}_{3-1,7-3} = \frac{28.86}{12} \cdot \frac{7-3}{3-1} = 4.81 .$$

Zum Signifikanzniveau 0.10 lautet der Test:

$$d \neq H_0 \iff \mathcal{F}_{2,4} > 4.325,$$

und H_0 wird abgelehnt. BLU–Schätzer für α_0, α_i (7.2.6) (1) sind:
$\widehat{\alpha}_1 = 11,\ \widehat{\alpha}_2 = 15,\ \widehat{\alpha}_3 = 10,\ \widehat{\alpha}_0 = \dfrac{83}{7}$. ∎

Tests unter problematischen Restriktionen

Tests (oder Schätzungen) über einzelne Effekte (β_0 oder $\beta_1, \ldots, \beta_p$) sind nach (7.2.7) nicht möglich! Um dies dennoch gleichsam zu erzwingen, findet man gelegentlich in der Literatur und bei Praktikern die

(7.2.13) Restriktion: $\sum_{i=1}^{p} n_i \beta_i = 0$.

Das Problem in (7.2.13) ist natürlich, daß die *Definition* der "spezifischen Effekte" (β_i, $i > 0$) durch die Stichprobenlänge n_i beeinflußt wird. Allerdings kann man aus (7.2.13) folgern:

$$\overline{Y}_{\cdot\cdot} = \beta_0 + \sum_{i>0} \frac{n_i}{n} \beta_i + U_{\cdot\cdot} = \beta_0 + \overline{U}_{\cdot\cdot} \quad \text{mit } E(\overline{U}_{\cdot\cdot}) = 0, \quad \text{also}$$

(7.2.14) (1) $\mathrm{E}(\widehat{\beta}_0) = \beta_0$ für $\widehat{\beta}_0 = \overline{Y}_{\cdot\cdot}$ (BLUE unter (7.2.13)),

(2) $\mathrm{E}(\widehat{\beta}_i) = \beta_i$ für $\widehat{\beta}_i = \overline{Y}_{i\cdot} - \overline{Y}_{\cdot\cdot}$ (BLUE unter (7.2.13)),

wenn man noch (7.2.6) beachtet (mit $\alpha_0 = \beta_0$ unter (7.2.13))!

Die Hypothesen

(7.2.15) (1) $H_0 : \beta_0 = b_0$ (nicht testbar),

(2) $H_0 : \beta_0 + \sum \frac{n_i}{n} \beta_i = b_0$ (testbar)

sind *unter Restriktion* (7.2.13) identisch. Man kann also (7.2.15) (1) unter (7.2.13) testen, indem man (7.2.15) (2) im Modell (7.2.1) testet. Unter H_0 ist

$$(\overline{Y}_{\cdot\cdot} - b_0)/(\widehat{\sigma}\sqrt{1/n}) = \sqrt{n(n-p)}(\overline{Y}_{\cdot\cdot} - b_0)/\sqrt{\mathrm{SSE}}$$

eine $t(n-p)$-verteilte Statistik (beachte (7.2.6) (2), sodann (5.1.8), (3.3.1) und Definition der t-Verteilung (4.3.4) (4.3.5)), die zum Testen von H_0 (7.2.15) (2) resp. (1) mit (7.2.13) geeignet ist. Wir verfolgen den mit (7.2.13), (7.2.15) eingeschlagenen Weg nicht weiter; er muß — wegen des Einflusses der n_i auf die Restriktion — als problematisch gelten.

Schätzungen und Tests unter sinnvollen Restriktionen

Als sinnvoller (als (7.2.13)) kann man hingegen die

(7.2.16) Restriktion: $\sum_{i=1}^{p} \beta_i = 0$ oder $\overline{\beta} = 0$ (mit $\overline{\beta} = \frac{1}{p}\sum_{i=1}^{p} \beta_i$)

ansehen. In ihr drückt sich — völlig unberührt von der Wahl der Stichprobenlängen n_i — aus, daß der "Durchschnittseffekt" $\overline{\alpha} = \beta_0 + \overline{\beta}$ (7.2.6) (3) gleich dem "globalen" Effekt β_0 ist und die $\beta_i = \alpha_i - \overline{\alpha}$ (7.2.6) (1) nur noch gruppenspezifische Abweichungen vom "Durchschnittseffekt" darstellen. Aus (7.2.6) (3),(4) folgt dann, daß wir Schätzer angeben können, die *unter der Restriktion* (7.2.16) *unverzerrt* sind. Wir nennen im folgenden solche Schätzer, die für einen Parameter θ nur unter gewissen *Restriktionen* (*Bedingungen*) unverzerrt sind, **restringierte** (oder **bedingte**) **Schätzer**, bezeichnet mit $\widehat{\theta}^{\text{res}}$. (Man verwechsele *restringierte* Schätzer — die unter der betrachteten *nicht schätzbaren/nicht testbaren* (!) Restriktion unverzerrt sind — nicht mit [von einigen Autoren so genannten] *restriktiven* Schätzern, die unter einer *testbaren, schätzbaren* (!) Restriktion — nämlich H_0 — als 'OLS-Schätzer im reduzierten Modell' gewonnen werden. Siehe (5.2.19) und auch die Erörterungen zu (7.2.27), (7.2.28), (7.2.29).) Wir erhalten also aus (7.2.6) nunmehr

(7.2.17) restringierte Schätzer (unter Restriktion (7.2.16)):

(1) $\widehat{\beta}_0^{\text{res}} = \frac{1}{p}\sum_i \overline{Y}_{i\cdot}$;

(2) $\widehat{\beta}_i^{\text{res}} = \overline{Y}_{i\cdot} - \frac{1}{p}\sum_j \overline{Y}_{j\cdot}$.

In analoger Weise betrachten wir **restringierte Hypothesen** H_0^{res}, die nur unter gewissen Restriktionen testbar sind; eine restringierte Hypothese entsteht daher stets aus einer testbaren Hypothese durch Hinzufügen der (jeweiligen) Restriktion (wie sogleich an (7.2.18) deutlich wird). Um die Hypothese (7.2.15) (1) unter (7.2.16) zu testen, betrachtet man folglich die

(7.2.18) (1) **restringierte Hypothese**
$H_0^{\text{res}} : \beta_0 = b_0$ unter Restriktion $\overline{\beta} = 0$; ferner

(2) $H_0 : \beta_0 + \overline{\beta} = b_0$ d.h. $\overline{\alpha} = b_0$ in (7.2.6) (3)
(stets testbar).

Eine geeignete Teststatistik ist die unter H_0 (7.2.18) $t(n-p)$–verteilte (beachte (7.2.6) (3) mit $\operatorname{Var} \sum_i \overline{Y}_{i\cdot} = \sigma^2 \sum_i 1/n_i$, sodann (5.1.8), (3.3.1) und Definition der t–Verteilung (4.3.4),(4.3.5)) Größe:

(7.2.19) Teststatistik für β_0 unter Restriktion (7.2.16)

$$T_{n-p} = \Big(\sum\nolimits_i \overline{Y}_{i\cdot} - pb_0\Big) \Big/ \left(\widehat{\sigma} \cdot \sqrt{\frac{1}{n_1} + \cdots + \frac{1}{n_p}}\right)$$
$$= \sqrt{n-p}\Big(\sum\nolimits_i \overline{Y}_{i\cdot} - pb_0\Big) \Big/ \sqrt{\mathrm{SSE} \cdot \left(\frac{1}{n_1} + \cdots + \frac{1}{n_p}\right)}.$$

(Als **Beispiel** betrachte man (7.4.3)).

Bemerkung
Natürlich kann man $H_0 : \overline{\alpha} = 0$ (7.2.18) auch im Modell (7.1.4) testen. Nach (7.1.24) und der darauf folgenden Bemerkung (7.1.25) hat man in der Tat die Teststatistik (7.2.19)! ■

Will man unter der Restriktion (7.2.16) Tests über β_i $(1 \le i \le p)$ allein ausführen, betrachte man (7.2.6) (4). Für die dort aufgeführte Statistik $\overline{Y}_{i\cdot} - \frac{1}{p}\sum_{j=1}^{p} \overline{Y}_{j\cdot}$ berechnet man leicht:

$$\textbf{(7.2.20)}\quad \operatorname{Var}\left(\overline{Y}_{i\cdot} - \frac{1}{p}\sum_{j=1}^{p} \overline{Y}_{j\cdot}\right) = \sigma^2\left(\frac{1}{n_i}\left(1 - \frac{2}{p}\right) + \frac{1}{p^2}\sum_{j=1}^{p}\frac{1}{n_j}\right).$$

Für das Testproblem

(7.2.21) (1) **restringierte Hypothese:**
H_0^{res}: $\beta_i = b_0$ unter Restriktion $\overline{\beta} = 0$;

(2) H_0: $\beta_i - \overline{\beta} = b_0$, quad stets testbar

bietet sich daher die $t(n-p)$-verteilte

(7.2.22) Teststatistik für β_i unter Restriktion (7.2.16)

$$T_{n-p} = \frac{\left(\overline{Y}_{i\cdot} - \frac{1}{p}\sum_{j=1}^{p}\overline{Y}_{j\cdot} - b_0\right)\sqrt{n-p}}{\sqrt{\mathrm{SSE}\cdot\left(\frac{1}{n_i}\left(1-\frac{2}{p}\right)+\frac{1}{p^2}\left(\frac{1}{n_1}+\cdots+\frac{1}{n_p}\right)\right)}}$$

an. (Das Quadrat dieser Teststatistik — eine $\mathcal{F}_{1,n-p}$-Statistik — läßt sich natürlich auch über (5.2.26) (4) mit (5.2.14), $\boldsymbol{A} = [0 \ \ -1 \ \ \ldots \ \ p-1_i \ \ \ldots \ \ -1]$, $c = pb_0$ herleiten!)

Die Teststatistiken (7.2.19), (7.2.22) vereinfachen sich, wenn alle Gruppenhäufigkeiten gleich sind, d. h. wenn ein

(7.2.23) ausgewogener (balancierter) Versuchsplan
$n_i = n_0 > 1$ für alle $i = 1, \ldots, p$; $n = p \cdot n_0$

vorliegt. Für (7.2.22) haben wir insbesondere die $t_{(n-p)}$-Teststatistik

(7.2.24) $T_{n-p} = (\overline{Y}_{i\cdot} - \overline{Y}_{\cdot\cdot} - b_0)p\sqrt{n_0(n_0-1)} \ / \ \sqrt{(p-1)\,\mathrm{SSE}}$.

Wir fassen die angeführten t-Tests zusammen in folgender Tafel:

(7.2.25)

ANOVA mit t-Statistiken im Modell (7.2.1)/(7.2.3)		
(1)	für $H_0 : \beta_0 + \overline{\beta} = b_0$ resp. $H_0^{res} : \beta_0 = b_0$ unter Restriktion $\overline{\beta} = 0$:	T_{n-p} (7.2.19)
(2)	für $H_0 : \beta_i - \overline{\beta} = b_0$ resp. $H_0^{res} : \beta_i = b_0$ unter Restriktion $\overline{\beta} = 0$:	T_{n-p} (7.2.22)
(3)	Problem (2) mit ausgewogenem Plan (7.2.23):	T_{n-p} (7.2.24)

Grundsätzliches über Modelle mit nicht vollem Rang

(7.2.26) Bemerkung
Folgende Erörterungen haben *grundsätzlichen* Charakter.

a) Man könnte den Standpunkt vertreten, daß Modelle mit nicht vollem Rang von $\boldsymbol{X}$ überhaupt nicht zulässig sind, da ja dann die Parameter gar nicht schätzbar, nicht "identifizierbar" sind. Statt des Modells (7.2.1) mit den Parametern β_0, β_i dürfte man nur das Modell (7.2.10) mit den Parametern α_i (d. h. (7.1.4) mit Parametervektor $\boldsymbol{\alpha}$) betrachten. Um dennoch die Idee der 'spezifischen Effekte' und des 'globalen Effektes' zur Verfügung zu haben, führt man in (7.2.10) geeignete Linearkombinationen der α–Parameter ein, etwa die '$*$–Parameter'

AA. $\beta_i^* := \alpha_i - \overline{\alpha}, \quad \beta_0^* := \overline{\alpha}$; testbar in (7.2.10)/(7.1.4).

Mit den β_i^* hätte man dann zwar "scheinbar" Modell (7.2.1):

$$Y_{ij} = \beta_0^* + \beta_i^* + U_{ij} \qquad (\text{wegen } \alpha_i = \beta_0^* + \beta_i^*);$$

doch würde nur im Modell (7.2.10)/(7.1.4) "gerechnet" und getestet.

b) Will man sich hingegen *doch* im Modell (7.2.1) — mit den Parametern 'globaler Effekt' β_0, 'spezifische Effekte' β_i — bewegen, betrachte man für $i > 0$ die folgenden, ebenfalls $*$–Parameter definierenden (Parameter–)Funktionen:

BB. $\beta_i^* := \beta_i - \overline{\beta}\,, \quad \beta_0^* = \beta_0 + \overline{\beta}\,;$ testbar in (7.2.1) !!

(Siehe (7.2.18), (4).) Wieder hat man

$$\beta_0^* + \beta_i^* = \beta_0 + \beta_i, \quad \text{also } Y_{ij} = \beta_0^* + \beta_i^* + U_{ij}\ .$$

Wenn man nun in (7.2.1) die Restriktion $\overline{\beta} = 0$ einführt, hat man natürlich $\beta_i = \beta_i^*$ (für $i = 0, 1, \ldots, p$) und damit z. B. Hypothesentests über die β_i *unter (geeigneten) Restriktionen.*

c) Für die anfallenden Berechnungen (im Zusammenhang mit im Modell (7.2.1) schätzbaren Parametern, testbaren Hypothesen) spielt es keine Rolle, ob man im Modell (7.2.1) (mit den Parametern β_0, β_i und den $*$–Parametern BB.) oder in (7.1.4) / (7.2.10) (mit den Parametern α_i und den $*$–Parametern AA.) "rechnet". Bei der *Interpretation* der β_i sind allerdings die *notwendigen Restriktionen* zu beachten und gebührend zu würdigen. (Man bemerke jedoch, daß (7.2.8) sogar im Modell (7.2.1) *ohne* Restriktionen testbar ist!)

d) Die *Anschaulichkeit* des Modells (7.2.1) (verbunden mit der notwendigen Sorgfalt bei der Interpretation der "anschaulichen" Parameter *allgemeiner* Effekt und *spezifischer Gruppen*–Effekt) spricht durchaus auch für Modelle mit nicht vollem Rang. (Im vorliegenden Buch werden deshalb auch solche Modelle behandelt.) Es scheint eher eine Frage der statistischen Philosophie zu sein, ob man ausschließlich Modelle mit vollem Rang zulassen will. ■

Viele Autoren nehmen, um dem in (7.2.26) angesprochenen Problemen zu entgehen, (i. d. R.) die

Restriktion $\beta_1 + \cdots + \beta_p = 0$

zum Modell (7.2.1) als weiteren Bestandteil hinzu. In diesem (neuen) Modell muß man freilich statt $\widehat{\boldsymbol{\beta}}_{\text{OLS}}$ die Lösung des (unhandlicheren) Problems

Minimiere SSE($\boldsymbol{b}$) unter der [*nicht testbaren*]
Nebenbedingung $b_1 + \cdots + b_p = 0$

als gleichsam **bedingte OLS–Schätzung** definieren und berechnen. Für die Größen SSR und SSE spielt es keine Rolle, ob man obige Restriktion hinzunimmt oder nicht (siehe (7.4.5)).

Man kann zeigen (siehe zum folgenden SEARLE (1971), S. 204 ff, SCHÖNFELD (1969), S. 84 ff und TOUTENBURG (1992), S. 31 ff über *bedingte* Kleinste-Quadrate–Schätzung), daß diese bedingten OLS–Schätzer $\widehat{\boldsymbol{\beta}}^{\text{bed}}_{\text{OLS}}$ sich als (eindeutige) Lösung des Gleichungssystems

$$\textbf{(7.2.27)} \quad \begin{bmatrix} \boldsymbol{Y} \\ 0 \end{bmatrix} = \begin{bmatrix} \boldsymbol{X} \\ 0\ 1_1 \ldots 1_p \end{bmatrix} \boldsymbol{\beta} + \begin{bmatrix} \boldsymbol{U} \\ 0 \end{bmatrix}$$

(mit $\boldsymbol{Y}, \boldsymbol{X}, \boldsymbol{\beta}, \boldsymbol{U}$ aus (7.2.3)) ergeben. Die Lösung von (7.2.27) liefert (nach (3.2.20)[Gauß–Markov]) auch OLS–Schätzer für die transformierten Parameter

$\beta_0 + \overline{\beta},\ \beta_i - \overline{\beta}$ aus (7.2.6).

OLS–Schätzer für diese Parameter sind aber (gemäß (7.2.6)) die restringierten Schätzer $\widehat{\beta}^{\text{res}}_0$, $\widehat{\beta}^{\text{res}}_i$ (7.2.17). Also ist

$$\widehat{\boldsymbol{\beta}}^{\text{bed}\,\prime}_{\text{OLS}} = [\widehat{\beta}^{\text{res}}_0 \quad \widehat{\beta}^{\text{res}}_1 \quad \ldots \quad \widehat{\beta}^{\text{res}}_p].$$

Für ein beliebiges lineares Modell $\boldsymbol{Y} = \boldsymbol{X}\boldsymbol{\beta} + \boldsymbol{U}$ (3.1.5), bei dem die Regressor-Matrix $\boldsymbol{X}$ nicht vollen Rang hat (— man spricht dann auch von **(Multi–)Kollinearität** —) läßt sich das Problem der Konstruktion **bedingter Schätzer** analog zu (7.2.27) lösen: Man betrachte die

(7.2.28) Bedingung $\boldsymbol{B}\boldsymbol{\beta} = \boldsymbol{b}$, $\text{rg}[\boldsymbol{X}' \vdots \boldsymbol{B}'] = k$; $\boldsymbol{B}$ hat vollen Rang.

Der **bedingte OLS–Schätzer** ist dann der (eindeutige) OLS–Schätzer im Modell

$$\textbf{(7.2.29)} \quad \begin{bmatrix} \boldsymbol{Y} \\ \boldsymbol{b} \end{bmatrix} = \begin{bmatrix} \boldsymbol{X} \\ \boldsymbol{B} \end{bmatrix} \boldsymbol{\beta} + \begin{bmatrix} \boldsymbol{U} \\ 0 \end{bmatrix}.$$

Analoge Überlegungen lassen sich auch zum *Testen* von Hypothesen in diesem Modell mit zusätzlichen Bedingungen resp. zum Testen von *restringierten* Hypothesen im "unbedingten" Modell (mit nicht vollem Rang) anstellen (s. auch SEARLE (1971), S. 208 ff).

7.3 Covarianz–Analyse

Modell–Annahmen

Will man neben der einen qualitativen Erklärenden X mit p Ausprägungen, also p Dummy–Variablen $X_1, \ldots, X_p$, noch eine *quantitative* Erklärende Z mit vorgegebenen Werten z_{ij} für die Erklärung von Y_{ij} = 'j–te Y–Messung in Gruppe i' hinzunehmen, erhält man statt (7.1.4) (1) und in Anlehnung an Notation (1.2.3) das Gleichungssystem — respektive —

(7.3.1) (1) $Y_{ij} = \beta_i + \gamma z_{ij} + U_{ij}$,

(2) $Y_{ij} = \beta_0 + \beta_i + \gamma z_{ij} + U_{ij}$, $\quad j = 1, \ldots, n_i\,;\; i = 1, \ldots, p$

mit positiven **Gruppenhäufigkeiten:** $n_i > 0$.

(7.3.2) Definition
(7.3.1) heißt ***Covarianz–Analyse–Modell*** *der* ***Einfach–Klassifikation*** ***(1) ohne*** *resp.* ***(2) mit allgemeinem Effekt*** *(β_0).*

(7.3.3) Beispiel (Feldfrucht)
Betrachte — wie in (7.1.2) Feldfrucht — Y als "Ertrag", X_1, X_2, X_3 als die $1-0-$Variablen für die drei möglichen Bodenarten (= Ausprägungen der qualitativen und bislang einzigen Erklärenden "Bodenart"). Als weitere Erklärende betrachten wir nun noch die quantitative Variable $X_4 = Z =$ (aufgebrachte) Düngemittelmenge. Wir haben $p = 3$ Bodenarten, n_i Versuchsfelder mit Bodenart i (d. h. mit $X_i = 1$), z_{ij} = Düngemittelmenge auf j–tem Feld mit Bodenart i, Y_{ij} = Ertrag auf j–tem Feld mit Bodenart i ($i = 1, 2, 3$). Wir unterstellen folgende Daten (siehe auch (7.1.10)):

$$\boldsymbol{Y} = \begin{bmatrix} 10 \\ 11 \\ 12 \\ 14 \\ 16 \\ 8 \\ 12 \end{bmatrix}, \quad \boldsymbol{X} = \begin{bmatrix} 1 & 0 & 0 & 0 \\ 1 & 0 & 0 & 1 \\ 1 & 0 & 0 & 2 \\ 0 & 1 & 0 & 2 \\ 0 & 1 & 0 & 3 \\ 0 & 0 & 1 & 0 \\ 0 & 0 & 1 & 2 \end{bmatrix}, \quad \boldsymbol{\beta} = \begin{bmatrix} \beta_1 \\ \beta_2 \\ \beta_3 \\ \gamma \end{bmatrix}$$

mit $n_1 = 3$, $n_2 = 2$, $n_3 = 2$ ($p = 3$) — in notationeller Anlehnung an (7.1.6). ■

Bemerkung
Wie man **Beispiel Agrar** (3.1.4) entnimmt, können zur qualitativen Erklärenden (Bodenart) durchaus *mehrere* quantitative Größen (Düngemittelmengen für mehrere Dünger) treten. Zur Datenanalyse muß man dann die allgemeinen, in Kapitel 3 und 5 beschriebenen Wege gehen. Für den in diesem Abschnitt behandelten wichtigen Fall *einer* zusätzlichen quantitativen Erklärenden werden sich sehr bequem zu rechnende Ausdrücke für die Datenanalyse herleiten lassen. ■

Das Modell (7.3.1) (1) — dem wir uns zunächst zuwenden — lautet in Matrix-Schreibweise wie folgt:

(7.3.4) (1) $\boldsymbol{Y} = \boldsymbol{X\beta} + \boldsymbol{U}$ oder $\boldsymbol{Y}' = \boldsymbol{\beta}'\boldsymbol{X}' + \boldsymbol{U}'$ mit

(2) $\boldsymbol{Y}' = [Y_{11} \;\ldots\; Y_{1n_1} \;\ldots\; Y_{p1} \;\ldots\; Y_{pn_p}]$, $\boldsymbol{U}'$ analog,

(3) $\boldsymbol{z}' = [z_{11} \;\ldots\; z_{1n_1} \;\ldots\; z_{p1} \;\ldots\; z_{pn_p}]$

mit $s_z^2 > 0$ und $\sum_i \sum_j (z_{ij} - \bar{z}_{i\bullet})^2 > 0$,

(4) $\boldsymbol{\beta}' = [\beta_1 \;\ldots\; \beta_p \;\; \gamma]$,

(5) $$\boldsymbol{X}' = \begin{bmatrix} 1\ldots 1 & & \\ & \ddots & 0 \\ 0 & & 1\ldots 1 \\ z_{11}\ldots z_{1n_1} & \ldots & z_{p1}\ldots z_{pn_p} \end{bmatrix} = \boldsymbol{X}'_{k\times n} ,$$

$\operatorname{rg} \boldsymbol{X} = k = p+1$.

Bemerkung
$\boldsymbol{X}$ kann mit dem **APL–Programm** XEINF (siehe Anhang 1) durch den Befehl
(XEINF $n_1, \ldots, n_p$), $\boldsymbol{z}$
erzeugt werden. ■

BLU–Schätzer (Modell ohne allgemeinen Effekt)

Für die Behandlung der Schätz- und Testprobleme ist es zweckmäßig, folgende Parameter–Transformation vorzunehmen:

(7.3.5) $\theta_i = \beta_i + \gamma\bar{z}_{i\bullet}$ mit $\bar{z}_{i\bullet} = \frac{1}{n_i}\sum_j z_{ij}$ (also $\beta_i = \theta_i - \gamma\bar{z}_{i\bullet}$)
für $i = 1, \ldots, p$.

Aus (7.3.1) entsteht dann das Modell

(7.3.6) $Y_{ij} = \theta_i + \gamma z^o_{ij} + U_{ij}$ mit $z^o_{ij} = z_{ij} - \overline{z}_{i\bullet}$,

das in Matrix-Schreibweise folgende Gestalt hat:

$$\textbf{(7.3.7)}\quad Y' = [\theta_1 \;\ldots\; \theta_p \;\; \gamma] \cdot \begin{bmatrix} 1\ldots 1 & & 0 \\ & \ddots & \\ 0 & & 1\ldots 1 \\ z^o_{11}\ldots z^o_{1n_1} & \ldots & z^o_{p1}\ldots z^o_{pn_p} \end{bmatrix} + U'$$

$$= \theta' Z' + U' \,.$$

Offenbar ist nun (wegen $\sum_j z^o_{ij} = 0$)

(7.3.8) (1) $Z'Z = \operatorname{diag}(n_1, \ldots, n_p, \sum_i \sum_j z^{o2}_{ij})$,

(2) $(Z'Z)^{-1} = \operatorname{diag}(1/n_1, \ldots, 1/n_p, (\sum_i \sum_j z^{o2}_{ij})^{-1})$,

(3) $(Z'Y)' = [\sum_j Y_{1j} \;\ldots\; \sum_j Y_{pj} \;\; \sum_i \sum_j z^o_{ij} Y_{ij}]$,

(4) $[\widehat{\theta}_1 \;\ldots\; \widehat{\theta}_p \;\; \widehat{\gamma}] = (Z'Z)^{-1} Z'Y = \left[\overline{Y}_{1\bullet} \;\ldots\; \overline{Y}_{p\bullet} \;\; \dfrac{\sum_i \sum_j z^o_{ij} Y_{ij}}{\sum_i \sum_j z^{o2}_{ij}}\right]$

mit $z^o_{ij} = z_{ij} - \overline{z}_{i\bullet}$.

Aus (7.3.5), (7.3.8) (4) können wir mit (3.2.20) folgern:

(7.3.9) BLU-Schätzer für β (7.3.4) (4) ist $\widehat{\beta} = [\widehat{\beta}_1 \;\ldots\; \widehat{\beta}_p \;\; \widehat{\gamma}]$ mit

$$\widehat{\beta}_i = \overline{Y}_{i\bullet} - \widehat{\gamma}\overline{z}_{i\bullet}\,, \qquad \widehat{\gamma} = \frac{\sum_i \sum_j (z_{ij} - \overline{z}_{i\bullet}) Y_{ij}}{\sum_i \sum_j (z_{ij} - \overline{z}_{i\bullet})^2}\,.$$

(7.3.10) Beispiel (Verarbeitung)

Betrachte (7.1.11) mit der zusätzlichen quantitativen Erklärenden

Z = Dauer im Härtebad

mit

z_{ij} = Härtungs-Dauer des j-ten von L_i stammenden Stücks.

Man erhielt insgesamt folgende Meßergebnisse:

L_i	L_1				L_2			L_3		
Y_{ij}	25	26	30	19	21	24	27	28	32	36
z_{ij}	2	3	5	6	0	1	2	4	8	12

L_i	L_4					L_5		L_6		
Y_{ij}	22	23	28	26	21	24	30	24	26	28
z_{ij}	0	3	5	7	10	2	4	1	2	3

Wie lauten die BLU-Schätzer $\widehat{\beta}_i$, $\widehat{\gamma}$? Mit

$\overline{Y}_{i\cdot}$	25	24	32	24	27	26
$\overline{z}_{i\cdot}$	4	1	8	5	3	2

errechnet man:

$$\sum_i \sum_j (z_{ij} - \overline{z}_{i\cdot}) Y_{ij} = 41\,, \quad \sum_i \sum_j (z_{ij} - \overline{z}_{i\cdot})^2 = 106\,.$$

Also ist nach (7.3.9)

$\widehat{\gamma} = 0.3868$, $\widehat{\beta}_1 = 23.4528$, $\widehat{\beta}_2 = 23.6132$, $\widehat{\beta}_3 = 28.9057$, $\widehat{\beta}_4 = 22.0660$, $\widehat{\beta}_5 = 25.8396$, $\widehat{\beta}_6 = 25.2264$.

Betrachte nun die folgenden Testaufgaben: Teste mit Signifikanz $\alpha = 0.10$

(1) H_0: alle Lieferanteneffekte sind gleich (d. h. $\beta_1 = \ldots = \beta_6$),

(2) H_0: die Dauer des Härtebads hat keinen Einfluß auf die Festigkeit (d. h. $\gamma = 0$),

(3) H_0: die Lieferanten-Effekte der ersten drei Lieferanten sind gleich (d. h. $\beta_1 = \beta_2 = \beta_3$).

In (7.3.21) werden wir diese Testprobleme behandeln. Dazu benötigen wir jedoch zunächst SSR und SSE und ferner SSR(H_0) resp. SSE(H_0) für die genannten Hypothesen. ∎

SSR und SSE (Modell ohne allgemeinen Effekt)

Im Modell (7.3.7) läßt sich SSR und damit SSE leicht berechnen (beachte (5.2.24), (5.2.25)):

$$\mathrm{SSR} = \widehat{\boldsymbol{\theta}}' \boldsymbol{Z}' \boldsymbol{Y} = n_1 \overline{Y}_{1\cdot}^2 + \ldots + n_p \overline{Y}_{p\cdot}^2 + \Big(\sum_i \sum_j (z_{ij} - \overline{z}_{i\cdot}) Y_{ij}\Big)^2 \Big/ \sum_i \sum_j (z_{ij} - \overline{z}_{i\cdot})^2 \;.$$

Da $\sum_i \sum_j Y_{ij}^2 - \sum_i n_i \overline{Y}_{i\cdot}^2 = \sum_i n_i \cdot \left(\frac{1}{n_i} \sum_j Y_{ij}^2 - \overline{Y}_{i\cdot}^2\right) = \sum_i \sum_j (Y_{ij} - \overline{Y}_{i\cdot})^2$ ist, haben wir also

(7.3.11) (1) $\sum_i \sum_j Y_{ij}^2 - \sum_i n_i \overline{Y}_{i\cdot}^2 = \sum_i n_i S_i^2 = \sum_i \sum_j (Y_{ij} - \overline{Y}_{i\cdot})^2$,

analog: $\sum_i \sum_j Y_{ij}^2 - n \overline{Y}_{\cdot\cdot}^2 = \sum_i \sum_j (Y_{ij} - \overline{Y}_{\cdot\cdot})^2$,

(2) $$\mathrm{SSR} = \sum_i n_i \overline{Y}_{i\cdot}^2 + \frac{\left(\sum_i \sum_j (z_{ij} - \overline{z}_{i\cdot})(Y_{ij} - \overline{Y}_{i\cdot})\right)^2}{\sum_i \sum_j (z_{ij} - \overline{z}_{i\cdot})^2}\,,$$

(3) $$\mathrm{SSE} = \sum_i \sum_j (Y_{ij} - \overline{Y}_{i\cdot})^2 - \frac{\left(\sum_i \sum_j (z_{ij} - \overline{z}_{i\cdot})(Y_{ij} - \overline{Y}_{i\cdot})\right)^2}{\sum_i \sum_j (z_{ij} - \overline{z}_{i\cdot})^2}\,,$$

wobei in (2) und (3) entweder $\overline{Y}_{i\cdot}$ oder $\overline{z}_{i\cdot}$ über dem Bruchstrich auch wegfallen kann. Mit (7.3.11) haben wir natürlich den Schätzer $\widehat{\sigma}^2 = \mathrm{SSE}/(n-p-1)$ (siehe (3.3.1)) zur Verfügung.

(7.3.12) Beispiel (Verarbeitung)
Betrachte (7.3.10). Dort errechnet man (siehe (7.1.11)) $\sum_i n_i \overline{Y}_{i\cdot}^2 = 13666$, also (siehe (7.3.10)) SSR $= 13666 + \frac{41^2}{106} = 13681.8585$. Mit SST $= 13838$ ist dann SSE $= 156.1415$. Für die Anpassungsgüte erhält man dann $R^{*2} = \frac{13681.8585}{13838} = 0.9887$, $R^2 = \frac{13681.8585 - 20 \cdot 26^2}{13838 - 20 \cdot 26^2} = 0.5090$ (mit (3.1.42) (3)). ∎

Drei wichtige Hypothesen (ohne allgemeinen Effekt)

Die Hypothesen, für die wir uns interessieren, lauten naheliegenderweise

(7.3.13) (1) $H_0 = H_{(p,=)}$: $\beta_1 = \cdots = \beta_p$ in (7.3.1) (1),

(2) $H_0 = H_{\gamma_0}$: $\gamma = \gamma_0$ in (7.3.1) (1).

(3) $H_0 = H_{(q,=)}$: $\beta_1 = \cdots = \beta_q$ in (7.3.1) (1) für $2 \leq q < p$.

In (7.3.13) (1) wird die Gleichheit der "spezifischen" Effekte in den Gruppen $1, \ldots, p$, in (7.3.13) (2) die Stärke des Einflusses der quantitativen Variablen Z hypothetisch unterstellt. (7.3.13) (3) behauptet die Gleichheit der spezifischen Effekte der Gruppen $1, \ldots, q$. Natürlich ist (7.3.13) (1) ein besonders einfach zu behandelnder Sonderfall von (7.3.13) (3). (Da $\boldsymbol{X}$ vollen Rang hat, ist jede lineare Hypothese testbar!)

Für die Konstruktion von Teststatistiken gemäß (5.2.17) und (5.2.22) (1) in **ANCOVA**-Tafeln (**Covarianz–Analyse** = **AN**alysis of **COVA**riance) benötigen wir nur noch SSE(H_0).

(1) *Wenn* $H_{(p,=)}$ (7.3.13) (1) *richtig ist* ,

liegt in (7.3.1) (1) in Wahrheit ein einfaches Regressionsmodell vor:
$Y_{ij} = \beta + \gamma z_{ij} + U_{ij}$ (!), und wir haben nach (2.1.9), (2.1.15) (3), (4):

$$\textbf{(7.3.14)}\ (1)\ \text{SSR}(H_0) = \frac{\left(\sum_i \sum_j (z_{ij} - \overline{z}_{\cdot\cdot})(Y_{ij} - \overline{Y}_{\cdot\cdot})\right)^2}{\sum_i \sum_j (z_{ij} - \overline{z}_{\cdot\cdot})^2} + n\overline{Y}_{\cdot\cdot}^2 = \text{SSR}(H_{(p,=)})$$

$$(2)\ \text{SSE}(H_0) = \sum_i \sum_j (Y_{ij} - \overline{Y}_{\cdot\cdot})^2 - \frac{\left(\sum_i \sum_j (z_{ij} - \overline{z}_{\cdot\cdot})(Y_{ij} - \overline{Y}_{\cdot\cdot})\right)^2}{\sum_i \sum_j (z_{ij} - \overline{z}_{\cdot\cdot})^2}$$
$$= \text{SSE}(H_{(p,=)}) \quad \text{(mit (7.3.11) (1))}.$$

(2) *Wenn* H_{γ_0} (7.3.13) (2) *richtig ist* ,

liegt in (7.3.1) (1) in Wahrheit das Modell (7.1.4) mit $Y_{ij} - \gamma_0 z_{ij}$ statt Y_{ij} vor. Aus (7.1.9) (3) folgern wir daher

(7.3.15) $\mathrm{SSE}(H_0) = \mathrm{SSE}(H_{\gamma_0}) = \sum_i \sum_j ((Y_{ij} - \overline{Y}_{i\bullet}) - \gamma_0(z_{ij} - \overline{z}_{i\bullet}))^2$.

(3) *Wenn* $H_{(q,=)}$ (7.3.13) (3) *richtig ist* ,

liegt in (7.3.1) (1) ein Covarianz-Analyse-Modell vor mit $p - q + 1$ Gruppen. Die erste Gruppe besteht aus der Ausprägung

$A_q^* = \{A_1 \text{ oder} \cdots \text{oder } A_q\}$ in (7.1.1) (1) resp. (7.3.1) (1);

die übrigen $p - q$ Gruppen sind durch $A_{q+1}, \ldots, A_p$ gegeben. Mit

(7.3.16) $$n_q^* = \sum_{i=1}^{q} n_i\,, \quad \overline{Y}_{q\bullet}^* = \frac{1}{n_q^*}\sum_{i=1}^{q} n_i \overline{Y}_{i\bullet}\,, \quad \overline{z}_{q\bullet}^* = \frac{1}{n_q^*}\sum_{i=1}^{q} n_i \overline{z}_{i\bullet}$$

erhält man aus (7.3.11) (2) offenbar

(7.3.17) $$\mathrm{SSR}(H_{(q,=)}) = n_q^* \cdot \overline{Y}_{q\bullet}^{*2} + \sum_{i=q+1}^{p} n_i \overline{Y}_{i\bullet}^2 + \frac{\left[\sum_{i=1}^{q}\sum_j (z_{ij} - \overline{z}_{q\bullet}^*)(Y_{ij} - \overline{Y}_{q\bullet}^*) + \sum_{i=q+1}^{p}\sum_j (z_{ij} - \overline{z}_{i\bullet})(Y_{ij} - \overline{Y}_{i\bullet})\right]^2}{\sum_{i=1}^{q}\sum_j (z_{ij} - \overline{z}_{q\bullet}^*)^2 + \sum_{i=q+1}^{p}\sum_j (z_{ij} - \overline{z}_{i\bullet})^2},$$

wobei über dem langen Bruchstrich $\overline{z}_{i\bullet}$ oder $\overline{Y}_{i\bullet}$ und $\overline{z}_{q\bullet}^*$ oder $\overline{Y}_{q\bullet}^*$ wegfallen kann. (Für $q = p$ ist offenbar — siehe (7.3.16) — $n_{q\bullet}^* = n$, $\overline{Y}_{q\bullet}^* = \overline{Y}_{\bullet\bullet}$, $\overline{z}_{q\bullet}^* = \overline{z}_{\bullet\bullet}$, und (7.3.17) wird mit (7.3.14) (1) identisch.) Der Rang von $H_{(q,=)}$ ist ersichtlich gleich $q - 1$.

Wir fassen die Ergebnisse in ANCOVA-Tafeln zusammen (und fügen noch die *Freiheitsgrade* FG der jeweiligen χ^2-verteilten Statistiken hinzu), und die ANCOVA-Tafeln werden sodann durch das Beispiel (7.3.21) illustriert:

(7.3.18)

ANCOVA für (7.3.13) (1): H_0: $\beta_1 = \cdots = \beta_p$ in (7.3.1) (1)		
SSE:	(7.3.11) (3)	$n - (p+1)$ FG
$\mathrm{SSE}(H_0)$:	(7.3.14)	$n - 2$ FG
$\mathrm{SSE}(H_0) - \mathrm{SSE} = \mathrm{SSR} - \mathrm{SSR}(H_0)$:	aus (7.3.11), (7.3.14)	$p - 1$ FG
Teststatistik: $\mathcal{F}_{p-1,n-p-1} = \dfrac{\mathrm{SSE}(H_0) - \mathrm{SSE}}{\mathrm{SSE}} \cdot \dfrac{n-p-1}{p-1}$		

(7.3.19)

ANCOVA für (7.3.13) (2): $H_0 : \gamma = \gamma_0$ in (7.3.1) (1)		
SSE: SSE(H_0): SSE(H_0) − SSE = SSR − SSR(H_0):	(7.3.11) (3) (7.3.15) aus (7.3.11), (7.3.15)	$n-(p+1)$ FG $n-p$ FG 1 FG
Teststatistik: $\mathcal{F}_{1,n-p-1} = \dfrac{\text{SSE}(H_0) - \text{SSE}}{\text{SSE}} \cdot (n-p-1)$		
Alternativ (siehe Bemerkung): $(\widehat{\gamma} - \gamma_0)/\widehat{\sigma}_{\widehat{\gamma}}$, t_{n-p-1}-verteilt		

Bemerkung: Aufgrund von (4.3.5) wissen wir, daß (unter H_0) $\mathcal{F}_{1,n-p-1}$ die Verteilung des Quadrates einer t_{n-p-1}-verteilten Größe besitzt. Diese t_{n-p-1}-verteilte Größe ist $(\widehat{\gamma} - \gamma_0)/\widehat{\sigma}_{\widehat{\gamma}}$ (wie man mit etwas Mühe nachrechnet), wodurch auch einseitige Tests über γ möglich sind. ■

(7.3.20)

ANCOVA für (7.3.13) (3): $H_0 : \beta_1 = \cdots = \beta_q$ in (7.3.1) (1)		
SSE: SSR − SSR(H_0):	(7.3.11) (3) aus (7.3.11) (2) und (7.3.17)	$n-(p+1)$ FG $q-1$ FG
Teststatistik: $\mathcal{F}_{q-1,n-p-1} = \dfrac{\text{SSR} - \text{SSR}(H_0)}{\text{SSE}} \cdot \dfrac{(n-p-1)}{q-1}$		

Bemerkung

In Anhang 1 findet sich das **APL–Programm** ANCOVA, das die Berechnung von $\mathcal{F}$ (7.3.18), $\mathcal{F}$ (7.3.19), $\mathcal{F}$ (7.3.20) vornimmt. ■

(7.3.21) Beispiel (Verarbeitung)

Betrachte (7.3.10) mit den dort gegebenen Daten und mit (7.3.12):

$$\text{SSR} = 13681.8585 \ , \quad \text{SSE} = 156.1415 \ .$$

Wir testen nun die in (7.3.10) aufgestellten Nullhypothesen mit Signifikanz 0.10 :

(1) $H_0 : \ \beta_1 = \ldots = \beta_6$ (siehe (7.3.18));

Berechnung von SSR(H_0) (7.3.14):

$$\overline{Y}_{\bullet\bullet} = 26 \ , \quad \overline{z}_{\bullet\bullet} = 4 \ .$$

$Y_{ij} - \overline{Y}_{\bullet\bullet}$	−1	0	4	−7	−5	−2	1	2	6	10
$z_{ij} - \overline{z}_{\bullet\bullet}$	−2	−1	1	2	−4	−3	−2	0	4	8
	−4	−3	2	0	−5	−2	4	−2	0	2
	−4	−1	1	3	6	−2	0	−3	−2	−1

$$\textstyle\sum_i \sum_j (z_{ij} - \overline{z}_{\bullet\bullet})(Y_{ij} - \overline{Y}_{\bullet\bullet}) = 119 \ , \quad \sum_i \sum_j (z_{ij} - \overline{z}_{\bullet\bullet})^2 = 200 \ ;$$

$\text{SSR}(H_0) = (119^2/200) + 20 \cdot 26^2 = 13590.8050$;

$$\mathcal{F}_{5,13} = \frac{13681.8585 - 13590.8050}{156 \cdot 1415} \cdot \frac{13}{5} = 1.516 .$$

Da $F_{5,13;0.10} = 2.347$ ist, wird H_0 angenommen.

(2) $H_0: \gamma = 0$ (siehe (7.3.19));
Berechnung von $\text{SSE}(H_0)$ (7.3.15):

$Y_{ij} - \overline{Y}_{i\cdot}$	0	1	5	−6	−3	0	3	−4	0	4
	−2	−1	4	2	−3	−3	3	−2	0	2

$\sum_i \sum_j (Y_{ij} - \overline{Y}_{i\cdot})^2 = 172 = \text{SSE}(H_0)$;

$$\mathcal{F}_{1,13} = \frac{172 - 156.1415}{156.1415} \cdot 13 = 1.320 .$$

Da $F_{1,13;0.10} = 3.136$ ist, wird H_0 angenommen.

(3) $H_0: \beta_1 = \beta_2 = \beta_3$ (siehe (7.3.20);
Berechnung von $\text{SSR}(H_0)$ (7.3.17):

$n_3^* = 10$, $\overline{Y}^*_{3\cdot} = 26.8$, $\overline{z}^*_{3\cdot} = 4.3$.

$z_{ij} - \overline{z}^*_{3\cdot}$:	−2.3	−1.3	0.7	1.7	−4.3
$Y_{ij}(z_{ij} - \overline{z}^*_{3\cdot})$:	−57.5	−33.8	21.0	32.3	−90.3
	−3.3	−2.3	−0.3	3.7	7.7
	−79.2	−62.1	−8.4	118.4	277.2

$\sum_{i\le 3} \sum_j Y_{ij}(z_{ij} - \overline{z}^*_{3\cdot}) = 117.6$; $\sum_{i>3} \sum_j Y_{ij}(z_{ij} - \overline{z}_{i\cdot}) = 11$;
$\sum_{i\le 3} \sum_j (z_{ij} - \overline{z}^*_{3\cdot})^2 = 118.1$; $\sum_{i>3} \sum_j (z_{ij} - \overline{z}_{i\cdot})^2 = 62$.

$n_3^* \overline{Y}^{*2}_{3\cdot} = 7182.4$, $\sum_{i>3} n_i \overline{Y}^2_{i\cdot} = 6366$.

$$\text{SSR}(H_0) = 7182.4 + 6366 + \frac{(117.6 + 11)^2}{118.1 + 62} = 13640.2265 ;$$

$$\mathcal{F}_{2,13} = \frac{13681.8585 - 13640.2265}{156.1415} \cdot \frac{13}{2} = 1.733 .$$

Da $F_{2,13;0.10} = 2.763$ ist, wird H_0 angenommen.

Modell mit allgemeinem Effekt

Wir betrachten nun das Modell (7.3.1) (2):

(7.3.22) (1) $\boldsymbol{Y} = \boldsymbol{X\beta} + \boldsymbol{U}$ oder $\boldsymbol{Y}' = \boldsymbol{\beta}'\boldsymbol{X}' + \boldsymbol{U}'$ mit
$Y_{ij} = \beta_0 + \beta_i + \gamma \cdot z_{ij}$ für $i = 1, \ldots, p; j = 1, \ldots, n_i$; also:

(2) $\boldsymbol{\beta}' = [\beta_0 \quad \beta_1 \quad \ldots \quad \beta_p \quad \gamma]$,

(3) $$\boldsymbol{X}' = \begin{bmatrix} 1 \ldots 1 & \ldots & 1 \ldots 1 \\ 1 \ldots 1 & & \\ & \ddots & 0 \\ 0 & & \\ & & 1 \ldots 1 \\ z_{11} \ldots z_{1n_1} & \ldots & z_{p1} \ldots z_{pn_p} \end{bmatrix} = \boldsymbol{X}'_{k \times n} ,$$

$k = p + 2,$
$\operatorname{rg} \boldsymbol{X} = p + 1$

Bemerkung
$\boldsymbol{X}$ kann mit dem **APL–Programm** XEINF (siehe Anhang 1) durch den Befehl

(1, XEINF n_1 ... n_p),$\boldsymbol{z}$

erzeugt werden. Natürlich kann man auch β_0 an den Schluß von $\boldsymbol{\beta}$ setzen und $\boldsymbol{X}$ mit

((XEINF n_1 ... n_p),$\boldsymbol{z}$),1

erstellen. ■

Es ist klar, daß $\boldsymbol{X}$ (7.3.22) (3) nicht vollen Rang hat. Man sieht jedoch leicht, daß die folgenden Parameter

(7.3.23) $\alpha_1 = \beta_0 + \beta_1, \ldots, \alpha_p = \beta_0 + \beta_p, \gamma$ schätzbar/testbar

sind. Zum Beispiel prüft man leicht, daß aus $\boldsymbol{Xb} = \boldsymbol{0}$ stets $\boldsymbol{Ab} = \boldsymbol{0}$ folgt für die transformierende Matrix $\boldsymbol{A}$, die durch

$$\boldsymbol{\alpha}' = [\alpha_1 \quad \ldots \quad \alpha_p \quad \gamma] = [\beta_0 \quad \beta_1 \quad \ldots \quad \beta_p \quad \gamma] \cdot \boldsymbol{A}' = \boldsymbol{\beta}'\boldsymbol{A}'$$

implizit in (7.3.23) erklärt ist.

Durch (7.3.23) wird (7.3.22) transformiert in das Modell (7.3.4) (!) mit Parametervektor $\boldsymbol{\alpha}$ (statt $\boldsymbol{\beta}$). Die *Schätzung* $\widehat{\boldsymbol{\alpha}}$ ergibt sich sofort aus (7.3.9), und eine Lösung $\widehat{\boldsymbol{\beta}}_{\text{OLS}}$ der Normalgleichungen folgt aus (7.3.9) (mit der zu (7.2.4) (3) analogen Matrix $(\boldsymbol{X}'\boldsymbol{X})^-$ für $\boldsymbol{X}$ (7.3.22) (3)):

(7.3.24) (1) $\widehat{\gamma} = \dfrac{\sum_i \sum_j (z_{ij} - \overline{z}_{i\bullet}) Y_{ij}}{\sum_i \sum_j (z_{ij} - \overline{z}_{i\bullet})^2}$; $\widehat{\beta_0 + \beta_i} = \overline{Y}_{i\bullet} - \widehat{\gamma}\overline{z}_{i\bullet}$, jeweils BLUE;

(2) $\widehat{\beta}'_{\text{OLS}} = [0 \quad \overline{Y}_{1\bullet} - \widehat{\gamma}\overline{z}_{1\bullet} \quad \ldots \quad \overline{Y}_{p\bullet} - \widehat{\gamma}\overline{z}_{p\bullet} \quad \widehat{\gamma}]$.

Die *Hypothesen* (7.3.13) bleiben *testbar* , da (7.3.13) (1) mit $\alpha_1 = \ldots = \alpha_p$ identisch ist. Offenbar haben wir — siehe auch (7.2.26) — :

(7.3.25)

ANCOVA im Modell (7.3.1) (2) für (7.3.13):
(1) wie in **ANCOVA** (7.3.18)
(2) wie in **ANCOVA** (7.3.19)
(3) wie in **ANCOVA** (7.3.20)

Bevor wir ein Beispiel zu (7.3.25) rechnen, betrachten wir noch kurz das Problem, unter geeigneten Restriktionen Schätzfunktionen und Tests für die Parameter β_0, β_i $(i > 0)$ zu finden.

Schätzen und Testen unter Restriktionen

Zunächst erhält man ja aus (7.3.24)

(7.3.26) (1) $\text{E}(\overline{Y}_{i\bullet} - \widehat{\gamma}\overline{z}_{i\bullet}) = \beta_0 + \beta_i \quad (= \alpha_i)$;

(2) $\text{E}(\frac{1}{p}\sum_{i=1}^p(\overline{Y}_{i\bullet} - \widehat{\gamma}\overline{z}_{i\bullet})) = \beta_0 + \overline{\beta} \quad (= \overline{\alpha})$ mit $\overline{\beta} = \frac{1}{p}\sum_{j=1}^p \beta_j$;

(3) $\text{E}((\overline{Y}_{i\bullet} - \frac{1}{p}\sum_{j=1}^p \overline{Y}_{j\bullet}) - \widehat{\gamma}(\overline{z}_{i\bullet} - \frac{1}{p}\sum_{j=1}^p \overline{z}_{j\bullet})) = \beta_i - \overline{\beta} \quad (= \alpha_i - \overline{\alpha})$.

Unter der (bereits im Anschluß an (7.2.16) als "sinnvoll" erkannten)

(7.3.27) Restriktion: $\overline{\beta} = 0$

hat man dann (**restringierte** unverzerrte) **Schätzer** für β_0 und die β_i $(i > 0)$:

(7.3.28) (1) $\widehat{\beta}_0^{\text{res}} = \frac{1}{p}\sum_i(\overline{Y}_{i\bullet} - \widehat{\gamma}\overline{z}_{i\bullet})$ unter (7.3.27);

(2) $\widehat{\beta}_i^{\text{res}} = (\overline{Y}_{i\bullet} - \frac{1}{p}\sum_{j=1}^p \overline{Y}_{j\bullet}) - \widehat{\gamma}(\overline{z}_{i\bullet} - \frac{1}{p}\sum_{j=1}^p \overline{z}_{j\bullet})$ unter (7.3.27).

Die (wegen (7.3.26)) testbaren Hypothesen (H_0) und **restringierten Hypothesen** (H_0^{res})

(7.3.29) (1) H_0: $\beta_0 + \overline{\beta} = b_0$; H_0^{res}: $\beta_0 = b_0$ unter (7.3.27),

(2) H_0: $\beta_i - \overline{\beta} = b_0$; H_0^{res}: $\beta_i = b_0$ unter (7.3.27)

behandeln wir nur für den einfachen Fall, daß alle $\overline{z}_{i\cdot}$ gleich oder sogar $= 0$ sind — was ja (vom "Versuchsleiter") durch geeignete Wahl der z_{ij} erreicht werden kann. Man macht sich mit (7.3.28) (2) leicht klar, daß — in Analogie zu (7.2.22) mit $\operatorname{rg} \boldsymbol{X} = p + 1$ (statt p) — gilt:

(7.3.30) Teststatistik für β_i

(1) unter **Restriktion** (7.3.27) und

(2) unter der **Bedingung**: $\overline{z}_{i\cdot} = \overline{z}_{j\cdot}$ für alle $i, j = 1, \dots, p$ ist

$$T_{n-p-1} = \frac{\left(\overline{Y}_{i\cdot} - \frac{1}{p}\sum_{j=1}^{p}\overline{Y}_{j\cdot} - b_0\right)\sqrt{n-p-1}}{\sqrt{\text{SSE}\cdot\left(\frac{1}{n_i}\left(1-\frac{2}{p}\right)+\frac{1}{p^2}\left(\frac{1}{n_1}+\cdots+\frac{1}{n_p}\right)\right)}},$$

t_{n-p-1}–verteilt unter H_0 (7.3.29) (2).

Mit (7.3.28) (1) erkennt man ferner — in Analogie zu (7.2.19) mit $\operatorname{rg} \boldsymbol{X} = p + 1$ (statt p):

(7.3.31) Teststatistik für β_0

(1) unter **Restriktion** (7.3.27) und

(2) unter der **Bedingung**: $\overline{z}_{i\cdot} = 0$ für alle $i = 1, \dots, p$ ist

$$T_{n-p-1} = \left(\sum\nolimits_i \overline{Y}_{i\cdot} - pb_0\right) \Big/ \left(\widehat{\sigma}\cdot\sqrt{\frac{1}{n_1}+\cdots+\frac{1}{n_p}}\right)$$
$$= \sqrt{n-p-1}\left(\sum\nolimits_i \overline{Y}_{i\cdot} - pb_0\right) \Big/ \sqrt{\text{SSE}\cdot\left(\frac{1}{n_1}+\cdots+\frac{1}{n_p}\right)}$$

t_{n-p-1}–verteilt unter H_0 (7.3.29) (1).

Bemerkung

Natürlich lassen sich die Hypothesen in (7.3.29) auch ohne die genannten Bedingungen für die $\bar{z}_{i\bullet}$ testen, und zwar in folgendser Weise: Nach (wegen der Benutzung von GINV (Anhang 1) in FHO notwendigem) Umordnen der Spalten von $\boldsymbol{X}$ mit nunmehr **1** als *letzter* Spalte von $\boldsymbol{X}$ (siehe Bemerkung nach (7.3.22)) hat man den Parametervektor

$$\boldsymbol{\beta} = [\beta_1 \ \dots \ \beta_i \ \dots \ \beta_p \ \gamma \ \beta_0] \, .$$

(a) Hypothesen über β_i $(i > 0)$: Die Hypothesen-*Matrix* $\boldsymbol{A}$ (5.2.8) lautet nun

für (7.3.29) (2): $\boldsymbol{A}_2 = [-\frac{1}{p} \ \dots \ (1-\frac{1}{p})_i \ \dots \ -\frac{1}{p} \ 0 \ 0]$,

und mit Hilfe des **APL–Programms** (siehe Anhang 1) XEINF (zur Erstellung der Design–Matrix $\boldsymbol{X}$) kann die zugehörige F–Statistik (5.2.17) mit dem Programm FHO (siehe Anhang 1) leicht berechnet werden.

(b) Hypothesen über β_0 : Die Hypothesen-*Matrix* $\boldsymbol{A}$ (5.2.8) lautet nun

für (7.3.29) (1): $\boldsymbol{A}_1 = [\frac{1}{p} \ \dots \ \frac{1}{p} \ 0 \ 1]$,

und die zugehörige F–Statistik wird wieder mit FHO berechnet. ■

(7.3.32) Beispiel (Feldfrucht)

Betrachte die Daten (7.3.3). Nun jedoch kommt die konstante Saatgutmenge $X_0 \equiv 1$ als Erklärende — und damit der allgemeine Effekt β_0 — hinzu. Man errechnet zunächst :

i	n_i	$\overline{Y}_{i\bullet}$	$\bar{z}_{i\bullet}$	$\sum_j (Y_{ij} - \overline{Y}_{i\bullet})^2$	$\sum_j (z_{ij} - \bar{z}_{i\bullet})^2$	$\sum_j (Y_{ij} - \overline{Y}_{i\bullet}) z_{ij}$
1	3	11	1	2	2	2
2	2	15	2.5	2	0.5	1
3	2	10	1	8	2	4
	$\sum = 7$			$\sum = 12$	$\sum = 4.5$	$\sum = 7$

$\text{SST} = \sum_i \sum_j Y_{ij}^2 = 1025, \quad \sum_i \sum_j Y_{ij} z_{ij} = 135.$

Parameterschätzung:

Im Modell *ohne allgemeinen* Effekt (7.3.1) (1) resp. (7.3.4) wäre ferner nach (7.3.9):

$$\begin{aligned} \widehat{\beta}_1 &= 11 - 14/9 = 85/9 = 9.4444 \, , \\ \widehat{\beta}_2 &= 15 - (14/9) \cdot 2.5 = 100/9 = 11.1111 \, , \\ \widehat{\beta}_3 &= 10 - 14/9 = 76/9 = 8.4444 \, . \end{aligned}$$

Im Modell *mit* und *ohne allgemeinen* Effekt ist

$$\widehat{\gamma} = 7/4.5 = 14/9 = 1.556$$

nach (7.3.9), (7.3.24). Nach (7.3.11) ist ferner SSE $= 12 - (7^2)/4.5 = 1.111$ und daher $\widehat{\sigma}^2 = 1.111/(7-4) = 0.37$.

Im Modell *mit allgemeinem* Effekt ist

$$\widehat{\boldsymbol{\beta}}' = [0 \quad 9.4444 \quad 11.1111 \quad 8.4444 \quad 1.5556]$$

eine Lösung der Normalgleichungen. Weiter errechnet man für (7.3.28)

$$\widehat{\beta}_0^{\mathrm{res}} = 9.6667\,, \ \widehat{\beta}_1^{\mathrm{res}} = -0.2222\,, \ \widehat{\beta}_2^{\mathrm{res}} = 1.4444\,, \ \widehat{\beta}_3^{\mathrm{res}} = -1.2222\ .$$

Hypothesentests :

(1) *Hypothese* $\beta_1 = \beta_2 = \beta_3$:
Nach (7.3.14) ist für SSE($H_{(p,=)}$) die Berechnung folgender Größen erforderlich:

$$\overline{Y}_{\bullet\bullet} = \frac{83}{7}\,, \qquad \overline{z}_{\bullet\bullet} = \frac{10}{7}\,.$$

$$\sum_i \sum_j (z_{ij} - \overline{z}_{\bullet\bullet})^2 = \sum_i \sum_j z_{ij}^2 - n \cdot \overline{z}_{\bullet\bullet}^2 = 22 - \frac{100}{7} = 7.714\ ,$$

$$\sum_i \sum_j (Y_{ij} - \overline{Y}_{\bullet\bullet})^2 = \mathrm{SST} - n \cdot \overline{Y}_{\bullet\bullet}^2 = 1025 - \frac{83^2}{7} = 40.857\ ,$$

$$\sum_i \sum_j (Y_{ij} - \overline{Y}_{\bullet\bullet}) z_{ij} = \sum_i \sum_j Y_{ij} z_{ij} - n\overline{Y}_{\bullet\bullet}\overline{z}_{\bullet\bullet} = 135 - \frac{830}{7} = 16.429\ .$$

Wir haben SSE($H_{(p,=)}$) $= 40.857 - (16.429)^2/7.714 = 5.867$. Um

$$H_0 = H_{(p,=)}\colon\ \beta_1 = \beta_2 = \beta_3$$

zu testen, berechnen wir die Statistik $\mathcal{F}_{2,3} = \dfrac{5.867 - 1.111}{1.111} \cdot \dfrac{3}{2} = 6.421$ (siehe (7.3.18)). Für Signifikanz 0.05 lautet der Test:

$$d \neq H_0 \iff \mathcal{F}_{2,3} > 9.552\ ,$$

und H_0 wird angenommen.

(2) *Hypothese* $\gamma = 0$:
Für einen Test von

$$H_0 = H_{\gamma_0}\colon\ \gamma = \gamma_0 = 0$$

ist nach (7.3.15) SSE($H_{(\gamma=0)}$) $= 12$, und die Teststatistik nach (7.3.19) ist $\mathcal{F}_{1,3} = \dfrac{12 - 1.111}{1.111} \cdot 3 = 29.403$. Für Signifikanz 0.05 lautet der Test:

$$d \neq H_0 \iff \mathcal{F}_{1,3} > 10.128\ ,$$

und H_0 wird abgelehnt.

Alternative Berechnung in Matrizen

$$\boldsymbol{X}'\boldsymbol{X} = \begin{bmatrix} 3 & 0 & 0 & 3 \\ 0 & 2 & 0 & 5 \\ 0 & 0 & 2 & 2 \\ 3 & 5 & 2 & 22 \end{bmatrix}, \quad (\boldsymbol{X}'\boldsymbol{X})^{-1} = \frac{1}{18} \begin{bmatrix} 10 & 10 & 4 & -4 \\ 10 & 34 & 10 & -10 \\ 4 & 10 & 13 & -4 \\ -4 & -10 & -4 & 4 \end{bmatrix},$$

$$(X'Y) = \begin{bmatrix} 33 \\ 30 \\ 20 \\ 135 \end{bmatrix},$$

$$\widehat{\beta}' = (X'Y)'(X'X)^{-1} = \frac{1}{9}[\ 85 \quad 100 \quad 76 \quad 14\ ] \text{ (in (7.3.4))},$$

$$\text{SSR} = \widehat{\beta}'X'Y = 1023.889\ , \quad \text{SST} = 1025\ , \quad \text{SSE} = 1.111\ .$$

$$H_{(\gamma=0)} : X'X = \begin{bmatrix} 3 & 0 & 0 \\ 0 & 2 & 0 \\ 0 & 0 & 2 \end{bmatrix}, \quad (X'X)^{-1} = \begin{bmatrix} 1/3 & 0 & 0 \\ 0 & 1/2 & 0 \\ 0 & 0 & 1/2 \end{bmatrix},$$

$$X'Y = [\ 33 \quad 30 \quad 20\ ]\ , \quad \widehat{\beta}' = [\ 11 \quad 15 \quad 10\ ]\ .$$

$$\text{SSR}(H_0) = 1013\ , \quad \text{SSE}(H_{(\gamma=0)}) = 1025 - 1013 = 12\ .$$

$$H_{(\beta_1=\beta_2=\beta_3)} : X'X = \begin{bmatrix} 7 & 10 \\ 10 & 22 \end{bmatrix}, \quad (X'X)^{-1} = \frac{1}{54}\begin{bmatrix} 22 & -10 \\ -10 & 7 \end{bmatrix},$$

$$X'Y = [\ 83 \quad 135\ ]\ . \quad \widehat{\beta}' = \frac{1}{54}[\ 476 \quad 115\ ]\ ,$$

$\text{SSR}(H_0) = 1019.130$, $\text{SSE}(H_{(\beta_1=\beta_2=\beta_3)}) = 5.870$ (Rundungsfehler bei den Rechnungen ohne Matrizen!).

7.4 Aufgaben

(7.4.1) Aufgabe

In einem pädagogischen Experiment wird Kindern ein schwieriger Sachverhalt von vier verschiedenen Lehrern vermittelt. Es sei

Y_{ij} = "Lernzeit des j–ten Kindes bei Lehrer i bis zum Verständnis des Sachverhaltes (durch das Kind)".

Man erhielt folgende Y_{ij}–Werte:

4	6	8	5	4	3	4	6	bei Lehrer 1
5	3	6	8	7	7			bei Lehrer 2
6	3	4	5	2				bei Lehrer 3
7	8	9	5	8	5			bei Lehrer 4

Formuliere ein geeignetes Modell, um zu testen

H_0: die spezifischen Einflüsse der Lehrer auf die Lernzeit sind gleich

(gegen H_1 : nicht H_0) mit Signifikanz $\alpha = 0.05$.

Lösung
$X_i = 1$ für ein Kind bei Lehrer i , $X_1 + \cdots + X_4 = 1$

$Y_{ij} = \beta_i + U_{ij} \quad (j = 1, \ldots, n_i)$, $\boldsymbol{U} : \mathcal{N}(\boldsymbol{0}, \sigma^2 \boldsymbol{I})$.

H_0: $\beta_1 = \beta_2 = \beta_3 = \beta_4$. ANOVA (7.1.20) (oder — falls inhomogen mit β_0 — (7.2.11)):

i	n_i	$\overline{Y}_{i\cdot}$	$\sum_j (Y_{ij} - \overline{Y}_{i\cdot})^2$	$n_i \overline{Y}_{i\cdot}^2$
1	8	5	18	200
2	6	6	16	216
3	5	4	10	80
4	6	7	14	294
	$\sum = 25$		$\sum = 58$	$\sum = 790$

$n = 25$

$\overline{Y} = \dfrac{138}{25} = 5.5200$

$\mathrm{SSE}(H_0) - \mathrm{SSE} = \mathrm{SSR} - \mathrm{SSR}(H_0) = 790 - 761.7600 = 28.2400$, $\mathrm{SSE} = 58$

Test: $d \neq H_0 \iff \mathcal{F}_{4-1,25-4} > F_{3,21;0.05} = 3.073$ (7.1.20)

$$\mathcal{F} = \frac{28.24}{58} \cdot \frac{21}{3} = 3.408 \implies d \neq H_0 .$$

(7.4.2) Aufgabe
Teste mit den Daten (7.4.1) mit $\alpha = 0.05$

H_0: die spezifischen Einflüsse der ersten drei Lehrer auf die Lernzeit sind gleich.

Lösung
Modell: siehe (7.4.1), $H_0 : \beta_1 = \beta_2 = \beta_3$.
$\mathrm{SSR} = 790$, $\mathrm{SSR}(H_0) = \dfrac{(40 + 36 + 20)^2}{19} + 294 = 779.0526$ (siehe (7.4.1), (7.1.20))

Test: $d \neq H_0 \iff \mathcal{F}_{3-1,21} > F_{2,21;0.05} = 3.467$ (7.1.20)

$$\mathcal{F} = \frac{790 - 779.0526}{58} \cdot \frac{21}{2} = 1.982 \implies d = H_0 .$$

(7.4.3) Aufgabe
Nimm — für Text und Daten aus (7.4.1) — an, daß die Lernzeit sich "vernünftig" aus "durchschnittlicher Zeit" und "lehrerspezifischer Abweichung" erklären läßt:

$$Y_{ij} = \beta_0 + \beta_i + U_{ij} , \quad \boldsymbol{U} : \mathcal{N}(\boldsymbol{0}, \sigma^2 \boldsymbol{I}) \quad \text{mit } \textstyle\sum_{i=1}^4 \beta_i = 0 .$$

Teste mit $\alpha = 0.05$:

H_0: $\beta_0 \leq 5$ gegen H_1: $\beta_0 > 5$.

Lösung

Teststatistik (7.2.19): $T_{21} = \sqrt{21} \cdot (22 - 4 \cdot 5) \Big/ \sqrt{58 \cdot \left(\frac{1}{8} + \frac{1}{6} + \frac{1}{5} + \frac{1}{6}\right)}$

Test: $d \neq H_0 \iff T_{21} > 1.72$.

Da $T = 1.48 \leq 1.72$ ist, wird $d = H_0$ entschieden.

(7.4.4) Aufgabe

Für die Lernzeiten in (7.4.1) wird als weitere erklärende Größe das Alter Z der Kinder (in Halbjahren gemessen) hinzugenommen. Man hatte — in der Reihenfolge der Kinder aus (7.4.1) — folgende Werte z_{ij} (zugehörige Y_{ij} sind darunter aufgeführt):

j:	1	2	3	4	5	6	7	8	
z_{1j}:	15	12	11	12	13	16	13	12	
(Y_{1j}:	4	6	8	5	4	3	4	6	)
z_{2j}:	14	16	15	16	11	12			
(Y_{2j}:	5	3	6	8	7	7			)
z_{3j}:	12	14	16	13	15				
(Y_{3j}:	6	3	4	5	2				)
z_{4j}:	15	12	12	14	13	12			
(Y_{4j}:	7	8	9	5	8	5			)

Formuliere ein geeignetes Modell, um — jeweils mit Signifikanz $\alpha = 0.05$ — zu testen

(1) H_0: die spezifischen Lehrereinflüsse sind gleich,

(2) H_0: das Alter (des Kindes) hat keinen Einfluß auf die Lernzeit,

(jeweils gegen H_1: "nicht H_0").

Lösung

$Y_{ij} = \beta_i + \gamma z_{ij} + U_{ij}$, $\quad \boldsymbol{U} : \mathcal{N}(\boldsymbol{0}, \sigma^2 \boldsymbol{I})$ nach (7.3.1) (1) (auch (7.3.1) (2) möglich!)

(1) H_0: $\beta_1 = \beta_2 = \beta_3 = \beta_4$.

i	n_i	$\overline{Y}_{i\bullet}$	$\sum_j (Y_{ij} - \overline{Y}_{i\bullet})^2$	$\overline{z}_{i\bullet}$	$\sum_j (z_{ij} - \overline{z}_{i\bullet})^2$	$\sum_j (z_{ij} - \overline{z}_{i\bullet}) Y_{ij}$
1	8	5	18	13	20	−16
2	6	6	16	14	22	−7
3	5	4	10	14	10	−7
4	6	7	14	13	8	−3
	$\sum = 25$		$\sum = 58$		$\sum = 60$	$\sum = -33$

ANCOVA (7.3.18):

$\mathrm{SSE} = 58 - (-33)^2/60 = 39.85$;

$\mathrm{SSE}(H_0): \ \sum Y_{ij}^2 = \mathrm{SST} = 848, \quad \sum z_{ij}^2 = 4582, \quad \sum_i \sum_j z_{ij} Y_{ij} = 1817$,

$\overline{Y}_{..} = \dfrac{138}{25} = 5.52, \quad \overline{z}_{..} = \dfrac{336}{25} = 13.44,$

$\sum_i \sum_j (Y_{ij} - \overline{Y}_{..})^2 = 848 - 25 \cdot (5.52)^2 = 86.24$,

$\sum_i \sum_j (z_{ij} - \overline{z}_{..})(Y_{ij} - \overline{Y}_{..}) = 1817 - 25 \cdot 5.52 \cdot 13.44 = -37.72$,

$\sum_i \sum_j (z_{ij} - \overline{z}_{..})^2 = 4582 - 25 \cdot (13.44)^2 = 66.16$,

$\mathrm{SSE}(H_0) = 86.24 - \dfrac{(-37.72)^2}{66.16} = 64.7346$, (7.3.14)

Test: $d \neq H_0 \iff \mathcal{F}_{3,20} > F_{3,20;0.05} = 3.098$ (7.3.18).

$\mathcal{F} = \dfrac{64.7346 - 39.8500}{39.8500} \cdot \dfrac{20}{3} = 4.163 > 3.098 \implies d \neq H_0$.

(2) H_0: $\gamma = 0$.

ANCOVA (7.3.19); $\mathrm{SSE}(H_0) = 58$ (7.3.15);

Test: $d \neq H_0 \iff \mathcal{F}_{1,20} > F_{1,20;0.05} = 4.351$ (7.3.19)

$\mathcal{F}_{1,20} = \dfrac{58 - 39.85}{39.85} \cdot 20 = 9.109 > 4.351 \implies d \neq H_0$.

(7.4.5) Aufgabe

Betrachte folgende Modelle:

Mod1: $Y_{ij} = \beta_0 + \beta_i + U_{ij}$ für $i = 1, \ldots, p$

Mod2: $Y_{ij} = \theta_0 + \theta_i + U_{ij}$ für $i = 1, \ldots, p-1$

$Y_{pj} = \theta_0 - (\theta_1 + \cdots + \theta_{p-1}) + U_{pj}$

Mod3: $Y_{ij} = \gamma_0 + \gamma_i + U_{ij}$ für $i = 1, \ldots, p-1$

$Y_{pj} = \gamma_0 + U_{pj}$

Bemerkung: Mod2 geht aus Mod1 hervor durch Elimination von β_p mit der Restriktion $\beta_1 + \cdots + \beta_p = 0$.

Zeige:

(1) $\mathrm{SSE}_{\mathbf{Mod1}} = \mathrm{SSE}_{\mathbf{Mod2}} = \mathrm{SSE}_{\mathbf{Mod3}}$.

(2) Für die OLS-Schätzer $\widehat{\boldsymbol{\theta}}$ in Mod2 resp. $\widehat{\boldsymbol{\gamma}}$ in Mod3 gilt:

$$\widehat{\theta}_i = \widehat{\gamma}_i - \frac{1}{p}\sum_{j=1}^{p-1}\widehat{\gamma}_j\,, \quad \widehat{\theta}_0 = \widehat{\gamma}_0 + \frac{1}{p}\sum_{j=1}^{p-1}\widehat{\gamma}_j\,, \quad \widehat{\gamma}_i = \widehat{\theta}_i + \sum_{j=1}^{p-1}\widehat{\theta}_j\,, \quad \widehat{\gamma}_0 = \widehat{\theta}_0 - \sum_{j=1}^{p-1}\widehat{\theta}_j$$

für $i = 1, \ldots, p-1$.

Lösung

Schreibe zunächst Mod r als: $\boldsymbol{Y} = \boldsymbol{X}_{\mathrm{Mod}\,r} \cdot \boldsymbol{Par} + \boldsymbol{U}$ mit Parametervektor $\boldsymbol{Par}$.

(1) Zeige zunächst: $\mathrm{SSE}_{\mathrm{Mod3}} = \mathrm{SSE}_{\mathrm{Mod1}}$. Beachte dazu, daß offenbar $\boldsymbol{X}_{\mathrm{Mod1}}$ aus $\boldsymbol{X}_{\mathrm{Mod3}} = [\boldsymbol{1} \vdots \boldsymbol{x}_1 \vdots \ldots \vdots \boldsymbol{x}_{p-1}]$ hervorgeht durch Anfügen von $\boldsymbol{1} - \sum_{i=1}^{p-1} \boldsymbol{x}_i$ als $(p+1)$–ter Spalte von $\boldsymbol{X}_{\mathrm{Mod1}}$. Nach (3.1.33) ist daher $\mathrm{SSE}_{\mathrm{Mod3}} = \mathrm{SSE}_{\mathrm{Mod1}}$.

Zeige weiter: $\mathrm{SSE}_{\mathrm{Mod3}} = \mathrm{SSE}_{\mathrm{Mod2}}$. Nach (5.2.24)/(5.2.25) genügt es, sich klar zu machen, daß die Parametertransformation $\boldsymbol{\theta} \to \boldsymbol{\gamma}$ umkehrbar ist. In der Tat folgt aus

$$\begin{cases} \gamma_0 + \gamma_i = \theta_0 + \theta_i & \text{für } i = 1, \ldots, p-1 \\ \gamma_0 = \theta_0 - \sum_{j=1}^{p-1} \theta_j \end{cases}$$

zunächst

$$\boldsymbol{\theta} \to \boldsymbol{\gamma} : \begin{cases} \gamma_i = \theta_i + \sum_{j=1}^{p-1} \theta_j & (1 \le i \le p-1) \\ \gamma_0 = \theta_0 - \sum_{j=1}^{p-1} \theta_j . \end{cases}$$

Mit $\sum_i \gamma_i = \sum_i \theta_i + (p-1) \sum_j \theta_j = p \sum_j \theta_j$, also $\sum_{j=1}^{p-1} \theta_j = \frac{1}{p} \sum_{j=1}^{p-1} \gamma_j$ haben wir weiter

$$\boldsymbol{\gamma} \to \boldsymbol{\theta} : \begin{cases} \theta_i = \gamma_i - \frac{1}{p} \sum_{j=1}^{p-1} \gamma_j \\ \theta_0 = \gamma_0 + \frac{1}{p} \sum_{j=1}^{p-1} \gamma_j \end{cases}$$

(2) folgt aus obigen Transformationen und (5.2.25) (2).

Kapitel 8

Varianzanalyse bei Zweifach–Klassifikation (Two Way Classification)

8.1 Modellstrukturen

Das allgemeine Modell für zwei Faktoren

Wir betrachten in diesem Kapitel *zwei qualitative Größen* (**Faktoren**) A und B, die als Erklärende für Y dienen. Wir führen ein

(8.1.1) (1) $A_1, \ldots, A_a$: Ausprägungen von A, auch **Faktor**–A–**Niveaus**,

(2) $B_1, \ldots, B_b$: Ausprägungen von B, auch **Faktor**–B–**Niveaus**,

(3) $n_{ij} = \#\{\text{Messungen von } Y \text{ zur Kombination } (A_i, B_j)\}$
$= \textbf{Zellhäufigkeit}$ der Kombination (A_i, B_j)

(4) Y_{ijt}: t–te Messung von Y zu (A_i, B_j), $t = 1, \ldots, n_{ij}$.

Die Daten zur Kombination (A_i, B_j) werden später — gegebenenfalls nach geeigneter Um–Indizierung — in der (i,j)–Zelle der aus $a \cdot b$ "Zellen" bestehenden $a \times b$–**Datenfeld**–Tabelle aufgeführt sein (siehe z. B. (8.2.9), (8.4.3)).

(8.1.2) Beispiel (Boden/Düngersorte)
Betrachte Beispiel (1.2.8) Boden/Düngersorte mit A = Bodenart, $a = 3$ (A_1, A_2, A_3 entspricht "leicht", "mittel", "schwer"), B = Düngersorte, $b = 7$ ($B_1, \ldots, B_7$ entspricht K1, K2, N1, N2, N3, B1, B2; siehe (1.2.8)). Beispielsweise ist dann Y_{312} = Messung des Ertrages auf dem 2.Versuchsfeld mit schwerem Boden und Düngung mit K1. (Zur Spezifizierung der n_{ij}: siehe (8.1.7) und (8.1.8).) ■

Zunächst betrachten wir — ohne jede weitere Spezifikation — das

(8.1.3) allgemeine (unspezifizierte) Modell der **Zweifach–Klassifikation:**

(1) $Y_{ijt} = \mu_{ij} + U_{ijt} \quad i = 1, \ldots, a\,; \;\; j = 1, \ldots, b\,; \;\; t = 1, \ldots, n_{ij}\,,$
wobei die U_{ijt} voneinander unabhängige $\mathcal{N}(0, \sigma^2)$–Variable sind;

(2) nicht alle n_{ij} müssen > 0 sein.

Für die Matrix–Schreibweise sind die Vektoren $\boldsymbol{Y}$ und $\boldsymbol{U}$ und die Design–Matrix $\boldsymbol{X}$ gemäß folgender Konvention zu bilden:

(8.1.4) (1) $\boldsymbol{Y}' = [Y_{111} \;\ldots\; Y_{11n_{11}} \;\; Y_{121} \;\ldots\;\ldots\; Y_{ab1} \;\ldots\; Y_{abn_{ab}}]$
mit der Index–Reihenfolge
(i, j): $(1,1), \ldots, (1,b), (2,1), \ldots, (2,b), \ldots, (a,1), \ldots, (a,b)$,
wobei nur die Index–Kombinationen (i, j) mit $n_{ij} > 0$ auftreten;
$\boldsymbol{U}'$: analog.

(2) $\boldsymbol{X}$ ist von der Form (7.1.6) mit den von 0 verschiedenen Komponenten von $(n_{11}, \ldots, n_{1b}, n_{21}, \ldots, n_{2b}, \ldots, n_{a1}, \ldots, n_{ab})$ statt $(n_1, \ldots, n_p)$.

Die Konstante μ_{ij} in (8.1.3) kann man offenbar als (Wirkungs–)**Effekt** der **Faktor**(niveau)–**Kombination** (A_i, B_j) interpretieren und bezeichnen.

In dieser allgemeinen Form (8.1.3) ist die Zweifach–Klassifikation natürlich identisch mit der homogenen Einfach–Klassifikation (7.1.4); die Indizierung der Klassen ist hier lediglich anders vorgenommen! Gemäß (7.1.7) haben wir dann

(8.1.5) $\boldsymbol{X}'\boldsymbol{X} = \mathrm{diag}(n_{11}, \ldots, n_{ab}), \;\; (\boldsymbol{X}'\boldsymbol{X})^{-1} = \mathrm{diag}(1/n_{11}, \ldots, 1/n_{ab})$
mit denjenigen n_{ij}, für die $n_{ij} > 0$ gilt.

Nun jedoch werden wir die Parameter μ_{ij} in verschiedener Weise spezifizieren und so statt des allgemeinen Modells (8.1.3) (1) verschiedene **spezifizierte Modelle** (siehe (8.1.7)) erhalten. Grundgedanke dabei wird sein, daß man sich μ_{ij} additiv zusammengesetzt denken kann aus

(8.1.6) μ : **allgemeiner (globaler) Effekt** ;
α_i : **Haupteffekt** von $[A_i =$ Niveau i des Faktors $A]$;
β_j : **Haupteffekt** von $[B_j =$ Niveau j des Faktors $B]$;
γ_{ij} : **Wechselwirkungseffekt** von (A_i, B_j) .

Spezifizierte Modelle für zwei Faktoren

Die in (8.1.6) eingeführten Begriffe und Parameter sind zunächst nur semantisch begründet — in der (analytischen) Absicht, μ_{ij} aus (8.1.3) (1) in inhaltlich interpretierbare Größen zu zerlegen.

(8.1.7) Definition
Wir nennen (8.1.3) ein Modell der **vollständigen Kreuzklassifikation** *, falls* $n_{ij} > 0$ *für alle* $i = 1, \ldots, a$; $j = 1, \ldots, b$ *ist. Bei vollständiger Kreuzklassifikation* **mit Wechselwirkung** *setzen wir*

$$\mu_{ij} = \mu + \alpha_i + \beta_j + \gamma_{ij} ;$$

bei vollständiger Kreuzklassifikation **ohne Wechselwirkung** *unterstellen wir*

$$\mu_{ij} = \mu + \alpha_i + \beta_j .$$

Wir nennen (8.1.3) ein Modell mit **hierarchischer Klassifikation** (nested classification)*, falls Faktor B dem Faktor A in der Weise untergeordnet ist, daß jedes* B_j *nur genau einem* A_i *zugeordnet wird, mit dem es kombiniert wird; d. h. zu jedem* j *existiert genau ein* $i = i(j)$ *mit* $n_{ij} > 0$ *und* $n_{tj} = 0$ *für* $t \neq i$.

Durch die in (8.1.6) gegebene ("suggestive"?) Interpretation der in (8.1.7) implizit eingeführten Parameter entstehen aus dem *allgemeinen* Modell (8.1.3) nunmehr *spezifizierte* Modelle mit größerer *Anschaulichkeit* und *Interpretierbarkeit*. Dabei sind jedoch die hinsichtlich der Schätzbarkeit/Testbarkeit der Parameter entstehenden Probleme sorgfältig zu beachten (siehe auch (7.2.26)). Unsere Aufgabe wird im wesentlichen sein, bei jeweils gegebener Modellspezifikation (gemäß (8.1.7)) die Gleichheit von im Modell relevanten (spezifischen) Effekten (also von in (8.1.6) eingeführten Parametern) zu testen.

Zur Erläuterung der unterschiedlichen Spezifikationen betrachten wir folgendes

(8.1.8) Beispiel (Boden/Düngersorte)
Betrachte (1.2.8), (8.1.2).

(1) Vollständige Kreuzklassifikation mit Wechselwirkung:

α_i = Haupteffekt von Bodenart A_i $(i = 1, 2, 3)$;
β_j = Haupteffekt von Düngersorte B_j $(j = 1, \dots, 7)$;
γ_{ij} = Wechselwirkungseffekt der Bodenart A_i mit Düngersorte B_j ;
μ = allgemeiner Ertragseffekt ;
n_{ij} = (z. B.) konstante Anzahl der Versuchsfelder für jede der $3 \cdot 7 = 21$ möglichen Kombinationen (A_i, B_j) .

(2) Vollständige Kreuzklassifikation ohne Wechselwirkung: Wie in (1), jedoch ohne γ_{ij} .

(3) Hierarchische Klassifikation:

A_1 wird nur mit B_3 , B_4 , B_5 ,
A_2 wird nur mit B_6 , B_7 ,
A_3 wird nur mit B_1 , B_2

kombiniert. Wir haben also
$n_{11} = n_{12} = n_{16} = n_{17} = 0$, $n_{21} = \cdots = n_{25} = 0$, $n_{33} = \cdots = n_{37} = 0$.
Alle übrigen n_{ij} sind größer als 0 . ■

8.2 Vollständige Kreuzklassifikation mit Wechselwirkung

Das Modell

Das in diesem Abschnitt zugrundeliegende Modell wird nach (8.1.7) in folgender Weise *spezifiziert* zum

(8.2.1) Modell der vollständigen (Zweifach–) **Kreuz–Klassifikation** mit **Wechselwirkung:**

(1) $Y_{ijt} = \mu + \alpha_i + \beta_j + \gamma_{ij} + U_{ijt}$, $\boldsymbol{U}$: $\mathcal{N}(\boldsymbol{0}, \sigma^2 \boldsymbol{I})$;

$t = 1, \dots, n_{ij}$; $n_{ij} > 0$ für $i = 1, \dots, a$; $j = 1, \dots, b$;

(2) oder: $\boldsymbol{Y} = \boldsymbol{X\beta} + \boldsymbol{U}$, $\boldsymbol{U} : \mathcal{N}(\boldsymbol{0}, \sigma^2 \boldsymbol{I})$ mit (8.1.4) (1) ,

$\boldsymbol{\beta}' = [\mu \quad \alpha_1 \quad \dots \quad \alpha_a \quad \beta_1 \quad \dots \quad \beta_b \quad \gamma_{11} \quad \gamma_{12} \quad \dots \quad \gamma_{ab}]$,

$\boldsymbol{X}$: [Spalten für $\mu, \alpha_1, \dots, \alpha_a, \beta_1, \dots, \beta_b$| Spalten für die γ_{ij}]

mit γ_{ij}–Spalten gem. (8.1.4) (2) (siehe auch (8.2.3)).

Durch die Einführung der Parameter $\mu, \alpha_i, \beta_j, \gamma_{ij}$ in (8.2.1) — statt der μ_{ij} in (8.1.3) — ist die Matrix $\boldsymbol{X}_{(8.2.1)}$ ($= \boldsymbol{X}$ in (8.2.1)) gegenüber $\boldsymbol{X}_{(8.1.4)}$ erweitert, und zwar um die Spalten für μ, für die α_i und für die β_j . Wir wollen uns nun mit der Struktur dieser Matrix $\boldsymbol{X}$ (und also mit der Struktur von $\boldsymbol{X}'\boldsymbol{X}$) ein wenig vertraut machen. Dazu genügt es zunächst, statt des umständlichen allgemeinen Falles ein Beispiel zu betrachten.

(8.2.2) Beispiel (Bodenart/Düngersorte)

Betrachte Beispiel (8.1.2) mit der Einschränkung $b = 2$ (d. h. nur zwei Düngersorten — etwa K und N — stehen zur Verfügung). Auf zehn Versuchsfeldern haben wir insgesamt folgende Kombinationen: (A_1, K) zweimal, (A_1, N) zweimal, (A_2, K) zweimal, (A_2, N) einmal, (A_3, K) zweimal, (A_3, N) einmal. Wir haben also:

$a = 3$, $b = 2$, $n_{11} = 2$, $n_{12} = 2$, $n_{21} = 2$, $n_{22} = 1$, $n_{31} = 2$, $n_{32} = 1$, $n = 10$. Daraus ergibt sich folgende Matrix $\boldsymbol{X}$ und damit $\boldsymbol{X}'\boldsymbol{X}$, wobei wir $\boldsymbol{X}'\boldsymbol{X}$ hinsichtlich der n_{ij} *allgemein* notieren. (Zu $n_{i\bullet}$, $n_{\bullet j}$: siehe (8.2.6).)

$$
\begin{matrix}
 & (\mu) & (\alpha_1) & (\alpha_2) & (\alpha_3) & (\beta_1) & (\beta_2) & (\gamma_{11}) & (\gamma_{12}) & (\gamma_{21}) & (\gamma_{22}) & (\gamma_{31}) & (\gamma_{32})
\end{matrix}
$$

$$
\boldsymbol{X} = \begin{bmatrix}
1 & 1 & 0 & 0 & 1 & 0 & 1 & 0 & 0 & 0 & 0 & 0 \\
1 & 1 & 0 & 0 & 1 & 0 & 1 & 0 & 0 & 0 & 0 & 0 \\
1 & 1 & 0 & 0 & 0 & 1 & 0 & 1 & 0 & 0 & 0 & 0 \\
1 & 1 & 0 & 0 & 0 & 1 & 0 & 1 & 0 & 0 & 0 & 0 \\
1 & 0 & 1 & 0 & 1 & 0 & 0 & 0 & 1 & 0 & 0 & 0 \\
1 & 0 & 1 & 0 & 1 & 0 & 0 & 0 & 1 & 0 & 0 & 0 \\
1 & 0 & 1 & 0 & 0 & 1 & 0 & 0 & 0 & 1 & 0 & 0 \\
1 & 0 & 0 & 1 & 1 & 0 & 0 & 0 & 0 & 0 & 1 & 0 \\
1 & 0 & 0 & 1 & 1 & 0 & 0 & 0 & 0 & 0 & 1 & 0 \\
1 & 0 & 0 & 1 & 0 & 1 & 0 & 0 & 0 & 0 & 0 & 1
\end{bmatrix}
$$

$$
\boldsymbol{X}'\boldsymbol{X} = \begin{bmatrix}
n & n_{1\bullet} & n_{2\bullet} & n_{3\bullet} & n_{\bullet 1} & n_{\bullet 2} & n_{11} & n_{12} & n_{21} & n_{22} & n_{31} & n_{32} \\
n_{1\bullet} & n_{1\bullet} & 0 & 0 & n_{11} & n_{12} & n_{11} & n_{12} & 0 & 0 & 0 & 0 \\
n_{2\bullet} & 0 & n_{2\bullet} & 0 & n_{21} & n_{22} & 0 & 0 & n_{21} & n_{22} & 0 & 0 \\
n_{3\bullet} & 0 & 0 & n_{3\bullet} & n_{31} & n_{32} & 0 & 0 & 0 & 0 & n_{31} & n_{32} \\
n_{\bullet 1} & n_{11} & n_{21} & n_{31} & n_{\bullet 1} & 0 & n_{11} & 0 & n_{21} & 0 & n_{31} & 0 \\
n_{\bullet 2} & n_{12} & n_{22} & n_{32} & 0 & n_{\bullet 2} & 0 & n_{12} & 0 & n_{22} & 0 & n_{32} \\
n_{11} & n_{11} & 0 & 0 & n_{11} & 0 & n_{11} & 0 & 0 & 0 & 0 & 0 \\
n_{12} & n_{12} & 0 & 0 & 0 & n_{12} & 0 & n_{12} & 0 & 0 & 0 & 0 \\
n_{21} & 0 & n_{21} & 0 & n_{21} & 0 & 0 & 0 & n_{21} & 0 & 0 & 0 \\
n_{22} & 0 & n_{22} & 0 & 0 & n_{22} & 0 & 0 & 0 & n_{22} & 0 & 0 \\
n_{31} & 0 & 0 & n_{31} & n_{31} & 0 & 0 & 0 & 0 & 0 & n_{31} & 0 \\
n_{32} & 0 & 0 & n_{32} & 0 & n_{32} & 0 & 0 & 0 & 0 & 0 & n_{32}
\end{bmatrix}
$$

$$
\begin{matrix}
(1) & (2) & (3) & (4) & (5) & (6) & (7) & (8) & (9) & (10) & (11) & (12)
\end{matrix}
$$

In Aufgabe (8.5.1) wird dieses Beispiel wieder aufgenommen werden. ■

An obigem Beispiel bestätigt man leicht, daß offenbar die zu den γ_{ij} ($i = 1, \ldots, a$, $j = 1, \ldots, b$) gehörende Teilmatrix $\boldsymbol{T}$ von $\boldsymbol{X}_{(8.2.1)}$ identisch ist mit der Matrix

$\boldsymbol{X}_{(8.1.4)}$ des allgemeinen Modells (8.1.3) mit dem Rang $a \cdot b$. In $\boldsymbol{X}_{(8.2.1)}$ kommen nun noch bestimmte Spalten, die Summen der Spalten der Matrix $\boldsymbol{T}$ sind, hinzu: bei α_i steht die Summe der zu $\gamma_{i1}, \ldots, \gamma_{ib}$ gehörenden Spalten, bei β_j die Summe der zu $\gamma_{1j}, \ldots, \gamma_{aj}$ gehörenden Spalten, bei μ die Summe aller α–Spalten von $\boldsymbol{T}$. Wir haben im Modell (8.2.1)

(8.2.3) (1) $\boldsymbol{X} = [\, \boldsymbol{W} \vdots \boldsymbol{T} \,]$, $\boldsymbol{W}$: Matrix zu μ , α_i , β_j ;
$\boldsymbol{T}_{n \times ab}$: Matrix zu den γ_{ij} , also

(2) $\boldsymbol{T} = \boldsymbol{X}_{(8.1.4)}$ (von der Form (7.1.6)).

(3) $\boldsymbol{T}'\boldsymbol{T} = \mathrm{diag}(n_{11}, n_{12}, \ldots, n_{1b})$ (s. (8.1.5)).

Da $\boldsymbol{X}_{(8.1.3)} = \boldsymbol{T}$ (für den hier betrachteten Fall, daß alle $n_{ij} > 0$ sind) den vollen Rang $a \cdot b$ hat, haben wir im Modell (8.2.1) (wie in (7.1.7))

$$\textbf{(8.2.4)}\quad \begin{aligned} &\mathrm{rg}\,\boldsymbol{X} = \mathrm{rg}\,\boldsymbol{T} = \mathrm{rg}\,\boldsymbol{T}'\boldsymbol{T} = \mathrm{rg}(\mathrm{diag}(n_{11}, n_{12}, \ldots, n_{ab})) = ab\,; \\ &(\boldsymbol{T}'\boldsymbol{T})^{-1} = \mathrm{diag}(1/n_{11}, \ldots, 1/n_{ab}) \text{ (s. (8.1.5))}\,. \end{aligned}$$

Als generalisierte Inverse von $\boldsymbol{X}'\boldsymbol{X}$ können wir die folgende Matrix nehmen (siehe (3.1.27)):

$$\textbf{(8.2.5)}\quad (\boldsymbol{X}'\boldsymbol{X})^{-} = \begin{bmatrix} 0 & \vdots & 0 \\ \cdots & \cdots & \cdots \\ 0 & \vdots & \mathrm{diag}(1/n_{11}, 1/n_{12}, \ldots, 1/n_{ab}) \end{bmatrix} = \begin{bmatrix} 0 & \vdots & 0 \\ \cdots & \cdots & \cdots \\ 0 & \vdots & (\boldsymbol{T}'\boldsymbol{T})^{-1} \end{bmatrix}.$$

Bemerkung

Die Tatsache, daß $\boldsymbol{T}$ (8.2.3) identisch ist mit $\boldsymbol{X}_{(8.1.4)}$, führt dazu, daß Berechnungen, in denen $(\boldsymbol{X}'\boldsymbol{X})^{-}$ involviert ist, völlig identisch sind mit korrespondierenden Berechnungen im Modell (8.1.3). (Vergleiche auch (7.2.26) und Bemerkung nach (8.2.25).) Aus Gründen der *Anschaulichkeit* und *Interpretierbarkeit* bewegen wir uns im *spezifizierten* Modell (8.2.1) statt im *allgemeinen* Modell (8.1.3). Berechnungen kann man jedoch — wegen der "kleineren" Design–Matrix — gelegentlich im allgemeinen Modell vornehmen. (Dies gilt insbesondere für Berechnungen mit APL–Programmen, die noch im einzelnen an geeigneter Stelle zu erwähnen sein werden.) ∎

Berechnung von SSR und SSE

Zur (für die Angabe von OLS–Schätzern und die Ausführung von Tests notwendigen) Berechnung von SSR resp. SSE führen wir folgende Ausdrücke ein:

(8.2.6) (1) $n_{i\bullet} = \sum_{j=1}^{b} n_{ij}$; $n_{\bullet j} = \sum_{i=1}^{a} n_{ij}$, $n = \sum_{i,j} n_{ij}$;

(2) $\overline{Y}_{ij\bullet} = \frac{1}{n_{ij}} \sum_t Y_{ijt}$; $\overline{Y}_{i\bullet\bullet} = \frac{1}{n_{i\bullet}} \sum_{j,t} Y_{ijt} = \sum_j \frac{n_{ij}}{n_{i\bullet}} \overline{Y}_{ij\bullet}$;

$$\overline{Y}_{\bullet j\bullet} = \frac{1}{n_{\bullet j}} \sum_{i,t} Y_{ijt} = \sum_i \frac{n_{ij}}{n_{\bullet j}} \overline{Y}_{ij\bullet} \; ; \quad \overline{Y}_{\bullet\bullet\bullet} = \frac{1}{n} \sum_{i,j,t} Y_{ijt} \, .$$

Nunmehr prüft man leicht nach — durch (8.2.2) angeleitet — :

(8.2.7) $(\boldsymbol{X}'\boldsymbol{Y})' = [n\overline{Y}_{\bullet\bullet\bullet} \;\; n_{1\bullet}\overline{Y}_{1\bullet\bullet} \;\; \ldots \;\; n_{a\bullet}\overline{Y}_{a\bullet\bullet} \;\; n_{\bullet 1}\overline{Y}_{\bullet 1\bullet} \;\; \ldots \;\; n_{\bullet b}\overline{Y}_{\bullet b\bullet}$
$n_{11}\overline{Y}_{11\bullet} \;\; n_{12}\overline{Y}_{12\bullet} \;\; \ldots n_{1b}\overline{Y}_{1b\bullet} \;\; \ldots \;\; n_{a1}\overline{Y}_{a1\bullet} \;\; \ldots \;\; n_{ab}\overline{Y}_{ab\bullet}]$,

$$\widehat{\boldsymbol{\beta}}' = [0 \;\; \underset{1}{0} \;\; \ldots \;\; \underset{a}{0} \;\; \underset{1}{0} \;\; \ldots \;\; \underset{b}{0} \;\; \overline{Y}_{11\bullet} \;\; \ldots \;\; \overline{Y}_{ab\bullet}].$$

Für SSR $= \widehat{\boldsymbol{\beta}}'\boldsymbol{X}'\boldsymbol{Y}$ und SSE = SST − SSR stellt man mit (8.2.7) sogleich fest (beachte (5.1.8) und (8.2.4)):

(8.2.8) Satz

(1) $\mathrm{SSR} = \sum_{i=1}^{a} \sum_{j=1}^{b} n_{ij} \overline{Y}_{ij\bullet}^2 = \sum_i \sum_j \frac{1}{n_{ij}} \left(\sum_t Y_{ijt} \right)^2$;

(2) $\mathrm{SSE} = \sum_i \sum_j n_{ij} \left[\frac{1}{n_{ij}} \sum_t Y_{ijt}^2 - \overline{Y}_{ij\bullet}^2 \right] = \sum_i \sum_j \sum_t (Y_{ijt} - \overline{Y}_{ij\bullet})^2$

$= \sum_i \sum_j n_{ij} \cdot S_{ij}^2$ *mit*

(3) $S_{ij}^2 = \frac{1}{n_{ij}} \sum_t (Y_{ijt} - \overline{Y}_{ij\bullet})^2$;

(4) SSE $/\sigma^2$ *ist* $\chi^2(n - ab)$*–verteilt.*

Bemerkung: Es versteht sich wegen (8.2.3) von selbst (siehe (3.1.33)), daß (8.2.8) auch im unspezifizierten Modell (8.1.3) gilt!

(8.2.9) Beispiel (Produktion)
Betrachte (1.2.9). Dort ist

Y = Lebensdauer des Endproduktes,

das unter einer von drei Bedingungen (B_1, B_2, B_3) aus einem Vorprodukt, das von einem von vier Lieferanten (L_1, L_2, L_3, L_4) stammt, gefertigt wird. Es sei

Y_{ijt} = Lebensdauer des t–ten Endproduktes der Stichprobe unter Bedingung B_i mit von L_j stammendem Vorprodukt.

Man erhielt folgendes (3 × 4)–**Datenfeld** = 'Meßergebnisse für die Y_{ijt}' :

	j = 1			2			3			4		
i = 1	50	56	53	52	57	47	46	54	50	36	37	38
2	50	45	40	60	52	56	48	50	46	36	35	34
3	40	43	46	50	51	52	48	43	47	36	38	34

Dann errechnet man zunächst die $\overline{Y}_{ij\bullet}$ (und die vorerst nicht benötigten arithmetischen Mittel der Zeilen ($\overline{Y}_{i\bullet\bullet}$) resp. Spalten ($\overline{Y}_{\bullet j\bullet}$) (siehe (8.2.6) (2))) sowie die $n_{ij}S_{ij}^2$ (8.2.8) (3):

$\overline{Y}_{ij\bullet}$:

	j = 1	2	3	4	$\overline{Y}_{i\bullet\bullet}$
i = 1	53	52	50	37	48
2	45	56	48	35	46
3	43	51	46	36	44
$\overline{Y}_{\bullet j\bullet}$	47	53	48	36	46

$n_{ij}S_{ij}^2$:

	j = 1	2	3	4
i = 1	18	50	32	2
2	50	32	8	2
3	18	2	14	8

Also ist SSE = 236 , SSR = 77802 , SST = 78038 . ■

Schätzbare Parameter. Testbare Hypothesen

Die Hypothesen, für die wir uns interessieren, lauten

(8.2.10) $H_{A,0} \;: \alpha_1 = \cdots = \alpha_a$ (alle A–Haupteffekte sind gleich) ;
$H_{B,0} \;: \beta_1 = \cdots = \beta_b$ (alle B–Haupteffekte sind gleich) ;
$H_{AB,0} : \gamma_{11} = \cdots = \gamma_{ab}$ (alle Wechselwirkungseffekte sind gleich) .

(8.2.11) Beispiel (Produktion)
Betrachte (8.2.9). Von Interesse sind die Hypothesen

(1) $H_{A,0}$: es gibt keine *spezifischen* Lieferanten–Effekte (da alle Lieferanten–Effekte gleich sind);

(2) $H_{B,0}$: es gibt keine *spezifischen* Bedingungs–Effekte (da die auf die Produktionsbedingungen zurückzuführenden Effekte alle gleich sind);

(3) $H_{AB,0}$: es gibt keine *spezifischen* Wechselwirkungs–Effekte zwischen Lieferanten und Produktionsbedingungen (da alle Wechselwirkungseffekte gleich sind). ∎

Leider sind diese Hypothesen ohne weitere Einschränkungen nicht testbar. Wir betrachten jedoch zunächst wichtige schätzbare/testbare Parameterfunktionen, die für die Behandlung von $H_{A,0}$, $H_{B,0}$, $H_{AB,0}$ von Nutzen sein werden. Wegen (8.2.1) (1) ist zunächst

$$\mathrm{E}(\overline{Y}_{ij\cdot}) = \mu + \alpha_i + \beta_i + \gamma_{ij}\,;$$

durch geeignete Summen– und Differenzbildung erhält man dann — unter Beachtung von (3.2.3), (8.2.7) und (3.2.20) — die folgende Aufstellung

(8.2.12) Schätzbare/testbare Funktionen:

	Funktion	BLU–Schätzer	Varianz des BLUE
(1)	$\mu_{ij} = \mu + \alpha_i + \beta_j + \gamma_{ij}$	$\overline{Y}_{ij\cdot}$	σ^2/n_{ij}
(2)	$\overline{\mu}_{i\cdot} = \frac{1}{b}\sum_j \mu_{ij}$	$\overline{Y}^a_{i\cdot\cdot} = \frac{1}{b}\sum_j \overline{Y}_{ij\cdot}$	$\frac{\sigma^2}{b^2}\sum_j 1/n_{ij}$
(3)	$\overline{\mu}_{\cdot j} = \frac{1}{a}\sum_i \mu_{ij}$	$\overline{Y}^b_{\cdot j\cdot} = \frac{1}{a}\sum_i \overline{Y}_{ij\cdot}$	$\frac{\sigma^2}{a^2}\sum_i 1/n_{ij}$
(4)	$\overline{\mu}_{\cdot\cdot} = \frac{1}{ab}\sum_i\sum_j \mu_{ij}$	$\overline{Y}^{ab}_{\cdot\cdot\cdot} = \frac{1}{ab}\sum_i\sum_j \overline{Y}_{ij\cdot}$	$\frac{\sigma^2}{a^2b^2}\sum_i\sum_j 1/n_{ij}$

(8.2.13) Bemerkung
Die $\overline{Y}^a_{i\cdot\cdot}$ (resp. $\overline{Y}^b_{\cdot j\cdot}$) sind i. a. verschieden von den arithmetischen Mitteln (siehe (8.2.6)) $\overline{Y}_{i\cdot\cdot}$ (resp. $\overline{Y}_{\cdot j\cdot}$), wenn die n_{ij} verschieden sind. Sind hingegen alle n_{ij} gleich, ist $\overline{Y}^a_{i\cdot\cdot}$ (resp. $\overline{Y}^b_{\cdot j\cdot}$) gleich $\overline{Y}_{i\cdot\cdot}$ (resp. $\overline{Y}_{\cdot j\cdot}$) für alle i (resp. j). ∎

Man beachte, daß die μ_{ij} und damit $\overline{\mu}_{i\cdot}$, $\overline{\mu}_{\cdot j}$, $\overline{\mu}_{\cdot\cdot}$ *nicht* vorgegebene Parameter wie in (8.1.3), sondern die in (8.2.12)(1) definierten Funktionen der in (8.2.1) gegebenen Parameter μ, α_i, β_j, γ_{ij} sind. Durch die Parameter–Transformation

$$\boldsymbol{\beta}' = (\mu, \alpha_1, \dots, \alpha_a, \beta_1, \dots, \beta_b, \gamma_{11}, \dots, \gamma_{ab}) \to \boldsymbol{\theta} = (\mu_{11}, \dots, \mu_{ab})$$

gemäß (8.2.12) (1) läßt sich natürlich (8.2.1) (1) in (8.1.3) (1) überführen! *Dort* sind dann die μ_{ij} die gegebenen Parameter. Dort in (8.1.3) sind natürlich die μ_{ij} schätzbar/testbar, da die Design–Matrix (8.1.3) vollen Rang hat (wegen $n_{ij} > 0$

für alle i, j). Die μ_{ij} sind — nach (8.2.12) — jedoch auch im Modell (8.2.1) schätzbare/testbare "Parameter" (Funktionen) von $\boldsymbol{\beta}$. Unser eigentliches Interesse geht natürlich dahin, Bedingungen für die Schätzbarkeit/Testbarkeit von besonders interessanten/wichtigen Funktionen des im spezifizierten Modell (8.2.1) gegebenen Parameters $\boldsymbol{\beta}$ zu finden.

Wenn man sich nun vergegenwärtigt, daß

(8.2.14) (1) $\overline{\mu}_{i\bullet} = (\mu + \overline{\beta}) + \alpha_i + \overline{\gamma}_{i\bullet}$,

(2) $\overline{\mu}_{\bullet j} = (\mu + \overline{\alpha}) + \beta_j + \overline{\gamma}_{\bullet j}$,

(3) $\overline{\mu}_{\bullet\bullet} = \mu + \overline{\alpha} + \overline{\beta} + \overline{\gamma}_{\bullet\bullet}$ mit

(4) $\overline{\alpha} = \frac{1}{a}\sum_i \alpha_i \,, \quad \overline{\beta} = \frac{1}{b}\sum_j \beta_j \,,$

$$\overline{\gamma}_{i\bullet} = \frac{1}{b}\sum_j \gamma_{ij} \,, \quad \overline{\gamma}_{\bullet j} = \frac{1}{a}\sum_i \gamma_{ij} \,, \quad \overline{\gamma}_{\bullet\bullet} = \frac{1}{ab}\sum_i\sum_j \gamma_{ij}$$

ist, so sieht man, welche Restriktionen angebracht sind, um Schätzbarkeit resp. Testbarkeit von $\boldsymbol{\beta}$ (8.2.1) (2) zu garantieren:

(8.2.15) Restriktionen

(1) $\overline{\alpha} = 0$,

(2) $\overline{\beta} = 0$,

(3) $\overline{\gamma}_{i\bullet} = 0$ für alle i (also auch $\overline{\gamma}_{\bullet\bullet} = 0$) ,

(4) $\overline{\gamma}_{\bullet j} = 0$ für alle j (also auch $\overline{\gamma}_{\bullet\bullet} = 0$) .

Wenn nun (8.2.15) gilt, ist — wie man sich mit Hilfe von (8.2.14) und (8.2.12) leicht überzeugt — $\boldsymbol{\beta}$ (8.2.1) (2) schätzbar resp. testbar. (So ist in (8.2.14) unter (8.2.15) zunächst $\mu = \overline{\mu}_{\bullet\bullet}$, sodann $\alpha_i = \overline{\mu}_{i\bullet} - \mu$, $\beta_j = \overline{\mu}_{\bullet j} - \mu$, schließlich mit (8.2.12)(1) $\gamma_{ij} = \mu_{ij} - \mu - \alpha_i - \beta_j$.)

Um die Behandlung von Schätz- und Testproblemen unter Restriktionen aus (8.2.15) zu untersuchen, betrachten wir neue $*$-Parameter (analog zu den $*$-Parametern in (7.2.26)), die — unabhängig davon, ob nun die Restriktionen (8.2.15) unterstellt werden oder nicht — als Funktionen der μ_{ij} (8.2.12) — und also als (Parameter-)Funktionen von μ , $\alpha_1, \ldots, \alpha_a$, $\beta_1, \ldots, \beta_b$, $\gamma_{11}, \ldots, \gamma_{ab}$ — wie folgt definiert sind:

(8.2.16) $\mu^* = \overline{\mu}_{\bullet\bullet}$,

$\alpha_i^* = \overline{\mu}_{i\bullet} - \overline{\mu}_{\bullet\bullet}$,

$\beta_j^* = \overline{\mu}_{\bullet j} - \overline{\mu}_{\bullet\bullet}$,

$\gamma_{ij}^* = \mu_{ij} - \overline{\mu}_{i\bullet} - \overline{\mu}_{\bullet j} + \overline{\mu}_{\bullet\bullet}$.

Diese $*$–Parameter (8.2.16) sind als lineare Funktionen der schätzbaren/testbaren Parameterfunktionen μ_{ij} (8.2.12) natürlich (auch) schätzbar/testbar im *spezifizierten* Modell (8.2.1). (Im *allgemeinen* Modell (8.1.3) — mit vollem Rang der Regressor–Matrix $\boldsymbol{X}_{(8.1.4)}$ — wären die $*$–Parameter (8.2.16) als lineare Funktionen der schätzbaren/testbaren *Modellparameter*(!) μ_{ij} natürlich ebenfalls schätzbar/testbar.) Zwischen den $*$–Parametern (8.2.16) und den Modellparametern aus (8.2.1) bestehen folgende leicht zu verifizierende Beziehungen:

(8.2.17) (1) $\mu + \alpha_i + \beta_j + \gamma_{ij} = \mu_{ij} = \mu^* + \alpha_i^* + \beta_j^* + \gamma_{ij}^*$,

(2) $\mu^* = \mu + \overline{\alpha} + \overline{\beta} + \overline{\gamma}_{\bullet\bullet}$,

(3) $\alpha_i^* = (\alpha_i - \overline{\alpha}) + (\overline{\gamma}_{i\bullet} - \overline{\gamma}_{\bullet\bullet})$,

(4) $\beta_j^* = (\beta_j - \overline{\beta}) + (\overline{\gamma}_{\bullet j} - \overline{\gamma}_{\bullet\bullet})$,

(5) $\gamma_{ij}^* = \gamma_{ij} - \overline{\gamma}_{i\bullet} - \overline{\gamma}_{\bullet j} + \overline{\gamma}_{\bullet\bullet}$.

Unter den Restriktionen (8.2.15) sind — wegen (8.2.17) — die Modellparameter in (8.2.1) und die $*$–Parameter in (8.2.16) identisch. BLU–Schätzer für die $*$–Parameter sind also gleichzeitig **restringierte** (d. h. unter (8.2.15) unverzerrte) **Schätzer** ($\widehat{\theta}^{\text{res}}$) für die entsprechenden Modellparameter (θ). Sie lauten nach (8.2.12) wie folgt:

(8.2.18) $\widehat{\mu}^* = \overline{Y}^{ab}_{\bullet\bullet\bullet} = \widehat{\mu}^{\text{res}}$,

$\widehat{\alpha}_i^* = \overline{Y}^{a}_{i\bullet\bullet} - \overline{Y}^{ab}_{\bullet\bullet\bullet} = \widehat{\alpha}_i^{\text{res}}$,

$\widehat{\beta}_j^* = \overline{Y}^{b}_{\bullet j\bullet} - \overline{Y}^{ab}_{\bullet\bullet\bullet} = \widehat{\beta}_j^{\text{res}}$,

$\widehat{\gamma}_{ij}^* = \overline{Y}_{ij\bullet} - \overline{Y}^{a}_{i\bullet\bullet} - \overline{Y}^{b}_{\bullet j\bullet} + \overline{Y}^{ab}_{\bullet\bullet\bullet} = \widehat{\gamma}_{ij}^{\text{res}}$.

(8.2.19) Beispiel (Produktion)
Betrachte (8.2.9). Dann errechnet man — unter Beachtung von (8.2.13) — :

$\widehat{\gamma}^*_{ij}$:

		j			
		1	2	3	4
	1	4	−3	0	−1
i	2	−2	3	0	−1
	3	−2	0	0	2

$\widehat{\alpha}^*_i$:

	1	2
i	2	0
	3	−2

$\widehat{\beta}^*_j$:

j			
1	2	3	4
1	7	2	−10

und $\widehat{\mu}^* = 46$. ■

Um nun Tests für (8.2.10) zu konstruieren, betrachten wir geeignete Hypothesen über die ∗–Parameter. Die folgenden Hypothesen sind wegen der Testbarkeit der ∗–Parameter (8.2.16) — *ohne irgendwelche Restriktionen*! — testbar (wobei wir uns auch (8.2.17) zunutze machen):

(8.2.20) Testbare Hypothesen

(1) $H^*_{A,0}$: $\alpha^*_i = 0$, d. h. $(\alpha_i - \overline{\alpha}) + (\overline{\gamma}_{i\bullet} - \overline{\gamma}_{\bullet\bullet}) = 0$ für alle i ;

(2) $H^*_{B,0}$: $\beta^*_j = 0$, d. h. $(\beta_j - \overline{\beta}) + (\overline{\gamma}_{\bullet j} - \overline{\gamma}_{\bullet\bullet}) = 0$ für alle j ;

(3) $H^*_{AB,0}$: $\gamma^*_{ij} = 0$, d. h. $\gamma_{ij} - \overline{\gamma}_{i\bullet} - \overline{\gamma}_{\bullet j} + \overline{\gamma}_{\bullet\bullet} = 0$ für alle i, j .

Da $H_{A,0}$ (8.2.10) offenbar identisch ist mit "$\alpha_i = \overline{\alpha}$ für alle i" — und Analoges für $H_{B,0}$ (8.2.10), $H_{AB,0}$ (8.2.10) gilt —, können wir statt der nicht testbaren Hypothesen (8.2.10) die folgenden, aufgrund von (8.2.20) als testbar erkannten Hypothesen *mit Restriktionen* testen:

(8.2.21) Testbare restringierte Hypothesen

(1) $H^{\text{res}}_{A,0}$: $\alpha_1 = \cdots = \alpha_a$; Restriktion : $\overline{\gamma}_{i\bullet} = 0$ für $i = 1, \ldots, a$;

(2) $H^{\text{res}}_{B,0}$: $\beta_1 = \cdots = \beta_b$; Restriktion : $\overline{\gamma}_{\bullet j} = 0$ für $j = 1, \ldots, b$;

(3) $H^{\text{res}}_{AB,0}$: $\gamma_{ij} = 0$ für alle i, j ; Restriktion : $\overline{\gamma}_{i\bullet} = 0 = \overline{\gamma}_{\bullet j}$
für alle i, j .

Natürlich werden wir nun eine restringierte Hypothese aus (8.2.21) testen, indem wir die entsprechende unrestringierte ∗–Hypothese aus (8.2.20) testen! Die Hypothese $H^{\text{res}}_{A,0}$ resp. $H^*_{A,0}$ betrachten wir ausführlich.

Berechnung von Teststatistiken für ausgewogene Versuchspläne

Um $H^*_{A,0}$ zu testen, benötigen wir in der Teststatistik (5.2.17) den Zähler $Q(H_0)$ (5.2.14). Für $Q(H_0)$ benötigen wir noch die Matrizen $\boldsymbol{A}$ (5.2.8) — aus der Hypothese $H^*_{A,0}$: $\boldsymbol{A\beta} = \boldsymbol{0}$ — und $\boldsymbol{\Sigma}^{-1}$ (5.2.11). Wegen der Form von $(\boldsymbol{X}'\boldsymbol{X})^-$ (8.2.5) brauchen wir uns in $\boldsymbol{A}$ nur für diejenigen Spalten zu interessieren, die zu den γ_{ij} (in $\boldsymbol{\beta}$) gehören! Mit (8.2.17) (1) ergibt sich offensichtlich folgende Form für $\boldsymbol{A}$, wenn man

$$\overline{\gamma}_{i\bullet} - \overline{\gamma}_{\bullet\bullet} = \tfrac{1}{ab}\left(a\sum_j \gamma_{ij} - \sum_r \sum_j \gamma_{rj}\right)$$

beachtet (und die "uninteressanten" Spalten von $\boldsymbol{A}$, die zu $\mu, \alpha_1, \ldots, \alpha_a, \beta_1, \ldots, \beta_b$ gehören, mit $**$ bezeichnet):

(8.2.22)

$$\boldsymbol{A} = \frac{1}{ab}\left[\begin{array}{c|ccccc} & \gamma_{11}\cdots\gamma_{1b} & \gamma_{21}\cdots\gamma_{2b} & \cdots & \gamma_{a-1,1}\cdots\gamma_{a-1,b} & \gamma_{a1}\cdots\gamma_{ab} \\ \vdots & a-1\ldots a-1 & -1\ldots-1 & \cdots & -1\ldots-1 & -1\ldots-1 \\ ** \;\vdots & -1\ldots-1 & a-1\ldots a-1 & \cdots & -1\ldots-1 & -1\ldots-1 \\ \vdots & \vdots & \vdots & \ddots & \vdots & \vdots \\ \vdots & -1\ldots-1 & -1\ldots-1 & \cdots & a-1\ldots a-1 & -1\ldots-1 \end{array}\right]$$

(Die zu $H^*_{B,0}$ resp. $H^*_{AB,0}$ gehörende Matrix $\boldsymbol{B}$ resp. $\boldsymbol{C}$ ist in (8.2.31) resp. (8.2.32) angegeben resp. angedeutet.)

Bemerkung
Das **APL–Programm** AHOA (siehe Anhang 1) erstellt $\boldsymbol{A}** = [\boldsymbol{A}$ (8.2.22) ohne $**$–Teil] aus a und b zur Hypothese (8.2.20) (1). ■

Man bemerke, daß $\boldsymbol{A}$ nur $a-1$ Zeilen hat (wegen $\operatorname{rg} H_0 = \operatorname{rg} \boldsymbol{A} = q$ für $\boldsymbol{A} = \boldsymbol{A}_{q,k}$ in (5.2.8)). Natürlich genügt $\overline{\gamma}_{1\bullet} = \overline{\gamma}_{\bullet\bullet}\,, \ldots, \overline{\gamma}_{(a-1)\bullet} = \overline{\gamma}_{\bullet\bullet}\,,$ um auch $\overline{\gamma}_{a\bullet} = \overline{\gamma}_{\bullet\bullet}$ zu garantieren!

Wir betrachten im folgenden nur den Fall des

(8.2.23) ausgewogenen (balancierten) Versuchsplans:
$n_{ij} = n_0 > 1$ für alle i, j .

(Die Bedingung $n_0 > 1$ ist notwendig, damit $0 < \text{SSE}$ (8.2.8) (2) ist.)

Dann errechnet man bald (beachte $\widehat{\beta}$ (8.2.7) mit den 0–en sowie mit $n_{i\cdot} = bn_0$, $n = abn_0$) z. B. für die erste Zeile von $A\widehat{\beta}$:

$$\frac{1}{ab}\left[(a-1)\overline{Y}_{11\cdot} + \cdots + (a-1)\overline{Y}_{1b\cdot} - \overline{Y}_{21\cdot} - \cdots - \overline{Y}_{2b\cdot} - \cdots - \overline{Y}_{a1\cdot} - \cdots - \overline{Y}_{ab\cdot}\right]$$
$$= \frac{1}{ab}\left[a\sum_j \overline{Y}_{1j\cdot} - \sum_i\sum_j \overline{Y}_{ij\cdot}\right].$$

Wir erhalten offenbar zunächst $A\widehat{\beta}$ und sodann — wie man leicht mit Hilfe von (8.2.5) und durch Nachrechnen bestätigt — auch Σ und Σ^{-1}:

(8.2.24) $$A\widehat{\beta} = \begin{bmatrix} \overline{Y}_{1\cdot\cdot} - \overline{Y}_{\cdot\cdot\cdot} \\ \vdots \\ \overline{Y}_{(a-1)\cdot\cdot} - \overline{Y}_{\cdot\cdot\cdot} \end{bmatrix},$$

$$\underbrace{A(X'X)^{-}A'}_{\Sigma} = \frac{1}{abn_0}\begin{bmatrix} a-1 & -1 & \dots & -1 \\ -1 & a-1 & \dots & -1 \\ \vdots & \vdots & \ddots & \vdots \\ -1 & -1 & \dots & a-1 \end{bmatrix},$$

$$\Sigma^{-1} = bn_0\begin{bmatrix} 2 & 1 & \dots & 1 \\ 1 & 2 & \dots & 1 \\ \vdots & \vdots & \ddots & \vdots \\ 1 & 1 & \dots & 2 \end{bmatrix} \qquad (\operatorname{rg} A = a-1 = \operatorname{rg}\Sigma).$$

Für den in (5.2.14) (mit $c = 0$) erklärten Ausdruck $Q(H_0) = (A\widehat{\beta})'\Sigma^{-1}A\widehat{\beta}$ ergibt sich aus (8.2.24)

$$Q(H_0)\cdot\frac{1}{bn_0} = \sum_{i=1}^{a-1}(\overline{Y}_{i\cdot\cdot} - \overline{Y}_{\cdot\cdot\cdot})^2 + \sum_{i=1}^{a-1}\sum_{j=1}^{a-1}(\overline{Y}_{i\cdot\cdot} - \overline{Y}_{\cdot\cdot\cdot})(\overline{Y}_{j\cdot\cdot} - \overline{Y}_{\cdot\cdot\cdot}).$$

Wegen $\sum_{i=1}^{a-1}(\overline{Y}_{i\cdot\cdot} - \overline{Y}_{\cdot\cdot\cdot}) = (a\overline{Y}_{\cdot\cdot\cdot} - \overline{Y}_{a\cdot\cdot}) - (a-1)\overline{Y}_{\cdot\cdot\cdot} = \overline{Y}_{\cdot\cdot\cdot} - \overline{Y}_{a\cdot\cdot}$ gilt für die Doppelsumme $\sum_{i=1}^{a-1}\sum_{j=1}^{a-1}(\overline{Y}_{i\cdot\cdot} - \overline{Y}_{\cdot\cdot\cdot})(\overline{Y}_{j\cdot\cdot} - \overline{Y}_{\cdot\cdot\cdot}) = (\overline{Y}_{a\cdot\cdot} - \overline{Y}_{\cdot\cdot\cdot})^2$, so daß $Q(H^*_{A,0})\cdot\frac{1}{bn_0} = \sum_{i=1}^{a}(\overline{Y}_{i\cdot\cdot} - \overline{Y}_{\cdot\cdot\cdot})^2 = \frac{1}{bn_0}(\mathrm{SSR} - \mathrm{SSR}(H^*_0))$ ist. Analoges beweist man leicht für $Q(H^*_{B,0})$ (mit (8.2.31)), und ähnliches ergibt sich für $Q(H^*_{AB,0})$ (mit (8.2.32)). Wir fassen zusammen:

(8.2.25) Satz
Ist der Versuchsplan $\boldsymbol{X}$ *ausgewogen ((8.2.23):* $n_{ij} = n_0 > 1$*), so gilt für die Hypothesen in (8.2.20), (8.2.21) (und mit (8.2.18) unter Beachtung von (8.2.13)):*

(1) $\mathrm{SSR} - \mathrm{SSR}(H^*_{A,0}) = \mathrm{SSR} - \mathrm{SSR}(H^{\mathrm{res}}_{A,0})$
$= n_0 b \sum_{i=1}^{a} (\overline{Y}_{i\cdot\cdot} - \overline{Y}_{\cdot\cdot\cdot})^2$
$= n_0 b \sum_{i=1}^{a} \widehat{\alpha}_i^{*2}$ *mit* $(a-1)$ *Freiheitsgraden*

(2) $\mathrm{SSR} - \mathrm{SSR}(H^*_{B,0}) = \mathrm{SSR} - \mathrm{SSR}(H^{\mathrm{res}}_{B,0})$
$= n_0 a \sum_{j=1}^{b} (\overline{Y}_{\cdot j\cdot} - \overline{Y}_{\cdot\cdot\cdot})^2$
$= n_0 a \sum_{j=1}^{b} \widehat{\beta}_j^{*2}$ *mit* $(b-1)$ *Freiheitsgraden*

(3) $\mathrm{SSR} - \mathrm{SSR}(H^*_{AB,0}) = \mathrm{SSR} - \mathrm{SSR}(H^{\mathrm{res}}_{AB,0})$
$= n_0 \sum_i \sum_j (\overline{Y}_{ij\cdot} - \overline{Y}_{i\cdot\cdot} - \overline{Y}_{\cdot j\cdot} + \overline{Y}_{\cdot\cdot\cdot})^2$
$= n_0 \sum_{i=1}^{a} \sum_{j=1}^{b} \widehat{\gamma}_{ij}^{*2}$ *mit* $(a-1)(b-1)$ *Freiheitsgraden*

(Zu den Freiheitsgraden in (8.2.25) (3): siehe Erörterungen nach (8.2.32).)

Bemerkung
Wollen wir im *unspezifizierten* Modell (8.1.3) die Hypothese

$H^*_{A,0}$: $\alpha^*_i = 0$, d. h. mit (8.2.16): $\overline{\mu}_{i\cdot} - \overline{\mu}_{\cdot\cdot} = 0$ für alle i

testen, so liefert (8.2.25) (1) natürlich die Berechnung für $\mathrm{SSR} - \mathrm{SSR}(H^*_{A,0})$ im Modell (8.1.3)! (Siehe Bemerkung nach (8.2.5).) Analoges gilt für $H^*_{B,0}$ und $H^*_{AB,0}$ im Modell (8.1.3). Die folgenden ANOVA–Tafeln (8.2.29) sind also auch für $H^*_{A,0}$, $H^*_{B,0}$, $H^*_{AB,0}$ (mit (8.2.16)) im *unspezifizierten (allgemeinen)* Modell (8.1.3) gültig! ■

(8.2.26) Beispiel (Produktion)
Betrachte (8.2.9). Dann ist (beachte (8.2.19)):

$$Q(H^*_{A,0}) = \mathrm{SSR} - \mathrm{SSR}(H^*_{A,0}) = 3 \cdot 4 \cdot (4 + 0 + 4) = 96$$

$$Q(H^*_{B,0}) = \mathrm{SSR} - \mathrm{SSR}(H^*_{B,0}) = 3 \cdot 3 \cdot (1 + 49 + 4 + 100) = 1386$$

$$Q(H^*_{AB,0}) = \mathrm{SSR} - \mathrm{SSR}(H^*_{AB,0}) = 3 \cdot \big((16 + 9 + 0 + 1) + (4 + 9 + 0 + 1) + (4 + 0 + 0 + 4)\big) = 144$$ ■

Teststatistiken bei nicht–ausgewogenen Versuchsplänen

Für nicht–ausgewogene Versuchspläne (d. h. die n_{ij} sind nicht alle gleich) sind die Formeln für $\mathrm{SSR} - \mathrm{SSR}(H_0)$ sehr viel schwieriger herzuleiten. Da in

$\boldsymbol{\Sigma} = \boldsymbol{A}(\boldsymbol{X}'\boldsymbol{X})^{-}\boldsymbol{A}'$ Summen von $(1/n_{ij})$–Ausdrücken, in $\boldsymbol{\Sigma}^{-1}$ wiederum Kehrwerte davon vorkommen, empfiehlt sich folgende notationelle Vereinbarung (die z. T. in (8.2.12) bereits im Vorgriff Verwendung fand):

(8.2.27) (1) $n_{i\cdot}^{*} = \dfrac{1}{\sum_j 1/n_{ij}}\ , \quad n_{\cdot j}^{*} = \dfrac{1}{\sum_i 1/n_{ij}}\ ,$
$n_a^{*} = \sum_i n_{i\cdot}^{*}\ , \quad n_b^{*} = \sum_j n_{\cdot j}^{*}\ ,$

(2) $\overline{Y}_{i\cdot\cdot}^{a} = \frac{1}{b}\sum_j \overline{Y}_{ij\cdot}\ , \quad \overline{Y}_{\cdot\cdot\cdot}^{a} = \sum_i (n_{i\cdot}^{*}/n_a^{*})\overline{Y}_{i\cdot\cdot}^{a}\ ,$

(3) $\overline{Y}_{\cdot j\cdot}^{b} = \frac{1}{a}\sum_i \overline{Y}_{ij\cdot}\ , \quad \overline{Y}_{\cdot\cdot\cdot}^{b} = \sum_j (n_{\cdot j}^{*}/n_b^{*})\overline{Y}_{\cdot j\cdot}^{b}\ ,$
$\overline{Y}_{\cdot\cdot\cdot}^{ab} = \dfrac{1}{ab}\sum_i\sum_j \overline{Y}_{ij\cdot}\ .$

(Siehe auch (8.2.13).) Dann läßt sich — freilich nur mit erheblichem Aufwand — folgender Satz beweisen (siehe z. B. KRAFFT (1978), S. 102 ff), wobei wir noch (8.2.18) beachten:

(8.2.28) Satz

(1) $\mathrm{SSR} - \mathrm{SSR}(H_{A,0}^{*}) = \mathrm{SSR} - \mathrm{SSR}(H_{A,0}^{\mathrm{res}})$
$= b^2 \sum_i n_{i\cdot}^{*}(\overline{Y}_{i\cdot\cdot}^{a} - \overline{Y}_{\cdot\cdot\cdot}^{a})^2$
$= b^2 \sum_i n_{i\cdot}^{*}\widehat{\alpha}_i^{*2}$ $\qquad (a-1)$ *Freiheitsgrade.*

(2) $\mathrm{SSR} - \mathrm{SSR}(H_{B,0}^{*}) = \mathrm{SSR} - \mathrm{SSR}(H_{B,0}^{\mathrm{res}})$
$= a^2 \sum_j n_{\cdot j}^{*}(\overline{Y}_{\cdot j\cdot}^{b} - \overline{Y}_{\cdot\cdot\cdot}^{b})^2$
$= a^2 \sum_j n_{\cdot j}^{*}\widehat{\beta}_j^{*2}$ $\qquad (b-1)$ *Freiheitsgrade.*

(3) *Sofern* $n_{ij} = \dfrac{n_{i\cdot}n_{\cdot j}}{n}$ *gilt, ist*

$\mathrm{SSR} - \mathrm{SSR}(H_{AB,0}^{*}) = \mathrm{SSR} - \mathrm{SSR}(H_{AB,0}^{\mathrm{res}})$
$= \sum_i\sum_j n_{ij}(\overline{Y}_{ij\cdot} - \overline{Y}_{i\cdot\cdot} - \overline{Y}_{\cdot j\cdot} + \overline{Y}_{\cdot\cdot\cdot})^2$
$= \sum_i\sum_j n_{ij}\widehat{\gamma}_{ij}^{*2}$ $\qquad (a-1)(b-1)$ *Freiheitsgrade.*

Bemerkung zu (8.2.28) (3): Man spricht in obigem Fall von *proportionalen* Zell–Häufigkeiten. Im nicht–proportionalen, allgemeinen Fall muß man $\mathrm{SSR} - \mathrm{SSR}(H_{AB,0}^{*}) = Q(H_{AB,0}^{*})$ numerisch, z. B. gemäß (5.2.14) mit $\boldsymbol{c} = \boldsymbol{0}$ berechnen. (Siehe auch Bemerkung nach (8.2.29).)

ANOVA–Tafeln

Mit (8.2.28) resp. (8.2.25) und (8.2.8) erhalten wir gemäß (5.2.26) nun die folgenden ANOVA-Tafeln:

	Im Modell (8.2.1) mit (8.2.20), (8.2.21)
(8.2.29) (1)	**ANOVA** für $H^*_{A,0}$ (8.2.20), $H^{\text{res}}_{A,0}$ (8.2.21) $\text{SSR} - \text{SSR}(H^*_{A,0})$: (8.2.25) (1) oder (8.2.28) (1) $\mathcal{F}_{a-1,n-ab} = \dfrac{\text{SSR} - \text{SSR}(H^*_{A,0})}{\text{SSE (8.2.8) (2)}} \cdot \dfrac{n-ab}{a-1}$
(2)	**ANOVA** für $H^*_{B,0}$ (8.2.20), $H^{\text{res}}_{B,0}$ (8.2.21) $\text{SSR} - \text{SSR}(H^*_{B,0})$: (8.2.25) (2) oder (8.2.28) (2) $\mathcal{F}_{b-1,n-ab} = \dfrac{\text{SSR} - \text{SSR}(H^*_{B,0})}{\text{SSE (8.2.8) (2)}} \cdot \dfrac{n-ab}{b-1}$
(3)	**ANOVA** für $H^*_{AB,0}$ (8.2.20), $H^{\text{res}}_{AB,0}$ (8.2.21) $\text{SSR} - \text{SSR}(H^*_{AB,0})$: (8.2.25) (3) oder (8.2.28) (3) $\mathcal{F}_{(a-1)(b-1),n-ab} = \dfrac{\text{SSR} - \text{SSR}(H^*_{AB,0})}{\text{SSE (8.2.8) (2)}} \cdot \dfrac{n-ab}{(a-1)(b-1)}$

Bemerkung
Das **APL–Programm** ANOVA2W berechnet die Teststatistiken $\mathcal{F}$ (8.2.29) (1), $\mathcal{F}$ (8.2.29) (2), $\mathcal{F}$ (8.2.29) (3). Für $\mathcal{F}$ (8.2.29) (3) wird nicht (8.2.25) (3) oder (8.2.28) (3) benutzt; vielmehr wird $\mathcal{F}$ gemäß (5.2.17) (mit (5.2.14)) mit dem Programm FH0 (mit Hilfe des Programmes QH0) berechnet. Die Zellhäufigkeiten *müssen nicht* proportional sein! ■

Wir illustrieren (8.2.29) mit dem ausgewogenen Fall:

(8.2.30) Beispiel (Produktion)
Betrachte (8.2.9) mit (8.2.26). Mit $a = 3$, $b = 4$, $n_0 = 3$ ist

$$\mathcal{F}(H^{\text{res}}_{A,0}) = \mathcal{F}_{2,24} = \frac{96}{236} \cdot \frac{24}{2} = 4.881 \ ;$$

$$\mathcal{F}(H^{\text{res}}_{B,0}) = \mathcal{F}_{3,24} = \frac{1386}{236} \cdot \frac{24}{3} = 46.983 \ ;$$

$$\mathcal{F}(H^{\text{res}}_{AB,0}) = \mathcal{F}_{6,24} = \frac{144}{236} \cdot \frac{24}{6} = 2.441 \ .$$

Zum Signifikanzniveau 0.05 lauten die kritischen Grenzen der Tests:

$$\text{F}_{2,24;0.05} = 3.403 \,, \quad \text{F}_{3,24;0.05} = 3.009 \,, \quad \text{F}_{6,24;0.05} = 2.508 \ .$$

$H^{\text{res}}_{A,0}$ und $H^{\text{res}}_{B,0}$ werden abgelehnt, während $H^{\text{res}}_{AB,0}$ angenommen wird. ■

Als (weiteres) **Beispiel** — mit nicht–ausgewogenem Versuchsplan — zu (8.2.29) betrachte man Aufgabe (8.5.1)

Kombinationen von Hypothesen

Wir betrachten schließlich mit (8.2.20) die Hypothese H_0: $H^*_{A,0}$ und $H^*_{B,0}$, also

$$H_0\colon\ \alpha^*_1 = \cdots = \alpha^*_a,\ \beta^*_1 = \cdots = \beta^*_b.$$

Um die zu dieser Hypothese gehörende (Hypothesen–)Matrix (5.2.8) zu erhalten, betrachten wir zunächst die zu $\boldsymbol{A}$ (8.2.22) analoge Matrix $\boldsymbol{B}$ für $H^*_{B,0}$ (8.2.20). Man erkennt dann, daß sie die Form

(8.2.31)

$$\boldsymbol{B} = \frac{1}{ab}\left[\begin{array}{c|cccccccccc} & \gamma_{11} & \gamma_{12} & \cdots\ \gamma_{1,b-1} & \gamma_{1b} & \cdots & \gamma_{a1} & \gamma_{a2} & \cdots\ \gamma_{a,b-1} & \gamma_{ab} \\ & b-1 & -1 & \cdots\ -1 & -1 & \ldots & b-1 & -1 & \cdots\ -1 & -1 \\ ** & -1 & b-1 & \cdots\ -1 & -1 & \ldots & -1 & b-1 & \cdots\ -1 & -1 \\ & \vdots & \vdots & \ddots\ \vdots & \vdots & & \vdots & \vdots & \ddots\ \vdots & \vdots \\ & -1 & -1 & \cdots\ b-1 & -1 & \ldots & -1 & -1 & \cdots\ b-1 & -1 \end{array}\right]$$

(mit $b-1$ Zeilen) hat.

Bemerkung
Das **APL–Programm** AH0B (Anhang 1) erstellt $\boldsymbol{B}{**} =$ [$\boldsymbol{B}$ (8.2.31) ohne den $**$–Teil] aus a, b zur Hypothese (8.2.20) (2). ■

Für die entsprechende Matrix $\boldsymbol{C}$ für $H^*_{AB,0}$ (8.2.20) schreiben wir exemplarisch nur die erste Zeile hin:

(8.2.32)

$$\boldsymbol{C} = \frac{1}{ab}\left[\begin{array}{c|cccccccccccc} & \gamma_{11} & \gamma_{12} & \cdots & \gamma_{1b} & \gamma_{21} & \gamma_{22} & \cdots\ \gamma_{2b} & \cdots & \gamma_{a1} & \gamma_{a2} & \cdots\ \gamma_{ab} \\ ** & ab-a-b-1 & 1-a & \ldots & 1-a & 1-b & 1 & \ldots\ 1 & \ldots & 1-b & 1 & \ldots\ 1 \\ & \vdots & \vdots & \ddots & \vdots & \vdots & \vdots & \ddots\ \vdots & \ldots & \vdots & \vdots & \ddots\ \vdots \end{array}\right].$$

Bemerkung
Das **APL–Programm** AH0AB (siehe Anhang 1) erstellt zu gegebenen a, b die Hypothesen–Matrix $\boldsymbol{C}{**}$ = [$\boldsymbol{C}$ (8.2.32) ohne den $**$–Teil] zur Hypothese (8.2.20) (3). ■

$\boldsymbol{C}$ besteht aus $(a-1)(b-1)$ Zeilen (mit $\operatorname{rg}\boldsymbol{C} = (a-1)(b-1)$); denn aus

$$\gamma_{ij} - \overline{\gamma}_{i\bullet} - \overline{\gamma}_{\bullet j} + \overline{\gamma}_{\bullet\bullet} = 0 \quad \text{für } i = 1, \ldots, a-1,\ j = 1, \ldots, b-1$$

folgt für jedes $j = 1, \ldots, b-1$ zunächst

$$\begin{aligned}\gamma_{aj} - \overline{\gamma}_{a\bullet} - \overline{\gamma}_{\bullet j} + \overline{\gamma}_{\bullet\bullet} &= \gamma_{aj} - \overline{\gamma}_{a\bullet} - \overline{\gamma}_{\bullet j} + \overline{\gamma}_{\bullet\bullet} + \sum_{i=1}^{a}(\gamma_{ij} - \overline{\gamma}_{i\bullet} - \overline{\gamma}_{\bullet j} + \overline{\gamma}_{\bullet\bullet}) \\ &= \sum_{i=1}^{a}\gamma_{ij} - \sum_{i=1}^{a}\overline{\gamma}_{i\bullet} - a\cdot\overline{\gamma}_{\bullet j} + a\cdot\overline{\gamma}_{\bullet\bullet} \\ &= a\cdot\overline{\gamma}_{\bullet j} - a\cdot\overline{\gamma}_{\bullet\bullet} - a\cdot\overline{\gamma}_{\bullet j} + a\cdot\overline{\gamma}_{\bullet\bullet} = 0\,.\end{aligned}$$

Analog folgt $\gamma_{ib} - \overline{\gamma}_{\bullet b} - \overline{\gamma}_{i\bullet} + \overline{\gamma}_{\bullet\bullet} = 0$ für jedes $i = 1, \ldots, a-1$. Schließlich ist dann auch

$$\begin{aligned}\gamma_{ab} - \overline{\gamma}_{a\bullet} - \overline{\gamma}_{\bullet b} + \overline{\gamma}_{\bullet\bullet} &= \sum_{j=1}^{b}\gamma_{ij} - b\cdot\overline{\gamma}_{a\bullet} - \sum_{j=1}^{b}\overline{\gamma}_{\bullet j} + b\cdot\overline{\gamma}_{\bullet\bullet} \\ &= b\cdot\overline{\gamma}_{a\bullet} - b\cdot\overline{\gamma}_{a\bullet} - b\cdot\overline{\gamma}_{\bullet\bullet} + b\cdot\overline{\gamma}_{\bullet\bullet} = 0\,.\end{aligned}$$

Man prüft mit elementaren Berechnungen — wenngleich etwas mühevoll — nach, daß gilt (betrachte nur die ersten beiden Zeilen in $\boldsymbol{A}{**}$, $\boldsymbol{B}{**}$, nur die erste Zeile in $\boldsymbol{C}{**}$) :

(8.2.33) $\boldsymbol{A}{**}\cdot\boldsymbol{B}{**}' = \mathbf{0}, \quad \boldsymbol{A}{**}\cdot\boldsymbol{C}{**}' = \mathbf{0}, \quad \boldsymbol{B}{**}\cdot\boldsymbol{C}{**}' = \mathbf{0}$
mit $\boldsymbol{A}{**} = [\boldsymbol{A}$ ohne $**$–Teil in (8.2.22)], $\boldsymbol{B}{**}$, $\boldsymbol{C}{**}$ analog.

Da aber

$\begin{bmatrix}\boldsymbol{A}\\ \boldsymbol{B}\end{bmatrix}\boldsymbol{\beta} = \mathbf{0}$ identisch ist mit H_0: "$H^*_{A,0}$ und $H^*_{B,0}$" ,

$\begin{bmatrix}\boldsymbol{A}\\ \boldsymbol{C}\end{bmatrix}\boldsymbol{\beta} = \mathbf{0}$ identisch ist mit H_0: "$H^*_{A,0}$ und $H^*_{AB,0}$" ,

$\begin{bmatrix}\boldsymbol{B}\\ \boldsymbol{C}\end{bmatrix}\boldsymbol{\beta} = \mathbf{0}$ die Hypothese H_0: "$H^*_{B,0}$ und $H^*_{AB,0}$" darstellt,

haben wir im ausgewogenen Fall (8.2.23) z. B. aufgrund von (8.2.33)

$$\begin{aligned}\begin{bmatrix}\boldsymbol{A}\\ \cdots\\ \boldsymbol{B}\end{bmatrix}(\boldsymbol{X}'\boldsymbol{X})^-\begin{bmatrix}\boldsymbol{A}\\ \cdots\\ \boldsymbol{B}\end{bmatrix}' &= \frac{1}{n_0}\begin{bmatrix}\boldsymbol{A}{**}\\ \cdots\\ \boldsymbol{B}{**}\end{bmatrix}\begin{bmatrix}\boldsymbol{A}{**}' & \vdots & \boldsymbol{B}{**}'\end{bmatrix} \\ &= \frac{1}{n_0}\begin{bmatrix}\boldsymbol{A}{**}\boldsymbol{A}{**}' & \mathbf{0}\\ \mathbf{0} & \boldsymbol{B}{**}\boldsymbol{B}{**}'\end{bmatrix}\end{aligned}$$

mit der Folge, daß in (5.2.11) für H_0: "$H^*_{A,0}$ und $H^*_{B,0}$" gilt:

$$\boldsymbol{\Sigma}^{-1}_{A \text{ und } B} = \begin{bmatrix}\boldsymbol{\Sigma}_A^{-1} & \vdots & 0\\ \cdots & \cdots & \cdots\\ 0 & \vdots & \boldsymbol{\Sigma}_B^{-1}\end{bmatrix} \quad \text{mit}$$

$$\Sigma_A = \Sigma_{H^*_{A,0}} \ , \quad \Sigma_B = \Sigma_{H^*_{B,0}} \ , \quad \Sigma_{A \text{ und } B} = \Sigma_{H^*_{A,0} \text{ und } H^*_{B,0}} \ .$$

Hieraus erhält man mit einfachen Matrix–Multiplikationen

$$\widehat{\beta}' \begin{bmatrix} A' \vdots B' \end{bmatrix} \cdot \begin{bmatrix} \Sigma_A^{-1} & \vdots & 0 \\ \cdots & \cdots & \cdots \\ 0 & \vdots & \Sigma_B^{-1} \end{bmatrix} \begin{bmatrix} A \\ \cdots \\ B \end{bmatrix} \widehat{\beta} = \widehat{\beta}' A' \Sigma_A^{-1} A \widehat{\beta} + \widehat{\beta}' B' \Sigma_B^{-1} B \widehat{\beta}.$$

Hieraus folgt nun sofort (mit (5.2.22) (3) und (5.2.14) und mit analogen Berechnungen für die Hypothesen $[H^*_{A,0}$ und $H^*_{AB,0}]$, $[H^*_{B,0}$ und $H^*_{AB,0}]$)

(8.2.34) Satz

(1) $\mathrm{SSR} - \mathrm{SSR}(H^*_{A,0} \text{ und } H^*_{B,0}) = [\mathrm{SSR} - \mathrm{SSR}(H^*_{A,0})] + [\mathrm{SSR} - \mathrm{SSR}(H^*_{B,0})]$,

(2) $\mathrm{SSR} - \mathrm{SSR}(H^*_{A,0} \text{ und } H^*_{AB,0}) = [\mathrm{SSR} - \mathrm{SSR}(H^*_{A,0})] + [\mathrm{SSR} - \mathrm{SSR}(H^*_{AB,0})]$,

(3) $\mathrm{SSR} - \mathrm{SSR}(H^*_{B,0} \text{ und } H^*_{AB,0}) = [\mathrm{SSR} - \mathrm{SSR}(H^*_{B,0})] + [\mathrm{SSR} - \mathrm{SSR}(H^*_{AB,0})]$.

(4) *Obige Aussagen (1), (2), (3) gelten analog für die Hypothesen H^{res}(8.2.21) statt H^*.*

Satz (8.2.34) wird im folgenden Abschnitt 8.3 große Dienste tun.

8.3 Vollständige Kreuz–Klassifikation ohne Wechselwirkung bei ausgewogenem Versuchsplan

Modell und testbare Hypothesen

Das in diesem Abschnitt zu untersuchende Modell ist nach (8.1.7) und mit balanciertem Versuchsplan (8.2.23) wie folgt spezifiziert zum Modell der

(8.3.1) Vollständigen Kreuzklassifikation ohne Wechselwirkung mit ausgewogenem Versuchsplan

$$Y_{ijt} = \mu + \alpha_i + \beta_j + U_{ijt} \ , \quad t = 1, \ldots, n_0 \geq 1 \ ,$$

$$U\colon \mathcal{N}(0, \sigma^2 I), \quad i = 1, \ldots, a; \quad j = 1, \ldots, b \ ,$$

wobei wir in (8.3.1) auch $n_0 = 1$ zulassen! Für *beliebige* (nicht ausgewogene) Versuchspläne hätten wir statt (8.3.1) das Modell

(8.3.2) $Y_{ijt} = \mu + \alpha_i + \beta_j + U_{ijt}\ , \quad t = 1, \ldots, n_{ij} > 0\ ,$

$\boldsymbol{U}: \mathcal{N}(\mathbf{0}, \sigma^2 \cdot \boldsymbol{I})\ , \quad i = 1, \ldots, a, \quad j = 1, \ldots, b\ .$

Bemerkung
Für die numerische Behandlung von Testproblemen (siehe (8.3.5)) erstellt das **APL–Programm** XZWEIFOW (Anhang 1) (mit der Matrix $\boldsymbol{N} = [[n_{ij}]]$ als Eingabe) die zu (8.3.2) gehörende Design–Matrix $\boldsymbol{X}$, jedoch *homogen* ohne die 1-er–Spalte für μ. Um $\boldsymbol{X}$ *mit* 1–en in der ersten Spalte zu erzeugen, braucht man in APL ja nur

1, XZWEIFOW $\boldsymbol{N}$

zu schreiben. ∎

Wir behandeln im folgenden nur den ausgewogenen Fall (8.3.1). Wegen $\mathrm{E}(\overline{Y}_{ij\bullet}) = \mu + \alpha_i + \beta_j$ haben wir folgende Tabelle über

(8.3.3) schätzbare und testbare (Parameter–)Funktionen:

	Funktion	Schätzer	Schätzervarianz
(1)	$\mu + \alpha_i + \beta_j$	$\overline{Y}_{ij\bullet} = \frac{1}{n_0}\sum_t Y_{ijt}$	σ^2/n_0
(2)	$\mu + \overline{\alpha} + \beta_j$	$\overline{Y}_{\bullet j\bullet} = \frac{1}{a}\sum_i \overline{Y}_{ij\bullet}$	$\sigma^2/(an_0)$
(3)	$\mu + \alpha_i + \overline{\beta}$	$\overline{Y}_{i\bullet\bullet} = \frac{1}{b}\sum_j \overline{Y}_{ij\bullet}$	$\sigma^2/(bn_0)$
(4)	$\mu + \overline{\alpha} + \overline{\beta}$	$\overline{Y}_{\bullet\bullet\bullet} = \frac{1}{ab}\sum_i\sum_j \overline{Y}_{ij\bullet}$	$\sigma^2/(abn_0) = \sigma^2/n$
(5)	$\alpha_i - \overline{\alpha}$	$\overline{Y}_{i\bullet\bullet} - \overline{Y}_{\bullet\bullet\bullet}$	
(6)	$\beta_j - \overline{\beta}$	$\overline{Y}_{\bullet j\bullet} - \overline{Y}_{\bullet\bullet\bullet}$	

Die beiden ersten Spalten in (8.3.3) — jedoch mit n_{ij} statt n_0 in der ersten Zeile — bleiben auch im Fall (8.3.2) gültig! Aus (8.3.3) entnehmen wir sofort die

(8.3.4) restringierten Schätzer mit **Restriktion** $\overline{\alpha} = 0\ , \quad \overline{\beta} = 0$:

(1) $\widehat{\mu}^{\text{res}} = \overline{Y}_{\bullet\bullet\bullet}\ ;$

(2) $\widehat{\alpha}_i^{\text{res}} = \overline{Y}_{i\bullet\bullet} - \overline{Y}_{\bullet\bullet\bullet}\ ;$

(3) $\widehat{\beta}_j^{\text{res}} = \overline{Y}_{\bullet i\bullet} - \overline{Y}_{\bullet\bullet\bullet}\ .$

Mit (8.3.3) ist auch erwiesen, daß die folgenden, uns besonders interessierenden Hypothesen (auch im Fall (8.3.2)) testbar sind (wegen (8.3.3) (5), (6)):

(8.3.5) $H_{A,0}$: $\alpha_1 = \cdots = \alpha_a$; $\quad H_{B,0}$: $\beta_1 = \cdots = \beta_b\ .$ (testbar)

Bemerkung
Für die numerische Behandlung von (8.3.5) im Falle (8.3.2) erstellt das **APL–Programm** AHOAOW resp. AHOBOW (Anhang 1) die zu (8.3.5) gehörenden Matrizen $\boldsymbol{A}$ (5.2.8), jedoch wiederum homogen ohne den Parameter μ. ■

Berechnung von SSE

Offenbar ist nun SSE in (8.3.1) identisch mit SSE($H^{\text{res}}_{AB,0}$) in (8.2.1) (mit (8.2.21)), da ja (8.3.1) identisch ist mit (8.2.1) unter $H^{\text{res}}_{AB,0}$. Diesen Umstand nutzen wir zum Beweis von

(8.3.6) Satz
Im Modell (8.3.1) gilt:

(1) $\text{SSE} = n_0 \sum_i \sum_j (\overline{Y}_{ij\cdot} - \overline{Y}_{i\cdot\cdot} - \overline{Y}_{\cdot j\cdot} + \overline{Y}_{\cdot\cdot\cdot})^2 + \sum_i \sum_j \sum_t (Y_{ijt} - \overline{Y}_{ij\cdot})^2$
$= \sum_i \sum_j \sum_t (Y_{ijt} - \overline{Y}_{i\cdot\cdot} - \overline{Y}_{\cdot j\cdot} + \overline{Y}_{\cdot\cdot\cdot})^2$
$=$ [SSE($H^{\text{res}}_{AB,0}$) *in (8.2.1)*].

(2) SSE/σ^2 *besitzt* $n_0ab - a - b + 1$ *Freiheitsgrade.*

Bemerkung: Man ersieht aus (8.3.6), daß — von trivialen Fällen abgesehen — $\text{SSE} > 0$ auch für $n_0 = 1$ ist. ■

Beweis:

(1) $\text{SSE (8.3.1)} = [\text{SSE}(H^{\text{res}}_{AB,0})\,(8.2.1)]$
$= [(\text{SSR} - \text{SSR}(H^{\text{res}}_{AB,0}) + \text{SSE}) \text{ im Modell (8.2.1)}]$.

Beachte nun (8.2.8) und (8.2.25) mit
$Y_{ijt} - \overline{Y}_{i\cdot\cdot} - \overline{Y}_{\cdot j\cdot} + \overline{Y}_{\cdot\cdot\cdot} = (Y_{ijt} - \overline{Y}_{ij\cdot}) + (\overline{Y}_{ij\cdot} - \overline{Y}_{i\cdot\cdot} - \overline{Y}_{\cdot j\cdot} + \overline{Y}_{\cdot\cdot\cdot})$
und $\sum_t (Y_{ijt} - \overline{Y}_{ij\cdot}) = 0$.

(2) Schreibt man (8.3.1) als $\boldsymbol{Y} = \boldsymbol{X\beta} + \boldsymbol{U}$, so sieht man, daß $\operatorname{rg} \boldsymbol{X} = \operatorname{rg} \boldsymbol{X'X} = (a+b+1) - 2$ ist, da in der $(a+b+1) \times (a+b+1)$–Matrix $\boldsymbol{X'X}$ genau 2 unabhängige lineare Abhängigkeiten zwischen den Zeilen (oder Spalten) bestehen: $(1) = (1') + \cdots + (a')$ und $(1) = (1'') + \cdots + (b'')$ in

$$\boldsymbol{X'X} = n_0 \begin{bmatrix} ab & b & \dots & b & a & \dots & a \\ b & b & & 0 & 1 & \dots & 1 \\ \vdots & & \ddots & & \vdots & & \vdots \\ b & 0 & & b & 1 & \dots & 1 \\ a & 1 & \dots & 1 & a & & 0 \\ \vdots & \vdots & & \vdots & & \ddots & \\ a & 1 & \dots & 1 & 0 & & a \end{bmatrix} \begin{matrix} (1) \\ (1') \\ \vdots \\ (a') \\ (1'') \\ \vdots \\ (b'') \end{matrix}$$ ■

Berechnung von Teststatistiken und ANOVA-Tafeln im ausgewogenen Fall

Um den für Tests über $H_{A,0}$ (8.3.5) benötigten Ausdruck $\mathrm{SSR} - \mathrm{SSR}(H_{A,0})$ zu berechnen, betten wir (8.3.1) wieder in (8.2.1) ein. Offenbar ist

$$\begin{aligned}&[\mathrm{SSR} - \mathrm{SSR}(H_{A,0}) \text{ in } (8.3.1)]\\ &\qquad = [\mathrm{SSR}(H^{\mathrm{res}}_{AB,0}) - \mathrm{SSR}(H^{\mathrm{res}}_{AB,0} \text{ und } H^{\mathrm{res}}_{A,0}) \text{in } (8.2.1)].\end{aligned}$$

Nun ist aber im Modell (8.2.1)

$$\begin{aligned}&\mathrm{SSR}(H^{\mathrm{res}}_{AB,0}) - \mathrm{SSR}(H^{\mathrm{res}}_{AB,0} \text{ und } H^{\mathrm{res}}_{A,0})\\ &\qquad = [\mathrm{SSR} - \mathrm{SSR}(H^{\mathrm{res}}_{AB,0} \text{ und } H^{\mathrm{res}}_{A,0})] - [\mathrm{SSR} - \mathrm{SSR}(H^{\mathrm{res}}_{AB,0})],\end{aligned}$$

und dies ist nach (8.2.34) gleich $\mathrm{SSR} - \mathrm{SSR}(H^{\mathrm{res}}_{A,0})$. Mit (8.2.25) haben wir daher für $H_{A,0}$ — und analog für $H_{B,0}$ — bewiesen:

(8.3.7) Satz
Im Modell (8.3.1) gilt im ausgewogenen Fall (8.3.5) (und mit (8.3.4))

(1) $\mathrm{SSR} - \mathrm{SSR}(H_{A,0}) = n_0 b \sum_i (\overline{Y}_{i\cdot\cdot} - \overline{Y}_{\cdot\cdot\cdot})^2$
$= n_0 b \sum_i \widehat{\alpha}_i^{\mathrm{res}} = [\mathrm{SSR} - \mathrm{SSR}(H^{\mathrm{res}}_{A,0})$ *(8.2.25) (1)*] *($a-1$ Freiheitsgrade)*

(2) $\mathrm{SSR} - \mathrm{SSR}(H_{B,0}) = n_0 a \sum_j (\overline{Y}_{\cdot j\cdot} - \overline{Y}_{\cdot\cdot\cdot})^2$
$= n_0 a \sum_j \widehat{\beta}_j^{\mathrm{res}} = [\mathrm{SSR} - \mathrm{SSR}(H^{\mathrm{res}}_{B,0})$ *(8.2.25) (2)*] *($b-1$ Freiheitsgrade)*

Aus (8.3.7) und (8.3.6) ergeben sich folgende ANOVA-Tafeln:

(8.3.8)

Im Modell (8.3.1) für (8.3.5)
ANOVA für $H_{A,0} : \alpha_1 = \cdots = \alpha_a$
$\mathcal{F}_{a-1,n_0ab-a-b+1} = \dfrac{[\mathrm{SSR} - \mathrm{SSR}(H_{A,0})]\ (8.3.7)\ (1)}{\mathrm{SSE}\ (8.3.6)} \cdot \dfrac{n_0ab - a - b + 1}{a-1}$
ANOVA für $H_{B,0} : \beta_1 = \cdots = \beta_b$
$\mathcal{F}_{b-1,n_0ab-a-b+1} = \dfrac{[\mathrm{SSR} - \mathrm{SSR}(H_{B,0})]\ (8.3.7)\ (2)}{\mathrm{SSE}\ (8.3.6)} \cdot \dfrac{n_0ab - a - b + 1}{b-1}$

Bemerkung
Das **APL-Programm** ANOVA2 (Anhang 1) berechnet die F-Statistiken (8.3.8). Im unbalancierten Fall (8.3.2) geschieht die Berechnung der $\mathcal{F}$-Statistiken mit dem Programm FH0; etwa für $H_{A,0}$:

((AH0AOW a b), 0) FH0 (XZWEIFOW $\boldsymbol{N}$), $\boldsymbol{Y}$

mit $\boldsymbol{N}$ als Matrix $[[n_{ij}]]$ und $\boldsymbol{Y}$ als Daten*vektor*. (Ggf. muß das Daten*feld* $\boldsymbol{Y}$ mit dem Programm VEKFORM (Anhang 1) in einen *Vektor* umgewandelt werden.) ∎

(8.3.9) Beispiel (Produktion)
Betrachte (8.2.9) mit der Unterstellung, daß es keine Wechselwirkung zwischen Produnktionsbedingung und Lieferantenherkunft gibt, so daß Modell (8.3.1) vorliegt. Für SSE errechnet man dann nach (8.3.6) (mit (8.2.8) und (8.2.25) (3)):

$$\begin{aligned}\mathrm{SSE} = \mathrm{SSE}(H^{\mathrm{res}}_{AB,0}\,(8.2.1)) &= \mathrm{SSE}\ (8.2.1) + \big(\mathrm{SSE}(H^{\mathrm{res}}_{AB,0})\,(8.2.1) - \mathrm{SSE}\ (8.2.1)\big) \\ &= 236 + 144 = 380 \qquad \text{(siehe (8.2.9), (8.2.26)).}\end{aligned}$$

Für die Hypothesen $H_{A,0}$ und $H_{B,0}$ (8.3.5) gilt nach (8.3.7):

$$\mathrm{SSR} - \mathrm{SSR}(H_{A,0}) = 96, \quad \mathrm{SSR} - \mathrm{SSR}(H_{B,0}) = 1386 \qquad \text{(siehe (8.2.26)).}$$

Also ist

$$\begin{aligned}\mathcal{F}(H_{A,0}) &= \mathcal{F}_{2,30} = \frac{96}{380}\cdot\frac{30}{2} = 3.789\,, \\ \mathcal{F}(H_{B,0}) &= \mathcal{F}_{3,30} = \frac{1386}{380}\cdot\frac{30}{3} = 36.474\,.\end{aligned}$$

Zum Signifikanzniveau 0.05 wären die kritischen Grenzen K des Testes $d \neq H_0 \iff \mathcal{F} > K$ wie folgt:

$$\begin{aligned}&\text{für } H_{A,0}\text{: } K = F_{2,30;0.05} = 3.316\,; \\ &\text{für } H_{B,0}\text{: } K = F_{3,30;0.05} = 2.922\,.\end{aligned}$$

$H_{A,0}$ und $H_{B,0}$ wären also abzulehnen. ■

Der Fall $n_0 = 1$ ist besonders interessant, da dann die Modellspezifikation (8.2.1) gar nicht möglich ist. Hingegen bleibt (8.3.1) bestehen, und die Formeln (8.3.6), (8.3.7) bleiben richtig. Wir notieren dann allerdings Y_{ij} statt Y_{ijt} und haben also in diesem Modell der vollständigen Zweifachklassifikation ohne Wechselwirkung und *ohne Wiederholungen* folgende ANOVA–Tafeln:

(8.3.10)

Im Modell (8.3.1) mit $n_0 = 1 : Y_{ijt} = Y_{ij}$
ANOVA für $H_{A,0} : \alpha_1 = \cdots = \alpha_a$
$\mathcal{F}_{a-1,ab-a-b+1} = \dfrac{b\sum_i(\overline{Y}_{i\cdot} - \overline{Y}_{\cdot\cdot})^2}{\sum_i\sum_j(Y_{ij} - \overline{Y}_{i\cdot} - \overline{Y}_{\cdot j} + \overline{Y}_{\cdot\cdot})^2}\cdot\dfrac{ab-a-b+1}{a-1}$
ANOVA für $H_{B,0} : \beta_1 = \cdots = \beta_b$
$\mathcal{F}_{b-1,ab-a-b+1} = \dfrac{a\sum_j(\overline{Y}_{\cdot j} - \overline{Y}_{\cdot\cdot})^2}{\sum_i\sum_j(Y_{ij} - \overline{Y}_{i\cdot} - \overline{Y}_{\cdot j} + \overline{Y}_{\cdot\cdot})^2}\cdot\dfrac{ab-a-b+1}{b-1}$

8.4 Hierarchische Klassifikation

Spezifikation des Modells

In einer hierarchischen Klassifikation ist nach (8.1.7) jedes B–Niveau B_j genau einem A–Niveau unter–(zu–)geordnet: zu jedem j existiert genau ein i mit $n_{ij} > 0$. Wir betrachten daher folgende "Zerlegung" der Indexmenge $\{1, \ldots, b\}$ für j :

Setze

(8.4.1) (1) $J_i = \{j : n_{ij} > 0, \; j = 1, \ldots, b\}$ für $i = 1, \ldots, a$;

(2) $b_i = \#(J_i)$; Notiere $J_i = \{1_i, 2_i, \ldots, b_i\}$;

(3) $J_i \cap J_t = \emptyset$ für $i \neq t$; $J_1 \cup \cdots \cup J_a = \{1, \ldots, b\}$;

(4) $\bigcup_{i=1}^{a} \{(i, 1_i), \ldots, (i, b_i)\} =$
$\{(i, j) : n_{ij} > 0; \; i = 1, \ldots, a \; ; \; j = 1, \ldots, b\}$.

Mit den Vereinbarungen (8.4.1) erhält man aus der vollständigen Kreuz–Klassifikation $Y_{ijt} = \mu + \alpha_i + \beta_j + \gamma_{ij} + U_{ijt}$ durch Umordnen der Indizes j und Weglassen der Paare (i, j) mit $n_{ij} = 0$

(8.4.2) das **hierarchisch klassifizierte Modell** in **spezifizierter Form**

(1) $Y_{ijt} = \mu + \alpha_i + \beta_{ij} + U_{ijt}$ mit

(2) $j = j_i$; $t = t_i$; $\beta_{ij} = \beta_{ij_i} = \beta_{j_i} + \gamma_{ij_i}$;

(3) $t = t_i = 1, \ldots, n_{ij_i} = n_{ij}$; $i = 1, \ldots, a$; $j = j_i = 1, \ldots b_i$;
$b_* = \sum_i b_i$ ist die Anzahl der B–Niveaus;

(4) $\boldsymbol{U} : \mathcal{N}(\boldsymbol{0}, \sigma^2 \boldsymbol{I})$.

Bemerkung: Da es einen von i "isolierten" j–Effekt nicht gibt, ist die "gesamte" neue "Wechselwirkung" $\beta_{j_i} + \gamma_{ij_i}$ in einem neuen "Wechselwirkungsparameter" $\beta_{ij} = \beta_{ij_i}$ zusammengefaßt. ∎

(8.4.3) Beispiel (Boden/Düngersorte)
Betrachte (8.1.2), jedoch mit acht (statt sieben) Düngersorten. A_1 wird mit B_1, B_2 (auf zwei resp. drei Feldern), A_2 mit B_3, B_4 (auf drei resp. zwei Feldern), A_3 mit B_5, B_6, B_7, B_8 (auf drei resp. drei resp. vier resp. zwei Feldern) kombiniert. Es sei

Y_{ijt} = Ertrag auf t-tem Feld mit Bodenart A_i und der j–ten mit A_i kombinierten Düngersorte.

(Also ist z. B. Y_{321} der Ertrag auf dem ersten Versuchsfeld mit Bodenart A_3 und Dünger B_6, da B_6 die zweite mit A_3 kombinierte Düngersorte ist.) Für die Y_{ijt} ($t = 1, \ldots, n_{ij_i} = n_{ij}$) liegen nun Ergebnisse vor, die in einem (3×4)–**Datenfeld** präsentiert werden:

Y_{ijt}		j = 1	2	3	4	
i	1	6 8	9 7 11			$b_1 = 2$
	2	8 9 10	6 6			$b_2 = 2$
	3	9 11 10	13 11 9	8 12 10 14	10 12	$b_3 = 4$

n_{ij}	j				$n_{i\cdot}$
i	2	3			5
	3	2			5
	3	3	4	2	12

$a = 3$ Bodenarten

$n = 22$ Versuchsfelder

$b_* = 8$ Düngersorten

■

In einem Datenfeld der *hierarchischen* Klassifikation können einige Zellen durchaus leer sein — wie (1,3), (1,4), (2,3), (2,4) in (8.4.3); denn das *Format* des Datenfeldes ist ja $(a \times max\{b_1, \ldots, b_a\})$.

In Matrix–Schreibweise lautet (8.4.2) (mit Beispiel (8.4.3) illustriert) wie folgt:

(8.4.4) (1) $\boldsymbol{Y} = \boldsymbol{X\beta} + \boldsymbol{U}$ mit

(2) $\boldsymbol{\beta}' = [\mu \ \alpha_1 \ \ldots \ \alpha_a \ \beta_{11} \ \ldots \ \beta_{1b_1} \ \beta_{21} \ \ldots \ \beta_{2b_2} \ \ldots \ \beta_{a1} \ \ldots \ \beta_{ab_a}]$

(3) $\boldsymbol{X}$ wird *explizit* nur für Beispiel (8.4.3) angegeben, wobei 0–en nicht aufgeführt sind:

$$\begin{matrix} (\mu) & (\alpha_1) & (\alpha_2) & (\alpha_3) & (\beta_{11}) & (\beta_{12}) & (\beta_{21}) & (\beta_{22}) & (\beta_{31}) & (\beta_{32}) & (\beta_{33}) & (\beta_{34}) \end{matrix}$$

$$X_{(8.4.3)} = \begin{bmatrix}
1 & 1 & & & 1 & & & & & & & \\
1 & 1 & & & 1 & & & & & & & \\
1 & 1 & & & & 1 & & & & & & \\
1 & 1 & & & & 1 & & & & & & \\
1 & 1 & & & & 1 & & & & & & \\
1 & & 1 & & & & 1 & & & & & \\
1 & & 1 & & & & 1 & & & & & \\
1 & & 1 & & & & 1 & & & & & \\
1 & & 1 & & & & & 1 & & & & \\
1 & & 1 & & & & & 1 & & & & \\
1 & & & 1 & & & & & 1 & & & \\
1 & & & 1 & & & & & 1 & & & \\
1 & & & 1 & & & & & 1 & & & \\
1 & & & 1 & & & & & & 1 & & \\
1 & & & 1 & & & & & & 1 & & \\
1 & & & 1 & & & & & & 1 & & \\
1 & & & 1 & & & & & & & 1 & \\
1 & & & 1 & & & & & & & 1 & \\
1 & & & 1 & & & & & & & 1 & \\
1 & & & 1 & & & & & & & 1 & \\
1 & & & 1 & & & & & & & & 1 \\
1 & & & 1 & & & & & & & & 1
\end{bmatrix}$$

Bemerkung

Das **APL–Programm** XHIERA erzeugt die zu den β_{ij} gehörenden Spalten der (analog zu (8.4.4) allgemein zu bildenden) Design-Matrix $\boldsymbol{X}$ zum Modell (8.4.2). Wir werden später sehen, daß nur die β_{ij}-Spalten wichtig sind — analog etwa zu (8.2.22).

Testbare Hypothesen

Die Hypothesen, denen unser Interesse gilt, lauten natürlich — sofern sie testbar sind! —

(8.4.5) $H_{A,0}\colon \alpha_1 = \cdots = \alpha_a$;

(8.4.6) $H_{B,0}\colon \beta_{i1} = \cdots = \beta_{ib_i}$ für alle $i = 1, \ldots, a$ (testbar; siehe (8.4.7) (4)).

Mit

$$\mu_{ij} = \mu + \alpha_i + \beta_{ij} = \mathrm{E}(\overline{Y}_{ij\bullet}) = \mathrm{E}(\tfrac{1}{n_{ij}} \textstyle\sum_t Y_{ijt})$$

führen Summationen — gegebenenfalls nach Multiplikation mit geeigneten Gewichten w_{ij} — über j und *danach*(!) über i zu folgendem Ergebnis — analog zu (8.2.20) (1), (3):

(8.4.7) Satz
Gegeben seien die Gewichte $w = (w_{11}, \ldots, w_{1b_1}, w_{21}, \ldots, w_{a1}, \ldots, w_{ab_a})$ *mit*

$$\sum\nolimits_{j=1}^{b_i} w_{ij} = 1 \quad \textit{für jedes } i = 1, \ldots, a \,.$$

Setze

(1) $\overline{\beta}^w_{i\cdot} = \sum_j w_{ij}\beta_{ij}$, $\overline{\beta}^w_{\cdot\cdot} = \frac{1}{a}\sum_i \overline{\beta}^w_{i\cdot}$.

Dann gilt:

(2) $\alpha^*_i = (\alpha_i - \overline{\alpha}) + (\overline{\beta}^w_{i\cdot} - \overline{\beta}^w_{\cdot\cdot})$ *ist (unverzerrt) schätzbar, und zwar durch*

$$\widehat{\alpha}^*_i = \sum_j w_{ij}\overline{Y}_{ij\cdot} - \frac{1}{a}\sum_i\sum_j w_{ij}\overline{Y}_{ij\cdot} \;;$$

(3) $\mu^* = \mu + \overline{\alpha} + \overline{\beta}^w_{i\cdot}$ *ist (unverzerrt) schätzbar durch* $\widehat{\mu}^* = \frac{1}{a}\sum_i\sum_j w_{ij}\overline{Y}_{ij\cdot}$;

(4) $\beta^*_{ij} = \beta_{ij} - \overline{\beta}^w_{i\cdot}$ *ist (unverzerrt) schätzbar durch* $\widehat{\beta}^*_{ij} = \overline{Y}_{ij\cdot} - \sum_j w_{ij}\overline{Y}_{ij\cdot}$;
also:

(5) $H_{B,0}$ *(8.4.6) ist testbar.*

Beweis: $\alpha^*_i = \overline{\mu}^w_{i\cdot} - \overline{\mu}^w_{\cdot\cdot}$ (Notation analog (8.4.7) (1)), $\mu^* = \frac{1}{a}\sum_i\sum_j w_{ij}\mu_{ij}$, $\beta_{ij} - \overline{\beta}^w_{i\cdot} = \mu_{ij} - \mu^w_{i\cdot}$. Der Rest folgt. ■

Mit Hilfe von (8.4.7) können wir nunmehr angeben

(8.4.8) restringierte Schätzer, unverzerrt unter den **Restriktionen** $\overline{\alpha} = 0$, $\overline{\beta}^w_{i\cdot} = 0$ für alle i :

(1) $\widehat{\mu}^{res} = \frac{1}{a}\sum_i\sum_j w_{ij}\overline{Y}_{ij\cdot}$;

(2) $\widehat{\alpha}^{res}_i = \sum_j w_{ij}\overline{Y}_{ij\cdot} - \frac{1}{a}\sum_i\sum_j w_{ij}\overline{Y}_{ij\cdot}$;

(3) $\widehat{\beta}^{res}_{ij} = \overline{Y}_{ij\cdot} - \sum_j w_{ij}\overline{Y}_{ij\cdot}$.

Bemerkung
Mit Gewichten $w_{ij} = 1/b_i$ für $j = 1, \ldots, b_i$ bedeutet die Restriktion $\overline{\beta}^w_{i\cdot} = 0$, daß die β_{ij} die ***spezifischen*** (vom 'Durchschnitt' abweichenden) Effekte derjenigen Faktor–B–Niveaus sind, die dem i–ten Faktor–A–Niveau zugeordnet sind. ■

(8.4.9) Beispiel (Boden/Düngersorte)
Betrachte (8.4.3). Zunächst errechnet man die arithmetischen Mittel $\overline{Y}_{ij\bullet}$ und die (später benötigten) arithmetischen Mittel der Zeilen:

	$\overline{Y}_{ij\bullet}$	1	2	3	4	$\overline{Y}_{i\bullet\bullet}$
	1	7	9			8.2
i	2	9	6			7.8
	3	10	11	11	11	10.75

Mit $w_{ij} = 1/b_i$ erhält man für $i = 1,\ 2,\ 3$:

$\sum_j w_{ij}$: 8 , 7.5 , 10.75 , also

$\widehat{\mu}^{\text{res}} = 8.75$, $\widehat{\alpha}_1^{\text{res}} = -0.75$, $\widehat{\alpha}_2^{\text{res}} = -1.25$, $\widehat{\alpha}_3^{\text{res}} = 2$

sowie

	$\widehat{\beta}_{ij}^{\text{res}}$	1	2	3	4
	1	−1	1		
i	2	1.5	−1.5		
	3	−0.75	0.25	0.25	0.25

■

Aufgrund von (8.4.7) (4) wissen wir: $H_{B,0}$ (8.4.6) ist testbar! Statt $H_{A,0}$ (8.4.5) müssen wir hingegen wegen (8.4.7) (2) die testbare Hypothese $H_{A,0}^*$ (8.4.10) (1) und die für uns wichtige **restringierte Hypothese** $H_{A,0}^{\text{res}(w)}$ (8.4.10) (2) betrachten:

(8.4.10) (1) $H_{A,0}^* : \alpha_1^* = \cdots = \alpha_a^*$ (mit (8.4.7) (2)) (testbar) ;

(2) $H_{A,0}^{\text{res}(w)} : \alpha_1 = \cdots = \alpha_a$; **Restriktion:** $\overline{\beta}_{i\bullet}^{w} = 0$ für $i = 1, \ldots, a$.

Berechnung der Teststatistiken

Zur Berechnung von SSE macht man sich klar, daß die Design-Matrix $\boldsymbol{X}$ (8.4.2) sich von $\boldsymbol{X}$ (8.2.1) formal nur dadurch unterscheidet, daß in $\boldsymbol{X}$ (8.4.2) die β_j-Spalten fehlen (γ_{ij}-Spalte wird zur β_{ij}-Spalte). Analog fehlen in $\boldsymbol{X'Y}$ (8.4.2) nur die $n_{\bullet j}\overline{Y}_{\bullet j\bullet}$-Teile von (8.2.7); ansonsten ist

(8.4.11) $(\boldsymbol{X'Y})' = [n\overline{Y}_{\bullet\bullet\bullet}\ n_{1\bullet}\overline{Y}_{1\bullet\bullet}\ \ldots\ n_{a\bullet}\overline{Y}_{a\bullet\bullet}\ n_{11}\overline{Y}_{11\bullet}\ \ldots\ n_{1b_1}\overline{Y}_{1b_1\bullet}$
$\ldots\ n_{a1}\overline{Y}_{a1\bullet}\ \ldots\ n_{ab_a}\overline{Y}_{ab_a\bullet}]$,

$$\widehat{\boldsymbol{\beta}}' = [0\ \underset{1}{0}\ \ldots\ \underset{a}{0}\ \overline{Y}_{11\bullet}\ \ldots\ \overline{Y}_{1b_1\bullet}\ \ldots\ \overline{Y}_{a1\bullet}\ \ldots\ \overline{Y}_{ab_a\bullet}] ,$$

so daß man wieder (8.2.8) hat — mutatis mutandis:

(8.4.12) Satz

(1) $\mathrm{SSR} = \sum_{i=1}^{a}\sum_{j=1}^{b_i} n_{ij}\overline{Y}_{ij\bullet}^2$ *(mit* $\operatorname{rg} \boldsymbol{X} = b_*$ *(8.4.2) Freiheitsgraden),*

(2) $\mathrm{SSE} = \sum_{i=1}^{a}\sum_{j=1}^{b_i}\sum_{t=1}^{n_{ij}}(Y_{ijt} - \overline{Y}_{ij\bullet})^2 = \sum_{i=1}^{a}\sum_{j=1}^{b_i} n_{ij}S_{ij}^2$,

(3) SSE/σ^2 *ist* $\chi^2(n - b_*)$*–verteilt.*

$\mathrm{SSR}(H_{B,0})$ folgt leicht aus der Überlegung, daß unter $H_{B,0}$ nur ein Modell der Einfach–Klassifikation vorliegt, so daß gemäß (7.1.9) und dann mit (8.4.12) (1) gilt:

(8.4.13) (1) $\mathrm{SSR}(H_{B,0}) = \sum_i n_{i\bullet}\overline{Y}_{i\bullet\bullet}^2$;

(2) $\mathrm{SSR} - \mathrm{SSR}(H_{B,0}) = \sum_i\sum_j n_{ij}(\overline{Y}_{ij\bullet} - \overline{Y}_{i\bullet\bullet})^2$

mit $b_* - a = \sum_i(b_i - 1)$ Freiheitsgraden (nur $b_i - 1$ Gleichungen $\beta_{ij} - \beta_{i1} = 0$ sind notwendig).

Die Formel für $\mathrm{SSR} - \mathrm{SSR}(H_{A,0}^{\mathrm{res}(w)})$ läßt sich für den Fall $w_{ij} = n_{ij}/n_{i\bullet}$ — also $(\boldsymbol{X}'\boldsymbol{X})^- = \operatorname{diag}(0,\ldots,0,\ldots,1/w_{ij}n_{i\bullet},\ldots)$ — ganz analog herleiten wie (8.2.25) (1) — mutatis mutandis. Man findet — wenngleich mit gewisser Mühsal:

(8.4.14) (1) Ist $w_{ij} = n_{ij}/n_{i\bullet}$ für alle i, j, so ist für (8.4.10)

$$\mathrm{SSR} - \mathrm{SSR}(H_{A,0}^{\mathrm{res}(w)}) = \sum_i n_{i\bullet}(\overline{Y}_{i\bullet\bullet} - \overline{Y}_{\bullet\bullet\bullet})^2 \quad (a - 1 \text{ Freiheitsgrade});$$

(2) Beim **ausgewogenen Versuchsplan** $n_{ij} = n_0 > 1$ gilt — wegen $n_{i\bullet} = b_i \cdot n_0$ — obige Formel mit $w_{ij} = 1/b_i$ für $j = 1,\ldots,b_i$.

Bemerkung: In (8.4.14) (1) gehen die n_{ij} in $\boldsymbol{w}$ und damit in die Restriktionen $\overline{\beta}_{i\bullet}^{w} = 0$ ein. Man muß hier offenkundig die gleichen Bedenken anmelden wie zu den Restriktionen (7.2.13). ■

Aus (8.4.12) (3), (8.4.13) (2) und (8.4.14) ergibt sich sofort

(8.4.15)

ANOVA im Modell (8.4.2) für $H_{A,0}^{\mathrm{res}(w)}$: $\alpha_1 = \cdots = \alpha_a$, (8.4.10) mit $\boldsymbol{w}$ (8.4.14) (1)
$\mathcal{F}_{a-1,n-b_*} = \dfrac{\sum_i n_{i\bullet}(\overline{Y}_{i\bullet\bullet} - \overline{Y}_{\bullet\bullet\bullet})^2}{\sum_i\sum_j\sum_t(Y_{ijt} - \overline{Y}_{ij\bullet})^2} \cdot \dfrac{n - b_*}{a - 1}$

(8.4.16)

ANOVA im Modell (8.4.2) für $H_{B,0}$: $\beta_{i1} = \cdots = \beta_{ib_i}$ für alle i, (8.4.6)
$\mathcal{F}_{b_*-a,n-b_*} = \dfrac{\sum_i \sum_j n_{ij}(\overline{Y}_{ij\cdot} - \overline{Y}_{i\cdot\cdot})^2}{\sum_i \sum_j \sum_t (Y_{ijt} - \overline{Y}_{ij\cdot})^2} \cdot \dfrac{n - b_*}{b_* - a}$

Bemerkung
Das **APL–Programm** ANOVA2H (siehe Anhang 1) berechnet die F–Statistiken $\mathcal{F}$(8.4.15) und $\mathcal{F}$(8.4.16). ■

(8.4.17) Beispiel (Boden/Düngersorte)
Betrachte (8.4.3) mit (8.4.9). Zunächst berechnen wir die $n_{ij}S_{ij}^2$:

	$n_{ij}S_{ij}^2$	1	2	3	4
	1	2	8		
i	2	2	0		
	3	2	8	20	2

Hieraus ergibt sich nach (8.4.12): SSE = 44 . Weiter ist

$\overline{Y}_{i\cdot\cdot}$: 8.2 , 7.8 , 10.75 ; $\overline{Y}_{\cdot\cdot\cdot} = 9.5$.

$\mathrm{SSR} - \mathrm{SSR}(H_{B,0}) =$
$2 \cdot 1.2^2 + 3 \cdot 0.8^2) + (3 \cdot 1.2^2 + 2 \cdot 1.8^2) + (3 \cdot 0.75^2) + 3 \cdot 0.25^2 + 4 \cdot 0.25^2 + 2 \cdot 0.25^2)$
$= 17.85$, und es ist

$$\mathcal{F}_{8-3,22-8}(8.4.16) = \frac{17.85}{44} \cdot \frac{14}{5} = 1.136 .$$

Für Signifikanz 0.10 lautet der Test:

$d \neq H_0 \iff \mathcal{F}_{5,14} > \mathrm{F}_{5,14;0.10} = 2.307$,

und H_0 wird angenommen.

Weiter ist mit Gewichten $w_{ij} = n_{ij}/n_{i\cdot}$ (die nicht unproblemeatisch sind; siehe Bemerkung nach (8.4.14)):
$\mathrm{SSR} - \mathrm{SSR}(H_{A,0}^{\mathrm{res}(w)}) =$
$5 \cdot (8.2 - 9.5)^2 + 5 \cdot (7.8 - 9.5)^2 + 12 \cdot (10.75 - 9.5)^2 = 41.65$,
und es ist

$$\mathcal{F}_{3-1,22-8}(8.4.15) = \frac{41.65}{44} \cdot \frac{14}{2} = 6.626 .$$

Für Signifikanz 0.10 lautet der Test:

$d \neq H_0 \iff \mathcal{F}_{2,14} > \mathrm{F}_{5,14;0.10} = 2.727$,

und H_0 wird abgelehnt. ■

Bemerkung
Für andere Gewichte $\boldsymbol{w}$ als die in (8.4.14) genannten muß

$$\mathrm{SSR} - \mathrm{SSR}(H_{A,0}{}^{\mathrm{res}(w)}) = Q(H_{A,0}^{\mathrm{res}(w)})$$

numerisch, z. B. gemäß (5.2.14), berechnet werden, wobei $\boldsymbol{c}$ und die Matrix $\boldsymbol{A}$ in (5.2.14) gemäß (5.2.8) so zu wählen sind, daß $H_{A,0}^{*}$ (8.4.10) (1) mit H_0: $\boldsymbol{A\beta} = \boldsymbol{c}$ übereinstimmt. Das **APL–Programm** AHOHIERA (Anhang 1) konstruiert diese Matrix $\boldsymbol{A}$ (zu gegebenem Datenfeld $\boldsymbol{Y}$ und gegebenem Gewichte–Vektor $\boldsymbol{w}$. Das **APL–Programm** FHOA_HIERA (siehe Anhang 1) berechnet den Wert der F-Statistik zu gegebenem $\boldsymbol{Y}$, $\boldsymbol{w}$. Es wird dabei stets die F-Statistik auch für den wichtigen Fall $w_{ij} = 1/b_i$ mit berechnet. ■

8.5 Aufgaben

(8.5.1) Aufgabe
Im Modell (8.2.1) möge der Versuchsplan (8.2.2) gegeben sein mit den Daten $\boldsymbol{Y}' = [\,4\ \ 6\ \ 7\ \ 7\ \ 1\ \ 3\ \ 8\ \ 6\ \ 4\ \ 9\,]$ (Reihenfolge (8.1.4)!). Entscheide, welche der Nullhypothesen (8.2.21) (1), (2) zum Niveau $\alpha = 0.10$ abzulehnen ist.

Lösung
ANOVA (8.2.29) (1), (2) mit (8.2.28) (1), (2):

n_{ij}		$j=1$	$j=2$
i	1	2	2
	2	2	1
	3	2	1

$1/n_{ij}$		$j=1$	$j=2$
i	1	0.5	0.5
	2	0.5	1
	3	0.5	1

$\overline{Y}_{ij\bullet}$		$j=1$	$j=2$
i	1	5	7
	2	2	8
	3	5	9

$n_{1\bullet}^{*} = 1\,,\quad n_{2\bullet}^{*} = \frac{2}{3}\,,\quad n_{3\bullet}^{*} = \frac{2}{3}\,,\quad n_{a}^{*} = \frac{7}{3}\,,\quad n_{\bullet 1}^{*} = \frac{2}{3}\,,\quad n_{\bullet 2}^{*} = \frac{2}{5}\,,\quad n_{b}^{*} = \frac{16}{15}\,;$

$\overline{Y}_{1\bullet\bullet}^{a} = 6\,,\quad \overline{Y}_{2\bullet\bullet}^{a} = 5\,,\quad \overline{Y}_{3\bullet\bullet}^{a} = 7\,;\quad \overline{Y}_{\bullet 1\bullet}^{b} = 4\,,\quad \overline{Y}_{\bullet 2\bullet}^{b} = 8\,,$

$\overline{Y}_{\bullet\bullet\bullet}^{a} = \frac{3}{7}\cdot 6 + \frac{2}{7}\cdot 5 + \frac{2}{7}\cdot 7 = 6\,,\quad \overline{Y}_{\bullet\bullet\bullet}^{b} = \frac{10}{16}\cdot 4 + \frac{6}{16}\cdot 8 = \frac{11}{2}\,.$

$\mathrm{SSR} - \mathrm{SSR}(H_{A,0}^{\mathrm{res}}) = 4(0 + \frac{2}{3}\cdot 1 + \frac{2}{3}\cdot 1) = \frac{16}{3}\,,$

$\mathrm{SSR} - \mathrm{SSR}(H_{B,0}^{\mathrm{res}}) = 9(\frac{2}{3}\cdot\frac{9}{4} + \frac{2}{5}\cdot\frac{25}{4}) = 36\,.$

$n_{ij}S_{ij}^2$		$j=1$	$j=2$
i	1	2	0
	2	2	0
	3	2	0

$\mathrm{SSE} = 2 + 2 + 2 + 0 + 0 + 0 = 6$

$H^{\text{res}}_{A,0}: \mathcal{F}_{2,4} = \frac{16}{3\cdot 6} \cdot \frac{4}{2} = 1.7778$; $F_{2,4;0.1} = 4.32$; $d = H_0$.

$H^{\text{res}}_{B,0}: \mathcal{F}_{1,4} = \frac{36}{6} \cdot \frac{4}{1} = 24$; $F_{1,4;0.1} = 4.54$; $d \neq H_0$.

Numerische Behandlung von (8.2.21) (3)
Da die Zellhäufigkeiten nicht proportional sind, läßt sich SSR − SSR($H^{\text{res}}_{AB,0}$) nicht mit Hilfe von (8.2.28) (3) berechnen. Daher berechnen wir $Q(H^{\text{res}}_{AB,0})$ mit dem **APL–Programm** QHO:

((AHOAB 3 2), 0) QHO (XEINF 2 2 2 1 2 1), ***Y***

ergibt das Resultat: $Q(H^{\text{res}}_{AB,0}) = 6.476$. Also ist

$$\mathcal{F}_{2,4} = \frac{6.476}{6} \cdot \frac{4}{2} = 2.159 \;, \quad F_{2,4;0.1} = 4.32 \;; \quad d = H_0 \;.$$

(8.5.2) Aufgabe
Es soll für zwei Bodenarten B_1, B_2 und vier Düngemittelsorten $D_1, \ldots, D_4$ (die in genormten Mengen auf genormte Versuchsfelder aufgebracht werden) untersucht werden, ob

H_0: Es gibt keine Wechselwirkung zwischen Bodenarten und Düngemittelsorten

(zugunsten der Alternative H_1: "nicht H_0") verworfen werden muß. Jedes B_i wurde mit jedem D_j 3–mal kombiniert. Man erhielt für die Erträge auf den Versuchsfeldern folgende Ergebnisse:

	D_1			D_2			D_3			D_4		
B_1	7	8	6	9	9	9	5	7	6	9	10	11
B_2	7	9	11	8	6	7	8	8	8	13	11	12

Formuliere ein Modell, das ermöglicht, H_0 zu testen. Führe den Test aus mit Signifikanz $\alpha = 0.01$.

Lösung
Y_{ijt} = Ertrag vom t–ten Feld mit (B_i, D_j)–Kombination,

$t = 1, \ldots, n_0 = 3$: ausgewogener Versuchsplan

Modell: $Y_{ijt} = \mu + \alpha_i + \beta_j + \gamma_{ij} + U_{ij}$, U: $\mathcal{N}(\mathbf{0}, \sigma^2 \boldsymbol{I})$, $i = 1, \ldots, a = 2$, $j = 1, \ldots, b = 4$.

H_0: $\gamma_{11} = \gamma_{12} = \cdots = \gamma_{24} = 0$,
Restriktion $\sum_j \gamma_{ij} = 0 = \sum_i \gamma_{ij}$, $\sum_i \alpha_i = 0$, $\sum_j \beta_j = 0$.

ANOVA (8.2.29) (3) mit (8.2.25) (3): $d \neq H_0 \iff \mathcal{F} > K$ mit

$$\mathcal{F} = \mathcal{F}_{1\cdot 3,(24-8)} = \frac{3 \cdot \sum_i \sum_j (\overline{Y}_{ij\cdot} - \overline{Y}_{i\cdot\cdot} - \overline{Y}_{\cdot j\cdot} + \overline{Y}_{\cdot\cdot\cdot})^2}{\sum_i \sum_j \sum_t (Y_{ijt} - \overline{Y}_{ij\cdot})^2} \cdot \frac{16}{3},$$
$$K = F_{3,16;0.01} = 5.292 .$$

Berechnung von $\mathcal{F}$:

$\overline{Y}_{ij\cdot}$	$j=1$	2	3	4	$\overline{Y}_{i\cdot\cdot}$
i 1	7	9	6	10	8
2	9	7	8	12	9
$\overline{Y}_{\cdot j\cdot}$	8	8	7	11	$\overline{Y}_{\cdot\cdot\cdot} = 8.5$

$\sum_t (Y_{ijt} - \overline{Y}_{ij\cdot})^2$:

	j			
i	2	0	2	2
	8	2	0	2

; SSE = 18 (8.2.8) (2)

$(\overline{Y}_{ij\cdot} - \overline{Y}_{i\cdot\cdot} - \overline{Y}_{\cdot j\cdot} + \overline{Y}_{\cdot\cdot\cdot})^2$:

	j			
i	0.25	2.25	0.25	0.25
	0.25	2.25	0.25	0.25

$\text{SSR} - \text{SSR}(H^*_{AB,0}) = 3 \cdot 6 = 18$,

$\mathcal{F}_{3,16} = \frac{18}{18} \cdot \frac{16}{3} = \frac{16}{3} = 5.333 > 5.292 \implies d \neq H_0$.

(8.5.3) Aufgabe

In einem landwirtschaftlichen Versuchsbetrieb wird untersucht, wie sich bestimmte Futtermittelzusätze und "Beschallungsmaßnahmen" auf das Gewicht von Ferkeln auswirken. Es sei Y_{ijt} = "Gewicht von Ferkel t mit Beschallung i und Futterzusatz j". Man erhielt folgende Daten für die Y_{ijt} $(t = 1,2)$:

	$j=1$		2		3		4	
i 1	18	22	24	26	13	15	19	23
2	20	16	20	24	17	13	18	24
3	19	25	23	21	17	15	21	27

Unterstelle, daß bis auf voneinander unabhängige identisch normalverteilte additive Restgrößen mit Erwartungswert Null das Gewicht eines Ferkels sich additiv zusammensetzt aus einem generellen "Wachstumseffekt" (μ), einem typischen "Futtermittelzusatz–Effekt" (β_j), einem typischen "Beschallungs–Effekt" (α_i) und einem typischen Wechselwirkungs–Effekt (Beschallung/Futtermittelzusatz) (γ_{ij}) (mit $\sum_i \alpha_i = 0$, $\sum_j \beta_j = 0$, $\sum_i \gamma_{ij} = 0 = \sum_j \gamma_{ij}$).

(1) Teste mit Signifikanz 0.01

H_0 : es gibt keinen typischen Futtermittelzusatz–Effekt.

(2) Teste mit Signifikanz 0.01

H_0 : es gibt keinen typischen Beschallungs-Effekt.

(3) Es sei $\widehat{\mu}_{ij}$ der BLU-Schätzer für das erwartete Gewicht μ_{ij} eines Ferkels bei Beschallung i und Futterzusatz j. Man gebe eine unverzerrte Schätzung für $\operatorname{Var}\widehat{\mu}_{ij}$ an.

Lösung

Modell: $Y_{ijt} = \mu_{ij} + U_{ijt} = \mu + \alpha_i + \beta_j + \gamma_{ij} + U_{ijt} \quad (t = 1, \ldots, n_0 = 2)$

$(\boldsymbol{U} : \mathcal{N}(\boldsymbol{0}, \sigma^2 \boldsymbol{I}))$; $\quad i = 1, \ldots, a = 3; \quad j = 1, \ldots, b = 4.$

(1) ANOVA (8.2.29) (2) für $H_{B,0}^{\text{res}}$: $\beta_1 = \beta_2 = \beta_3 = \beta_4 = 0$.

$$d \neq H_0 \iff \mathcal{F}_{3,24-12} = \frac{2 \cdot 3 \cdot \sum_j (\overline{Y}_{\bullet j \bullet} - \overline{Y}_{\bullet\bullet\bullet})^2}{\sum_i \sum_j \sum_t (Y_{ijt} - \overline{Y}_{ij\bullet})^2} \cdot \frac{12}{3} > K$$

$\alpha_d = 0.01 \implies K = F_{3,12;0.01} = 5.953$

Berechnung von $\mathcal{F}$:

$\overline{Y}_{ij\bullet}$	j = 1	2	3	4	$\overline{Y}_{i\bullet\bullet}$
i = 1	20	25	14	21	20
2	18	22	15	21	19
3	22	22	16	24	21
$\overline{Y}_{\bullet j \bullet}$	20	23	15	22	$\overline{Y}_{\bullet\bullet\bullet} = 20$

Zähler $\mathcal{F}$: $6 \cdot (0 + 9 + 25 + 4) = 228 = \mathrm{SSE}(H_0) - \mathrm{SSE}$

Nenner $\mathcal{F}$: $n_0 S_{ij}^2 = \sum_t (Y_{ijt} - \overline{Y}_{ij\bullet})^2$

$n_0 S_{ij}^2$	j			
i	8	2	2	8
	8	8	8	18
	18	2	2	18

$\sum_i \sum_j n_0 S_{ij}^2 = 102 = \mathrm{SSE}$

$$\mathcal{F}_{3,12} = \frac{228}{102} \cdot \frac{12}{3} = 8.941 > 5.953 \implies d \neq H_0$$

(2) ANOVA (8.2.29) (1) für $H_{A,0}^{\text{res}} : \alpha_1 = \alpha_2 = \alpha_3 = 0$

$$d \neq H_0 \iff \mathcal{F}_{2,24-12} = \frac{2 \cdot 4 \cdot \sum_i (\overline{Y}_{i\bullet\bullet} - \overline{Y}_{\bullet\bullet\bullet})^2}{\sum_i \sum_j \sum_t (Y_{ijt} - \overline{Y}_{ij\bullet})^2} \cdot \frac{12}{2} > K$$

$\alpha_d = 0.01 \implies K = F_{2,12;0.01} = 6.927$

Zähler $\mathcal{F}$: $8 \cdot (0 + 1 + 1) = 16 = \mathrm{SSE}(H_0) - \mathrm{SSE}$

Nenner $\mathcal{F}$: $102 = \mathrm{SSE}$ (siehe (1))

$$\mathcal{F}_{2,12} = \frac{16}{102} \cdot \frac{12}{2} = 0.941 \leq 6.93 \implies d = H_0$$

(3) $\overline{Y}_{ij\bullet} = \widehat{\mu}_{ij}$ ist BLUE für $\mu_{ij} = \alpha_i + \beta_j + \gamma_{ij}$ (siehe (8.2.12) (1)). (Siehe nun Tabelle der $\overline{Y}_{ij\bullet}$ im Teil (1).)

$$\operatorname{Var}\widehat{\mu}_{ij} = \operatorname{Var}\frac{1}{n_0}\sum_t Y_{ijt} = \frac{1}{n_0}\sigma^2 = \frac{\sigma^2}{2}.$$

$$\widehat{\sigma}^2 = \frac{\text{SSE}}{n-ab} = \frac{102}{12} = 8.50, \quad \widehat{\operatorname{Var}}\,\widehat{\mu}_{ij} = 4.25\,.$$

(8.5.4) Aufgabe

In einem kleinen Laden teilen sich zwei Verkäuferinnen — VK1 und VK2 — einen Arbeitsplatz. VK1 kommt an den ersten 3 Wochentagen für 4 resp. 6 resp. 5 Stunden, VK2 kommt an den übrigen zwei Tagen für jeweils 7 Stunden. Die Größe

Y = 'Umsatz pro Stunde'

soll durch 'Wochentag' und 'Verkäuferin' erklärt werden. Es sei also

$Y_{ijt} =$ Umsatz in Stunde t von VKi an ihrem j–ten Tag.

Unterstelle

$$Y_{ijt} = \mu + \alpha_i + \beta_{ij} + U_{ijt}, \quad \boldsymbol{U} : \mathcal{N}(\boldsymbol{0}, \sigma^2\boldsymbol{I})\,.$$

Folgende Daten liegen vor:

Y_{ijt}		$j=1$	$j=2$	$j=3$
i	1	10 12 11 11	8 10 12 10 13 13	13 10 11 14 12
	2	8 8 10 7 9 9 12	7 7 9 9 8 8 8	

Teste mit Signifikanz $\alpha = 0.01$

(1) $H_0 : \beta_{11} = \beta_{12} = \beta_{13},\ \beta_{21} = \beta_{22}$ gegen H_1 : "nicht H_0";

(2) $H_0^{\text{res}} : \alpha_1 = \alpha_2$
unter der Restriktion $4\beta_{11} + 6\beta_{12} + 5\beta_{13} = 0$, $\beta_{21} + \beta_{22} = 0$.

Lösung

(1) (8.4.16): $a = 2, \quad b_1 = 3, \quad b_2 = 2, \quad b_* = 5$

n_{ij}		$j=1$	2	3	$n_{i\bullet}$
i	1	4	6	5	15
	2	7	7		14

$n = 29, \quad n - b_* = 24, \quad b_* - a = 3$

$\overline{Y}_{ij\cdot}$		j: 1	2	3	$\overline{Y}_{i\cdot\cdot}$
i	1	11	11	12	170/15
	2	9	8		119/14

$n_{ij}S^2_{ij}$		j: 1	2	3
i	1	2	20	10
	2	16	4	

SSE = 52

$(\overline{Y}_{ij\cdot} - \overline{Y}_{i\cdot\cdot})^2$:

$\left(\frac{1}{3}\right)^2$	$\left(\frac{1}{3}\right)^2$	$\left(\frac{2}{3}\right)^2$
$\left(\frac{1}{2}\right)^2$	$\left(\frac{1}{2}\right)^2$	

$n_{ij}(\overline{Y}_{ij\cdot} - \overline{Y}_{i\cdot\cdot})^2$:

0.444	0.667	2.222
1.750	1.750	

$\mathrm{SSR} - \mathrm{SSR}(H_0) = 6.833$

$$d \neq H_0 \iff \mathcal{F}_{3,24} > K = F_{3,24;0.01} = 4.718$$

$$\mathcal{F}_{3,24} = \frac{6.833}{52} \cdot \frac{24}{3} = 1.051 \implies d = H_0 \ .$$

(2) (8.4.15):

$$\overline{Y}_{\cdot\cdot\cdot} = \frac{1}{29}(170 + 119) = 9.9655 \ ;$$

$$\mathrm{SSR} - \mathrm{SSR}(H^{\mathrm{res}}_{A,0}) = 15 \cdot \left(\frac{170}{15} - 9.9655\right)^2 + 14 \cdot \left(\frac{119}{14} - 9.9655\right)^2 = 58.1322$$

$$\mathcal{F}_{1,24} = \frac{58.1322}{52} \cdot 24 = 26.830 \ .$$

$F_{1,24;0.01} = 7.821$, also $d \neq H_0$.

(8.5.5) Aufgabe

Es sei $Y_{ijt} = \mu + \alpha_i + \beta_j + U_{ijt}$, $\boldsymbol{U}$: $\mathcal{N}(\mathbf{0}, \sigma^2\boldsymbol{I})$ für $i = 1, 2$; $j = 1, 2, 3$; $t = 1, 2$ für alle i, j. Man erhielt für Y_{ijt} folgendes Ergebnis:

Y_{ijt} :

		j: 1		2		3	
i	1	7	5	11	9	16	12
	2	8	8	10	14	17	15

Teste mit Signifikanz 0.05

(1) H_0: $\alpha_1 = \alpha_2$ $(H_{A,0})$,

(2) H_0: $\beta_1 = \beta_2 = \beta_3$ $(H_{B,0})$

jeweils gegen H_1: "nicht H_0".

Lösung

ANOVA (8.3.8): $a = 2$, $b = 3$, $n_0 = 2$, $n = 12$

SSE (8.3.6): $\overline{Y}_{ij\bullet}$:

		j			
		1	2	3	$\overline{Y}_{i\bullet\bullet}$
i	1	6	10	14	10
	2	8	12	16	12
$\overline{Y}_{\bullet j\bullet}$		7	11	15	$11 = \overline{Y}_{\bullet\bullet\bullet}$

$(\overline{Y}_{ij\bullet} - \overline{Y}_{i\bullet\bullet} - \overline{Y}_{\bullet j\bullet} + \overline{Y}_{\bullet\bullet\bullet})^2$:

0	0	0
0	0	0

(zufällig!)

$n_{ij}S_{ij}^2$:

2	2	8
0	8	2

$\Sigma = 22$

SSE = 0 + 22 = 22

(1) $\mathrm{SSR} - \mathrm{SSR}(H_{A,0})$ (8.3.7) :

$\sum_i (\overline{Y}_{i\bullet\bullet} - \overline{Y}_{\bullet\bullet\bullet})^2 = (1+1) = 2$;

$\mathrm{SSR} - \mathrm{SSR}(H_{A,0}) = 2 \cdot 3 \cdot 2 = 12$.

$d \neq H_0 \iff \mathcal{F}_{1,12-2-3+1} > K = F_{1,8;0.05} = 5.317$;

$\mathcal{F}_{1,8} = \frac{12}{22} \cdot \frac{8}{1} = 4.364 \implies d = H_0$.

(2) $\mathrm{SSR} - \mathrm{SSR}(H_{B,0})$ (8.3.7) :

$\sum_j (\overline{Y}_{\bullet j\bullet} - \overline{Y}_{\bullet\bullet\bullet})^2 = (16 + 0 + 16) = 32$;

$\mathrm{SSR} - \mathrm{SSR}(H_{B,0}) = 2 \cdot 2 \cdot 32 = 128$.

$d \neq H_0 \iff \mathcal{F}_{2,8} > K = F_{2,8;0.05} = 4.459$;

$\mathcal{F}_{2,8} = \frac{128}{22} \cdot \frac{8}{2} = 23.273 \implies d \neq H_0$.

Anhang 1

APL–Programme (in dyalog–APL)

1. AH0A
2. AH0AB
3. AH0AOW
4. AH0B
5. AH0BOW
6. AH0HIERA
7. ANCOVA
8. ANOVA
9. ANOVA2
10. ANOVA2H
11. ANOVA2W
12. BANCOVA
13. BANOVA
14. BANOVA2
15. BANOVA2H
16. BANOVA2W
17. COFAK1
18. COV
19. DET
20. DIAG
21. DIAGINV
22. EIGVEKT
23. EIGWERT
24. FELDFORM
25. FH0
26. FH0q_gleich
27. FH0BET0
28. FH0A_HIERA
29. FREG
30. GEIGINV
31. GGINV
32. GINV
33. MM
34. NFREG
35. NGGINV
36. NGINV
37. NREG
38. NREGBET
39. QH0
40. QH0q_gleich
41. QH0BET0
42. QU
43. REG
44. REGBET
45. REGRESSION
46. RG
47. VAR
48. VEKFORM
49. XEINF
50. XHIERA
51. XZWEIFOW
52. ZELLH

Bemerkung:
Die APL–Programme sind als Teil dieses Buches geschrieben, das gleichsam — wo nötig — auch als Dokumentation für die Programme in Anspruch genommen werden kann. Die Programme sind weder hinsichtlich Kürze noch Rechenzeit "optimiert". Sie sollten möglichst leicht zu lesen und anzuwenden sein. Wenngleich alle Programme getestet wurden, sind doch Fehler oder Funktionsstörungen bei bestimmten Konstellationen nicht auszuschließen.

1. AHOA

```
[ 0]   MABI←AHOA AABB;a;b
[ 1]   ⍝Erzeugt A (8.2.22)(ohne **-Teil) fuer Hypothese
[ 2]   ⍝[HOA: Niveaus des A-Faktors = 0] (8.2.20)(1),(8.2.21)(1)
[ 3]   ⍝im Modell der vollstaendigen Kreuz-Klassifikation mit
[ 4]   ⍝Wechselwirkung (8.2.1). EINGABE: AABB = (a,b) =
[ 5]   ⍝Anzahl der Niveaus von Faktor A resp. Faktor B.
[ 6]   a←AABB[1] ◊ b←AABB[2]
[ 7]   MABI←((a-1),a×b)⍴(b⍴1↑b),((a×b)⍴0)
[ 8]   MABI←MABI-1↑a×b
```

2. AHOAB

```
[ 0]   AWO←AHOAB AABB;a;b;MAB;MAB1;MABI;MABI1;MABJ;MABJ1;MI
[ 1]   ⍝Erzeugt C (8.2.32)(ohne **-Teil) fuer Hypothese
[ 2]   ⍝[HOAB: keine Wechselwirkung](8.2.20)(3),(8.2.21)(3)
[ 3]   ⍝im Modell der vollstaendigen Kreuz-Klassifikation mit
[ 4]   ⍝Wechselwirkung (8.2.1). EINGABE: AABB = a,b
[ 5]   ⍝(= Anzahl der Niveaus von Faktor A resp. Faktor B)
[ 6]   a←AABB[1] ◊ b←AABB[2]
[ 7]   MAB←MAB1←((DIAG(b-1)⍴1),0),[2]((b-1),(a-1)×b)⍴0
[ 8]   MABI←MABI1←((b-1),a×b)⍴(b⍴1↑b),(((a-1)×b)⍴0)
[ 9]   MABJ←MABJ1←((b-1),a×b)⍴((a×b)⍴(1↑a),(b-1)⍴0),0
[10]   MI←1
[11]   →(a=2)/COMP
[12] LOS:
[13]   MAB1←MAB1[;(((a-1)×b)+⍳b),⍳(a-1)×b]
[14]   MAB←MAB,[1]MAB1
[15]   MABI1←(((b-1),b)⍴0),[2](0,-b)↓MABI1
[16]   MABI←MABI,[1]MABI1
[17]   MABJ←MABJ,[1]MABJ1
[18]   MI←MI+1
[19]   →(MI<a-1)/LOS
[20] COMP:
[21]   MAB←MAB+1↑a×b
[22]   AWO←MAB-MABI+MABJ
```

3. AHOAOW

```
[ 0]   AAOW←AHOAOW AABB;a;b
[ 1]   ⍝Erstellt Matrix A(5.2.8) fuer die Hypothese
[ 2]   ⍝[HOA: alle Faktor-A-Niveaus sind gleich] (8.3.5)
[ 3]   ⍝im Modell der vollstaendigen Kreuz-Klassifikation ohne
[ 4]   ⍝Wechselwirkung (8.3.1),(8.3.2), jedoch h o m o g e n
[ 5]   ⍝ohne die 1-er Spalte fuer mue.
[ 6]   ⍝EINGABE: AABB = (a,b) (= Anzahl alphas, Anzahl betas)
[ 7]   a←AABB[1] ◊ b←AABB[2]
[ 8]   AAOW←(1,DIAG(a-1)⍴¯1),[2]((a-1),b)⍴0
```

4. AHOB

```
[ 0]   MABJ←AHOB AABB;a;b
[ 1]   ⍝Erzeugt B (8.2.31)(ohne **-Teil) fuer Hypothese
[ 2]   ⍝[HOB: Niveaus des B-Faktors = 0](8.2.20)(2),(8.2.21)(2)
[ 3]   ⍝im Modell der vollstaendigen Kreuz-Klassifikation mit
[ 4]   ⍝Wechselwirkung (8.2.1). EINGABE: AABB = a,b =
[ 5]   ⍝Anzahl der Niveaus von Faktor A resp. Faktor B
```

```
[ 6]  a←AABB[1] ⋄ b←AABB[2]
[ 7]  MABJ←MABJ1←((b-1),a×b)⍴((a×b)⍴(1↑a),(b-1)⍴0),0
[ 8]  MABJ←MABJ-1↑a×b
```

5. AHOBOW

```
[ 0]  ABOW←AHOBOW AABB;a;b
[ 1] ⍝Erstellt Matrix A(5.2.8) fuer die Hypothese
[ 2] ⍝[HOB: alle Faktor-B-Niveaus sind gleich] (8.3.5)
[ 3] ⍝im Modell der vollstaendigen Kreuz-Klassifikation ohne
[ 4] ⍝Wechselwirkung (8.3.1),(8.3.2), jedoch  h o m o g e n
[ 5] ⍝ohne die 1-er Spalte fuer mue.
[ 6] ⍝EINGABE: AABB = (a,b) = (Anzahl alphas, Anzahl betas)
[ 7]  a←AABB[1] ⋄ b←AABB[2]
[ 8]  ABOW←(((b-1),a)⍴0),[2]1,DIAG((b-1)⍴¯1)
```

6. AHOHIERA

```
[ 0]  AHI0←YH AHOHIERA WIJX;BIJX;AA;BB;SBB;BST;HI
[ 1] ⍝Erstellt (AUSGABE=) Matrix A(5.2.8) fuer die Hypothesen
[ 2] ⍝HA0_res (8.4.10)(2): α_1=...=α_a     mit    Restriktion
[ 3] ⍝[Summe_j (beta_ij×w_ij) = 0   fuer alle i]            im
[ 4] ⍝Modell der hierarchischen Zweifach-Klassifikation (8.4.2)
[ 5] ⍝(zur Berechnung der F-Statistik mit FHOA_HIERA).
[ 6] ⍝EINGABE: YH=(hierarchisch) formatiertes Datenfeld;
[ 7] ⍝EINGABE: WIJX= V e k t o r  der Gewichte w_ij (8.4.7);
[ 8] ⍝Index-Reihenfolge:1_1..1_b1,2_1..2_b2,...,a_1..a_ba.
[ 9]  NIJX←ZELLH YH ⋄ BIJX←~0∊¨NIJX
[10]  WIJX←BIJX FELDFORM WIJX
[11]  →(1=×/(1⍴+/+/¨WIJX)=+/+/¨WIJX)/AB
[12]  ⍞←'w_ij-Summe ist nicht in jeder Zeile = 1' ⋄ →0
[13] AB:
[14]  AA←↑(⍴NIJX)[1] ⋄ BB←+/BIJX ⋄ SBB←+\BB ⋄ BST←+/+/BIJX ⋄ HI←1
[15]  AHI0←((BB[HI]⍴(▲▼,WIJX)[⍳SBB[HI]]),[1](BST-BB[HI])⍴0)
[16] LOS:
[17]  HI←HI+1
[18]  AHI0←AHI0,[1](SBB[HI-1]⍴0)
[19]  AHI0←AHI0,[1](BB[HI]⍴(▲▼,WIJX)[SBB[HI-1]+⍳BB[HI]])
[20]  AHI0←AHI0,[1](BST-SBB[HI])⍴0
[21]  →(HI<AA)/LOS
[22]  AHI0←AHI0-(AA×BST)⍴((1↑AA)×+/(DIAG BST⍴1))×▲▼,WIJX
[23]  AHI0←((AA-1),BST)⍴AHI0
```

7. ANCOVA

```
[ 0]  ANC←ANCOVA;AY;AZ;N1P;NP;AN1;ANC1;FH0p;FH0g;FH0q;ANT;QQ;SRQ
[ 1] ⍝CO-VARIANZ-ANALYSE, Menu-gesteuert; benutzt Programm BANCOVA
[ 2]  ⍞←'CO-VARIANZ-ANALYSE (7.3.18),(7.3.19),(7.3.20)'
[ 3]  ⍞←(' im Modell (7.3.1)',⎕TC[3]),'E[Y_ij]=(beta_0+)'
[ 4]  ⍞←' beta_i + gamma×z_ij; j=1,...,n_i; i=1,...,p',⎕TC[3]
[ 5]  ⍞←'Getestet werden H[q,=]:beta_1=...=beta_q (mit 2≤q≤p)',⎕TC[3]
[ 6]  ⍞←'und  H[g,0]:gamma=0',⎕TC[3]
[ 7]  ⍞←'Bitte Y-Vektor eingeben mit Index-Reihenfolge',⎕TC[3]
[ 8]  ⍞←'(1,1)..(1,n_1),(2,1)..(2,n_2),...,(p,1)..(p,n_p)',⎕TC[3]
[ 9]  AY←⎕ ⋄ ⍞←'Bitte z-Vektor eingeben (Index-Folge: s.o.)' ⋄ AZ←⎕
[10]  ⍞←'Vektor (n_1,...,n_p) eingeben' ⋄ N1P←⎕
[11]  →(((⍴AY)=+/N1P)∧((⍴AZ)=+/N1P))/WEIT
[12]  ⍞←'Laenge von Y resp. Z nicht konsistent mit n_1,...,n_p' ⋄ →0
```

```
[13] WEIT:
[14]  ⍞←'q≥2 eingeben fuer Hypothese H[q,=]:beta_1=...=beta_q' ⋄ QQ←⎕
[15]  ANC1←((8⍴' '),55⍴'*'),⎕TC[3]
[16]  ANC1←ANC1,(8⍴' '),'Co-Varianz-Analyse: s.ANCOVA'
[17]  ANC1←(ANC1,' (7.3.18),(7.3.19),(7.3.20)'),⎕TC[3]
[18]  ANC1←(ANC1,(8⍴' '),55⍴'*'),⎕TC[3] ⋄ NP←⍴N1P
[19]  AN1←((2,⍴AY)⍴AY,AZ)BANCOVA N1P ⍝Berechnungen fuer ANCOVA
[20]  →(0<AN1[2])/NWEIT
[21]  ⍞←'SSE = 0; Teststatistiken sind nicht definiert' ⋄ →0
[22] NWEIT:
[23]  ANC1←ANC1,(8⍴' '),'n = ',(⍕⍴AY),';  p = ',(⍕NP),';  q = ',⍕QQ
[24] ⍝Es folgt: Berechnung von SSR mit BANCOVA mit n_q*,n_q+1,..,n_p
[25]  SRQ←(((2,⍴AY)⍴AY,AZ)BANCOVA(+/N1P[⍳QQ]),QQ↓N1P)[1]
[26]  FH0p←(¯1-NP-⍴AY)×AN1[3]÷AN1[2]×NP-1
[27]  FH0g←(¯1-NP-⍴AY)×AN1[4]÷AN1[2]
[28]  FH0q←(¯1-NP-⍴AY)×(AN1[1]-SRQ)÷AN1[2]×QQ-1
[29]  ANC1←ANC1,⎕TC[3]
[30]  ANC1←ANC1,(8⍴' '),'SST = ',(3⍕+/AN1[⍳2]),'; SSR = ',3⍕AN1[1]
[31]  ANC1←(ANC1,'; SSE = ',3⍕AN1[2]),⎕TC[3]
[32]  ANC1←ANC1,(8⍴' '),'F(H[p,=]) = ',(3⍕FH0p),'   mit (p-1,n-p-1)'
[33]  ANC1←(ANC1,' = (',(⍕NP-1),',',(⍕¯1-NP-⍴AY),')  FG'),⎕TC[3]
[34]  ANC1←ANC1,(8⍴' '),'F(H[g,0]) = ',(3⍕FH0g),'   mit (1,n-p-1)'
[35]  ANC1←(ANC1,' = (1,',(⍕¯1-NP-⍴AY),') FG'),⎕TC[3]
[36]  ANC1←ANC1,(8⍴' '),'F(H[q,=]) = ',(3⍕FH0q),'   mit (q-1,n-p-1)'
[37]  ANC1←ANC1,' = (',(⍕¯1+QQ),',',(⍕¯1-NP-⍴AY),') FG'
[38]  ⍞←'Soll Datenmatrix Y,Z (Y: 1.Zeile, Z: 2.Zeile)'
[39]  ⍞←' auf dem Bildschirm',⎕TC[3]
[40]  ⍞←'erscheinen? (JA = 1, NEIN = 0)' ⋄ ANT←⎕
[41]  →(0=ANT)/ENDE
[42]  ⎕←(8⍴' '),'Y,Z:' ⋄ ⎕←((2,⍴N1P)⍴N1P)FELDFORM,AY,AZ
[43] ENDE:ANC←ANC1
```

8. ANOVA

```
[ 0]  ANO←ANOVA;AY;N1P;Q;NP;FHq0;FHq;ANO1;ANO0;ANTW
[ 1] ⍝VARIANZ-ANALYSE, Menu-gesteuert;
[ 2] ⍝Benutzt fuer Berechnungen Programm BANOVA
[ 3]  ⍞←'VARIANZ-ANALYSE (7.1.13),(7.1.20); Modell (7.1.4):',⎕TC[3]
[ 4]  ⍞←'E[Y_ij]=(beta_0+) beta_i; j=1,...,n_i; i=1,...,n_p',⎕TC[3]
[ 5]  ⍞←'Bitte Y-Vektor eingeben; Index-Reihenfoge:',⎕TC[3]
[ 6]  ⍞←'(1,1)..(1,n_1),(2,1)..(2,n_2),...,(p,1)..(p,n_p)',⎕TC[3]
[ 7]  AY←⎕ ⋄ ⍞←'Vektor (n_1,...,n_p) eingeben' ⋄ N1P←⎕
[ 8]  →((⍴AY)=+/N1P)/WITER
[ 9]  ⍞←'Laenge von Y inkonsistent mit n_1,...,n_p' ⋄ →0
[10] WITER:⍞←'q eingeben fuer die Hypothesen',⎕TC[3]
[11]  ⍞←'H[q,0]: [beta_1=0,...,beta_q=0];'
[12]  ⍞←'  H[q,=]: [beta_1=....=beta_q]' ⋄ Q←⎕
[13]  ANO0←(((8⍴' '),52⍴'*'),⎕TC[3]),(8⍴' ')
[14]  ANO0←ANO0,'*     Varianz-Analyse: s.ANOVA (7.1.13),'
[15]  ANO0←(ANO0,'(7.1.20)       *',⎕TC[3]),(8⍴' '),52⍴'*'
[16]  ANO1←AY BANOVA Q,N1P ⍝Berechnungen fuer ANOVA (   )
[17]  ANO0←(ANO0,⎕TC[3]),(12⍴' '),'n = ',(⍕⍴AY),'; p = '
[18]  ANO0←(ANO0,(⍕⍴N1P),'; q = ',⍕Q),⎕TC[3]
[19]  ANO0←ANO0,(8⍴' '),'SST = ',(⍕+/ANO1[⍳2]),';  SSR = ',⍕ANO1[1]
[20]  ANO0←(ANO0,';  SSE = ',(⍕ANO1[2])),⎕TC[3]
[21]  ANO0←ANO0,(8⍴' '),'fuer H[q,0]:[beta_1=0,...,beta_q=0]:'
```

```
[22]  ANOO←(ANOO,' Q(H0) = ',3⍕ANO1[4]),⎕TC[3]
[23]  →(Q=1)/E1
[24]  ANOO←ANOO,(8ρ' '),'fuer H[q,=]:[beta_1=....= beta_q]:'
[25]  ANOO←ANOO,' Q(H0) = ',3⍕ANO1[3]
[26]  FHq←((ρAY)-ρN1P)×(ANO1[3])÷ANO1[2]×Q-1    ⍝ F-STATISTIK (7.1.20)
[27] E1:FHq0←((ρAY)-ρN1P)×(ANO1[4])÷ANO1[2]×Q  ⍝ F-STATISTIK (7.1.13)
[28]  ANOO←ANOO,⎕TC[3]
[29]  →(Q=1)/END
[30]  ANOO←ANOO,(8ρ' '),'F(H[q,0]) = ',(3⍕FHq0),'   mit '
[31]  ANOO←(ANOO,'(q,n-p) = (',(⍕Q),',',(⍕(ρAY)-ρN1P),') FG'),⎕TC[3]
[32]  ANOO←ANOO,(8ρ' '),'F(H[q,=]) = ',(3⍕FHq),'   mit '
[33]  ANOO←ANOO,'(q-1,n-p) = (',(⍕Q-1),',',(⍕(ρAY)-ρN1P),') FG'
[34]  →YJN
[35] END:
[36]  ANOO←ANOO,(8ρ' '),'F(H[q,0]) = ',(3⍕FHq0),'   mit '
[37]  ANOO←ANOO,'(q,n-p) = (',(⍕Q),',',(⍕(ρAY)-ρN1P),') FG'
[38] YJN:
[39]  ⍞←'Soll auch Datenvektor Y auf dem Bildschirm gezeigt'
[40]  ⍞←' werden? (1=JA / 0=NEIN)'
[41]  ANTW←⎕
[42]  →(0=ANTW)/ENDE
[43]  ⎕←(8ρ' '),'Y:' ⋄ ⎕←((1,ρN1P)ρN1P)FELDFORM AY
[44] ENDE:ANO←ANOO
```

9. ANOVA2

```
[ 0]  VAN←ANOVA2;VAB;VA;VB;VY;NIJ;QVY;VA2;VA0
[ 1]  ⍞←'ANOVA 2-fach KLASSIFIKATION ohne WECHSELWIRKUNG',⎕TC[3]
[ 2]  ⍞←'(mit AUSGEWOGENEM Versuchsplan) (8.3.10)',⎕TC[3]
[ 3] ⍝Benutzt Programmm BANOVA2
[ 4]  ⍞←'Datenformat  a b  fuer a×b-Datenfeld Y eingeben'
[ 5]  VAB←⎕ ⋄ VA←VAB[1] ⋄ VB←VAB[2]     ⍝   a und b werden belegt
[ 6]  ⍞←'E n t w e d e r  '
[ 7]  ⍞←'Y als  Vektor eingeben in folgender Reihenfolge ',⎕TC[3]
[ 8]  ⍞←'mit Klammern () (Formatierung!) fuer ''Zellen''',⎕TC[3]
[ 9]  ⍞←'(Y111..Y11n_11)..(Y1b1..Y1bn_1b).....(Yab1,..,Yabn_ab)'
[10]  ⍞←⎕TC[3],'o d e r  als formatiertes a×b-Datenfeld (das mit'
[11]  ⍞←⎕TC[3],' FELDFORM aus einem  V e k t o r  erzeugt wurde)'
[12]  VY←(VA,VB)ρVY←⎕  ⍝a×b-Array VY wird erstellt aus EINGABE Y
[13] ⍝ NIJ←ZELLH VY
[14] ⍝ →(1=×/×/NIJ=NIJ[1;1])/WEITER
[15] ⍝ ⍞←'Versuchsplan ist nicht ausgewogen' ⋄ →0
[16] WEITER:
[17]  VA0←VY BANOVA2 VAB  ⍝Berechnungen fuer ANOVA (8.3.8)
[18]  →(20<ρVA0)/0
[19]  VA2←((8ρ' '),(57ρ'*')),⎕TC[3]
[20]  VA2←VA2,(8ρ' '),'Vollstaendige Zweifach-Klassifikation'
[21]  VA2←(VA2,' ohne Wechselwirkung'),⎕TC[3]
[22]  VA2←(VA2,(22ρ' '),'mit ausgewogenem Versuchsplan'),⎕TC[3]
[23]  VA2←(VA2,(8ρ' '),57ρ'*'),⎕TC[3]
[24]  VA2←VA2,(8ρ' '),'SSR = ',(3⍕VA0[2]),';  SSE = ',3⍕VA0[3]
[25]  VA2←VA2,⎕TC[3],(8ρ' '),'F(H0A)  = '
[26]  VA2←VA2,(10 3⍕(VA0[4]÷VA0[3])×((VA0[1]×VA×VB)+1-VA+VB)÷VA-1)
[27]  VA2←VA2,'   mit  (',(⍕(VA-1),(VA0[1]×VA×VB)+1-VA+VB)
[28]  VA2←VA2,') FG (siehe (8.3.8))',⎕TC[3]
[29]  VA2←VA2,(8ρ' '),'F(H0B)  = '
```

```
[30]  VA2←VA2,(10 3⍕(VA0[5]÷VA0[3])×((VA0[1]×VA×VB)+1-VA+VB)÷VB-1)
[31]  VA2←VA2,'   mit  (',⍕(VB-1),(VA0[1]×VA×VB)+1-VA+VB
[32]  VA2←VA2,') FG (siehe (8.3.8))',⎕TC[3]
[33]  ⍞←'Soll auch das  D a t e n f e l d  Y  ausgegeben werden?'
[34]  ⍞←' (JA=1, NEIN=0)',⎕TC[3]
[35]  ANTW←⎕
[36]  →(0=ANTW)/NUR
[37]  ⍞←(10⍴' '),'Y:' ⋄ ⎕←VY
[38] NUR:VAN←VA2
```

10. ANOVA2H

```
[ 0]  AN2H←ANOVA2H;VY;VAB;VA;VB;F2H;A2H
[ 1]  ⍞←'ANOVA 2-fach KLASSIFIKATION, HIERARCHISCH '
[ 2]  ⍞←'(8.4.15),(8.4.16)',⎕TC[3]
[ 3] ⍝Benutzt fuer Berechnungen Programm BANOVA2H
[ 4]  ⍞←'Format a b fuer a×b-Datenarray Y eingeben',⎕TC[3]
[ 5]  VAB←⎕ ⋄ VA←VAB[1] ⋄ VB←VAB[2]      ⍝     a,b werden belegt
[ 6]  ⍞←'E n t w e d e r  '
[ 7]  ⍞←'Daten Y eingeben mit Klammern () fuer  j e d e  der '
[ 8]  ⍞←'a×b',⎕TC[3],'Zellen und ('' '') fuer eine nicht besetzte'
[ 9]  ⍞←' Zelle in folgender Reihenfolge:',⎕TC[3],'(Y11_1..Y11_n11)'
[10]  ⍞←'...(Y1b_1..Y1b_n1b)...(Ya1_1..Ya1_na1)...(Yab_1..Yab_nab),'
[11]  ⍞←⎕TC[3],'O d e r  Y als formatiertes  Datenfeld (s.FELDFORM)'
[12]  ⍞←' eingeben'
[13]  VY←(VA,VB)⍴VY←⎕      ⍝     Datenfeld Y wird belegt und geformt
[14]  F2H←VY BANOVA2H VAB ⍝Berechnungen fuer ANOVA (8.4.15/16)
[15]  A2H←((8⍴' '),63⍴'*'),⎕TC[3]
[16]  A2H←A2H,(8⍴' '),'     Hierarchische 2-fach Klassifikation'
[17]  A2H←A2H,' (8.4.15),(8.4.16)',⎕TC[3]
[18]  A2H←(A2H,(8⍴' '),63⍴'*'),⎕TC[3]
[19]  A2H←(A2H,(8⍴' '),'SSR = ',(3⍕F2H[1]),';  SSE = ',(3⍕F2H[2]))
[20]  A2H←A2H,⎕TC[3],(8⍴' '),'F(H0B)(8.4.16) fuer Hypothese H0B:'
[21]  A2H←(A2H,' beta_i1=...=beta_(i,b_i) f.alle i:'),⎕TC[3]
[22]  A2H←A2H,(8⍴' '),'F(H0B) = ',(10 3⍕F2H[3]),'  mit ('
[23]  A2H←(A2H,(⍕(F2H[6]-VA),',',(⍕F2H[5]-F2H[6])),') FG'),⎕TC[3]
[24]  A2H←A2H,(8⍴' '),'F(H0A)(8.4 15) fuer Hypothese H0A:'
[25]  A2H←A2H,'α_1=...=α_a  unter',⎕TC[3],(8⍴' '),'der RESTRIKTION'
[26]  A2H←A2H,' sum_j (n_ij÷n_i.)×beta_ij=0 f.alle i (s.(8.4.14)):'
[27]  A2H←A2H,⎕TC[3],(8⍴' '),'F(H0A) = ',(10 3⍕F2H[4]),'  mit ('
[28]  A2H←A2H,(⍕VA-1),',',(⍕F2H[5]-F2H[6]),') FG',⎕TC[3]
[29]  ⍞←'Soll Datenfeld Y angezeigt werden? (JA=1, NEIN=0)',⎕TC[3]
[30]  ANTW←⎕
[31]  →(0=ANTW)/LOS1
[32]  ⎕←'Y:',⎕TC[3] ⋄ ⎕←VY
[33] LOS1:
[34]  AN2H←A2H,(6⍴' '),'Fuer andere Restriktionen: s. FH0A_HIERA'
```

11. ANOVA2W

```
[ 0]  VAN←ANOVA2W;VAB;VA;VB;VY;VA0;VA1;VA2;n;ANTW
[ 1]  ⍞←'ANOVA 2-fach KLASSIFIKATION mit WECHSELWIRKUNG'
[ 2]  ⍞←' (8.2.29)',⎕TC[3]
[ 3] ⍝Benutzt Programmm BANOVA2W
[ 4]  ⍞←'Datenformat  a b  fuer a×b-Datenfeld Y eingeben'
[ 5]  VAB←⎕ ⋄ VA←VAB[1] ⋄ VB←VAB[2]          ⍝a und b werden belegt
[ 6]  ⍞←'Y eingeben als schon formatiertes a×b-Datenfeld oder',⎕TC[3]
```

```
 ⍞←'elementweise als Vektor (der Laenge ab) von Zellen ',⎕TC[3]
 ⍞←' m i t  K l a m m e r n  ()  um die Daten innerhalb ',⎕TC[3]
 ⍞←'einer Zelle in folgender Reihenfolge',⎕TC[3],'(Y111..Y11n_11
 ⍞←'(Y121..Y12n_12)...(Y1b1..Y1bn_1b)...(Yab1,..,Yabn_ab)'
 VY←(VA,VB)⍴VY←⎕     ⍝a×b-Array VY wird erstellt aus EINGABE Y
 VA0←VY BANOVA2W VAB      ⍝Berechnungen fuer ANOVA (8.2.29)
 n←VA0[1]
 VA1←(8⍴' '),'F(H0AB) = '
 VA1←VA1,10 3⍕VA0[6]×(n-VA×VB)÷VA0[3]×(VA-1)×VB-1
 VA1←VA1,'  mit  (',(⍕((VA-1)×VB-1),n-VA×VB),') FG'
 VA1←VA1,' (siehe (8.2.29)(3))'
 VA2←((8⍴' '),(56⍴'*')),⎕TC[3]
 VA2←VA2,(8⍴' '),'Vollstaendige Zweifach-Klassifikation mit'
 VA2←VA2,' Wechselwirkung',⎕TC[3]
 VA2←(VA2,(8⍴' '),56⍴'*'),⎕TC[3]
 VA2←VA2,(8⍴' '),'SSR = ',(3⍕VA0[2]),';  SSE = '
 VA2←VA2,(3⍕VA0[3]),⎕TC[3],(8⍴' '),'F(H0A)  = '
 VA2←VA2,10 3⍕VA0[4]×(n-VA×VB)÷VA0[3]×VA-1
 VA2←VA2,'  mit  (',(⍕(VA-1),n-VA×VB),') FG'
 VA2←VA2,' (siehe (8.2.29)(1))',⎕TC[3],(8⍴' '),'F(H0B)  = '
 VA2←VA2,10 3⍕(VA0[5])×(n-VA×VB)÷VA0[3]×VB-1
 VA2←VA2,'  mit  (',(⍕(VB-1),n-VA×VB),') FG'
 VA2←VA2,' (siehe (8.2.29)(2))',⎕TC[3]
 VA2←(VA2,VA1),⎕TC[3]
YJN:⍞←'Soll das Datenfeld Y auf dem Bildschirm'
 ⍞←' gezeigt werden? (1=J,0=N)'
 ANTW←⎕
 →(0=ANTW)/NUR
 ⎕←(10⍴' '),'Y:' ◊ ⎕←VY
NUR:VAN←VA2
```

12. BANCOVA

```
 SSRE←AYZ BANCOVA N1P;SNP;AY;AZ;AI;SZYi;QYi;SZi
⍝noch zu lokalisieren: AYi;AZi;SSR;SSE;SYi;QH0p;QH0g
⍝Berechnet AUSGABE:(SSR,SSE,Q(H[p,=]),Q(H[g,0])
⍝ANCOVA (7.3.18),(7.3.19)
⍝EINGABE:AYZ=(2×n)-Matrix Y (1.Zeile), z (2.Zeile)
⍝N1P=(n1,....,np) Klassenhaeufigkeiten
 AY←AYZ[1;] ◊ AZ←AYZ[2;] ◊ SNP←+\N1P ◊ AI←1
 SZYi←QYi←SZi←SYi←0
 AYi←AY[⍳SNP[1]] ◊ AZi←AZ[⍳SNP[1]]
LOS:
 SYi←SYi+N1P[AI]×VAR AYi  ⍝Summe (7.3.15) bis Index AI, gamma=0
 SZYi←SZYi+N1P[AI]×AYi COV AZi⍝Zaehler 2.Summand (7.3.11)(2)(3)
 SZi←SZi+N1P[AI]×VAR AZi      ⍝Nenner im 2.Summand (7.3.11)(2)(3)
 QYi←QYi+N1P[AI]×(QU AYi)*2 ⍝1.Summand (7.3.11)(2) bis Index AI
 AI←AI+1
 →(AI>⍴N1P)/ENDE
 AYi←AY[SNP[AI-1]+⍳N1P[AI]]
 AZi←AZ[SNP[AI-1]+⍳N1P[AI]] ◊ →LOS
ENDE:
 SSR←QYi+(SZYi*2)÷SZi ◊ SSE←(+/,AY*2)-SSR           ⍝    SSR,SSE
 QH0p←SSR-(⍴AY)×((QU AY)*2)+((AY COV AZ)*2)÷VAR AZ ⍝SSR-SSR(H0)
 QH0g←SYi-SSE                                      ⍝SSE(H0)-SSE
 SSRE←SSR,SSE,QH0p,QH0g
```

13. BANOVA

```
 SSRE←AY BANOVA QN1P;Q;N1P;SNP;NP;AI;QYi;AYi;SYi
⍝Noch zu lokalisieren:SSE;SSR;QH0q0;QH0q
⍝Berechnet AUSGABE: SSR,SSE,Q(H[q,0]),Q(H[q,-])
⍝(fuer Programm ANOVA) fuer (7.1.13),(7.1.20)
⍝EINGABE:AY=Y, QN1P=(Q,N1P) mit
⍝[Q=q fuer Hypothesen ueber beta_1,...,beta_q]
⍝und mit [N1P=(n1,....,np) = Gruppenhaeufigkeiten]
 Q←QN1P[1] ◊ N1P←1↓QN1P ◊ SNP←+\N1P ◊ NP←⍴N1P
 AI←1 ◊ QYi←SYi←0
 AYi←AY[⍳SNP[1]] ◊ SST←+/,AY*2
LOS:
 SYi←SYi+N1P[AI]×VAR AYi
 QYi←QYi,N1P[AI]×(QU AYi)*2                  ⍝⍴QYi = NP+1 (!!!)
 AI←AI+1
 →(AI>NP)/ENDE
 AYi←AY[SNP[AI-1]+⍳N1P[AI]] ◊ →LOS
ENDE:
 SSR←+/QYi ◊ SSE←SYi
 QH0q0←+/QYi[⍳Q+1]                           ⍝SSR-SSR(H0)(7.1.13)
 QH0q←QH0q0-((+/AY[⍳SNP[Q]])*2)÷SNP[Q] ⍝SSR-SSR(H0)(7.1.20)
 SSRE←SSR,SSE,QH0q,QH0q0
```

14. BANOVA2

```
 VA2←VY BANOVA2 VAB;VA;VB;NIJ;N0;QVY;QHA;QHB;SSE;QYi;QYj;QY
⍝ANOVA 2-fach KLASSIFIKATION ohne WECHSELWIRKUNG
⍝mit AUSGEWOGENEM Versuchsplan. Berechnet AUSGABE: SSE,
⍝SSR, Q(H0_A), Q(H0_B) sowie zugehoerige F-Statistiken
⍝F(H0A), F(H0B). Siehe (8.3.8). EINGABE: VY=(a×b)-Datenfeld
⍝(siehe Anweisung in ANOVA2), VAB=(a,b)=Datenfeld-Format
 VA←VAB[1] ◊ VB←VAB[2]        ⍝    a und b werden angegeben
 NIJ←ZELLH VY ◊ N0←NIJ[1;1]   ⍝             Zellhaeufigkeiten
 →(0=×/×/N0=NIJ)/ENDE         ⍝         Pruefe Balanciertheit
 QVY←(VA,VB)⍴QU¨,¨,VY ⍝a×b-Matrix der arithmetischen Mittel
 QYi←(+/[2]QVY×NIJ)÷VB×N0     ⍝   arithm.Mittel der Zeilen
 QYj←(+/[1]QVY×NIJ)÷VA×N0     ⍝  arithm.Mittel der Spalten
 QY←(+/+/QVY)÷VA×VB               ⍝               Gesamtmittel
 SSE←+/+/+/¨(,VY-(⍉(VB VA)⍴(VA 1)⍴QYi)+(VA VB⍴QYj)-VA VB⍴QY)*2
 SSR←(+/⍎⍕,VY*2)-SSE
 QHA←N0×VB×+/(QYi-QY)*2
 QHB←N0×VA×+/(QYj-QY)*2
 VA2←N0,SSR,SSE,QHA,QHB ◊ →0
ENDE:⎕←VA2←'Versuchsplan nicht ausgewogen'
```

15. BANOVA2H

```
 HAN←VY BANOVA2H VAB;VA;VB;VY;BVY;NIJ;SVY;QVY;SSR;SSE;NI_;QVYI
⍝Noch zu lokalisieren: QY;QH0b;FH0b;QH0a;FH0a;Bstern
⍝ANOVA 2-fach KLASSIFIKATION, HIERARCHISCH     (8.4.15),(8.4.16)
 VA←VAB[1] ◊ VB←VAB[2]                  ⍝         a,b werden belegt
 VY←(VA,VB)⍴VY                          ⍝                Datenfeld Y
 BVY←~' '∊¨(+/¨VY)                      ⍝Zellen, die nicht leer sind
 NIJ←ZELLH VY                           ⍝          Zellhaeufigkeiten
 SVY←BVY/¨+/¨VY ◊ QVY←SVY÷NIJ           ⍝ Summen/a.Mittel in Zellen
 SSR←+/+/+/¨NIJ×QVY*2                   ⍝          siehe (8.4.13)(1)
```

```
[ 9]  SSE←(-SSR)++/+/+/¨(BVY≠¨VY)*2       ⍝                     SSE=SST-SSR
[10]  NI_←+/+/¨NIJ                         ⍝   Haeufigkeiten der Zeilen
[11]  QVYI←(+/+/¨SVY)÷NI_                  ⍝        a.Mittel der Zeilen
[12]  QY←+/(NI_×QVYI)÷+/NI_                ⍝Arithmetisches Gesamtmittel
[13]  Bstern←+/+/~0∊¨NIJ                   ⍝                 b*( 8.4.2)(3)
[14]  QHOb←+/+/+/¨NIJ×(QVY-⍉(VB,VA)⍴(1,VA)⍴QVYI)*2⍝Q(HOB)(8.4.13)(2)
[15]  FHOb←(QHOb÷SSE)×((+/NI_)-Bstern)÷Bstern-VA  ⍝  F-STAT (8.4.16)
[16]  QHOa←+/NI_×(QVYI-QY)*2                      ⍝Q(HOA)(8.4.14)(1)
[17]  FHOa←(QHOa÷SSE)×((+/NI_)-Bstern)÷VA-1       ⍝  F-STAT (8.4.15)
[18]  HAN←SSR,SSE,FHOb,FHOa,(+/NI_),Bstern
```

16. BANOVA2W

```
[ 0]  VA2←VY BANOVA2W VAB;VA;VB;NIJ;NI_;N_J;NA_;N_B;QVY;QYI_A;QYJ_B
[ 1] ⍝Noch zu lokalisieren: QY_A;QY_B;QY_AB;QHOA;QHOB;SSE;SST;ni_
[ 2] ⍝Noch zu lokalisieren: n_j;n;QYi_a;QYj_b;QY;QHOAB;VA1;ANTW
[ 3] ⍝ANOVA 2-fach KLASSIFIKATION mit WECHSELWIRKUNG         (8.2.1)
[ 4] ⍝Berechnet AUSGABE: SSE, Q(HO_A), Q(HO_B), Q(HO_AB) sowie die
[ 5] ⍝ zugehoerigen F-Statistiken F(HOA), F(HOB), F(HOAB).
[ 6] ⍝ Siehe (8.2.29)(1),(2),(3)
[ 7] ⍝EINGABE:VY=(a×b)-Datenfeld (ab 'Zellen'), VAB=Format (a,b)
[ 8] ⍝Versuchsplan braucht nicht balanziert zu sein
[ 9]  NIJ←ZELLH VY                ⍝ a×b-Matrix der Zellhaeufigkeiten
[10]  VA←VAB[1] ⋄ VB←VAB[2]       ⍝a und b
[11]  NI_←÷+/[2]÷NIJ ⋄ N_J←÷+/[1]÷NIJ           ⍝    siehe (8.2.27)(1)
[12]  NA_←+/NI_ ⋄ N_B←+/N_J                     ⍝    Siehe (8.2.27)(1)
[13]  QVY←(VA,VB)⍴QU¨,¨,VY          ⍝ arithmetische Mittel der Zellen
[14]  QYI_A←+/[2]QVY÷VB ⋄ QY_A←(÷NA_)×+/(NI_×QYI_A)⍝(8.2.27)(2),(3)
[15]  QYJ_B←+/[1]QVY÷VA ⋄ QY_B←(÷N_B)×+/(N_J×QYJ_B)
[16]  QY_AB←(÷VA×VB)×+/+/[1]QVY
[17]  QHOA←(VB*2)×+/NI_×(QYI_A-QY_A)*2           ⍝    Siehe (8.2.28)(1)
[18]  QHOB←(VA*2)×+/N_J×(QYJ_B-QY_B)*2           ⍝    Siehe (8.2.28)(2)
[19]  SSE←(+/+/¨,VY*2)-+/(,NIJ)×(,QVY)*2         ⍝        Siehe (8.2.8)
[20]  →(SSE>0)/OK
[21]  ⍞←'SSE = 0. Keine ANOVA2W moeglich.' ⋄ →0
[22] OK:SST←+/+/+/¨VY*2
[23]  ni_←+/[2]NIJ ⋄ n_j←+/[1]NIJ ⋄ n←+/ni_
[24]  QHOAB←,((AHOAB VAB),0)QHO(XEINF,NIJ),VEKFORM VY ⍝s.(5.2.14)!!!
[25]  QYi_a←(+/[2]QVY×NIJ)÷ni_ ⋄ QYj_b←(+/[1]QVY×NIJ)÷n_j
[26]  QY←+/QYi_a×ni_÷n
[27] ENDE:
[28]  VA2←n,(SST-SSE),SSE,QHOA,QHOB,QHOAB
```

17. COFAK1

```
[ 0]  COA←COFAK1 CA;Cn;CI;COA1
[ 1] ⍝Cofaktoren der quadratischen Matrix CA (= EINGABE)
[ 2] ⍝ bezgl. 1.Zeile werden berechnet.
[ 3]  Cn←⍴CA
[ 4]  →(Cn[1]=Cn[2])/OK
[ 5]  ⍞←'Keine quadratische Matrix!' ⋄ →0
[ 6] OK:Cn←Cn[1] ⋄ CI←0
[ 7]  COA←Cn⍴⍳0
[ 8] CLAUF:
[ 9]  CI←CI+1
[10]  →(CI>Cn)/0
[11]  COA1←CA[1+⍳Cn-1;(⍳CI-1),CI+⍳Cn-CI]
```

```
[12]  COA[CI]←⊂COA1
[13]  →CLAUF
```

18. COV

```
[ 0]  S2AB←A COV B
[ 1] ⍝ Berechnung der empirischen Covarianz von A und B
[ 2]  A←,A ◊ B←,B
[ 3]  →((ρA)=ρB)/AB
[ 4]  ⎕←'A und B haben verschiedene Formate' ◊ →0
[ 5] AB:
[ 6]  S2AB←(+/B×(A-QU A))÷ρA
```

19. DET

```
[ 0]  DDA←DET DA;Dn;DI;COA
[ 1] ⍝Berechnet Determinante gem. Laplace (Kofaktoren) mit
[ 2] ⍝Programm COFAK1. EINGABE: Matrix DA .!! SEHR LANGSAM !!
[ 3]  Dn←(ρDA)[1]
[ 4]  →(Dn=1)/ENS
[ 5]  COA←⊂COFAK1 DA
[ 6]  DI←0 ◊ DDA←0
[ 7] REP:
[ 8]  DI←DI+1
[ 9]  →(DI>Dn)/0
[10]  DDA←DDA+(¯1*DI+1)×DA[1;DI]×DET⊃(⊃COA)[DI]
[11]  →REP
[12] ENS:DDA←DA
```

20. DIAG

```
[ 0]  DIX←DIAG DX;DI
[ 1] ⍝Erzeugt Diagonalmatrix mit Vektor DX als Diagonale
[ 2]  →(0=ρρDX)/STOP
[ 3]  DIX←((ρDX),(ρDX))ρ0
[ 4]  DI←1
[ 5] ERS:DIX[DI;DI]←DX[DI]
[ 6]  DI←DI+1
[ 7]  →(DI≤ρDX)/ERS
[ 8]  →0
[ 9] STOP:DIX←1 1ρDX
```

21. DIAGINV

```
[ 0]  DIAX←DIAGINV DIX;RD;DI
[ 1] ⍝ Erzeugt G-Inverse einer Diagonalmatrix DIX (= EINGABE).
[ 2] ⍝ Elemente < 10*¯8 werden = 0 gesetzt.
[ 3]  RD←ρ+/DIX ◊ DI←1 ◊ DIAX←(RD,RD)ρ0
[ 4] ERSS:→((|DIX[DI;DI])>0.00000001)/ES
[ 5]  DIAX[DI;DI]←0 ◊ →WES
[ 6] ES:DIAX[DI;DI]←÷DIX[DI;DI]
[ 7] WES:DI←DI+1
[ 8]  →(DI≤RD)/ERSS
```

22. EIGVEKT

```
[ 0]  EIV←EIGVEKT EIB
[ 1] ⍝Eigenvektoren der  s y m m e t r i s c h e n
[ 2] ⍝Matrix EIB (= EINGABE) als Spalten
[ 3] ⍝der Matrix EIV (= AUSGABE ) zu Eigenwerten von EIB.
```

```
[ 4] ⍝Programm JACOBI aus GRENANDER(1982), S.249 ff  wird
[ 5] ⍝benutzt. Dort ist der 1. Befehl nach der
[ 6] ⍝Sprungadresse L2: heraus zu kommentieren
[ 7]  →(1=×/×/EIB=⍉EIB)/AB
[ 8]  ⎕←'Matrix ist nicht symmetrisch' ⋄ →0
[ 9] AB:EIV←1 0↓1 JACOBI EIB
```

23. EIGWERT

```
[ 0]  LAB←EIGWERT EIB
[ 1] ⍝Eigenwerte der s y m m e t r i s c h e n  Matrix B
[ 2] ⍝mit Hilfe des Programms JACOBI aus GRENANDER(1982),
[ 3] ⍝ S.249  ff. Dort ist der 1. Befehl nach
[ 4] ⍝Sprungadresse L2: heraus zu kommentieren
[ 5]  →(1=×/×/EIB=⍉EIB)/AB
[ 6]  ⎕←'Matrix ist nicht symmetrisch' ⋄ →0
[ 7] AB:LAB←0 JACOBI EIB
```

24. FELDFORM

```
[ 0]  YF←NIJF FELDFORM YV;AA;BB;FI;SIJ
[ 1] ⍝Formt Datenfeld mit Zellhaeufigkeiten NIJF aus Vektor YV
[ 2]  AA←(⍴NIJF)[1] ⋄ BB←(⍴NIJF)[2] ⋄ FI←1 ⋄ SIJ←+\,NIJF
[ 3]  →((+/+/NIJF)=⍴YV)/AB
[ 4]  ⎕←'Zellhaeufigkeiten sind nicht mit Vektor VY kompatibel.' ⋄ →0
[ 5] AB:
[ 6]  YF←(AA×BB)⍴' '
[ 7]  YF[1]←⊂(YV[⍳(,NIJF)[1]])
[ 8] LOS:
[ 9]  YF[FI+1]←⊂(YV[SIJ[FI]+⍳(,NIJF)[FI+1]])
[10]  FI←FI+1
[11]  →(FI<AA×BB)/LOS
[12]  YF←(AA,BB)⍴,YF
```

25. FH0

```
[ 0]  FST←FA FH0 FXY;A;C;FX;FY;ERG;FQH;r
[ 1] ⍝Berechnung der F-Statistik (5.2.17)/(5.2.26)(4) zur
[ 2] ⍝Hypothese H0 (5.2.8): A×beta=c im Modell (5.1.1)
[ 3] ⍝ Y = X × beta + U mit Hilfe der Programme REG
[ 4] ⍝(fuer SSE und FG) und QH0 (fuer Zaehler von F)
[ 5] ⍝EINGABE: FA = A,c; FXY = X,Y
[ 6]  FX←0 ¯1↓FXY ⋄ FY←FXY[;(⍴FXY)[2]] ⋄ r←RG 0 ¯1↓FA
[ 7]  ERG←FY REG FX
[ 8]  FQH←FA QH0 FXY
[ 9]  FST←3⍕(ERG[6]-ERG[7])×FQH÷ERG[4]×r
[10]  FST←(,FST),' = FH0  mit (',(⍕r),','
[11]  FST←(,FST),(⍕ERG[6]-ERG[7]),')  FG'
```

26. FH0q_gleich

```
[ 0]  FSTQ←QQ FH0q_gleich FXY;FX;FY;ERG
[ 1] ⍝Berechnet F-Statistik (5.3.28),(5.3.29) fuer Hypothese
[ 2] ⍝H[q,=]: beta_1=...=beta_q (q≥2)
[ 3] ⍝mit Benutzung der Programme REG und QH0q_gleich
[ 4] ⍝EINGABEN: FXY=X,Y; QQ=q.
[ 5]  FX←0 ¯1↓FXY ⋄ FY←FXY[;(⍴FXY)[2]]
[ 6]  ERG←FY REG FX ⋄ FN←(⍴FY)[1] ⋄ r←RG FX
[ 7]  QQH0←QQ QH0q_gleich FXY
```

```
[ 8]  FSTQ←3⍕(FN-r)×QQHO÷ERG[4]×QQ-1
[ 9]  FSTQ←(,FSTQ),' = F(E[q,=])  mit (',(⍕QQ-1),','
[10]  FSTQ←FSTQ,(⍕FN-r),')  FG'
```

27. FHOA_HIERA

```
[ 0]  FAHIO←YH FHOA_HIERA WIJX;NZIJ;ZIJ;FI;AHIO;AHIO1;NBIJ
[ 1] ⍝Berechnet (AUSGABE=) F-Statistik zum Testen der Hypothese
[ 2] ⍝HOA_res (8.4.10): α_1=...=α_a  mit der Restriktion
[ 3] ⍝[Summe_j (beta_ij×w_ij) = 0 fuer alle i]  im Modell der
[ 4] ⍝hierarchischen Zweifach-Klassifikation (8.4.2)
[ 5] ⍝EINGABE: YH=(hierarchisch) formatiertes Datenfeld;
[ 6] ⍝EINGABE: WIJX= V e k t o r  der Gewichte w_ij (8.4.7) mit
[ 7] ⍝Index-Reihenfolge:1_1..1_b1,2_1..2_b2,...,a_1..a_ba.
[ 8] ⍝Der Fall w_ij=1/b_i wird stets mit behandelt.
[ 9]  NZIJ←ZIJ←ZELLH YH ⋄ FI←1 ⋄ NBIJ←~0∊¨ZIJ
[10] LOS:NZIJ[FI;]←NBIJ[FI;]÷(+/NBIJ)[FI]
[11]  FI←FI+1
[12]  →(FI≤(ρZIJ)[1])/LOS
[13]  AHIO1←YH AHOHIERA(,NBIJ)/,NZIJ
[14]  AHIO←YH AHOHIERA WIJX
[15]  FAHIO←'Fuer w_ij=1/b_i: ',(AHIO1,0)FHO(XHIERA ZIJ),VEKFORM YH
[16]  FAHIO←FAHIO,⎕TC[3],'Fuer die eingegebenen w_ij: '
[17]  FAHIO←FAHIO,(AHIO,0)FHO(XHIERA ZIJ),VEKFORM YH
```

28. FHOBETO

```
[ 0]  FBETO←BETO FHOBETO FXY;FX;FY;ERG
[ 1] ⍝Berechnet F-Statistik fuer Hypothese BETA_q=bet0_q
[ 2] ⍝mit BETA_q=beta_1,...,beta_q (BETA=beta_1,...beta_k)
[ 3] ⍝-- im Modell Y=X×beta+U -- mit Hilfe von QHOBETO und REG
[ 4] ⍝A N W E N D U N G   in (5.3.4),(5.3.9),(5.3.14),(5.3.19)
[ 5] ⍝EINGABEN: FXY=X,Y; BETO=bet0_q
[ 6]  →(1≤ρBETO)/WEIT
[ 7]  BETO←1ρBETO
[ 8] WEIT:FX←0 ¯1↓FXY ⋄ FY←FXY[;(ρFXY)[2]]
[ 9]  ERG←FY REG FX
[10]  FBETO←((8ρ' '),'HO: beta_q = ',(⍕,BETO)),⎕TC[3],8ρ' '
[11]  FBETO←FBETO,,3⍕(ERG[6]-ERG[7])×(BETO QHOBETO FXY)÷ERG[4]×ρBETO
[12]  FBETO←(,FBETO),' = FHO  mit ('
[13]  FBETO←FBETO,(⍕(ρBETO)),',',(⍕ERG[6]-ERG[7]),')  FG'
```

29. FREG

```
[ 0]  FReg←ab FREG XY;a;b;BK;FFReg;FFREG;BET;Reg
[ 1] ⍝ Regression : AUSGABE=formatiertes Ergebnis von Programm
[ 2] ⍝ REG : R*2,SST,SSR,SSE,SSR/SST,n,k,R,betaDACH-OLS
[ 3] ⍝ Dabei sind bis zu 16 Stellen zulaessig.
[ 4] ⍝ EINGABE: XY = X,Y  mit [Y=Vektor der zu Erklaerenden],
[ 5] ⍝ [X=Regressor-(Design-)Matrix], ggf. mit linearen
[ 6] ⍝ Abhaengigkeiten in 'hohen' Zeilen/Spalten (also
[ 7] ⍝ g-Inverse (3.1.26)). (Andernfalls NFREG mit (3.1.27).)
[ 8] ⍝ EINGABE: ab=(a,b)  mit  a=Stellenzahl, b=Nachkommazahl
[ 9]  a←ab[1] ⋄ b←ab[2]
[10]  →(a≤16)/OK
[11]  ⎕TC[3] ⋄ ⍞←'       Stellenzahl darf nicht > 16 sein' ⋄ →0
[12] OK:→(1=ρρXY)/ENDE
[13]  Reg←,((((ρXY)[1]¯1)↑XY)REG 0 ¯1↓XY  ⍝Berechnung mit REG
```

```
[14]  BET←8↓Reg ⋄ BK←⍴BET
[15]  FFReg←(8⍴' '),(62⍴'*'),⎕TC[3]
[16]  FFReg←FFReg,(8⍴' '),'  Lineare Regression (3.1.13) mit '
[17]  FFReg←FFReg,'(3.1.26),(3.1.18),(3.1.42)',⎕TC[3]
[18]  FFReg←(FFReg,(8⍴' '),(62⍴'*')),⎕TC[3]
[19]  FFReg←FFReg,(8⍴' '),' SST = ',(a b⍕Reg[2]),';      SSR = '
[20]  FFReg←FFReg,(a b⍕Reg[3]),⎕TC[3]
[21]  FFReg←FFReg,(8⍴' '),' SSE = ',(a b⍕Reg[4]),'; SSR/SST = '
[22]  FFReg←FFReg,'R_stern*2 = ',(a b⍕Reg[5]),⎕TC[3]
[23]  FFReg←FFReg,(8⍴' '),' R*2 = ',(a b⍕Reg[1]),';',(7⍴' ')
[24]  FFReg←(FFReg,'R = ',a b⍕Reg[8]),⎕TC[3]
[25]  FFReg←FFReg,(8⍴' '),'   n = ',⍕Reg[6],';  rg = '
[26]  FFReg←FFReg,(⍕Reg[7]),⎕TC[3]
[27]  FFReg←FFReg,(8⍴' '),' Sigmadach*2 = '
[28]  FFReg←FFReg,(a b⍕Reg[4]÷Reg[6]-Reg[7]),'; Sigmadach = '
[29]  FFReg←FFReg,a b⍕(Reg[4]÷Reg[6]-Reg[7])*0.5
[30]  FFReg←(FFReg,⎕TC[3],(8⍴' '),' Betadach : '),⎕TC[3]
[31]  FFREG←((1+⌈BK×a÷70),a×⌊70÷a)⍴(a b⍕BET),140⍴' '
[32]  FReg←(FFReg,(8⍴' '),FFREG[1;]),⎕TC[3],FFREG[2;] ⋄ →0
[33] ENDE:⍞←'Y als n×1-Matrix eingeben'
```

30. GEIGINV

```
[ 0]  GIC←GEIGINV GC;EIGC
[ 1] ⍝Erzeugt g-Inverse GIC (= AUSGABE) einer
[ 2] ⍝s y m m e t ris c h e n  Matrix GC (= EINGABE) gem.
[ 3] ⍝(3.3.4),(3.3.5) ueber Zerlegung in Diagonalmatrix
[ 4] ⍝der Eigenwerte und Orthogonalmatrix der Eigenvektoren.
[ 5] ⍝Benutzt werden DIAG, DIAGINV sowie die auf JACOBI
[ 6] ⍝(GRENANDER (1982) p.249 ff) basierenden Programme
[ 7] ⍝EIGWERT und EIGVEKT.
[ 8]  →(1=×/×/GC=⍉GC)/AB
[ 9]  ⍞←'Matrix ist nicht symmetrisch' ⋄ →0
[10] AB:⍞←'Eigenwerte <10*¯8 werden 0 (in DIAGINV) gesetzt!'
[11]  EIGC←EIGVEKT GC
[12]  GIC←((EIGC)MM(DIAGINV DIAG EIGWERT GC))MM⍉EIGC
```

31. GGINV

```
[ 0]  GIX←GGINV GX;GI;GR
[ 1] ⍝Berechnet g-Inverse (3.1.26) GIX (=AUSGABE) der
[ 2] ⍝q u a d r a t i s c h e n  Matrix GX (EINGABE), wenn in GX
[ 3] ⍝lineare Abhaengigkeiten in den 'hohen' Zeilen/Spalten
[ 4] ⍝auftreten. Benutzt Programm  DET (langsam!).
[ 5] ⍝Determinante <10*¯8 wird wie Det 0 behandelt.
[ 6] ⍝ALTERNATIVEN: GINV mit GRENANDER-Programmen;
[ 7] ⍝NGGINV bei Abhaengigkeiten in 'niedrigen' Zeilen/Spalten.
[ 8]  ⍞←(8⍴' '),'Programm funktioniert nur dann richtig,'
[ 9]  ⍞←' wenn lineare Abhaengigkeiten',⎕TC[3]
[10]  ⍞←(8⍴' '),'in den ''hohen'' Zeilen- resp. '
[11]  ⍞←'Spaltenzahlen der Matrix entstehen',⎕TC[3]
[12]  ⍞←(8⍴' '),'gegfs. Spalten/Zeilen (d.h. die erklaerenden '
[13]  ⍞←'X-Variablen) umordnen;',⎕TC[3]
[14]  ⍞←(8⍴' '),'gegfs. NGGINV benutzen',⎕TC[3]
[15]  →(1<⍴⍴GX)/LOS
[16]  GX←1 1⍴GX
[17] LOS:→((⍴GX)[1]=(⍴GX)[2])/OK
```

```
 ⍞←'Matrix ist  n i c h t  q u a d r a t i s c h' ⋄ →0
OK:GR←(ρGX)[1] ⋄ GI←0
PRUEF:→(0.00000001≥,|DET GX)/SUB
 GIX←⌹GX ⋄ →COMP
SUB:GI←GI+1
 →(GI≥GR)/COMP1
 GX←((¯1),(¯1))↓GX
 →PRUEF
COMP1:⍞←(8ρ' '),'G-Inverse so nicht zu ermitteln' ⋄ →0
COMP:GIX←(GIX,(((GR-GI)GI)ρ0)),[1](GI GRρ0)
```

32. GINV

```
 GIX←GINV GX;RX;RN
⍝Berechnet g-Inverse (3.1.26) GIX (=AUSGABE) der
⍝q u a d r a t i s c h e n  Matrix GX (=EINGABE) mit Hilfe
⍝von Programm RG (basierend auf JACOBI aus GRENANDER (1982)
⍝p.249 ff). Eigenwerte <10*¯6 in der Rang-Berechnung mit RG
⍝werden 0 gesetzt. Programm funktioniert nur, wenn lineare
⍝ Abhaengigkeiten in GX ausschliesslich in den 'hohen'
⍝Zeilen resp. Spalten vorkommen.
⍝A L T E R N A T I V E : GGINV ohne GRENANDER-Programme.
⍝NGINV bei Abhaengikeiten in 'niedrigen' Zeilen/Spalten
 →(1<ρρGX)/LOS
 GX←1 1ρGX
LOS:
 →((ρ⍉GX)=ρGX)/AB
 ⍞←'Matrix ist  n i c h t  q u a d r a t i s c h' ⋄ →0
AB:
 RX←RG GX ⋄ RN←(ρGX)[1]
 →((RG GX)=RG GX[⍳RX;⍳RX])/WEITER
 ⍞←((8ρ' '),'g-Inverse ist so nicht zu ermitteln;'),⎕TC[3]
 ⍞←(8ρ' '),'gegfs. Zeilen/Spalten/X-Variablen umordnen' ⋄ →0
WEITER:GX←GX[(⍳RX);⍳RX]
 GIX←⌹GX   ⍝gegfs. muss NG in RG herabgesetzt werden!!!!!
 GIX←(GIX,((RX,RN-RX)ρ0)),[1]((RN-RX),RN)ρ0
```

33. MM

```
 C←A MM B
⍝Matrix-Multiplikation, die auch zulaesst, dass
⍝ein Faktor ein Skalar ist. Sind beide Faktoren
⍝Vektoren, wird das Skalarprodukt gebildet.
 →((0=ρρA)∨(0=ρρB))/SKAL
 →((1=ρρA)∧(1=ρρB))/ZS
MULT:C←A+.×B ⋄ →0
SKAL:C←A×B ⋄ →0
ZS:A←(1,ρA)ρ,A ⋄ B←((ρB),1)ρ,B ⋄ →MULT
```

34. NFREG

```
 FReg←ab NFREG XY;a;b;BK
⍝ Regression : AUSGABE=formatiertes Ergebnis von Programm
⍝ NREG : R*2,SST,SSR,SSE,SSR/SST,n,k,R,betaDACH-OLS
⍝ Dabei sind bis zu 16 Stellen zulaessig.
⍝ EINGABE: XY = X,Y  mit  [Y=Vektor der zu Erklaerenden],
⍝ [X=Regressor-(Design-)Matrix], ggf. mit linearen
⍝ Abhaengigkeiten in 'niedrigen' Zeilen/Spalten (also
```

```
[ 7] ⍝ g-Inverse (3.1.27) .(Andernfalls FREG mit (3.1.26).)
[ 8] ⍝ EINGABE: ab=(a,b)  mit  a=Stellenzahl, b=Nachkommazahl
[ 9]  a←ab[1] ⋄ b←ab[2]
[10]  →(a≤16)/OK
[11]  ⎕TC[3] ⋄ ⍞←'       Stellenzahl darf nicht > 16 sein' ⋄ →0
[12] OK:Reg←,(((⍴XY)[1]¯1)↑XY)NREG 0 ¯1↓XY  ⍝Berechnung mit NREG
[13]  BK←⍴8↓Reg
[14]  FReg←⎕TC[3],' SST = ',(a b⍕Reg[2]),';      SSR = '
[15]  FReg←FReg,(a b⍕Reg[3]),⎕TC[3],' SSE = '
[16]  FReg←FReg,(a b⍕Reg[4]),'; SSR/SST = ',(a b⍕Reg[5]),⎕TC[3]
[17]  FReg←FReg,' R*2 = ',(a b⍕Reg[1]),';          R = ',a b⍕Reg[8]
[18]  FReg←FReg,⎕TC[3],'   n = ',(⍕Reg[6]),';  rg = ',⍕Reg[7]
[19]  FReg←FReg,⎕TC[3],' Sigmadach*2 = ',a b⍕Reg[4]÷Reg[6]-Reg[7]
[20]  FReg←FReg,'; Sigmadach = ',(a b⍕(Reg[4]÷Reg[6]-Reg[7])*0.5)
[21]  FReg←FReg,⎕TC[3],'Betadach : '
[22]  FReg←⍎'FReg ⋄ ((1+⌈BK×a÷70),a×⌊70÷a)⍴(a b⍕8↓Reg),120⍴'' '''
```

35. NGGINV

```
[ 0]  GIX←NGGINV GX;GI;GR
[ 1] ⍝Berechnet g-Inverse (3.1.27) GIX (=AUSGABE) der
[ 2] ⍝q u a d r a t i s c h e n  Matrix GX (=EINGABE), wenn in
[ 3] ⍝GX lineare Abhaengigkeiten in den 'niedrigen' Zeilen resp.
[ 4] ⍝Spalten auftreten. Benutzt Programm  DET (langsam!).
[ 5] ⍝Determinante <10*¯8 wird wie Det 0 behandelt.
[ 6] ⍝ALTERNATIVEN: NGINV mit GRENANDER-Programmen;
[ 7] ⍝GGINV bei Abhaengigkeiten in 'hohen' Zeilen/Spalten.
[ 8]  ⍞←'Programm funktioniert nur, wenn lineare Abhaengigkeiten'
[ 9]  ⍞←' in den ''niedrigen''',⎕TC[3]
[10]  ⍞←'Zeilen- resp. Spaltenzahlen der Matrix entstehen',⎕TC[3]
[11]  ⍞←'Gegebenenfalls Zeilen/Spalten (erklaerende X-Variablen)'
[12]  ⍞←' umordnen',⎕TC[3],' (oder GGINV benutzen).',⎕TC[3]
[13]  →(1<⍴⍴GX)/LOS
[14]  GX←1 1⍴GX
[15] LOS:→((⍴GX)[1]=(⍴GX)[2])/OK
[16]  ⍞←'Matrix ist  n i c h t   q u a d r a t i s c h' ⋄ →0
[17] OK:GR←(⍴GX)[1] ⋄ GI←0
[18] PRUEF:→(0.00000001≥,|DET GX)/SUB
[19]  GIX←⌹GX ⋄ →COMP
[20] SUB:GI←GI+1
[21]  →(GI≥GR)/COMP1
[22]  GX←1 1↓GX
[23]  →PRUEF
[24] COMP1:⍞←(10⍴' '),'G-Inverse so nicht zu ermitteln' ⋄ →0
[25] COMP:GIX←(GI GR⍴0),[1](((GR-GI)GI)⍴0),GIX
```

36. NGINV

```
[ 0]  GIX←NGINV GX;RX;RN
[ 1] ⍝Berechnet g-Inverse (3.1.27) GIX (=AUSGABE) der
[ 2] ⍝q u a d r a t i s c h e n  Matrix GX (=EINGABE) mit Hilfe
[ 3] ⍝von Programm RG (basierend auf JACOBI aus GRENANDER (1982)
[ 4] ⍝p.249 ff). Eigenwerte <10*¯6 in der Rang-Berechnung mit RG
[ 5] ⍝werden 0 gesetzt. Programm funktioniert nur, wenn lineare
[ 6] ⍝ Abhaengigkeiten in GX ausschliesslich in den
[ 7] ⍝'niedrigen 'Zeilen resp. Spalten vorkommen.
[ 8] ⍝A L T E R N A T I V E : NGGINV ohne GRENANDER-Programme.
```

```
[ 9] ⍝GINV bei Abhaengikeiten in 'hohen' Zeilen/Spalten.
[10]  →(1<⍴⍴GX)/LOS
[11]  GX←1 1⍴GX
[12] LOS:
[13]  →((⍴⍉GX)=⍴GX)/OK
[14]  ⎕←'Matrix ist  n i c h t  q u a d r a t i s c h' ⋄ →0
[15] OK:
[16]  RX←RG GX ⋄ RN←(⍴GX)[1]
[17]  →((RG GX)=RG GX[(RN-RX)+(⍳RX);(RN-RX)+⍳RX])/WEITER
[18]  ⎕←((8⍴' '),'g-Inverse ist so nicht zu ermitteln;'),⎕TC[3]
[19]  ⎕←(8⍴' '),'gegfs. Zeilen/Spalten/X-Variablen umordnen' ⋄ →0
[20] WEITER:GX←GX[(RN-RX)+(⍳RX);(RN-RX)+⍳RX]
[21]  GIX←⌹GX    ⍝gegfs. muss NG in RG herabgesetzt werden!!!!!
[22]  GIX←(((RN-RX),RN)⍴0),[1](((RX,RN-RX)⍴0),[2]GIX)
```

37. NREG

```
[ 0]  Reg←RY NREG RX;YY;XX;SSR;SSE;SST;BET;Rn;Rk;R
[ 1] ⍝Berechnung/AUSGABE von R*2(Quadrat v.(3.1.42)(2)),
[ 2] ⍝SST,SSR,SSE(3.1.18),(R_*)*2=SSR/SST(3.1.42)(1),
[ 3] ⍝n, k, R(3.1.42)(2) und betadach-OLS (3.1.13) mit (3.1.27)
[ 4] ⍝(in dieser Reihenfolge in der AUSGABE).
[ 5] ⍝Dabei wird Programm NREGBET benutzt.
[ 6] ⍝EINGABE: RY=Y,RX=X   mit Y = X×beta + U.
[ 7] ⍝X=(n,k)-MATRIX mit linearen Abhaengigkeiten in 'niedrigen'
[ 8] ⍝Zeilen/Spalten (s.(3.1.27)). Andernfalls REG benutzen.
[ 9] ⍝EINGABE: RY=Y,RX=X   [mit Y = X×beta + U. X=(n,k)-MATRIX]
[10] ⍝mit linearen Abhaengigkeiten in den 'niedrigen'(N)
[11] ⍝ Zeilen/Spalten von X. (Andernfalls REG benutzen)
[12]  BET←RY NREGBET RX
[13]  Rn←(⍴RX)[1]
[14]  Rk←RG RX
[15]  SSE←+/(,(RY-RX MM BET))*2
[16]  SST←+/,RY*2
[17]  SSR←,SST-SSE
[18]  R←(RY COV RX MM BET)÷((VAR RY)×(VAR RX MM BET))*0.5
[19]  Reg←(R*2),SST,SSR,SSE,(SSR÷SST),Rn,Rk,R,⍉BET
```

38. NREGBET

```
[ 0]  BETDA←RY NREGBET RX;XX;YY
[ 1] ⍝ OLS-Schaetzer Betadach fuer beta aus Y=X×beta + U
[ 2] ⍝ EINGABE: RY=Y,RX=X;
[ 3] ⍝ AUSGABE: Betadach (3.1.13)(1) mit (3.1.27)
[ 4] ⍝ bei (gegfs.) linearen Abhaengigkeiten in den 'niedrigen'
[ 5] ⍝ Zeilen/Spalten von X. (Andernfalls REGBET benutzen.)
[ 6] ⍝ Dabei wird Programm NGINV (mit GRENANDER-Programmen)
[ 7] ⍝ benutzt. NGINV kann durch NGGINV (ohne fremde Programme)
[ 8] ⍝ ersetzt werden.
[ 9]  BETDA←(NGINV(⍉RX)MM RX)MM(⍉RX)MM RY
```

39. QHO

```
[ 0]  QH←QA QHO QXY;A;C;QX;QY;BETA;XTXM
[ 1] ⍝Berechnet zur Nullhypothese H0 (5.2.8):A×BETA = C
[ 2] ⍝--im Modell Y = X×BETA + U -- die quadr. Form Q(H0)
[ 3] ⍝fuer den Zaehler der F-Statistik (5.2.17)
[ 4] ⍝gemaess (5.2.14): Q(H0)=(A×BETA-C)'(SIG*¯1)(A×BETA-C)
```

```
[ 5] ⍝EINGABEN:QXY=X,Y; QA=A,C. AUSGABE:Q(H0)-Wert
[ 6]  C←QA[;(ρQA)[2]] ⋄ A←0 ¯1↓QA ⋄ QX←0 ¯1↓QXY
[ 7]  QY←QXY[;(ρQXY)[2]]
[ 8]  XTXM←GINV(⍉QX)MM QX
[ 9]  BETA←XTXM MM(⍉QX)MM QY
[10]  QH←(⍉(A MM BETA)-C)MM(⌹A MM XTXM MM⍉A)MM(A MM BETA)-C
```

40. QH0q_gleich

```
[ 0]  QH0q←Qq QH0q_gleich QXY;QX;QY;Qk;QA
[ 1] ⍝Berechnet Q(H0) - Zaehler der F-Statistik (5.3.28),(5.3.29)
[ 2] ⍝fuer Hypothese: BET_1=...=BET_q mit BETA=(BET_1,..,BET_k)
[ 3] ⍝Es wird das Programm QH0 benutzt
[ 4] ⍝EINGABE:Qq=q; QXY=X,Y (aus der Gleichung Y=X×beta+U)
[ 5] ⍝AUSGABE: Zaehler Q(H0) der F-Teststatistik
[ 6]  QX←0 ¯1↓QXY ⋄ Qk←(ρQX)[2] ⋄ QY←QXY[;Qk+1]
[ 7]  QA←1,[2](DIAG(Qq-1)ρ¯1),[2]((Qq-1),(Qk-Qq))ρ0
[ 8]  QH0q←(QA,[2](Qq-1)ρ0)QH0 QXY
```

41. QH0BET0

```
[ 0]  QH0B←BET0 QH0BET0 QXY;QA;QX;QY;Qq;Qk
[ 1] ⍝Berechnet Q(b) (5.1.11) sowie Q(H0)(5.2.22)(1),(3) fuer den
[ 2] ⍝Zaehler der F-Statistiken (5.3.4),(5.3.9),(5.3.14),(5.3.19)
[ 3] ⍝fuer Hypothese:BETA_q=bet0_q, wobei BETA_q=(BET_1,...,BET_q)
[ 4] ⍝die ersten q Komponenten aus BETA=(BET_1,...,BET_k) sind und
[ 5] ⍝bet0_q=b01,...,b0q ist. Es wird das Programm QH0 benutzt.
[ 6] ⍝EINGABE:BET0=beta_q; QXY=X,Y (aus der Gleichung Y=X×beta+U)
[ 7] ⍝AUSGABE: Zaehler Q(H0) der F-Teststatistik
[ 8]  →(1≤ρBET0)/WEIT
[ 9]  BET0←1ρBET0
[10] WEIT:Qq←ρBET0 ⋄ QX←0 ¯1↓QXY ⋄ Qk←(ρQX)[2] ⋄ QY←QXY[;Qk+1]
[11]  QA←(Qq,Qk)ρ(DIAG Qqρ1),[2](Qq,Qk-Qq)ρ0
[12]  QH0B←(QA,BET0)QH0 QXY
```

42. QU

```
[ 0]  AQ←QU A
[ 1] ⍝Berechnung des Arithmetischen Mittels
[ 2]  A←,A
[ 3]  AQ←+/A÷ρA
```

43. REG

```
[ 0]  Reg←RY REG RX;YY;XX;SSR;SSE;SST;BET;Rn;Rk;R
[ 1] ⍝Berechnung/AUSGABE von R*2(Quadrat v.(3.1.42)(2)),
[ 2] ⍝SST,SSR,SSE(3.1.18),(R_*)*2=SSR/SST (3.1.42)(1),
[ 3] ⍝n, k, R (3.1.42)(2) und betadach-OLS (3.1.13) mit (3.1.26)
[ 4] ⍝(in dieser Reihenfolge in der AUSGABE).
[ 5] ⍝Dabei wird Programm REGBET benutzt.
[ 6] ⍝EINGABE: RY=Y,RX=X   mit Y = X×beta + U.
[ 7] ⍝X=(n,k)-MATRIX mit linearen Abhaengigkeiten in den 'hohen'
[ 8] ⍝Zeilen/Spalten (s.(3.1.26)). Andernfalls NREG benutzen.
[ 9]  BET←RY REGBET RX
[10]  Rn←(ρRX)[1]
[11]  Rk←RG RX
[12]  SSE←+/(,(RY-RX MM BET))*2
[13]  SST←+/,RY*2
[14]  SSR←,SST-SSE
```

```
[15]  R←(RY COV RX MM BET)÷((VAR RY)×(VAR RX MM BET))*0.5
[16]  Reg←(R*2),SST,SSR,SSE,(SSR÷SST),Rn,Rk,R,⍉BET
```

44. REGBET

```
[ 0]  BETDA←RY REGBET RX;XX;YY
[ 1] ⍝ OLS-Schaetzer Betadach fuer beta aus Y=X×beta + U
[ 2] ⍝ EINGABE: RY=Y,RX=X;
[ 3] ⍝ AUSGABE: Betadach (3.1.13)(1) mit (3.1.26)
[ 4] ⍝ Ggf. Lineare Abhaengigkeiten in den 'hohen' Zeilen/
[ 5] ⍝ Spalten von X. (Andernfalls NREGBET benutzen.)
[ 6] ⍝ Dabei wird Programm GINV (mit GRENANDER-Programmen)
[ 7] ⍝ benutzt. GINV kann durch GGINV (ohne fremde Proramme)
[ 8] ⍝ ersetzt werden.
[ 9]  BETDA←(GINV(⍉RX)MM RX)MM(⍉RX)MM RY
```

45. REGRESSION

```
[ 0]  RES←REGRESSION;REX;REY;REB;ANTW;RK;RN
[ 1] ⍝Multiple Lineare Regression , Menu-gesteuert
[ 2] ⍝Berechnet werden betaDACH (3.1.13), SST,SSR,SSE (3.1.18)
[ 3] ⍝SSR÷SST, R*2,R (3.1.42)(2), Sigmadach*2, Sigmadach (3.3.1)(3).
[ 4] ⍝Programm FREG wird benutzt (ggf. bei linearen
[ 5] ⍝Abhaengigkeiten in 'hohen' Zeilen/Spalten von X).
[ 6]  ⍞←'Linerare Regression. Modell: Y = X×beta + U.',⎕TC[3]
[ 7]  ⍞←'Regressor-Matrix X eingeben' ◊ REX←⎕
[ 8]  ⍞←'Datenvektor Y eingeben; als n×1-Matrix, falls X ein'
[ 9]  ⍞←' VEKTOR ist' ◊ REY←⎕
[10]  →((ρREX)[1]=(ρREY)[1])/WEITER
[11]  ⍞←'Y-Laenge stimmt nicht mit Zeilenzahl von X ueberein' ◊ →0
[12] WEITER:
[13]  ⍞←'Anzahl der Nachkomma-Stellen fuer Ergebnisse eingeben'
[14]  REB←⎕
[15]  ⍞←'Sollen X und Y auf dem Bildschirm ausgegeben werden'
[16]  ⍞←' (JA=1, NEIN=0)' ◊ ANTW←⎕
[17]  →(0=ANTW)/END
[18]  →(1=ρρREX)/NOCHW1
[19]  RK←(ρREX)[2] ◊ RN←(ρREX)[1] ◊ →NOCHW2
[20] NOCHW1:RK←1 ◊ RN←ρREX
[21] NOCHW2:
[22]  ⎕←(8ρ' '),'X, Y(letzte Zeile)  transponiert:'
[23]  ⎕←(((2+RK),6)ρ' '),[2]((⍉(RN,RK)ρ(REX)),[1]' '),[1]⍉REY
[24]  ⎕TC[3]
[25] END:RES←(16 REB)FREG REX,REY
```

46. RG

```
[ 0]  RA←RG AA;NG
[ 1] ⍝Berechnet den Rang fuer  Matrix AA mit Hilfe von
[ 2] ⍝Programm EIGWERT (JACOBI aus GRENANDER (1982) p.249 ff)
[ 3] ⍝Eigenwerte <10*¯6(='Nullgrenze' NG) werden 0 gesetzt!
[ 4] ⍝A C H T U N G: Wenn noetig, muss die Nullgrenze NG noch
[ 5] ⍝weiter herabgesetzt (oder heraufgesetzt) werden!
[ 6]  NG←0.000001          ⍝ kann/muss gegfs. geaendert werden
[ 7]  →(1<ρρAA)/LOS
[ 8]  AA←1 1ρAA
[ 9] LOS:RA←+/NG<|EIGWERT(⍉AA)+.×AA
```

47. VAR

```
 VAX←VAR VX
⍝Varianzberechnung
 VAX←VX COV VX
```

48. VEKFORM

```
 VY←VEKFORM DY;AA;DI;DJ
⍝Formt Vektor VY aus Datenfeld DY
⍝Leere Felder werden unterdrueckt (s. letzte Zeile)
 →(2=⍴⍴DY)/AB0
 ⍞←'Es liegt kein 2-dimensionales Datenfeld vor' ⋄ →0
AB0:
 AA←(⍴DY)[1] ⋄ DI←1 ⋄ VY←⍳0
AB:
 DJ←0
LOS:
 DJ←DJ+1
 VY←VY,⊃DY[DI;DJ]
 →(DJ<⍴,DY[DI;])/LOS
 DI←DI+1
 →(DI≤AA)/AB
 VY←⍎⍕VY
```

49. XEINF

```
 XN1K←XEINF N1K;XN;XK;NI;SNK
⍝Erstellt Matrix X (7.1.6) zur ANOVA bei EINFACH-
⍝Klassifikation.
⍝EINGABE: N1K=(N1,...,Nk) (Haeufigkeiten der Gruppen)
⍝AUSGABE: (N×k)-MATRIX mit Ni 1-en in Spalte i, 0-en sonst
 XN←+/N1K ⋄ XK←⍴N1K ⋄ NI←1 ⋄ SNK←+\N1K
 XN1K←(XN,1)⍴(N1K[NI]⍴1),(XN-N1K[NI])⍴0
LAUF:
 →(NI>XK-1)/0
 NI←NI+1
 XN1K←XN1K,(XN,1)⍴(SNK[NI-1]⍴0),(N1K[NI]⍴1),(XN-SNK[NI])⍴0
 →LAUF
```

50. XHIERA

```
 XHC←XHIERA NIJX
⍝Erzeugt AUSGABE - die zu den beta_ij gehoerenden Spalten
⍝der Matrix X (8.4.4) fuer hierarchische Klassifikation.
⍝EINGABE: Matrix NIJX der Zellhaeufigkeiten.
⍝Zellhaeufigkeiten fuer leere Zellen muessen 0 sein.
 NIJB←~0∊¨+/[1]XEINF,NIJX
 XHC←NIJB/XEINF,NIJX
```

51. XZWEIFOW

```
 XZW←XZWEIFOW NIJ;NI_;XALPH;XBET;WI
⍝Erstellt X-Matrix fuer 2-fach Klassifikation o h n e
⍝Wechselwirkung (8.3.1),(8.3.2), jedoch  h o m o g e n,
⍝also ohne die 1-er Spalte fuer mue.
⍝EINGABE:Matrix der Zellhaeufigkeiten NIJ=[[n_ij]].
 NI_←+/NIJ ⋄ WI←2 ⋄ XBET←XEINF NIJ[1;]
 XALPH←XEINF NI_
LOS:
```

```
XBET←XBET,[1]XEINF NIJ[WI;]
 WI←WI+1
 →(WI≤(ρNIJ)[1])/LOS
 XZW←XALPH,XBET
```

52. ZELLH

```
 NIJY←ZELLH ZY;ZI;ZA;ZB;BIJY
⍝Erstellt Matrix NIJY (= AUSGABE) der Zell-Haeufigkeiten im
⍝Datenfeld ('Nested Array') ZY (= EINGABE) vom Format
⍝ρ(ZY)=(ZA,ZB) mit ZA×ZB Zellen. Zellen duerfen leer sein.
 →(2=ρρZY)/AB
 ZY←(1,ρZY)ρZY
AB:
 ZA←(ρZY)[1] ◊ ZB←(ρZY)[2] ◊ ZI←1 ◊ NIJY←ρ0
LOS:
 NIJY←NIJY,ρ,⊃(,ZY)[ZI] ⍝1 (fuer ' ') auch fuer leere Zellen
 ZI←ZI+1
 →(ZI≤ZA×ZB)/LOS
 NIJY←(ZA,ZB)ρNIJY
 BIJY←~' '∊¨(+/¨ZY)                 ⍝identifiziere leere Zellen
 NIJY←BIJY×NIJY
```

Anhang 2

Prozentpunkte der F–Verteilung

Tabelliert sind $(1-\alpha)\cdot 100$-Prozentpunkte

$$F_{r,s;\alpha}$$

für F-Statistiken $\mathcal{F}$ mit (r, s) Freiheitsgraden

definiert durch

$$P(\mathcal{F} > F_{r,s;\alpha}) = \alpha$$

für $r = 1,\ 2,\ \ldots,\ 9,\ 10,\ 12,\ 15,\ 20,\ 25,\ 30,\ 35,\ 40,\ 60,\ 100,\ 1000000$

für $s = 1,\ 2,\ \ldots,\ 29,\ 30,\ 50,\ 100,\ 200,\ 1000000$

für $\alpha = 0.25,\ 0.10,\ 0.05,\ 0.025,\ 0.01,\ 0.005$

Die Prozentpunkte wurden in GAUSS mit dem Programm CDFFC berechnet.

$(1-\alpha)$–Punkte der $F(r,s)$–Verteilung: $\alpha = 0.25$

r = Anzahl der Zähler–Freiheitsgrade
s = Anzahl der Nenner–Freiheitsgrade

	r						
s	1	2	3	4	5	6	7
1	5.829	7.500	8.200	8.581	8.820	8.984	9.102
2	2.572	3.000	3.153	3.232	3.280	3.312	3.335
3	2.024	2.280	2.356	2.390	2.410	2.422	2.430
4	1.807	2.000	2.047	2.064	2.072	2.077	2.079
5	1.693	1.853	1.884	1.893	1.895	1.894	1.894
6	1.621	1.762	1.784	1.787	1.785	1.782	1.779
7	1.573	1.701	1.717	1.716	1.711	1.706	1.701
8	1.538	1.657	1.668	1.664	1.658	1.651	1.645
9	1.512	1.624	1.632	1.625	1.617	1.609	1.602
10	1.492	1.598	1.603	1.595	1.585	1.576	1.569
11	1.475	1.577	1.580	1.570	1.560	1.550	1.542
12	1.461	1.560	1.561	1.550	1.539	1.529	1.520
13	1.450	1.545	1.545	1.534	1.522	1.511	1.501
14	1.440	1.533	1.532	1.519	1.507	1.495	1.485
15	1.432	1.523	1.520	1.507	1.494	1.482	1.472
16	1.425	1.514	1.510	1.497	1.483	1.471	1.460
17	1.419	1.506	1.502	1.487	1.473	1.460	1.450
18	1.413	1.499	1.494	1.479	1.464	1.452	1.441
19	1.408	1.493	1.487	1.472	1.457	1.444	1.432
20	1.404	1.487	1.481	1.465	1.450	1.437	1.425
21	1.400	1.482	1.475	1.459	1.444	1.430	1.419
22	1.396	1.478	1.470	1.454	1.438	1.424	1.413
23	1.393	1.473	1.466	1.449	1.433	1.419	1.407
24	1.390	1.470	1.462	1.445	1.428	1.414	1.402
25	1.387	1.466	1.458	1.441	1.424	1.410	1.398
26	1.384	1.463	1.454	1.437	1.420	1.406	1.394
27	1.382	1.460	1.451	1.433	1.417	1.402	1.390
28	1.380	1.457	1.448	1.430	1.413	1.399	1.386
29	1.378	1.455	1.445	1.427	1.410	1.395	1.383
30	1.376	1.452	1.443	1.424	1.407	1.392	1.380
40	1.363	1.436	1.424	1.404	1.386	1.371	1.357
50	1.355	1.426	1.413	1.393	1.374	1.358	1.344
100	1.339	1.406	1.391	1.369	1.349	1.332	1.317
200	1.331	1.396	1.380	1.358	1.337	1.319	1.304
1000000	1.323	1.386	1.370	1.346	1.325	1.307	1.291

$(1-\alpha)$–Punkte der $F(r, s)$–Verteilung: $\alpha = 0.25$

r = Anzahl der Zähler–Freiheitsgrade
s = Anzahl der Nenner–Freiheitsgrade

	r						
s	8	9	10	12	15	20	25
1	9.193	9.263	9.320	9.407	9.494	9.582	9.635
2	3.353	3.366	3.377	3.394	3.410	3.426	3.436
3	2.436	2.441	2.445	2.450	2.455	2.460	2.463
4	2.081	2.081	2.082	2.083	2.083	2.083	2.083
5	1.892	1.891	1.890	1.888	1.885	1.882	1.880
6	1.776	1.773	1.771	1.767	1.762	1.757	1.754
7	1.697	1.693	1.690	1.684	1.678	1.671	1.667
8	1.640	1.635	1.631	1.624	1.617	1.609	1.603
9	1.596	1.591	1.586	1.579	1.570	1.561	1.555
10	1.562	1.556	1.551	1.543	1.534	1.524	1.517
11	1.535	1.528	1.523	1.514	1.504	1.493	1.486
12	1.512	1.505	1.500	1.490	1.480	1.468	1.460
13	1.493	1.486	1.480	1.470	1.459	1.447	1.438
14	1.477	1.470	1.464	1.453	1.442	1.428	1.420
15	1.463	1.456	1.449	1.438	1.426	1.413	1.404
16	1.451	1.443	1.437	1.426	1.413	1.399	1.390
17	1.441	1.433	1.426	1.414	1.402	1.387	1.377
18	1.431	1.423	1.416	1.404	1.391	1.376	1.366
19	1.423	1.414	1.407	1.395	1.382	1.367	1.356
20	1.415	1.407	1.400	1.387	1.374	1.358	1.348
21	1.409	1.400	1.392	1.380	1.366	1.350	1.340
22	1.402	1.394	1.386	1.374	1.359	1.343	1.332
23	1.397	1.388	1.380	1.368	1.353	1.337	1.326
24	1.392	1.383	1.375	1.362	1.348	1.331	1.320
25	1.387	1.378	1.370	1.357	1.342	1.325	1.314
26	1.383	1.374	1.366	1.352	1.337	1.320	1.309
27	1.379	1.370	1.362	1.348	1.333	1.316	1.304
28	1.375	1.366	1.358	1.344	1.329	1.311	1.299
29	1.372	1.362	1.354	1.340	1.325	1.307	1.295
30	1.369	1.359	1.351	1.337	1.321	1.303	1.291
40	1.346	1.335	1.327	1.312	1.295	1.276	1.263
50	1.332	1.321	1.312	1.297	1.280	1.259	1.245
100	1.304	1.293	1.284	1.267	1.248	1.226	1.210
200	1.291	1.279	1.269	1.252	1.232	1.209	1.192
1000000	1.277	1.266	1.255	1.237	1.216	1.191	1.174

$(1-\alpha)$–Punkte der $F(r,s)$–Verteilung: $\alpha = 0.25$

r = Anzahl der Zähler–Freiheitsgrade
s = Anzahl der Nenner–Freiheitsgrade

	r						
s	30	35	40	50	60	100	1000000
1	9.670	9.696	9.715	9.741	9.759	9.795	9.849
2	3.443	3.448	3.451	3.456	3.460	3.466	3.476
3	2.465	2.466	2.467	2.469	2.470	2.472	2.474
4	2.083	2.082	2.082	2.082	2.082	2.081	2.081
5	1.878	1.877	1.876	1.875	1.874	1.872	1.870
6	1.751	1.749	1.748	1.746	1.744	1.741	1.737
7	1.664	1.661	1.659	1.657	1.655	1.651	1.645
8	1.600	1.597	1.595	1.592	1.589	1.585	1.578
9	1.551	1.548	1.545	1.541	1.539	1.534	1.526
10	1.512	1.508	1.506	1.502	1.499	1.493	1.484
11	1.481	1.477	1.474	1.469	1.466	1.460	1.450
12	1.454	1.450	1.447	1.443	1.439	1.433	1.422
13	1.432	1.428	1.425	1.420	1.416	1.409	1.398
14	1.414	1.409	1.406	1.400	1.397	1.389	1.377
15	1.397	1.392	1.389	1.383	1.380	1.372	1.359
16	1.383	1.378	1.374	1.369	1.365	1.356	1.343
17	1.370	1.365	1.361	1.356	1.351	1.343	1.329
18	1.359	1.354	1.350	1.344	1.340	1.331	1.316
19	1.349	1.344	1.340	1.333	1.329	1.320	1.305
20	1.340	1.335	1.330	1.324	1.319	1.310	1.294
21	1.332	1.326	1.322	1.315	1.311	1.301	1.285
22	1.324	1.319	1.314	1.307	1.303	1.293	1.276
23	1.318	1.312	1.307	1.300	1.295	1.285	1.268
24	1.311	1.305	1.300	1.294	1.289	1.278	1.261
25	1.306	1.299	1.294	1.287	1.282	1.272	1.254
26	1.300	1.294	1.289	1.282	1.277	1.266	1.247
27	1.295	1.289	1.284	1.276	1.271	1.260	1.242
28	1.291	1.284	1.279	1.272	1.266	1.255	1.236
29	1.286	1.280	1.275	1.267	1.262	1.250	1.231
30	1.282	1.276	1.270	1.263	1.257	1.246	1.226
40	1.253	1.246	1.240	1.231	1.225	1.212	1.188
50	1.235	1.227	1.221	1.212	1.205	1.190	1.164
100	1.198	1.189	1.182	1.171	1.163	1.145	1.110
200	1.180	1.170	1.162	1.149	1.140	1.120	1.074
1000000	1.160	1.149	1.140	1.127	1.116	1.092	1.001

$(1-\alpha)$–Punkte der $F(r,s)$–Verteilung: $\alpha = 0.10$

r = Anzahl der Zähler–Freiheitsgrade
s = Anzahl der Nenner–Freiheitsgrade

	r						
s	1	2	3	4	5	6	7
1	39.864	49.501	53.594	55.834	57.241	58.205	58.907
2	8.526	9.000	9.162	9.244	9.293	9.326	9.349
3	5.538	5.462	5.391	5.343	5.309	5.285	5.266
4	4.545	4.325	4.191	4.107	4.051	4.010	3.979
5	4.060	3.780	3.620	3.520	3.453	3.405	3.368
6	3.776	3.463	3.289	3.181	3.108	3.055	3.015
7	3.589	3.257	3.074	2.961	2.883	2.827	2.785
8	3.458	3.113	2.924	2.807	2.727	2.668	2.624
9	3.360	3.006	2.813	2.693	2.611	2.551	2.505
10	3.285	2.924	2.728	2.605	2.522	2.461	2.414
11	3.225	2.860	2.660	2.536	2.451	2.389	2.342
12	3.176	2.807	2.606	2.480	2.394	2.331	2.283
13	3.136	2.763	2.560	2.434	2.347	2.283	2.234
14	3.102	2.727	2.522	2.395	2.307	2.243	2.193
15	3.073	2.695	2.490	2.362	2.273	2.208	2.158
16	3.048	2.668	2.462	2.333	2.244	2.178	2.128
17	3.026	2.645	2.438	2.308	2.218	2.152	2.102
18	3.007	2.624	2.416	2.286	2.196	2.130	2.079
19	2.990	2.606	2.397	2.266	2.176	2.109	2.058
20	2.975	2.589	2.380	2.249	2.158	2.091	2.040
21	2.961	2.575	2.365	2.233	2.142	2.075	2.023
22	2.948	2.561	2.351	2.219	2.128	2.060	2.008
23	2.937	2.549	2.339	2.207	2.115	2.047	1.995
24	2.927	2.538	2.327	2.195	2.103	2.035	1.983
25	2.918	2.528	2.317	2.184	2.092	2.024	1.971
26	2.909	2.519	2.308	2.175	2.082	2.014	1.961
27	2.901	2.511	2.299	2.166	2.073	2.005	1.952
28	2.894	2.503	2.291	2.157	2.064	1.996	1.943
29	2.887	2.496	2.283	2.150	2.057	1.988	1.935
30	2.881	2.489	2.276	2.142	2.049	1.980	1.927
40	2.835	2.440	2.226	2.091	1.997	1.927	1.873
50	2.809	2.412	2.197	2.061	1.966	1.896	1.840
100	2.756	2.356	2.139	2.002	1.906	1.834	1.778
200	2.731	2.329	2.111	1.973	1.876	1.804	1.747
1000000	2.706	2.303	2.084	1.945	1.847	1.774	1.717

$(1-\alpha)$–Punkte der $F(r,s)$–Verteilung: $\alpha = 0.10$

r = Anzahl der Zähler–Freiheitsgrade
s = Anzahl der Nenner–Freiheitsgrade

	r						
s	8	9	10	12	15	20	25
1	59.440	59.859	60.196	60.706	61.221	61.741	62.056
2	9.367	9.381	9.392	9.408	9.425	9.441	9.451
3	5.252	5.240	5.231	5.216	5.200	5.184	5.175
4	3.955	3.936	3.920	3.896	3.870	3.844	3.828
5	3.339	3.316	3.298	3.268	3.238	3.207	3.187
6	2.983	2.958	2.937	2.905	2.871	2.836	2.815
7	2.752	2.725	2.703	2.668	2.632	2.595	2.571
8	2.589	2.561	2.538	2.502	2.464	2.425	2.400
9	2.470	2.440	2.416	2.379	2.340	2.298	2.273
10	2.377	2.347	2.323	2.284	2.244	2.201	2.174
11	2.304	2.274	2.248	2.209	2.167	2.123	2.095
12	2.245	2.214	2.188	2.148	2.105	2.060	2.031
13	2.195	2.164	2.138	2.097	2.053	2.007	1.978
14	2.154	2.122	2.095	2.054	2.010	1.962	1.933
15	2.119	2.086	2.059	2.017	1.972	1.924	1.894
16	2.088	2.055	2.028	1.985	1.940	1.891	1.860
17	2.061	2.028	2.001	1.958	1.912	1.862	1.831
18	2.038	2.005	1.977	1.933	1.887	1.837	1.805
19	2.017	1.984	1.956	1.912	1.865	1.814	1.782
20	1.999	1.965	1.937	1.892	1.845	1.794	1.761
21	1.982	1.948	1.920	1.875	1.827	1.776	1.742
22	1.967	1.933	1.904	1.859	1.811	1.759	1.726
23	1.953	1.919	1.890	1.845	1.796	1.744	1.710
24	1.941	1.906	1.878	1.832	1.783	1.730	1.696
25	1.929	1.895	1.866	1.820	1.771	1.718	1.683
26	1.919	1.884	1.855	1.809	1.760	1.706	1.671
27	1.909	1.874	1.845	1.799	1.749	1.695	1.660
28	1.900	1.865	1.836	1.790	1.740	1.685	1.650
29	1.892	1.857	1.828	1.781	1.731	1.676	1.640
30	1.884	1.849	1.820	1.773	1.722	1.667	1.632
40	1.829	1.793	1.763	1.715	1.662	1.605	1.568
50	1.796	1.760	1.729	1.680	1.627	1.568	1.530
100	1.732	1.695	1.663	1.612	1.557	1.494	1.453
200	1.701	1.663	1.631	1.579	1.522	1.458	1.414
1000000	1.670	1.632	1.599	1.546	1.487	1.421	1.375

$(1-\alpha)$–Punkte der $F(r,s)$–Verteilung: $\alpha = 0.10$

r = Anzahl der Zähler–Freiheitsgrade
s = Anzahl der Nenner–Freiheitsgrade

	r						
s	30	35	40	50	60	100	1000000
1	62.266	62.417	62.530	62.689	62.795	63.008	63.328
2	9.458	9.463	9.466	9.471	9.475	9.481	9.491
3	5.168	5.163	5.160	5.155	5.151	5.144	5.134
4	3.818	3.810	3.804	3.795	3.790	3.778	3.761
5	3.174	3.165	3.157	3.147	3.140	3.126	3.105
6	2.800	2.789	2.781	2.770	2.762	2.746	2.722
7	2.556	2.544	2.535	2.523	2.514	2.497	2.471
8	2.383	2.371	2.361	2.348	2.339	2.321	2.293
9	2.255	2.242	2.232	2.218	2.209	2.189	2.159
10	2.156	2.142	2.132	2.117	2.107	2.087	2.056
11	2.076	2.062	2.052	2.037	2.026	2.005	1.972
12	2.012	1.997	1.986	1.970	1.960	1.938	1.904
13	1.958	1.943	1.932	1.915	1.904	1.882	1.846
14	1.912	1.897	1.885	1.869	1.857	1.834	1.797
15	1.873	1.857	1.845	1.828	1.817	1.793	1.755
16	1.839	1.823	1.811	1.794	1.782	1.757	1.718
17	1.809	1.793	1.781	1.763	1.751	1.726	1.686
18	1.783	1.766	1.754	1.736	1.723	1.698	1.657
19	1.759	1.743	1.730	1.711	1.699	1.673	1.631
20	1.738	1.721	1.708	1.690	1.677	1.650	1.607
21	1.719	1.702	1.689	1.670	1.657	1.630	1.586
22	1.702	1.685	1.671	1.652	1.639	1.611	1.567
23	1.686	1.669	1.655	1.636	1.622	1.594	1.549
24	1.672	1.654	1.641	1.621	1.607	1.579	1.533
25	1.659	1.641	1.627	1.607	1.593	1.565	1.518
26	1.647	1.629	1.615	1.594	1.581	1.551	1.504
27	1.636	1.617	1.603	1.583	1.569	1.539	1.491
28	1.625	1.607	1.592	1.572	1.558	1.528	1.478
29	1.616	1.597	1.583	1.562	1.547	1.517	1.467
30	1.606	1.588	1.573	1.552	1.538	1.507	1.456
40	1.541	1.521	1.506	1.483	1.467	1.434	1.377
50	1.502	1.481	1.465	1.441	1.424	1.388	1.327
100	1.423	1.400	1.382	1.355	1.336	1.294	1.214
200	1.383	1.358	1.339	1.310	1.289	1.242	1.144
1000000	1.342	1.316	1.295	1.263	1.240	1.185	1.002

$(1-\alpha)$–Punkte der $F(r,s)$–Verteilung: $\alpha = 0.05$

r = Anzahl der Zähler–Freiheitsgrade
s = Anzahl der Nenner–Freiheitsgrade

	r						
s	1	2	3	4	5	6	7
1	161.452	199.504	215.712	224.587	230.166	233.990	236.773
2	18.513	19.000	19.164	19.247	19.296	19.330	19.353
3	10.128	9.552	9.277	9.117	9.014	8.941	8.887
4	7.709	6.944	6.591	6.388	6.256	6.163	6.094
5	6.608	5.786	5.409	5.192	5.050	4.950	4.876
6	5.987	5.143	4.757	4.534	4.387	4.284	4.207
7	5.591	4.738	4.347	4.120	3.972	3.866	3.787
8	5.317	4.459	4.066	3.838	3.688	3.581	3.500
9	5.117	4.256	3.863	3.633	3.482	3.374	3.293
10	4.964	4.103	3.708	3.478	3.326	3.217	3.136
11	4.844	3.982	3.587	3.357	3.204	3.095	3.012
12	4.747	3.885	3.490	3.259	3.106	2.996	2.913
13	4.667	3.806	3.411	3.179	3.026	2.915	2.832
14	4.600	3.739	3.344	3.112	2.958	2.848	2.764
15	4.543	3.682	3.287	3.056	2.901	2.791	2.707
16	4.494	3.634	3.239	3.007	2.852	2.741	2.657
17	4.451	3.592	3.197	2.965	2.810	2.699	2.614
18	4.414	3.555	3.160	2.928	2.773	2.661	2.577
19	4.381	3.522	3.127	2.895	2.740	2.628	2.544
20	4.351	3.493	3.098	2.866	2.711	2.599	2.514
21	4.324	3.467	3.073	2.840	2.685	2.573	2.488
22	4.301	3.443	3.049	2.817	2.661	2.549	2.464
23	4.279	3.422	3.028	2.796	2.640	2.528	2.442
24	4.259	3.403	3.009	2.776	2.621	2.508	2.423
25	4.241	3.385	2.991	2.759	2.603	2.491	2.405
26	4.225	3.369	2.975	2.743	2.587	2.474	2.388
27	4.210	3.354	2.960	2.728	2.572	2.459	2.373
28	4.196	3.340	2.947	2.714	2.558	2.445	2.359
29	4.183	3.328	2.934	2.701	2.545	2.433	2.346
30	4.171	3.316	2.922	2.690	2.534	2.421	2.334
40	4.085	3.232	2.839	2.606	2.450	2.336	2.249
50	4.034	3.183	2.790	2.557	2.400	2.287	2.199
100	3.936	3.087	2.696	2.463	2.305	2.191	2.103
200	3.888	3.041	2.650	2.417	2.259	2.144	2.056
1000000	3.842	2.996	2.605	2.372	2.214	2.099	2.010

$(1-\alpha)$-Punkte der $F(r,s)$-Verteilung: $\alpha = 0.05$

r = Anzahl der Zähler-Freiheitsgrade
s = Anzahl der Nenner-Freiheitsgrade

	r						
s	8	9	10	12	15	20	25
1	238.887	240.547	241.886	243.910	245.954	248.017	249.264
2	19.371	19.385	19.396	19.413	19.429	19.446	19.456
3	8.845	8.812	8.786	8.745	8.703	8.660	8.634
4	6.041	5.999	5.964	5.912	5.858	5.803	5.769
5	4.818	4.773	4.735	4.678	4.619	4.558	4.521
6	4.147	4.099	4.060	4.000	3.938	3.874	3.835
7	3.726	3.677	3.637	3.575	3.511	3.445	3.404
8	3.438	3.388	3.347	3.284	3.219	3.150	3.108
9	3.230	3.179	3.137	3.073	3.006	2.937	2.893
10	3.072	3.020	2.978	2.913	2.845	2.774	2.730
11	2.948	2.896	2.854	2.788	2.719	2.647	2.601
12	2.849	2.796	2.753	2.687	2.617	2.544	2.498
13	2.767	2.714	2.671	2.604	2.533	2.459	2.412
14	2.699	2.646	2.602	2.534	2.463	2.388	2.341
15	2.641	2.588	2.544	2.475	2.404	2.328	2.280
16	2.591	2.538	2.494	2.425	2.352	2.276	2.227
17	2.548	2.494	2.450	2.381	2.308	2.230	2.182
18	2.510	2.456	2.412	2.342	2.269	2.191	2.141
19	2.477	2.423	2.378	2.308	2.234	2.156	2.106
20	2.447	2.393	2.348	2.278	2.203	2.124	2.074
21	2.420	2.366	2.321	2.250	2.176	2.096	2.045
22	2.397	2.342	2.297	2.226	2.151	2.071	2.020
23	2.375	2.320	2.275	2.204	2.128	2.048	1.996
24	2.355	2.300	2.255	2.183	2.108	2.027	1.975
25	2.337	2.282	2.237	2.165	2.089	2.007	1.956
26	2.321	2.266	2.220	2.148	2.072	1.990	1.938
27	2.305	2.250	2.204	2.132	2.056	1.974	1.921
28	2.291	2.236	2.190	2.118	2.041	1.959	1.906
29	2.278	2.223	2.177	2.105	2.028	1.945	1.892
30	2.266	2.211	2.165	2.092	2.015	1.932	1.878
40	2.180	2.124	2.077	2.003	1.924	1.839	1.784
50	2.130	2.073	2.026	1.952	1.871	1.784	1.727
100	2.032	1.975	1.927	1.850	1.768	1.676	1.616
200	1.985	1.927	1.878	1.801	1.717	1.623	1.561
1000000	1.938	1.880	1.831	1.752	1.666	1.571	1.506

$(1-\alpha)$–Punkte der $F(r,s)$–Verteilung: $\alpha = 0.05$

r = Anzahl der Zähler–Freiheitsgrade
s = Anzahl der Nenner–Freiheitsgrade

	r						
s	30	35	40	50	60	100	1000000
1	250.099	250.698	251.147	251.778	252.200	253.045	254.314
2	19.462	19.467	19.471	19.476	19.479	19.486	19.496
3	8.617	8.604	8.595	8.581	8.572	8.554	8.526
4	5.746	5.730	5.717	5.700	5.688	5.664	5.628
5	4.496	4.478	4.464	4.444	4.431	4.405	4.365
6	3.808	3.789	3.774	3.754	3.740	3.712	3.669
7	3.376	3.356	3.341	3.319	3.304	3.275	3.230
8	3.080	3.059	3.043	3.020	3.005	2.975	2.928
9	2.864	2.842	2.826	2.803	2.787	2.756	2.707
10	2.700	2.678	2.661	2.637	2.621	2.589	2.538
11	2.571	2.548	2.531	2.507	2.490	2.457	2.404
12	2.466	2.443	2.426	2.401	2.384	2.350	2.296
13	2.380	2.357	2.339	2.314	2.297	2.261	2.207
14	2.308	2.285	2.266	2.241	2.223	2.187	2.131
15	2.247	2.223	2.204	2.178	2.160	2.124	2.066
16	2.194	2.169	2.151	2.124	2.106	2.068	2.010
17	2.148	2.123	2.104	2.077	2.059	2.021	1.960
18	2.107	2.082	2.063	2.035	2.017	1.978	1.917
19	2.071	2.046	2.027	1.999	1.980	1.940	1.878
20	2.039	2.014	1.994	1.966	1.946	1.907	1.843
21	2.010	1.984	1.965	1.936	1.916	1.876	1.812
22	1.984	1.958	1.938	1.909	1.890	1.849	1.783
23	1.961	1.934	1.914	1.885	1.865	1.824	1.757
24	1.939	1.912	1.892	1.863	1.842	1.800	1.733
25	1.919	1.892	1.872	1.842	1.822	1.779	1.711
26	1.901	1.874	1.853	1.823	1.803	1.760	1.691
27	1.884	1.857	1.836	1.806	1.785	1.742	1.672
28	1.869	1.841	1.820	1.790	1.769	1.725	1.654
29	1.854	1.827	1.806	1.775	1.754	1.710	1.638
30	1.841	1.813	1.792	1.761	1.740	1.695	1.622
40	1.744	1.715	1.693	1.660	1.637	1.589	1.509
50	1.687	1.657	1.634	1.600	1.576	1.525	1.438
100	1.573	1.541	1.515	1.477	1.450	1.392	1.283
200	1.516	1.482	1.455	1.415	1.386	1.321	1.189
1000000	1.459	1.423	1.394	1.350	1.318	1.244	1.002

$(1 - \alpha)$–Punkte der $F(r, s)$–Verteilung: $\alpha = 0.025$

r = Anzahl der Zähler–Freiheitsgrade
s = Anzahl der Nenner–Freiheitsgrade

	r						
s	1	2	3	4	5	6	7
1	647.804	799.514	864.180	899.599	921.865	937.126	948.233
2	38.507	39.000	39.166	39.249	39.299	39.332	39.355
3	17.444	16.044	15.439	15.101	14.885	14.735	14.625
4	12.218	10.649	9.979	9.605	9.365	9.197	9.074
5	10.007	8.434	7.764	7.388	7.146	6.978	6.853
6	8.813	7.260	6.599	6.227	5.988	5.820	5.696
7	8.073	6.542	5.890	5.523	5.285	5.119	4.995
8	7.570	6.060	5.416	5.053	4.817	4.652	4.529
9	7.208	5.715	5.078	4.718	4.484	4.320	4.197
10	6.936	5.456	4.826	4.468	4.236	4.072	3.950
11	6.723	5.256	4.630	4.275	4.044	3.881	3.759
12	6.553	5.096	4.474	4.121	3.891	3.728	3.607
13	6.413	4.965	4.347	3.996	3.767	3.604	3.483
14	6.297	4.856	4.242	3.892	3.664	3.501	3.380
15	6.199	4.765	4.153	3.804	3.577	3.415	3.293
16	6.114	4.686	4.077	3.729	3.502	3.341	3.220
17	6.041	4.619	4.011	3.665	3.438	3.277	3.156
18	5.977	4.560	3.954	3.608	3.382	3.221	3.100
19	5.921	4.507	3.903	3.559	3.333	3.172	3.051
20	5.871	4.461	3.859	3.515	3.289	3.128	3.008
21	5.826	4.420	3.819	3.475	3.250	3.090	2.969
22	5.786	4.383	3.783	3.440	3.215	3.055	2.934
23	5.749	4.349	3.751	3.408	3.184	3.023	2.902
24	5.716	4.319	3.721	3.379	3.155	2.995	2.874
25	5.686	4.291	3.694	3.353	3.129	2.969	2.848
26	5.658	4.265	3.670	3.329	3.105	2.945	2.824
27	5.632	4.242	3.647	3.307	3.083	2.923	2.802
28	5.609	4.220	3.626	3.286	3.063	2.903	2.782
29	5.587	4.200	3.607	3.268	3.044	2.884	2.763
30	5.567	4.182	3.589	3.250	3.027	2.867	2.746
40	5.423	4.051	3.463	3.126	2.904	2.744	2.624
50	5.340	3.975	3.390	3.054	2.833	2.674	2.553
100	5.178	3.828	3.250	2.917	2.696	2.537	2.417
200	5.100	3.758	3.182	2.850	2.631	2.472	2.351
1000000	5.024	3.689	3.116	2.786	2.567	2.408	2.288

$(1-\alpha)$–Punkte der $F(r,s)$–Verteilung: $\alpha = 0.025$

r = Anzahl der Zähler–Freiheitsgrade
s = Anzahl der Nenner–Freiheitsgrade

	r						
s	8	9	10	12	15	20	25
1	956.672	963.301	968.643	976.724	984.883	993.118	998.097
2	39.373	39.387	39.398	39.415	39.431	39.448	39.458
3	14.540	14.473	14.419	14.337	14.253	14.167	14.116
4	8.980	8.905	8.844	8.751	8.657	8.560	8.501
5	6.757	6.681	6.619	6.525	6.428	6.329	6.268
6	5.600	5.524	5.461	5.366	5.269	5.169	5.107
7	4.899	4.823	4.761	4.666	4.568	4.467	4.405
8	4.433	4.357	4.295	4.200	4.101	4.000	3.937
9	4.102	4.026	3.964	3.868	3.769	3.667	3.604
10	3.855	3.779	3.717	3.621	3.522	3.419	3.355
11	3.664	3.588	3.526	3.430	3.330	3.226	3.162
12	3.512	3.436	3.374	3.277	3.177	3.073	3.008
13	3.388	3.312	3.250	3.153	3.053	2.948	2.882
14	3.285	3.209	3.147	3.050	2.949	2.844	2.778
15	3.199	3.123	3.060	2.963	2.862	2.756	2.689
16	3.125	3.049	2.986	2.889	2.788	2.681	2.614
17	3.061	2.985	2.922	2.825	2.723	2.616	2.548
18	3.005	2.929	2.866	2.769	2.667	2.559	2.491
19	2.956	2.880	2.817	2.720	2.617	2.509	2.441
20	2.913	2.837	2.774	2.676	2.573	2.464	2.396
21	2.874	2.798	2.735	2.637	2.534	2.425	2.356
22	2.839	2.763	2.700	2.602	2.499	2.389	2.320
23	2.808	2.731	2.668	2.570	2.467	2.357	2.287
24	2.779	2.703	2.640	2.541	2.438	2.327	2.258
25	2.753	2.677	2.614	2.515	2.411	2.301	2.230
26	2.729	2.653	2.590	2.491	2.387	2.276	2.206
27	2.707	2.631	2.568	2.469	2.365	2.253	2.183
28	2.687	2.611	2.547	2.448	2.344	2.233	2.162
29	2.669	2.592	2.529	2.430	2.325	2.213	2.142
30	2.651	2.575	2.511	2.412	2.307	2.195	2.124
40	2.529	2.452	2.388	2.288	2.182	2.068	1.994
50	2.458	2.381	2.317	2.216	2.109	1.993	1.919
100	2.322	2.244	2.179	2.077	1.968	1.849	1.770
200	2.256	2.178	2.113	2.010	1.900	1.778	1.698
1000000	2.192	2.114	2.048	1.945	1.833	1.708	1.626

$(1-\alpha)$–Punkte der $F(r,s)$–Verteilung: $\alpha = 0.025$

r = Anzahl der Zähler–Freiheitsgrade
s = Anzahl der Nenner–Freiheitsgrade

	r						
s	30	35	40	50	60	100	1000000
1	1001.430	1003.819	1005.614	1008.132	1009.816	1013.190	1018.258
2	39.465	39.470	39.473	39.478	39.481	39.488	39.498
3	14.081	14.056	14.037	14.010	13.992	13.956	13.902
4	8.461	8.433	8.411	8.381	8.361	8.320	8.257
5	6.227	6.197	6.175	6.144	6.123	6.080	6.015
6	5.065	5.035	5.012	4.980	4.959	4.916	4.849
7	4.362	4.332	4.309	4.276	4.254	4.210	4.142
8	3.894	3.863	3.840	3.807	3.785	3.739	3.670
9	3.560	3.529	3.506	3.472	3.449	3.404	3.333
10	3.311	3.279	3.255	3.221	3.199	3.152	3.080
11	3.118	3.086	3.061	3.027	3.004	2.956	2.883
12	2.963	2.931	2.906	2.872	2.848	2.800	2.725
13	2.837	2.805	2.780	2.744	2.720	2.672	2.596
14	2.732	2.699	2.674	2.639	2.614	2.565	2.487
15	2.644	2.611	2.585	2.549	2.524	2.474	2.395
16	2.568	2.534	2.509	2.472	2.447	2.396	2.316
17	2.502	2.468	2.442	2.405	2.380	2.329	2.248
18	2.445	2.410	2.384	2.347	2.322	2.269	2.187
19	2.394	2.359	2.333	2.295	2.270	2.217	2.133
20	2.349	2.314	2.287	2.249	2.223	2.170	2.085
21	2.308	2.273	2.247	2.208	2.182	2.128	2.042
22	2.272	2.237	2.210	2.171	2.145	2.090	2.003
23	2.239	2.204	2.176	2.137	2.111	2.056	1.968
24	2.209	2.173	2.146	2.107	2.080	2.024	1.935
25	2.182	2.146	2.118	2.079	2.052	1.996	1.906
26	2.157	2.121	2.093	2.053	2.026	1.969	1.878
27	2.134	2.097	2.069	2.029	2.002	1.945	1.853
28	2.112	2.076	2.048	2.007	1.980	1.922	1.829
29	2.092	2.056	2.028	1.987	1.959	1.901	1.807
30	2.074	2.037	2.009	1.968	1.940	1.882	1.787
40	1.943	1.905	1.875	1.832	1.803	1.741	1.637
50	1.866	1.827	1.796	1.752	1.721	1.656	1.545
100	1.715	1.673	1.640	1.592	1.558	1.483	1.347
200	1.640	1.597	1.562	1.511	1.474	1.393	1.229
1000000	1.566	1.520	1.484	1.428	1.388	1.296	1.003

$(1-\alpha)$-Punkte der $F(r,s)$-Verteilung: $\alpha = 0.01$

r = Anzahl der Zähler-Freiheitsgrade
s = Anzahl der Nenner-Freiheitsgrade

	r						
s	1	2	3	4	5	6	7
1	4052.275	4999.589	5403.458	5624.679	5763.754	5859.082	5928.459
2	98.504	99.001	99.167	99.250	99.300	99.333	99.357
3	34.117	30.817	29.457	28.710	28.237	27.911	27.672
4	21.198	18.000	16.694	15.977	15.522	15.207	14.976
5	16.258	13.274	12.060	11.392	10.967	10.672	10.456
6	13.745	10.925	9.780	9.148	8.746	8.466	8.260
7	12.247	9.547	8.451	7.847	7.461	7.192	6.993
8	11.259	8.649	7.591	7.006	6.632	6.371	6.178
9	10.562	8.022	6.992	6.422	6.057	5.802	5.613
10	10.044	7.560	6.552	5.994	5.636	5.386	5.200
11	9.643	7.206	6.217	5.668	5.316	5.069	4.886
12	9.328	6.927	5.953	5.412	5.064	4.821	4.640
13	9.071	6.701	5.739	5.205	4.862	4.620	4.441
14	8.859	6.514	5.564	5.035	4.695	4.456	4.278
15	8.681	6.358	5.417	4.893	4.556	4.318	4.142
16	8.529	6.226	5.292	4.773	4.438	4.202	4.026
17	8.397	6.111	5.185	4.669	4.336	4.102	3.927
18	8.283	6.012	5.092	4.579	4.248	4.015	3.841
19	8.183	5.925	5.010	4.500	4.171	3.939	3.765
20	8.094	5.848	4.938	4.431	4.103	3.872	3.699
21	8.014	5.780	4.874	4.369	4.042	3.812	3.640
22	7.943	5.719	4.816	4.313	3.988	3.758	3.587
23	7.879	5.663	4.765	4.264	3.939	3.710	3.539
24	7.821	5.613	4.718	4.218	3.895	3.667	3.496
25	7.768	5.568	4.675	4.177	3.855	3.627	3.457
26	7.719	5.526	4.636	4.140	3.818	3.591	3.421
27	7.675	5.488	4.601	4.106	3.785	3.558	3.388
28	7.634	5.452	4.568	4.074	3.754	3.528	3.358
29	7.596	5.420	4.538	4.045	3.725	3.500	3.330
30	7.561	5.390	4.510	4.018	3.699	3.474	3.305
40	7.312	5.178	4.312	3.828	3.514	3.291	3.124
50	7.169	5.056	4.199	3.720	3.408	3.187	3.020
100	6.894	4.824	3.984	3.513	3.206	2.988	2.823
200	6.762	4.713	3.881	3.414	3.110	2.893	2.730
1000000	6.635	4.605	3.782	3.319	3.017	2.802	2.639

$(1-\alpha)$–Punkte der $F(r,s)$–Verteilung: $\alpha = 0.01$

r = Anzahl der Zähler–Freiheitsgrade
s = Anzahl der Nenner–Freiheitsgrade

	r						
s	8	9	10	12	15	20	25
1	5981.167	6022.576	6055.943	6106.417	6157.386	6208.827	6239.925
2	99.375	99.389	99.400	99.416	99.433	99.450	99.460
3	27.489	27.345	27.229	27.052	26.872	26.690	26.579
4	14.799	14.659	14.546	14.374	14.198	14.020	13.911
5	10.289	10.158	10.051	9.888	9.722	9.553	9.449
6	8.102	7.976	7.874	7.718	7.559	7.396	7.296
7	6.840	6.719	6.620	6.469	6.314	6.156	6.058
8	6.029	5.911	5.814	5.667	5.515	5.359	5.263
9	5.467	5.351	5.257	5.111	4.962	4.808	4.713
10	5.057	4.942	4.849	4.706	4.558	4.405	4.311
11	4.744	4.632	4.539	4.398	4.251	4.099	4.005
12	4.499	4.388	4.296	4.155	4.010	3.859	3.765
13	4.302	4.191	4.100	3.960	3.815	3.665	3.571
14	4.140	4.030	3.939	3.800	3.656	3.505	3.412
15	4.004	3.895	3.805	3.666	3.522	3.372	3.278
16	3.890	3.781	3.691	3.553	3.409	3.259	3.165
17	3.791	3.682	3.593	3.455	3.312	3.162	3.068
18	3.706	3.597	3.508	3.371	3.227	3.077	2.983
19	3.631	3.523	3.434	3.297	3.153	3.003	2.909
20	3.564	3.457	3.368	3.231	3.088	2.938	2.843
21	3.506	3.398	3.310	3.173	3.030	2.880	2.785
22	3.453	3.346	3.258	3.121	2.978	2.828	2.733
23	3.406	3.299	3.211	3.074	2.931	2.781	2.686
24	3.363	3.256	3.168	3.032	2.889	2.738	2.643
25	3.324	3.217	3.130	2.993	2.850	2.699	2.604
26	3.288	3.182	3.094	2.958	2.815	2.664	2.569
27	3.256	3.149	3.062	2.926	2.783	2.632	2.536
28	3.226	3.120	3.032	2.896	2.753	2.602	2.506
29	3.198	3.092	3.005	2.869	2.726	2.574	2.478
30	3.173	3.067	2.979	2.843	2.700	2.549	2.453
40	2.993	2.888	2.801	2.665	2.522	2.369	2.271
50	2.890	2.785	2.698	2.563	2.419	2.265	2.167
100	2.694	2.590	2.503	2.368	2.223	2.067	1.965
200	2.601	2.497	2.411	2.275	2.130	1.971	1.868
1000000	2.511	2.407	2.321	2.185	2.039	1.878	1.773

$(1-\alpha)$–Punkte der $F(r,s)$–Verteilung: $\alpha = 0.01$

r = Anzahl der Zähler–Freiheitsgrade
s = Anzahl der Nenner–Freiheitsgrade

	r						
s	30	35	40	50	60	100	1000000
1	6260.745	6275.667	6286.878	6302.613	6313.126	6334.205	6365.864
2	99.466	99.471	99.474	99.480	99.483	99.490	99.499
3	26.505	26.451	26.411	26.354	26.316	26.240	26.125
4	13.838	13.785	13.745	13.690	13.652	13.577	13.463
5	9.379	9.329	9.291	9.238	9.202	9.130	9.020
6	7.229	7.180	7.143	7.092	7.057	6.987	6.880
7	5.992	5.944	5.908	5.858	5.824	5.755	5.650
8	5.198	5.151	5.116	5.065	5.032	4.963	4.859
9	4.649	4.602	4.567	4.517	4.483	4.415	4.311
10	4.247	4.200	4.165	4.116	4.082	4.014	3.909
11	3.941	3.895	3.860	3.810	3.776	3.708	3.603
12	3.701	3.655	3.619	3.569	3.536	3.467	3.361
13	3.507	3.461	3.425	3.375	3.341	3.272	3.165
14	3.348	3.301	3.266	3.215	3.181	3.112	3.004
15	3.214	3.168	3.132	3.081	3.047	2.977	2.869
16	3.101	3.054	3.018	2.968	2.933	2.863	2.753
17	3.003	2.956	2.920	2.870	2.835	2.764	2.653
18	2.919	2.871	2.836	2.784	2.749	2.678	2.566
19	2.844	2.797	2.761	2.709	2.674	2.602	2.489
20	2.779	2.731	2.695	2.643	2.608	2.535	2.421
21	2.720	2.672	2.636	2.584	2.548	2.476	2.360
22	2.668	2.620	2.583	2.531	2.495	2.422	2.306
23	2.620	2.572	2.536	2.483	2.447	2.373	2.256
24	2.577	2.529	2.492	2.440	2.404	2.329	2.211
25	2.538	2.490	2.453	2.400	2.364	2.289	2.169
26	2.503	2.454	2.417	2.364	2.327	2.252	2.132
27	2.470	2.421	2.384	2.331	2.294	2.218	2.097
28	2.440	2.391	2.354	2.300	2.263	2.187	2.064
29	2.412	2.363	2.325	2.271	2.234	2.158	2.034
30	2.386	2.337	2.299	2.245	2.208	2.131	2.006
40	2.203	2.153	2.114	2.058	2.020	1.938	1.805
50	2.098	2.046	2.007	1.949	1.909	1.825	1.683
100	1.893	1.839	1.797	1.735	1.692	1.598	1.427
200	1.794	1.738	1.695	1.630	1.583	1.481	1.279
1000000	1.697	1.638	1.592	1.523	1.473	1.358	1.003

$(1-\alpha)$-Punkte der $F(r,s)$-Verteilung: $\alpha = 0.005$

r = Anzahl der Zähler–Freiheitsgrade
s = Anzahl der Nenner–Freiheitsgrade

	r						
s	1	2	3	4	5	6	7
1	16211.099	19999.857	21615.165	22499.966	23056.215	23437.496	23714.978
2	198.503	199.001	199.168	199.251	199.301	199.334	199.358
3	55.552	49.800	47.467	46.195	45.392	44.839	44.434
4	31.333	26.284	24.259	23.155	22.456	21.975	21.622
5	22.785	18.314	16.530	15.556	14.940	14.513	14.201
6	18.635	14.544	12.917	12.028	11.464	11.073	10.786
7	16.236	12.404	10.883	10.051	9.522	9.155	8.885
8	14.688	11.043	9.597	8.805	8.302	7.952	7.694
9	13.614	10.107	8.717	7.956	7.471	7.134	6.885
10	12.827	9.427	8.081	7.343	6.872	6.545	6.302
11	12.226	8.912	7.600	6.881	6.422	6.102	5.865
12	11.748	8.510	7.226	6.521	6.071	5.757	5.525
13	11.367	8.187	6.926	6.234	5.791	5.482	5.253
14	11.055	7.922	6.680	5.998	5.562	5.257	5.031
15	10.792	7.701	6.476	5.803	5.372	5.071	4.847
16	10.570	7.512	6.303	5.638	5.212	4.913	4.692
17	10.379	7.352	6.156	5.497	5.075	4.779	4.559
18	10.213	7.213	6.028	5.375	4.956	4.663	4.445
19	10.068	7.092	5.915	5.268	4.853	4.561	4.345
20	9.939	6.985	5.817	5.174	4.762	4.472	4.257
21	9.825	6.890	5.730	5.091	4.681	4.393	4.179
22	9.723	6.805	5.652	5.016	4.609	4.323	4.109
23	9.630	6.729	5.582	4.950	4.544	4.259	4.047
24	9.547	6.660	5.519	4.890	4.486	4.202	3.991
25	9.471	6.597	5.461	4.835	4.433	4.150	3.939
26	9.402	6.540	5.409	4.785	4.384	4.103	3.893
27	9.338	6.487	5.361	4.739	4.340	4.059	3.850
28	9.280	6.439	5.317	4.698	4.299	4.020	3.811
29	9.226	6.395	5.276	4.659	4.262	3.983	3.775
30	9.176	6.354	5.238	4.623	4.228	3.949	3.742
40	8.824	6.066	4.976	4.374	3.986	3.713	3.509
50	8.622	5.901	4.826	4.232	3.849	3.579	3.377
100	8.238	5.589	4.542	3.963	3.590	3.325	3.127
200	8.054	5.441	4.408	3.837	3.467	3.206	3.010
1000000	7.880	5.298	4.279	3.715	3.350	3.091	2.897

$(1-\alpha)$–Punkte der $F(r,s)$–Verteilung: $\alpha = 0.005$

r = Anzahl der Zähler–Freiheitsgrade
s = Anzahl der Nenner–Freiheitsgrade

	r						
s	8	9	10	12	15	20	25
1	23925.792	24091.414	24224.873	24426.753	24630.610	24836.357	24960.740
2	199.375	199.389	199.400	199.417	199.434	199.450	199.460
3	44.126	43.883	43.686	43.388	43.085	42.778	42.591
4	21.352	21.139	20.967	20.705	20.438	20.167	20.002
5	13.961	13.772	13.618	13.385	13.146	12.904	12.756
6	10.566	10.392	10.250	10.034	9.814	9.589	9.451
7	8.678	8.514	8.380	8.177	7.968	7.754	7.623
8	7.496	7.339	7.211	7.015	6.814	6.608	6.482
9	6.693	6.541	6.417	6.227	6.033	5.832	5.709
10	6.116	5.968	5.847	5.661	5.471	5.274	5.153
11	5.682	5.537	5.418	5.236	5.049	4.855	4.736
12	5.345	5.202	5.086	4.906	4.721	4.530	4.412
13	5.076	4.935	4.820	4.643	4.460	4.270	4.153
14	4.857	4.717	4.603	4.428	4.247	4.059	3.942
15	4.674	4.536	4.424	4.250	4.070	3.883	3.766
16	4.521	4.384	4.272	4.099	3.920	3.734	3.618
17	4.389	4.254	4.142	3.971	3.793	3.607	3.492
18	4.276	4.141	4.031	3.860	3.683	3.498	3.382
19	4.177	4.043	3.933	3.763	3.587	3.402	3.287
20	4.090	3.957	3.847	3.678	3.502	3.318	3.203
21	4.013	3.880	3.771	3.603	3.427	3.243	3.128
22	3.944	3.812	3.703	3.535	3.360	3.176	3.061
23	3.882	3.750	3.642	3.475	3.300	3.117	3.001
24	3.826	3.695	3.587	3.420	3.246	3.062	2.947
25	3.776	3.645	3.537	3.370	3.196	3.013	2.898
26	3.730	3.599	3.492	3.325	3.152	2.968	2.853
27	3.688	3.557	3.450	3.284	3.110	2.928	2.812
28	3.649	3.519	3.412	3.246	3.073	2.890	2.775
29	3.613	3.483	3.377	3.211	3.038	2.855	2.740
30	3.580	3.451	3.344	3.179	3.006	2.823	2.708
40	3.350	3.222	3.117	2.953	2.781	2.599	2.482
50	3.219	3.092	2.988	2.825	2.653	2.470	2.353
100	2.972	2.847	2.744	2.583	2.411	2.227	2.108
200	2.856	2.732	2.629	2.468	2.297	2.112	1.991
1000000	2.744	2.621	2.519	2.358	2.187	2.000	1.877

$(1-\alpha)$–Punkte der $F(r,s)$–Verteilung: $\alpha = 0.005$

r = Anzahl der Zähler–Freiheitsgrade
s = Anzahl der Nenner–Freiheitsgrade

	r						
s	30	35	40	50	60	100	1000000
1	25044.013	25103.697	25148.537	25211.472	25253.520	25337.831	25464.458
2	199.467	199.472	199.475	199.480	199.484	199.490	199.500
3	42.466	42.376	42.308	42.213	42.150	42.022	41.828
4	19.892	19.812	19.752	19.667	19.611	19.497	19.325
5	12.656	12.584	12.530	12.454	12.403	12.300	12.144
6	9.358	9.291	9.241	9.170	9.122	9.026	8.879
7	7.534	7.471	7.422	7.354	7.309	7.217	7.076
8	6.396	6.334	6.288	6.222	6.177	6.088	5.951
9	5.625	5.564	5.519	5.454	5.410	5.322	5.188
10	5.071	5.011	4.966	4.902	4.859	4.772	4.639
11	4.654	4.596	4.551	4.488	4.445	4.359	4.226
12	4.331	4.272	4.228	4.165	4.123	4.037	3.904
13	4.073	4.015	3.971	3.908	3.866	3.780	3.647
14	3.862	3.804	3.760	3.698	3.655	3.569	3.436
15	3.687	3.629	3.585	3.523	3.480	3.394	3.260
16	3.539	3.481	3.437	3.375	3.333	3.246	3.112
17	3.413	3.355	3.311	3.248	3.206	3.119	2.984
18	3.303	3.245	3.201	3.139	3.096	3.009	2.873
19	3.208	3.150	3.106	3.043	3.000	2.913	2.776
20	3.124	3.066	3.022	2.959	2.916	2.828	2.690
21	3.049	2.991	2.947	2.884	2.841	2.753	2.614
22	2.982	2.924	2.880	2.817	2.774	2.685	2.546
23	2.922	2.864	2.820	2.756	2.713	2.624	2.484
24	2.868	2.810	2.765	2.702	2.659	2.569	2.428
25	2.819	2.761	2.716	2.652	2.609	2.519	2.377
26	2.774	2.716	2.671	2.607	2.563	2.473	2.330
27	2.733	2.674	2.630	2.566	2.522	2.431	2.287
28	2.695	2.637	2.592	2.527	2.483	2.393	2.247
29	2.660	2.602	2.557	2.492	2.448	2.357	2.210
30	2.628	2.569	2.524	2.460	2.415	2.324	2.176
40	2.402	2.342	2.296	2.230	2.184	2.089	1.932
50	2.272	2.211	2.165	2.097	2.050	1.951	1.786
100	2.024	1.961	1.912	1.840	1.790	1.681	1.485
200	1.905	1.840	1.790	1.715	1.662	1.544	1.314
1000000	1.789	1.722	1.669	1.590	1.533	1.402	1.004

Literaturverzeichnis

[1] S. F. Arnold. *The Theory of Linear Models and Multivariate Analysis.* John Wiley & Sons, New York, 1981.

[2] Ph. J. Dhrymes. *Introductory Econometrics.* Springer–Verlag, New York, 1978.

[3] L. Fahrmeir und A. Hamerle (Hrsg.). *Multivariate statistische Verfahren.* Walter de Gruyter Verlag, Berlin, 1984.

[4] U. Grenander. *Mathematical Experiments on the Computer.* Academic Press, London, 1982.

[5] I. Guttman. *Linear Models: An Introduction.* John Wiley & Sons, New York, 1982.

[6] J. Hartung und B. Elpelt. *Multivariate Statistik.* Oldenbourg–Verlag, München - Wien, 1984.

[7] J. D. Jobson. [I] *Applied Multivariate Data Analysis,* Vol. I: *Regression and Experimental Design.* Springer–Verlag, New York, 1991.

[8] J. D. Jobson. [II] *Applied Multivariate Data Analysis,* Vol. II: *Categorial and Multivariate Methods.* Springer–Verlag, New York, 1992.

[9] R. A. Johnson und D. W. Wichern. *Applied Multivariate Statistical Analysis.* Prentice–Hall, Englewood Cliffs (USA), 1982.

[10] G. G. Judge, W. E. Griffiths, R. C. Hill und Tsuong–Chao Lee. *The Theory and Practice of Economics.* John Wiley & Sons, New York, 1980.

[11] O. Krafft. *Lineare statistische Modelle und optimale Versuchspläne.* Vandenhoeck & Ruprecht, Göttingen, 1978.

[12] B. W. Lindgren. *Statistical Theory.* Macmillan Publishing Co., New York, 3. Auflage 1976.

[13] W. Oberhofer. *Lineare Algebra für Wirtschaftswissenschaftler.* Oldenbourg Verlag, München - Wien, 4. Auflage 1993.

[14] O. Opitz. *Mathematik — Lehrbuch für Ökonomen.* Oldenbourg Verlag, München - Wien, 1989.

[15] F. Pokropp. *Einführung in die Statistik.* Vandenhoeck & Ruprecht, Göttingen, 2. Auflage 1990.

[16] H. Scheffé. *Analysis of Variance.* John Wiley & Sons, New York, 1959.

[17] R. Schlittgen. *Einführung in die Statistik.* Oldenbourg Verlag, München - Wien, 4. Auflage 1993.

[18] R. Schlittgen und B. H. J. Streitberg. *Zeitreihenanalyse.* Oldenbourg Verlag, München - Wien, 3. Auflage 1989.

[19] H. Schneeweiß. *Ökonometrie.* Physica-Verlag, Würzburg - Wien, 1978.

[20] P. Schönfeld. *Methoden der Ökonometrie,* Band I. Franz Vahlen, Berlin, 1969.

[21] S. R. Searle. *Linear Models.* John Wiley & Sons, New York, 1971.

[22] H. Stöwe und E. Härtter. *Lehrbuch der Mathematik für Volks- und Betriebswirte.* Vandenhoeck & Ruprecht, Göttingen, 3. Auflage 1990.

[23] H. Toutenburg. *Lineare Modelle.* Physica-Verlag, Heidelberg, 1992.

Symbolverzeichnis

$\boldsymbol{A}$, $\boldsymbol{A}_{p\times q}$	(2.2.1), (5.2.8), (6.1.4)
$\boldsymbol{A}'$	(2.2.2)
$\boldsymbol{A}^{-1}$	(2.2.6)
$\boldsymbol{A}^{-}$	(3.3.6), (3.1.26), (3.1.27)
a	(8.1.1)
α	(2.1.1), (5.2.18)
α_i	(8.1.6)
α_i^*	(8.2.16)
$\widehat{\alpha}$	(2.1.9)
$\widehat{\alpha}_i^{\mathrm{res}}$	(8.2.18)
b	(8.1.1)
b_i	(8.4.1)
b_*	(8.4.2)
β	(2.1.1)
$\boldsymbol{\beta}$	(3.1.3)
β_0	(7.2.1)
β_i	(7.1.4)
β_i^*	(7.2.26)
β_j	(1.1.1), (8.1.6)
β_j^*	(8.2.16)
β_{ij}	(8.4.2)
$\overline{\beta}$	(7.1.23)
$\beta_{i\bullet}^{\mathrm{tw}}$	(8.4.7)
$\beta_{\bullet\bullet}^{\mathrm{tw}}$	(8.4.7)
$\boldsymbol{\beta}_{0q}$	(5.3.15)
$\boldsymbol{\beta}_{+q}$	(5.3.7)
$\boldsymbol{\beta}_{-q}$	(5.3.7)
$\widehat{\beta}$	(2.1.9)
$\widehat{\boldsymbol{\beta}}$	(3.1.13), (3.1.14)
$\widehat{\boldsymbol{\beta}}_{\mathrm{G}}$	(6.2.2)
$\widehat{\boldsymbol{\beta}}_h$	(3.1.38)
$\widehat{\boldsymbol{\beta}}_{H_0}$	(5.2.19)
$\widehat{\beta}_j^{\mathrm{res}}$	(7.2.17), (8.2.18)
$\widehat{\boldsymbol{\beta}}_{-q}$	(5.3.8)
γ	(7.3.1)
γ_{ij}	(8.1.6)
γ_{ij}^*	(8.2.16)
$\widehat{\gamma}$	(7.3.9), (7.3.24)
$\widehat{\gamma}_{ij}^{\mathrm{res}}$	(8.2.18)
d	(5.2.2), (5.2.18)
d_{DW}	(6.3.3)
diag	(2.2.3)
$\mathrm{E}(\boldsymbol{A})$	(2.2.7)
ε_i	(6.1.7)
F	(4.3.2)
$\mathcal{F}$	(4.3.1)
$\mathcal{F}(H_0)$	(5.2.17)

H_0	(5.2.11), (5.3.2)
H_0^{res}	vor (7.2.18)
$H_{A,0}$	(8.2.11), (8.3.7)
$H^*_{A,0}$	(8.2.20)
$H^{\text{res}}_{A,0}$	(8.2.21)
$H^{\text{res}(w)}_{A,0}$	(8.4.10)
$H_{B,0}$	(8.2.11), (8.3.5), (8.3.7), (8.4.6)
H_{β_0}	(5.3.2)
$H_{(q,0)}$	(5.3.2)
$H_{(q,\beta_0)}$	(5.3.2)
$H_{(q,=)}$	(5.3.2)
$\boldsymbol{I}$	(2.2.3)
k	(1.1.1), (3.1.3)
λ	(3.3.2)
$\boldsymbol{\Lambda}$	(3.3.4)
$\boldsymbol{\Lambda}^-$	(4.1.8)
$\boldsymbol{M}$	(3.3.9)
μ	(8.1.6)
μ^*	(8.2.16)
μ_{ij}	(8.1.3), (8.2.12)
$\boldsymbol{\mu}_Z$	(4.1.1)
$\widehat{\mu}^{\text{res}}$	(8.2.18)
$\overline{\mu}_{i\bullet}$	(8.2.12)
$\overline{\mu}_{\bullet j}$	(8.2.12)
$\overline{\mu}_{\bullet\bullet}$	(8.2.12)
$\mathcal{N}$	(4.1.1), (4.1.6)
n	(1.1.4), (3.1.3)
n_0	(7.2.23), (8.2.23)
n_i	(7.1.4)
n_{ij}	(8.1.1)
$n_{i\bullet}$	(8.2.6)
$n^*_{i\bullet}$	(8.2.27)
n^*_a	(8.2.27)
$n_{\bullet j}$	(8.2.6)
$n^*_{\bullet j}$	(8.2.27)
n^*_b	(8.2.27)
p	(7.1.4)
$Q(\boldsymbol{b})$	(5.1.11)
$Q(H_0)$	(5.2.14), (5.2.21)
q	(5.2.8), (5.3.2)
R	(3.1.41)
R^*	(3.1.41)
$\overline{R}$	(3.1.41)
$\mathbb{R}$	reelle Zahlen
$\mathbb{R}_{++}$	positive reelle Zahlen
$\mathbb{R}_{--}$	negative reelle Zahlen
$\mathbb{R}^k$	k–dimensionale reelle Vektoren
$\mathbb{R}^{n\times k}$	$(n \times k)$–dim. reelle Matrizen
r	(5.1.8)
rg	(3.1.20)
ρ	(6.1.7)
SSE	(3.1.18)
SSE($\boldsymbol{b}$)	(3.1.6)
SSE(H_0)	(5.2.22)
SSR	(3.1.18)

SSR(H_0)	(5.2.22)
SST	(3.1.18)
S_i^2	(7.1.8)
S_{ij}^2	(8.2.8)
S_{xY}	(2.1.3)
S_Y^2	(2.1.7)
s_x^2	(2.1.3)
$\boldsymbol{\Sigma}$	(5.2.11), (2.2.8)
$\boldsymbol{\Sigma}_{\boldsymbol{Z}}$	(2.2.8)
$\boldsymbol{\Sigma}_{\boldsymbol{Z}}^-$	(4.1.8)
σ^2	(1.1.6)
$\widehat{\sigma}^2$	(3.3.1)
$\widehat{\sigma}_G^2$	(6.2.5)
tr	(3.3.2)
$\boldsymbol{\theta}$	(3.2.1)
$\widehat{\boldsymbol{\theta}}$	(3.2.2), (3.2.16)
$\widehat{\boldsymbol{\theta}}^r_{H_0}$	(5.3.27)
$\widehat{\boldsymbol{\theta}}^{\mathrm{res}}$	vor (7.2.17)
U	(1.1.1)
$\boldsymbol{U}$	(3.1.3)
U_i	(1.1.3)
U_{ij}	(7.1.4)
U_{ijt}	(8.1.3)
$\widehat{\boldsymbol{U}}$	(3.1.18)
$\boldsymbol{V}$	(6.1.1)
$\boldsymbol{w}$	(8.4.7)
X_i	(1.1.1)
$\boldsymbol{X}$	(3.1.3)
$\boldsymbol{X}^*$	(3.3.9)
$\boldsymbol{x}_i$	(2.2.1)
$\boldsymbol{x}_{ij}$	(1.1.3)
$\overline{\boldsymbol{x}}$	(2.1.3)
$\mathring{\boldsymbol{X}}$	(3.1.35)
$\mathring{\boldsymbol{X}}_h$	(3.1.35)
$\mathring{\boldsymbol{x}}_j$	(3.1.35)
χ^2	(4.2.1)
Y	(1.1.1)
$\boldsymbol{Y}$	(3.1.3)
Y_i	(1.1.3)
Y_{ij}	(7.1.3)
Y_{ijt}	(8.1.1)
$\widehat{\boldsymbol{Y}}$	(3.1.18)
$\overline{Y}$	(2.1.7)
$\overline{Y}_{i\cdot}$	(7.1.8)
$\overline{Y}_{\cdot\cdot}$	(7.1.8)
$\overline{Y}_{i\cdot\cdot}$	(8.2.6)
$\overline{Y}_{ij\cdot}$	(8.2.6)
$\overline{Y}_{\cdot j\cdot}$	(8.2.6)
$\overline{Y}_{\cdot\cdot\cdot}$	(8.2.6)
$\overline{Y}^a_{i\cdot\cdot}$	(8.2.27)
$\overline{Y}^b_{\cdot j\cdot}$	(8.2.27)
$\overline{Y}^{ab}_{\cdot\cdot\cdot}$	(8.2.27)
$\mathring{\boldsymbol{Y}}$	(3.1.35)
z_{ij}	(7.3.1)
z^o_{ij}	(7.3.6)

Stichwortverzeichnis